HUZHOU SHI
JINGXIHUA QIHOU
ZIYUAN FENBU
TUJI

湖州市精细化气候资源分布图集

主　编：张喜亮
副主编：邱新法　邱　杰　盛　琼

气象出版社
China Meteorological Press

内容简介

本图集结合湖州市地形地貌特征，基于GIS技术，从气候要素变化的物理机制出发，利用湖州市及其周边国家气象站、区域自动气象站的观测资料，通过质量控制技术对站点观测资料进行质量控制，并对观测资料进行插补，实现了100 m空间分辨率复杂地形下气温与热量资源（平均气温、最高气温、最低气温、界限温度起始日期、界限温度终止日期、界限温度持续日数、活动积温、有效积温）、湿度与水资源（降水量、实际水汽压、相对湿度、可能蒸散、实际蒸散）、光照与辐射资源（直接辐射、散射辐射、地形反射辐射、总辐射、日照时数、云量）的精细化模拟。其中，云量资料来源于MODIS卫星遥感云量产品MOD06、MYD06；四季按天文季节划分，春季为3—5月、夏季为6—8月、秋季为9—11月、冬季为12月—次年2月。图集主要分为四部分：气温与热量资源、湿度与水资源、光照与辐射资源、气候资源产业评价。

图书在版编目(CIP)数据

湖州市精细化气候资源分布图集 / 张喜亮主编. —北京：气象出版社，2019.5

ISBN 978-7-5029-6975-2

Ⅰ.①湖… Ⅱ.①张… Ⅲ.①气候资源-资源分布-湖州-图集 Ⅳ.①P468.255.3-64

中国版本图书馆CIP数据核字(2019)第113450号

出版发行：气象出版社
地　　址：北京市海淀区中关村南大街46号　　**邮政编码**：100081
电　　话：010-68407112(总编室)　010-68408042(发行部)
网　　址：http://www.qxcbs.com　　**E-mail**：qxcbs@cma.gov.cn
责任编辑：黄红丽　　**终　　审**：吴晓鹏
责任校对：王丽梅　　**责任技编**：赵相宁
封面设计：楠竹文化
印　　刷：北京建宏印刷有限公司
开　　本：787 mm×1092 mm　1/16　　**印　　张**：10
字　　数：250千字
版　　次：2019年5月第1版　　**印　　次**：2019年5月第1次印刷
定　　价：120.00元

《湖州市精细化气候资源分布图集》
编委会

主　　编： 张喜亮

副 主 编： 邱新法　邱　杰　盛　琼

成　　员： 陈中赟　钱　晖　陆文涛　许金萍
何永健　施国萍　朱晓晨

前　言

气候资源的基本成分有太阳能资源、热量资源、降水资源、风能资源以及大气的某些成分，具有可再生性、普遍性和清洁性等特征。随着经济社会的快速发展和人民生活水平的不断提高，气候资源已经成为基础性的自然资源、战略性的经济资源和公共性的社会资源，对我国的可持续发展具有强有力的支撑作用，并且在现代化城市规划建设中具有指导性意义。

湖州市位于东经 119°14′—120°29′，北纬 30°22′—31°11′之间，属于亚热带季风气候区，气候资源丰富，季风显著，四季分明，雨热同季，降水充沛，光温同步，日照较多，气候温和，空气湿润。处于浙江北部，太湖南岸，紧邻江苏、安徽两省，辖德清、长兴、安吉三县和吴兴、南浔两区，东西 126 千米，南北 90 千米，总面积 5818 平方千米。湖州市地势大致由西南向东北倾斜，地形起伏高差大，西部多山，以山地、丘陵为主，最高峰龙王山海拔 1587 米，东部为平原水网区，平均海拔仅 3 米左右，俗称“五山一水四分田”。

湖州市地形起伏变化大，造成区域内气候资源分布不平衡，地区差异性明显，使得基于有限气象站点数据进行充分合理地开发利用气候资源有一定困难。另外，随着气候的异常变化，农业气象灾害频发，限制了基础与特色农业生产的发展。因此，深入研究当地气候资源的时空分布规律，科学准确地推算其时空分布特征，可以为湖州市农业生产布局和种植业结构调整提供科学依据，对因时因地制宜发展农、林等各业生产，提高经济效益，建设生态湖州和美丽乡村等方面都具有重要的现实意义。

为了适应当前社会经济高速发展和生态文明建设的需要，根据湖州市及其周边国家气象站、区域自动气象站的观测资料，编绘了《湖州市精细化气候资源分布图集》，供气象、农业和其他部门参考。本图集着重展现湖州市的气候特征和热量、水分、光照等气候要素的分布情况，能够为湖州市开发利用气候资源和经济建设趋利避害提供科学依据。

编者

2019 年 1 月

目　　录

第一部分

气温与热量资源

平均气温，一定时间段内(月、年)的定时多次气温观测平均值，单位为摄氏度(℃)。

平均最高气温，一定时间段内(月、年)的逐日最高气温平均值，单位为摄氏度(℃)。

平均最低气温，一定时间段内(月、年)的逐日最低气温平均值，单位为摄氏度(℃)。

界限温度起始日期，各界限温度指标具有明确的农业和生物学意义。一般根据日平均气温采用五日滑动平均等统计方法确定各界限温度稳定通过的日期，日平均气温稳定通过某界限温度的开始日期，以日序(1—365)表示。日序表示一年中的第几日。

界限温度终止日期，日平均气温稳定通过某界限温度的结束日期，以日序(1—365)表示。

界限温度持续日数，日平均气温稳定通过某界限温度的持续期，单位为天(d)。

活动积温，一定时期内大于某一临界温度的日平均气温总和，是表征地区热量资源的重要指标，单位为摄氏度(℃)。

有效积温，一定时期内逐日有效温度的总和为有效积温，通常从日平均气温中扣除生物学下限温度，对作物生长发育有效的那部分温度的总和，是表征地区热量资源或作物生长发育对热量要求的主要指标，单位为摄氏度(℃)。

湖州市年平均气温大都在 14～17 ℃之间。山区受地势影响，温度偏低，尤以安吉县南部山区最甚，温度约在 6 ℃以下；德清县东南部一带温度较高，在 17 ℃左右，其他大部分区域温度均在 16 ℃上下浮动。四季平均气温中，夏季＞秋季＞春季＞冬季；各月平均气温中，7 月最高，大部分区域在 28 ℃左右，1 月最低，大部分区域在 3 ℃上下浮动。

湖州市年平均最高气温大都在 19～22 ℃之间。山区受地势影响，温度偏低，尤以安吉县南部山区最甚，温度约在 10 ℃以下；德清县东南部一带温度较高，在 22 ℃左右，其他大部分区域温度均在 20 ℃上下浮动。四季平均最高气温中，夏季＞秋季＞春季＞冬季；各月平均最高气温中，7 月最高，大部分区域在 33 ℃左右，1 月最低，大部分区域在 8 ℃上下浮动。

湖州市年平均最低气温大都在 11～14 ℃之间。山区受地势影响，温度偏低，尤以安吉县南部山区最甚，温度约在 3 ℃以下；德清县东南部一带温度较高，在 14 ℃左右，其他大部分区域温度均在 10 ℃上下浮动。四季平均最低气温中，夏季＞秋季＞春季＞冬季；各月平均最低气温中，7 月最高，大部分区域在 25 ℃左右，1 月最低，大部分区域在 1 ℃上下浮动。

湖州市各界限温度起始日期随温度的升高逐渐后移，0 ℃起始日期大多在第 10—40 天，5 ℃起始日期大多在第 55—80 天，10 ℃起始日期大多在第 85—100 天，15 ℃起始日期大多在第 110—120 天，20 ℃起始日期大多在第 140—145 天。山区受地势影响，各界限温度起始日期相对于其他地区较晚，尤以安吉县南部山区为甚，其次是德清县西部山区、长兴县西北部山区，相对后移趋势都比较明显。

湖州市各界限温度终止日期随温度的升高逐渐提前，0 ℃终止日期大多在第 350—365 天，5 ℃终止日期大多在第 305—340 天，10 ℃终止日期大多在第 290—320 天，15 ℃终止日期大多在第 280—300 天，20 ℃终止日期大多在第 265—272 天。山区受地势影响，各界限温度终止日期较其他地区更早，尤以安吉县南部山区为甚，其次是德清县西部山区、长兴县西北部山区，相对提前趋势都比较明显。

界限温度越高，相应的界限温度持续日数越短。湖州市 0 ℃持续日数在 340 天左右，5 ℃持续日数在 270 天左右，10 ℃持续日数在 230 天左右，15 ℃持续日数在 180 天左右，20 ℃持续日数在 130 天左右。在空间分布上，由于山区受地势影响，界限温度持续日数较其他地区日数更少，以安吉县南部山区为甚，其他山区(如德清县西部山区、长兴县西北部山区)也相较于平原地区界限温度持续日数较短。

湖州市 0 ℃活动积温年总量在 5800 ℃左右，5 ℃活动积温年总量在 5500 ℃左右，10 ℃活动积温年总量在 5000 ℃左右，15 ℃活动积温年总量在 4300 ℃左右，20 ℃活动积温年总量在 3200 ℃左右。在空间分布上，由于受地势影响，山区活动积温相对更少，以安吉县南部山区为甚，其次是德清县西部山区、长兴县西北部山区，相较于平原地区活动积温总量更低。

湖州市 5 ℃有效积温年总量在 4200 ℃左右，10 ℃有效积温年总量在 2700 ℃左右，15 ℃有效积温年总量在 1600 ℃左右，20 ℃有效积温年总量在 750 ℃左右。在空间分布上，由于山区受地势影响，山区有效积温较其他地区总量更少，以安吉县南部山区为甚，其次是德清县西部山区、长兴县西北部山区，相较于平原地区有效积温总量更低。

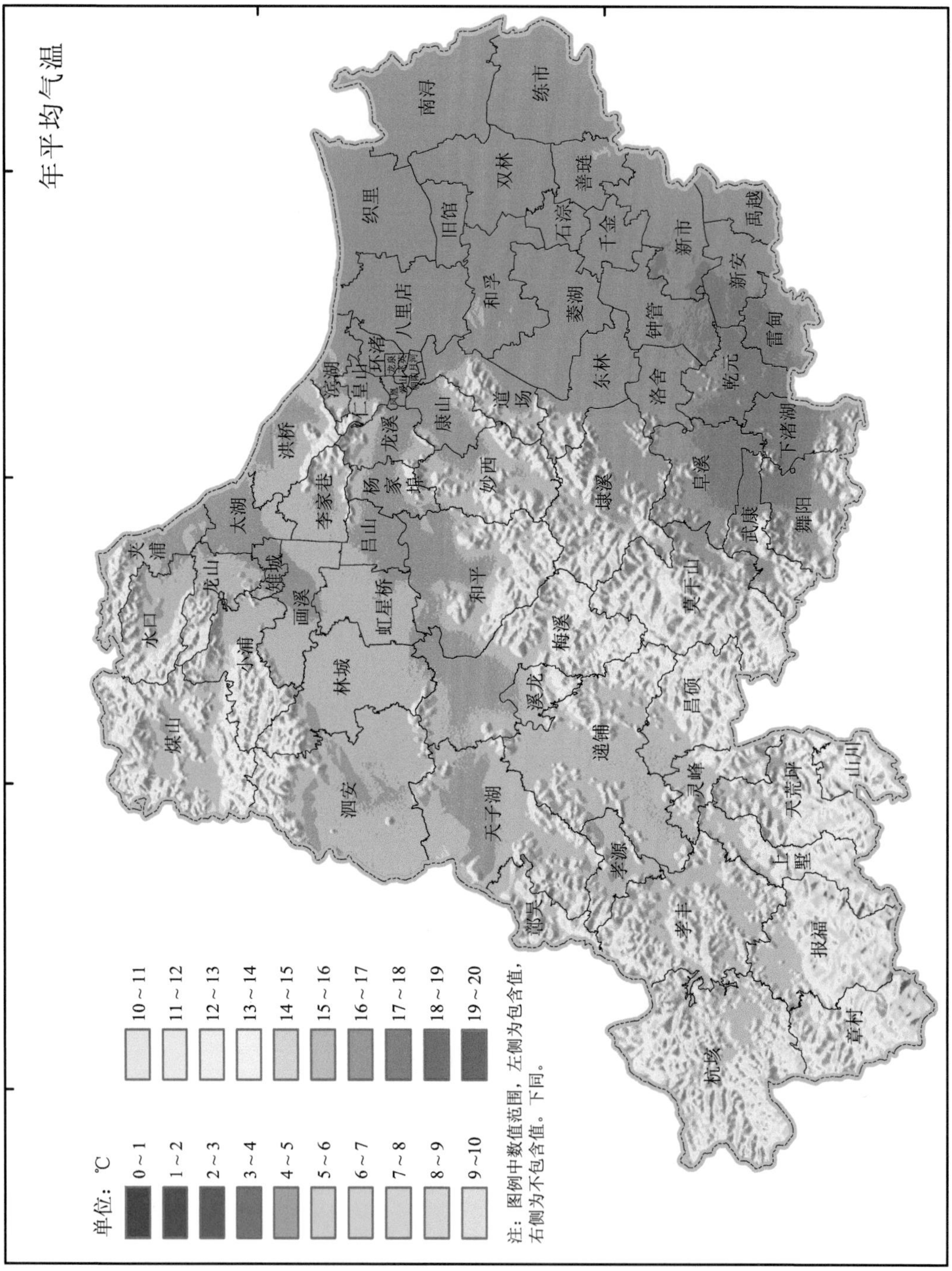
年平均气温
31°00′N
30°40′N
120°20′E
120°00′E
119°40′E
119°20′E
南浔
练市
织里
旧馆
双林
善琏
石淙
千金
新市
禹越
和孚
菱湖
八里店
钟管
新安
雷甸
环渚
滨湖
仁皇山
东林
洛舍
乾元
道场
康山
龙溪
洪桥
下渚湖
阜溪
杨家埠
妙西
李家巷
太湖
吕山
武康
舞阳
夹浦
龙山
雉城
和平
莫干山
画溪
虹星桥
水口
梅溪
小浦
林城
昌硕
溪龙
煤山
递铺
山川
灵峰
天荒坪
泗安
天子湖
上墅
孝源
鄣吴
孝丰
报福
章村
杭垓
单位：℃
0～1
1～2
2～3
3～4
4～5
5～6
6～7
7～8
8～9
9～10
10～11
11～12
12～13
13～14
14～15
15～16
16～17
17～18
18～19
19～20
注：图例中数值范围，左侧为包含值，右侧为不包含值。下同。

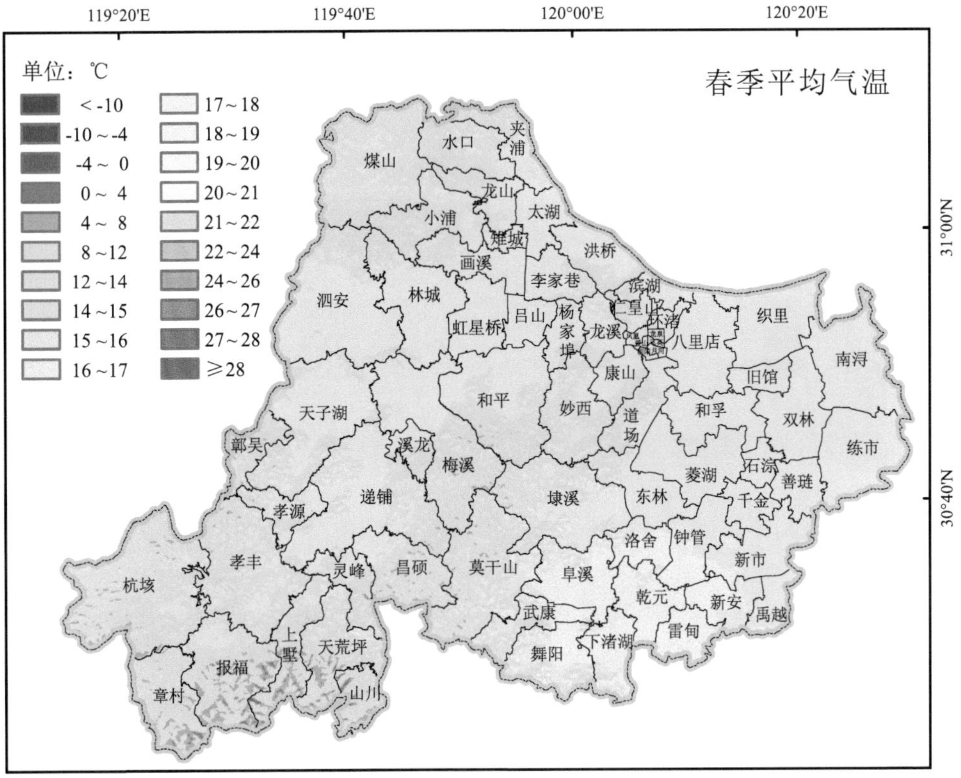
春季平均气温
单位：℃
＜-10
-10～-4
-4～0
0～4
4～8
8～12
12～14
14～15
15～16
16～17
17～18
18～19
19～20
20～21
21～22
22～24
24～26
26～27
27～28
≥28
119°20'E
119°40'E
120°00'E
120°20'E
31°00'N
30°40'N
煤山
水口
夹浦
龙山
小浦
太湖
雉城
洪桥
画溪
李家巷
泗安
林城
虹星桥
吕山
杨家埠
龙溪
滨湖
八里店
织里
南浔
旧馆
康山
和平
妙西
道场
和孚
双林
练市
天子湖
鄣吴
溪龙
梅溪
菱湖
石淙
善琏
递铺
埭溪
东林
千金
孝源
洛舍
钟管
新市
杭垓
孝丰
灵峰
昌硕
莫干山
阜溪
乾元
新安
禹越
武康
雷甸
上墅
天荒坪
舞阳
下渚湖
报福
章村
山川

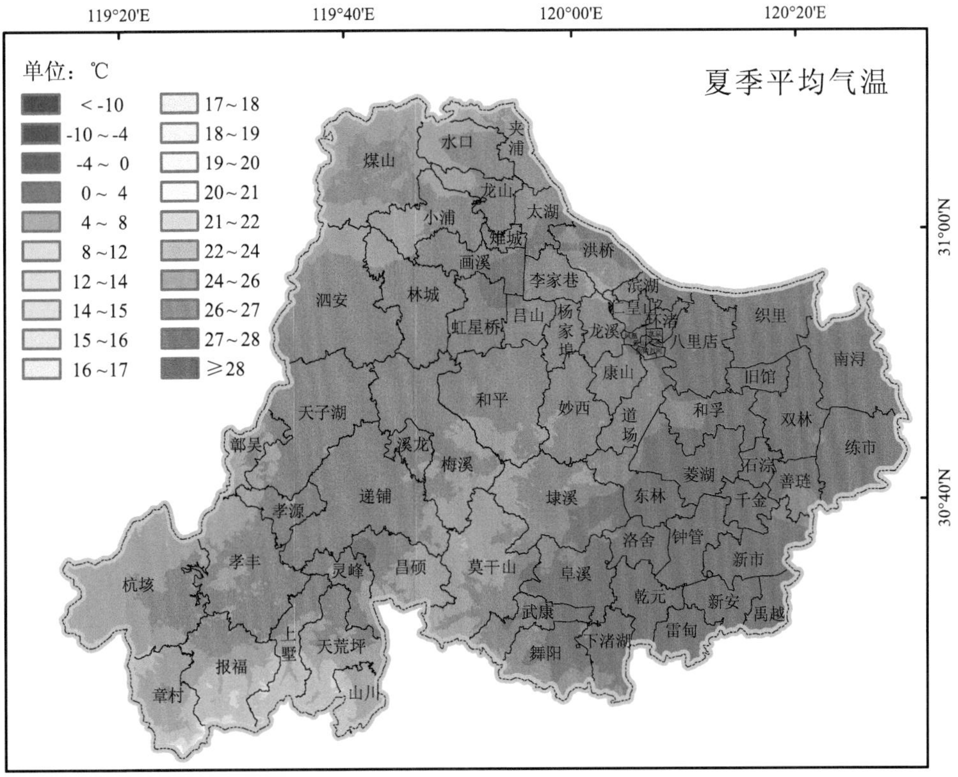
夏季平均气温
单位：℃
＜-10
-10～-4
-4～0
0～4
4～8
8～12
12～14
14～15
15～16
16～17
17～18
18～19
19～20
20～21
21～22
22～24
24～26
26～27
27～28
≥28
119°20'E
119°40'E
120°00'E
120°20'E
31°00'N
30°40'N
煤山
水口
夹浦
龙山
小浦
太湖
雉城
洪桥
画溪
李家巷
泗安
林城
虹星桥
吕山
杨家埠
龙溪
滨湖
八里店
织里
南浔
旧馆
康山
和平
妙西
道场
和孚
双林
练市
天子湖
鄣吴
溪龙
梅溪
菱湖
石淙
善琏
递铺
埭溪
东林
千金
孝源
洛舍
钟管
新市
杭垓
孝丰
灵峰
昌硕
莫干山
阜溪
乾元
新安
禹越
武康
雷甸
上墅
天荒坪
舞阳
下渚湖
报福
章村
山川

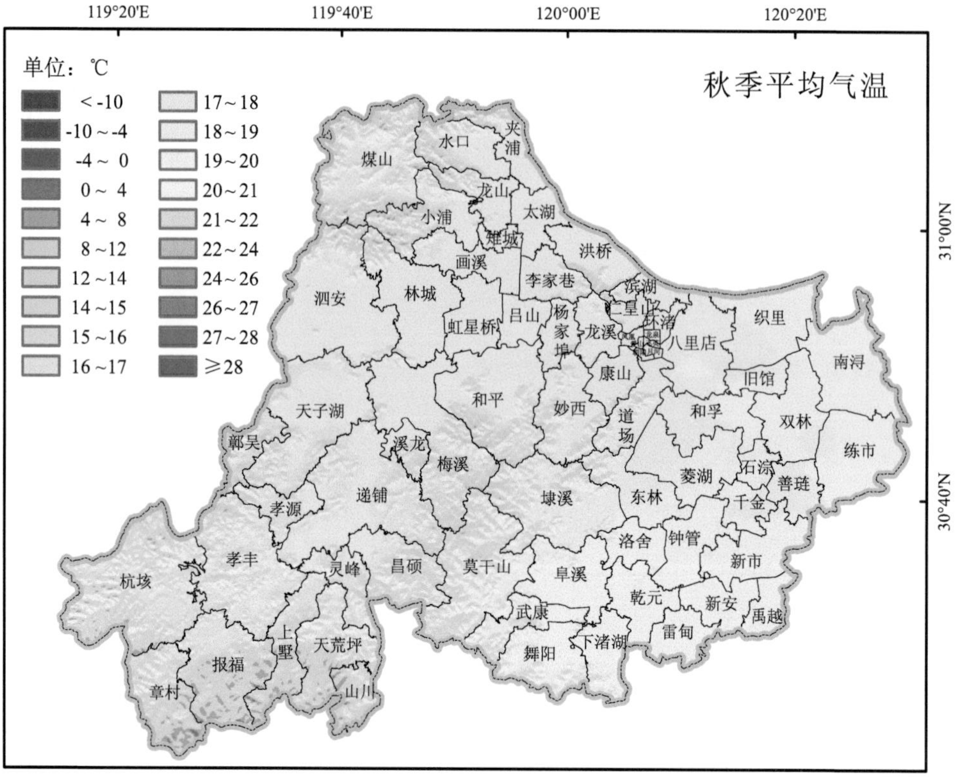
秋季平均气温
单位：℃
＜-10
-10～-4
-4～0
0～4
4～8
8～12
12～14
14～15
15～16
16～17
17～18
18～19
19～20
20～21
21～22
22～24
24～26
26～27
27～28
≥28
119°20'E
119°40'E
120°00'E
120°20'E
31°00'N
30°40'N
煤山
水口
夹浦
龙山
小浦
太湖
雉城
洪桥
画溪
李家巷
滨湖
泗安
林城
吕山
杨家埠
龙溪
八里店
织里
虹星桥
康山
南浔
旧馆
和平
妙西
和孚
双林
天子湖
道场
练市
鄣吴
溪龙
梅溪
菱湖
石淙
善琏
递铺
埭溪
东林
千金
孝源
洛舍
钟管
新市
孝丰
灵峰
昌硕
莫干山
阜溪
杭垓
乾元
新安
武康
禹越
上墅
天荒坪
下渚湖
雷甸
舞阳
报福
章村
山川

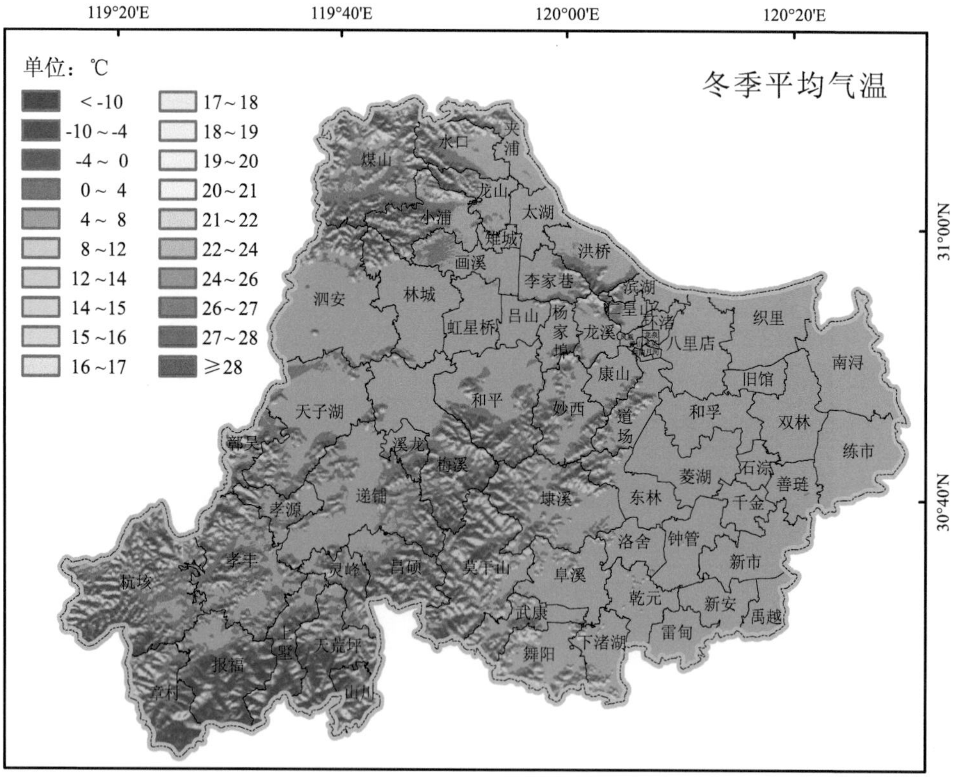
冬季平均气温
单位：℃
＜-10
-10～-4
-4～0
0～4
4～8
8～12
12～14
14～15
15～16
16～17
17～18
18～19
19～20
20～21
21～22
22～24
24～26
26～27
27～28
≥28
119°20'E
119°40'E
120°00'E
120°20'E
31°00'N
30°40'N
煤山
水口
夹浦
龙山
小浦
太湖
雉城
洪桥
画溪
李家巷
滨湖
泗安
林城
吕山
杨家埠
龙溪
八里店
织里
虹星桥
康山
南浔
旧馆
和平
妙西
和孚
双林
天子湖
道场
练市
鄣吴
溪龙
梅溪
菱湖
石淙
善琏
递铺
埭溪
东林
千金
孝源
洛舍
钟管
新市
孝丰
灵峰
昌硕
莫干山
阜溪
杭垓
乾元
新安
武康
禹越
上墅
天荒坪
下渚湖
雷甸
舞阳
报福
章村
山川

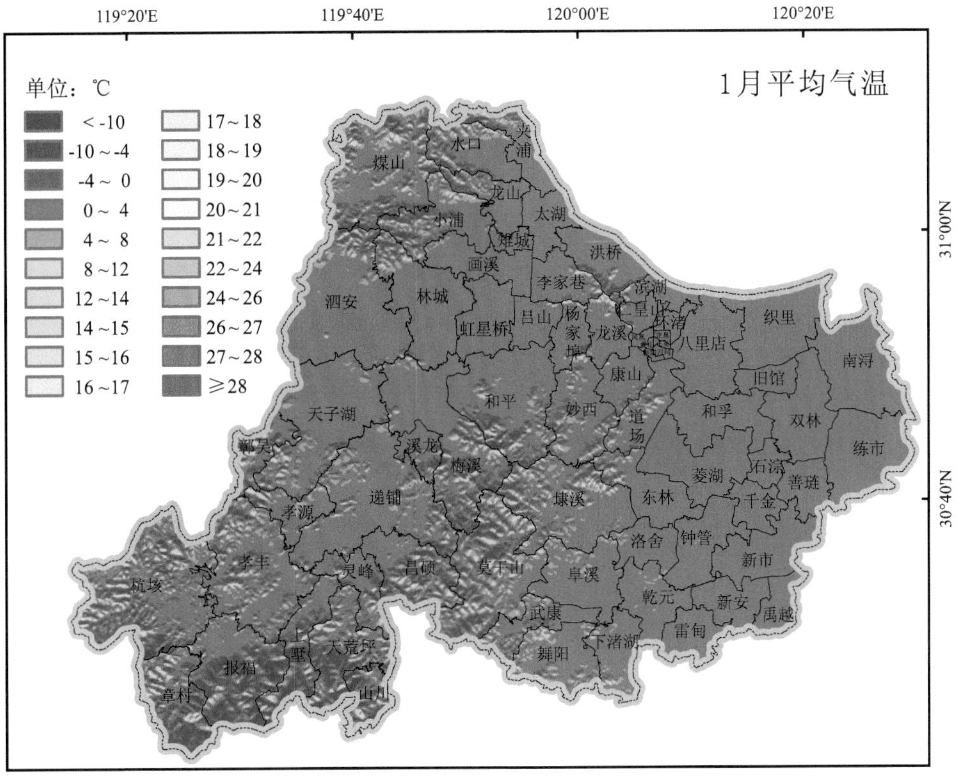
1月平均气温
单位：℃
＜-10
-10～-4
-4～0
0～4
4～8
8～12
12～14
14～15
15～16
16～17
17～18
18～19
19～20
20～21
21～22
22～24
24～26
26～27
27～28
≥28
119°20'E
119°40'E
120°00'E
120°20'E
31°00'N
30°40'N
煤山
水口
夹浦
龙山
小浦
太湖
雉城
画溪
洪桥
李家巷
泗安
林城
虹星桥
吕山
杨家埠
龙溪
滨湖
仁皇山
环渚
八里店
织里
南浔
旧馆
康山
和平
妙西
道场
和孚
双林
练市
天子湖
鄣吴
溪龙
梅溪
递铺
孝源
埭溪
东林
菱湖
石淙
善琏
千金
洛舍
钟管
新市
孝丰
杭垓
灵峰
昌硕
莫干山
阜溪
乾元
新安
禹越
武康
雷甸
上墅
天荒坪
报福
章村
山川
舞阳
下渚湖

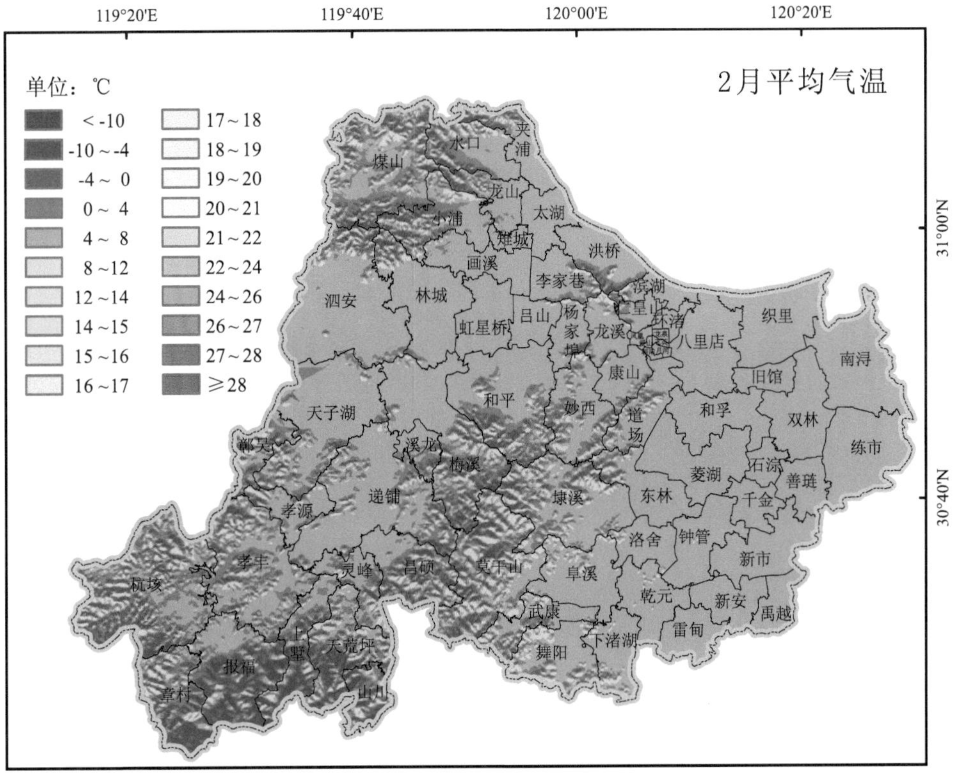
2月平均气温
单位：℃
＜-10
-10～-4
-4～0
0～4
4～8
8～12
12～14
14～15
15～16
16～17
17～18
18～19
19～20
20～21
21～22
22～24
24～26
26～27
27～28
≥28
119°20'E
119°40'E
120°00'E
120°20'E
31°00'N
30°40'N
煤山
水口
夹浦
龙山
小浦
太湖
雉城
画溪
洪桥
李家巷
泗安
林城
虹星桥
吕山
杨家埠
龙溪
滨湖
仁皇山
环渚
八里店
织里
南浔
旧馆
康山
和平
妙西
道场
和孚
双林
练市
天子湖
鄣吴
溪龙
梅溪
递铺
孝源
埭溪
东林
菱湖
石淙
善琏
千金
洛舍
钟管
新市
孝丰
杭垓
灵峰
昌硕
莫干山
阜溪
乾元
新安
禹越
武康
雷甸
上墅
天荒坪
报福
章村
山川
舞阳
下渚湖

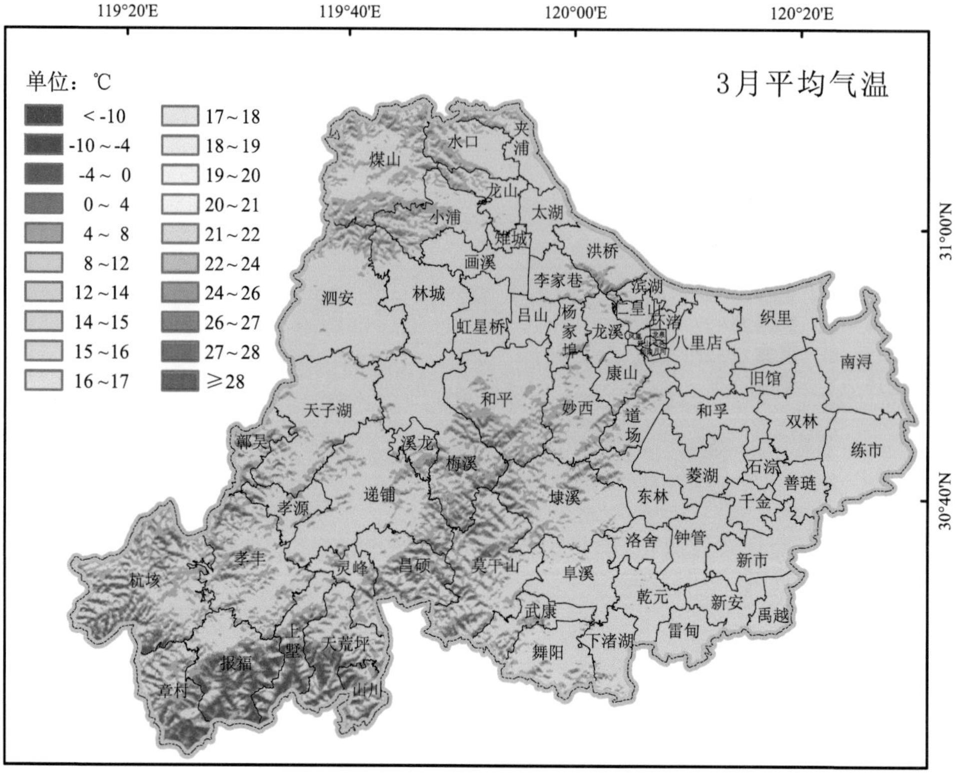
119°20'E
119°40'E
120°00'E
120°20'E
31°00'N
30°40'N
3月平均气温
单位：℃
<-10
-10～-4
-4～0
0～4
4～8
8～12
12～14
14～15
15～16
16～17
17～18
18～19
19～20
20～21
21～22
22～24
24～26
26～27
27～28
≥28
煤山
水口
夹浦
龙山
小浦
太湖
雉城
洪桥
画溪
李家巷
泗安
林城
滨湖
虹星桥
吕山
杨家埠
龙溪
仁皇山
环渚
八里店
织里
南浔
旧馆
康山
和平
妙西
天子湖
和孚
双林
练市
道场
鄣吴
溪龙
梅溪
石淙
菱湖
善琏
递铺
埭溪
东林
千金
孝源
洛舍
钟管
孝丰
灵峰
昌硕
莫干山
阜溪
新市
杭垓
乾元
新安
武康
禹越
雷甸
上墅
天荒坪
报福
下渚湖
舞阳
章村
山川

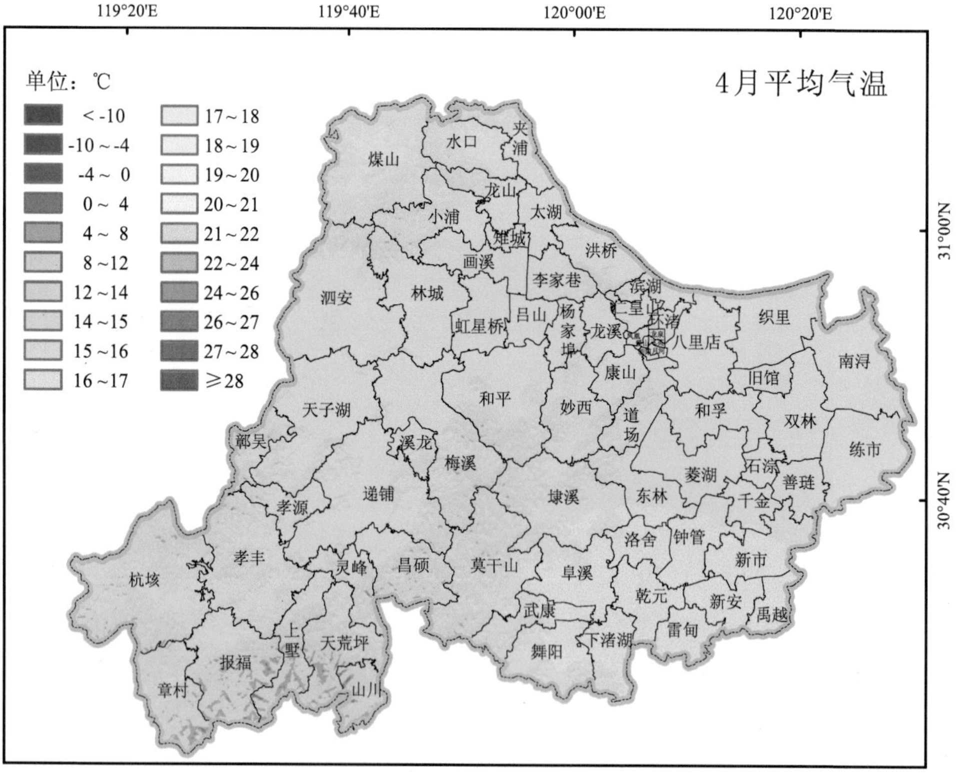
119°20'E
119°40'E
120°00'E
120°20'E
31°00'N
30°40'N
4月平均气温
单位：℃
<-10
-10～-4
-4～0
0～4
4～8
8～12
12～14
14～15
15～16
16～17
17～18
18～19
19～20
20～21
21～22
22～24
24～26
26～27
27～28
≥28
煤山
水口
夹浦
龙山
小浦
太湖
雉城
洪桥
画溪
李家巷
泗安
林城
滨湖
虹星桥
吕山
杨家埠
龙溪
仁皇山
环渚
八里店
织里
南浔
旧馆
康山
和平
妙西
天子湖
和孚
双林
练市
道场
鄣吴
溪龙
梅溪
石淙
菱湖
善琏
递铺
埭溪
东林
千金
孝源
洛舍
钟管
孝丰
灵峰
昌硕
莫干山
阜溪
新市
杭垓
乾元
新安
武康
禹越
雷甸
上墅
天荒坪
报福
下渚湖
舞阳
章村
山川

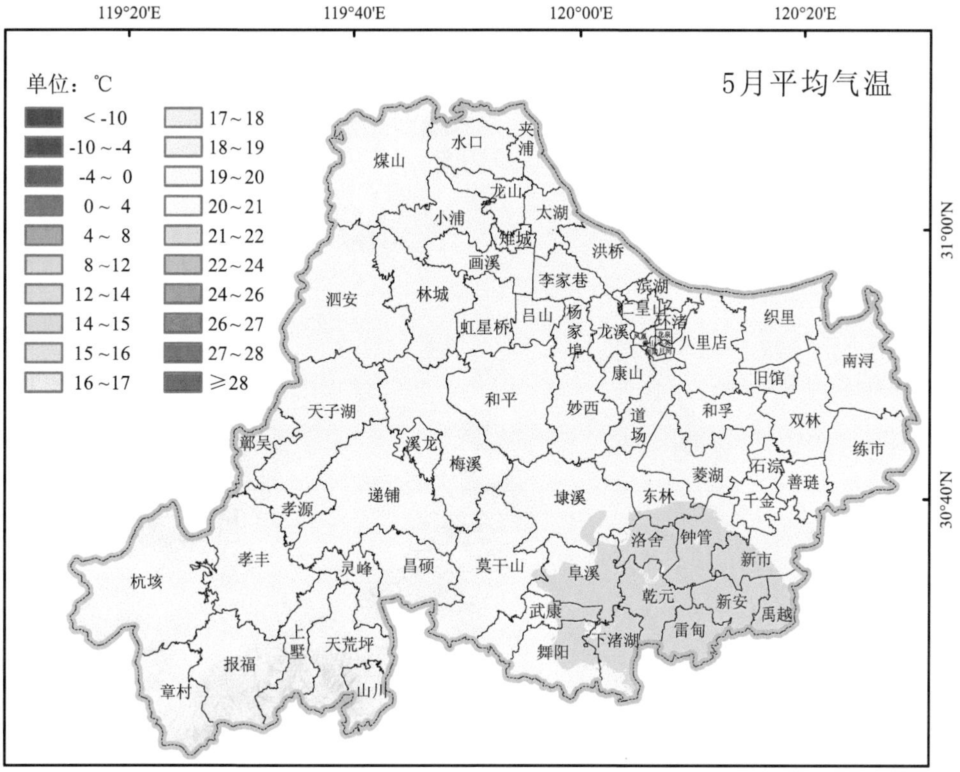
119°20'E
119°40'E
120°00'E
120°20'E
31°00'N
30°40'N
5月平均气温
单位：℃
＜-10
-10～-4
-4～0
0～4
4～8
8～12
12～14
14～15
15～16
16～17
17～18
18～19
19～20
20～21
21～22
22～24
24～26
26～27
27～28
≥28
煤山
水口
夹浦
龙山
小浦
太湖
雉城
画溪
洪桥
李家巷
滨湖
泗安
林城
吕山
杨家埠
二里山
环渚
龙溪
虹星桥
八里店
织里
南浔
旧馆
康山
和平
妙西
道场
和孚
双林
练市
天子湖
鄣吴
溪龙
梅溪
石淙
菱湖
善琏
递铺
埭溪
东林
千金
孝源
洛舍
钟管
新市
孝丰
灵峰
昌硕
莫干山
阜溪
杭垓
乾元
新安
武康
禹越
上墅
天荒坪
雷甸
下渚湖
报福
舞阳
章村
山川

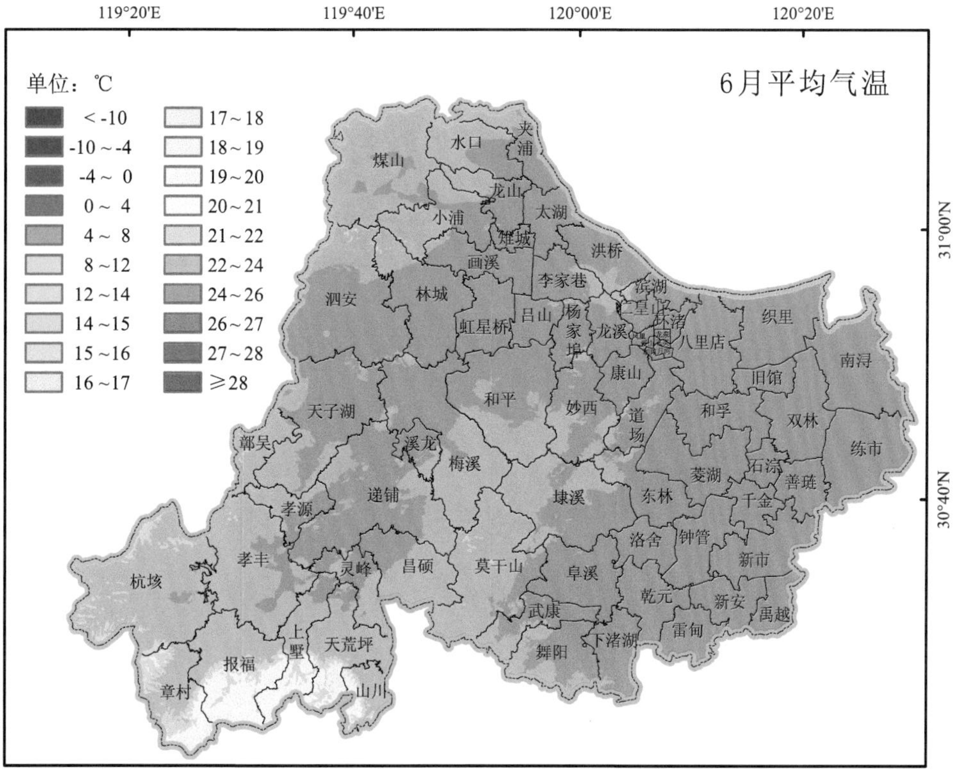
119°20'E
119°40'E
120°00'E
120°20'E
31°00'N
30°40'N
6月平均气温
单位：℃
＜-10
-10～-4
-4～0
0～4
4～8
8～12
12～14
14～15
15～16
16～17
17～18
18～19
19～20
20～21
21～22
22～24
24～26
26～27
27～28
≥28
煤山
水口
夹浦
龙山
小浦
太湖
雉城
画溪
洪桥
李家巷
滨湖
泗安
林城
吕山
杨家埠
二里山
环渚
龙溪
虹星桥
八里店
织里
南浔
旧馆
康山
和平
妙西
道场
和孚
双林
练市
天子湖
鄣吴
溪龙
梅溪
石淙
菱湖
善琏
递铺
埭溪
东林
千金
孝源
洛舍
钟管
新市
孝丰
灵峰
昌硕
莫干山
阜溪
杭垓
乾元
新安
武康
禹越
上墅
天荒坪
雷甸
下渚湖
报福
舞阳
章村
山川

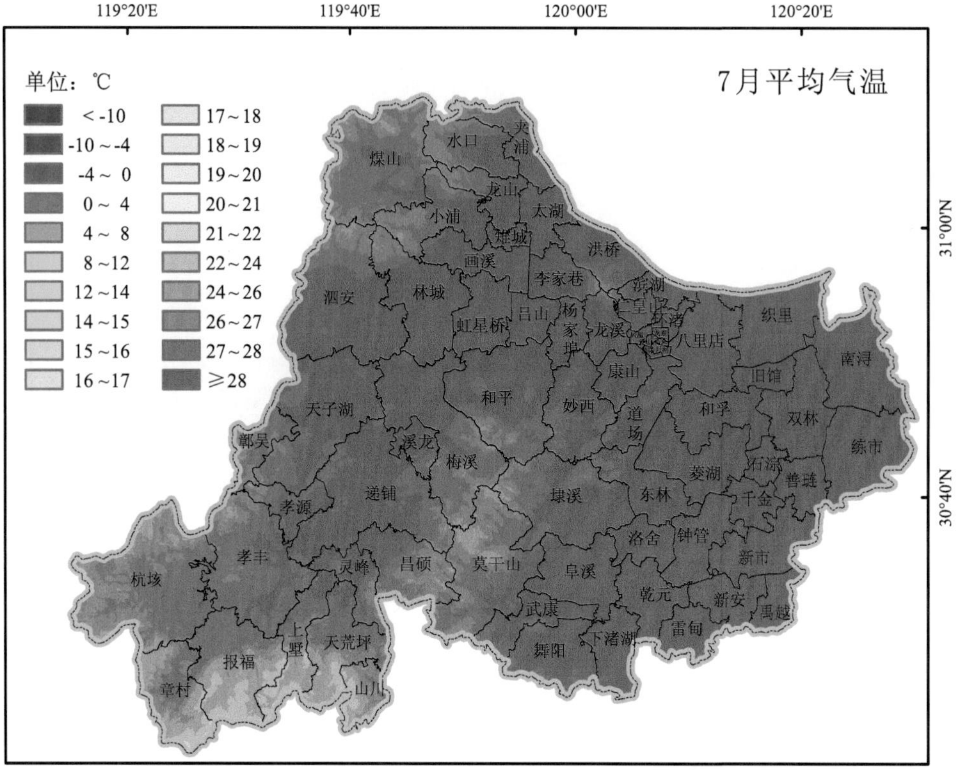
119°20'E
119°40'E
120°00'E
120°20'E
31°00'N
30°40'N
7月平均气温
单位：℃
＜-10
-10～-4
-4～0
0～4
4～8
8～12
12～14
14～15
15～16
16～17
17～18
18～19
19～20
20～21
21～22
22～24
24～26
26～27
27～28
≥28
煤山
水口
夹浦
龙山
小浦
太湖
雉城
洪桥
画溪
李家巷
滨湖
泗安
林城
虹星桥
吕山
杨家埠
龙溪
仁皇山
环渚
八里店
织里
南浔
旧馆
康山
和平
妙西
道场
和孚
双林
练市
天子湖
鄣吴
溪龙
梅溪
递铺
埭溪
东林
菱湖
石淙
善琏
千金
孝源
洛舍
钟管
新市
杭垓
孝丰
灵峰
昌硕
莫干山
阜溪
乾元
新安
禹越
武康
雷甸
上墅
天荒坪
舞阳
下渚湖
报福
章村
山川

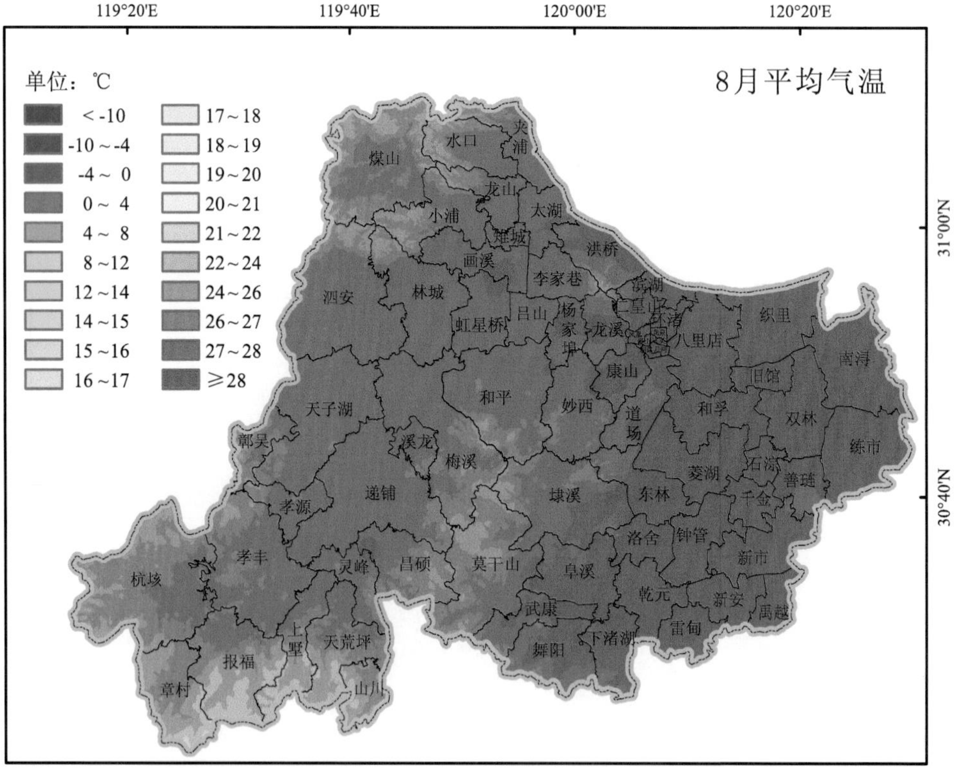
119°20'E
119°40'E
120°00'E
120°20'E
31°00'N
30°40'N
8月平均气温
单位：℃
＜-10
-10～-4
-4～0
0～4
4～8
8～12
12～14
14～15
15～16
16～17
17～18
18～19
19～20
20～21
21～22
22～24
24～26
26～27
27～28
≥28
煤山
水口
夹浦
龙山
小浦
太湖
雉城
洪桥
画溪
李家巷
滨湖
泗安
林城
虹星桥
吕山
杨家埠
龙溪
仁皇山
环渚
八里店
织里
南浔
旧馆
康山
和平
妙西
道场
和孚
双林
练市
天子湖
鄣吴
溪龙
梅溪
递铺
埭溪
东林
菱湖
石淙
善琏
千金
孝源
洛舍
钟管
新市
杭垓
孝丰
灵峰
昌硕
莫干山
阜溪
乾元
新安
禹越
武康
雷甸
上墅
天荒坪
舞阳
下渚湖
报福
章村
山川

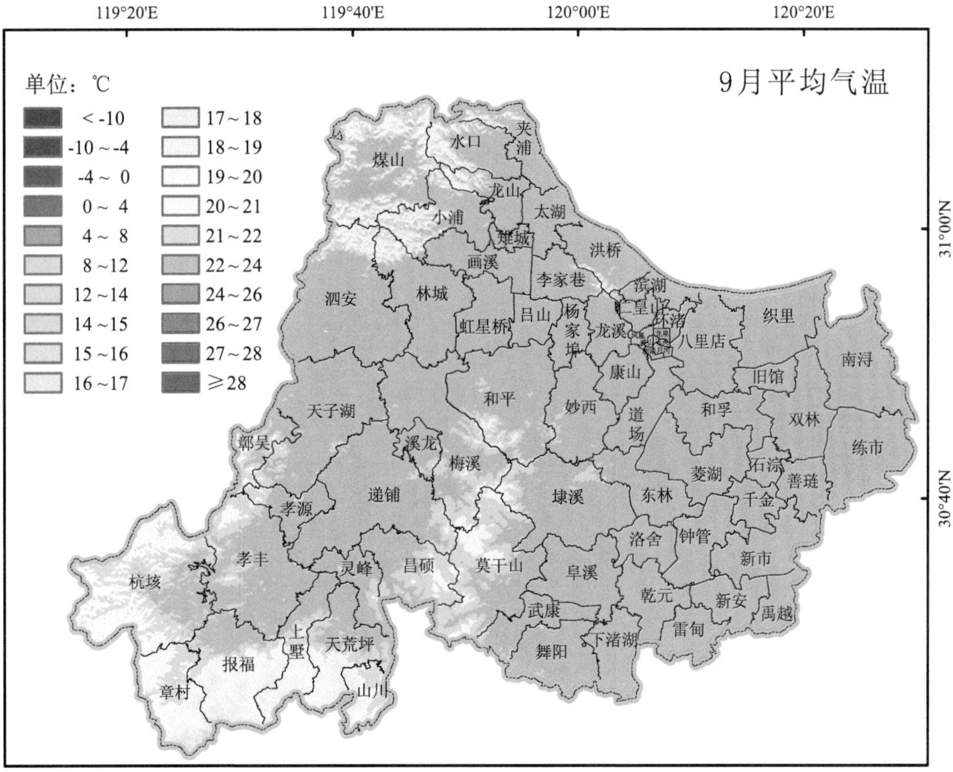
9月平均气温
单位：℃
＜-10
-10～-4
-4～0
0～4
4～8
8～12
12～14
14～15
15～16
16～17
17～18
18～19
19～20
20～21
21～22
22～24
24～26
26～27
27～28
≥28
119°20'E
119°40'E
120°00'E
120°20'E
31°00'N
30°40'N
煤山
水口
夹浦
龙山
小浦
太湖
雉城
洪桥
画溪
李家巷
滨湖
泗安
林城
吕山
杨家埠
二里
环渚
虹星桥
龙溪
八里店
织里
南浔
康山
旧馆
和平
天子湖
妙西
道场
和孚
双林
练市
郎吴
溪龙
梅溪
菱湖
石淙
善琏
递铺
埭溪
东林
千金
孝源
洛舍
钟管
孝丰
灵峰
昌硕
莫干山
新市
杭垓
阜溪
乾元
新安
禹越
武康
上墅
天荒坪
雷甸
下渚湖
报福
舞阳
章村
山川

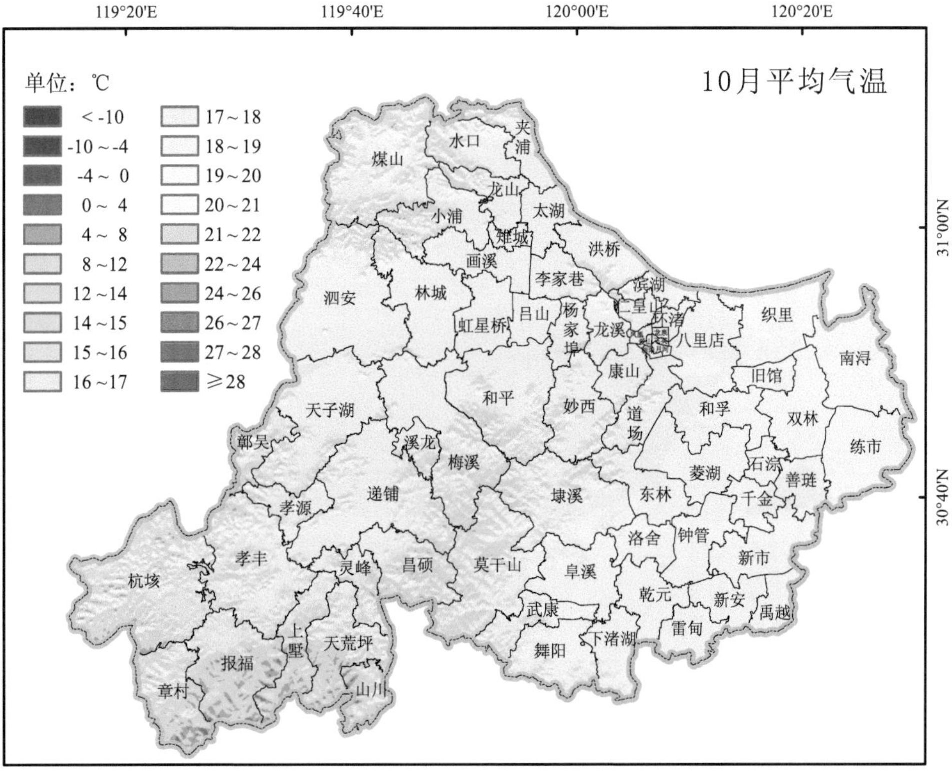
10月平均气温
单位：℃
＜-10
-10～-4
-4～0
0～4
4～8
8～12
12～14
14～15
15～16
16～17
17～18
18～19
19～20
20～21
21～22
22～24
24～26
26～27
27～28
≥28
119°20'E
119°40'E
120°00'E
120°20'E
31°00'N
30°40'N
煤山
水口
夹浦
龙山
小浦
太湖
雉城
洪桥
画溪
李家巷
滨湖
泗安
林城
吕山
杨家埠
二里
环渚
虹星桥
龙溪
八里店
织里
南浔
康山
旧馆
和平
天子湖
妙西
道场
和孚
双林
练市
郎吴
溪龙
梅溪
菱湖
石淙
善琏
递铺
埭溪
东林
千金
孝源
洛舍
钟管
孝丰
灵峰
昌硕
莫干山
新市
杭垓
阜溪
乾元
新安
禹越
武康
上墅
天荒坪
雷甸
下渚湖
报福
舞阳
章村
山川

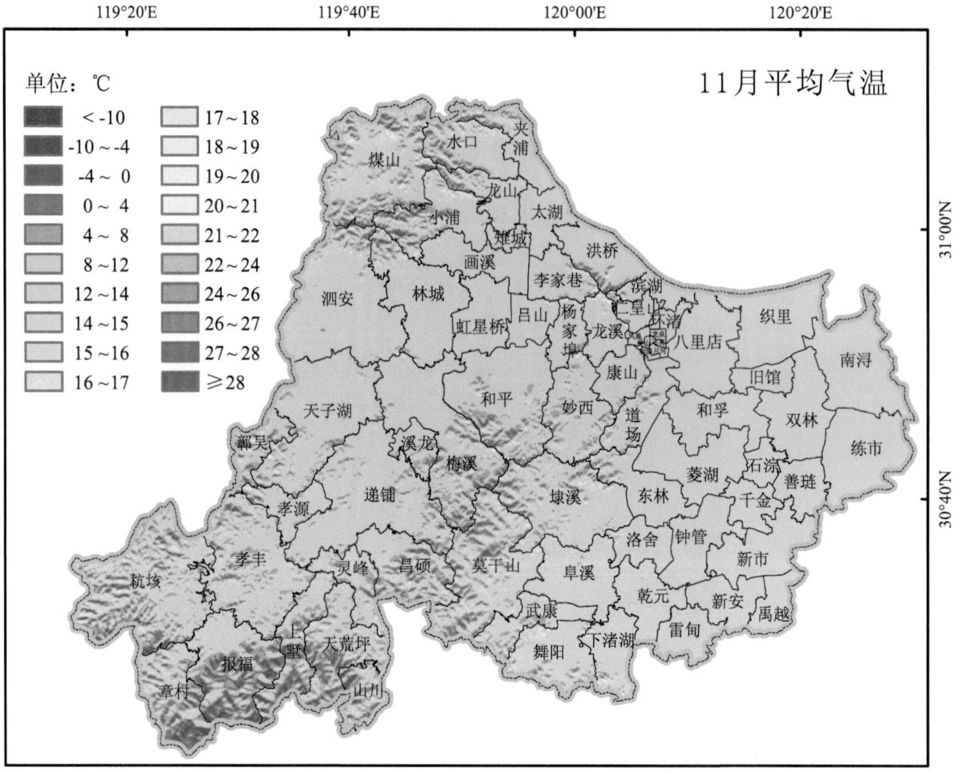
11月平均气温
单位：℃
＜-10
-10～-4
-4～0
0～4
4～8
8～12
12～14
14～15
15～16
16～17
17～18
18～19
19～20
20～21
21～22
22～24
24～26
26～27
27～28
≥28
119°20′E
119°40′E
120°00′E
120°20′E
31°00′N
30°40′N
煤山
水口
夹浦
龙山
小浦
太湖
雉城
画溪
洪桥
李家巷
泗安
林城
虹星桥
吕山
杨家埠
龙溪
滨湖
仁皇山
环渚
八里店
织里
南浔
旧馆
康山
和平
妙西
道场
和孚
双林
天子湖
鄣吴
溪龙
梅溪
菱湖
石淙
练市
善琏
递铺
埭溪
东林
千金
孝源
洛舍
钟管
孝丰
灵峰
昌硕
莫干山
阜溪
新市
杭垓
乾元
新安
禹越
武康
雷甸
上墅
天荒坪
下渚湖
舞阳
报福
章村
山川

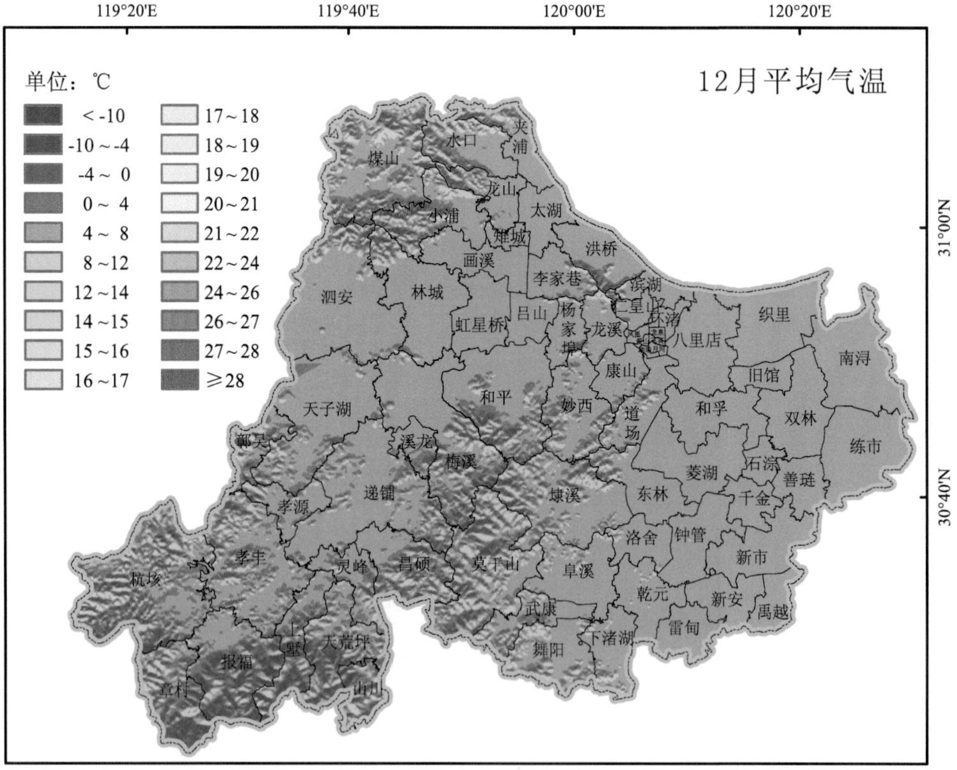
12月平均气温
单位：℃
＜-10
-10～-4
-4～0
0～4
4～8
8～12
12～14
14～15
15～16
16～17
17～18
18～19
19～20
20～21
21～22
22～24
24～26
26～27
27～28
≥28
119°20′E
119°40′E
120°00′E
120°20′E
31°00′N
30°40′N
煤山
水口
夹浦
龙山
小浦
太湖
雉城
画溪
洪桥
李家巷
泗安
林城
虹星桥
吕山
杨家埠
龙溪
滨湖
仁皇山
环渚
八里店
织里
南浔
旧馆
康山
和平
妙西
道场
和孚
双林
天子湖
鄣吴
溪龙
梅溪
菱湖
石淙
练市
善琏
递铺
埭溪
东林
千金
孝源
洛舍
钟管
孝丰
灵峰
昌硕
莫干山
阜溪
新市
杭垓
乾元
新安
禹越
武康
雷甸
上墅
天荒坪
下渚湖
舞阳
报福
章村
山川

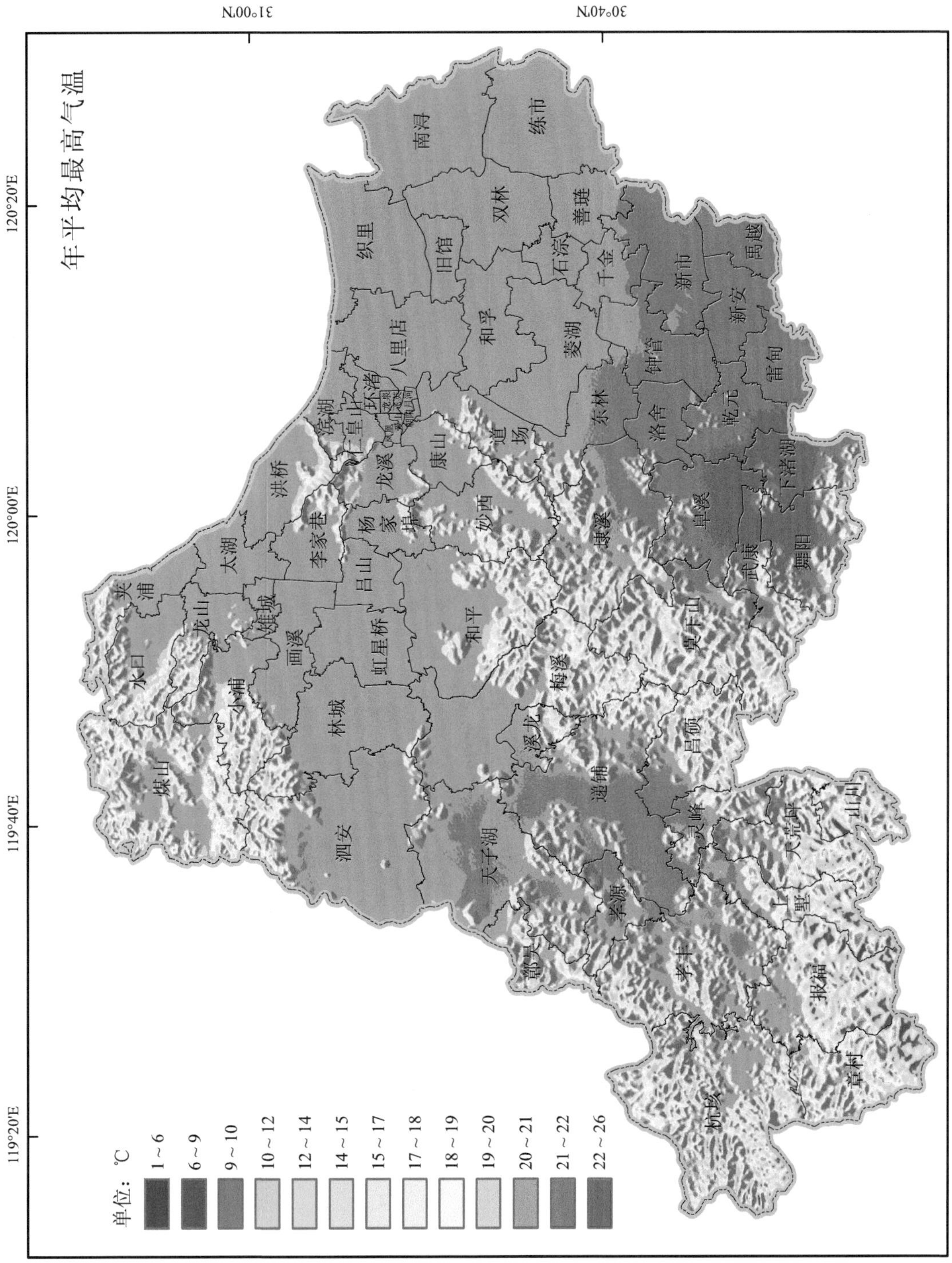
年平均最高气温
31°00'N
30°40'N
120°20'E
120°00'E
119°40'E
119°20'E
单位：℃
1～6
6～9
9～10
10～12
12～14
14～15
15～17
17～18
18～19
19～20
20～21
21～22
22～26
南浔
练市
双林
善琏
织里
旧馆
石淙
千金
禹越
新市
新安
和孚
菱湖
八里店
钟管
雷甸
环渚
东林
洛舍
乾元
滨湖
仁皇山
道场
康山
龙溪
下渚湖
洪桥
阜溪
杨家埠
妙西
李家巷
太湖
吕山
埭溪
武康
舞阳
夹浦
雉城
龙山
和平
莫干山
画溪
虹星桥
水口
小浦
梅溪
林城
溪龙
昌硕
煤山
递铺
灵峰
天荒坪
山川
泗安
天子湖
孝源
上墅
鄣吴
孝丰
报福
章村
杭垓

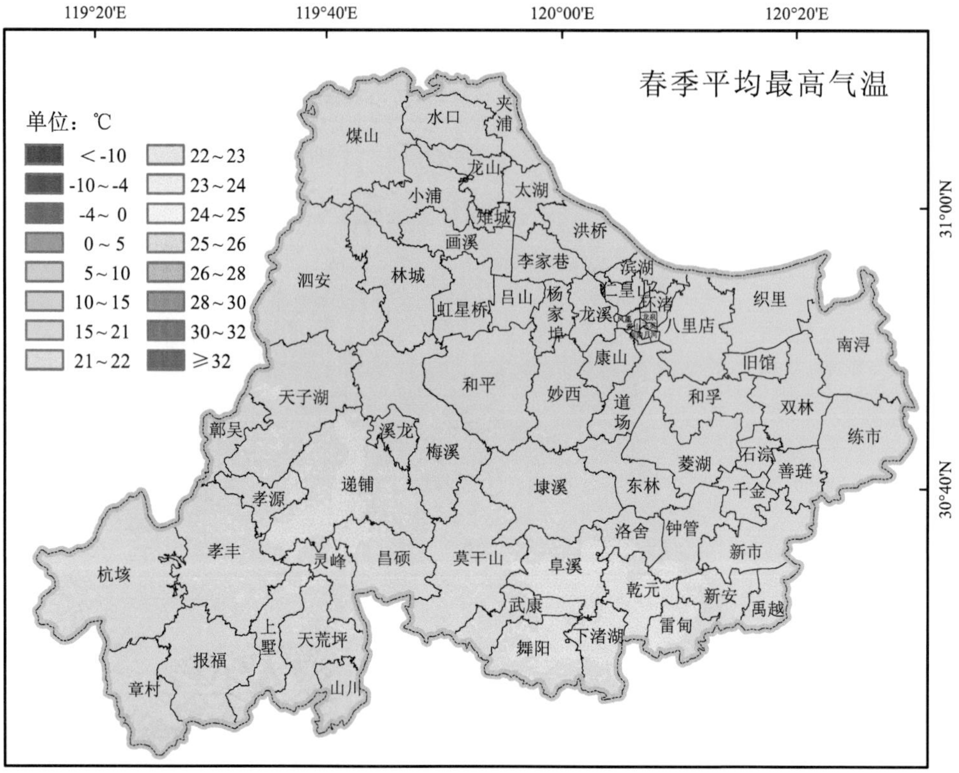
春季平均最高气温
119°20'E
119°40'E
120°00'E
120°20'E
31°00'N
30°40'N
单位：℃
＜-10
-10～-4
-4～0
0～5
5～10
10～15
15～21
21～22
22～23
23～24
24～25
25～26
26～28
28～30
30～32
≥32
煤山
水口
夹浦
龙山
小浦
太湖
雉城
洪桥
画溪
李家巷
泗安
林城
虹星桥
吕山
杨家埠
龙溪
滨湖
仁皇山
环渚
八里店
织里
南浔
康山
旧馆
和平
妙西
道场
和孚
双林
天子湖
鄣吴
溪龙
梅溪
菱湖
石淙
练市
善琏
递铺
孝源
埭溪
东林
千金
孝丰
杭垓
灵峰
昌硕
莫干山
洛舍
钟管
新市
阜溪
乾元
新安
禹越
武康
雷甸
上墅
天荒坪
报福
舞阳
下渚湖
章村
山川

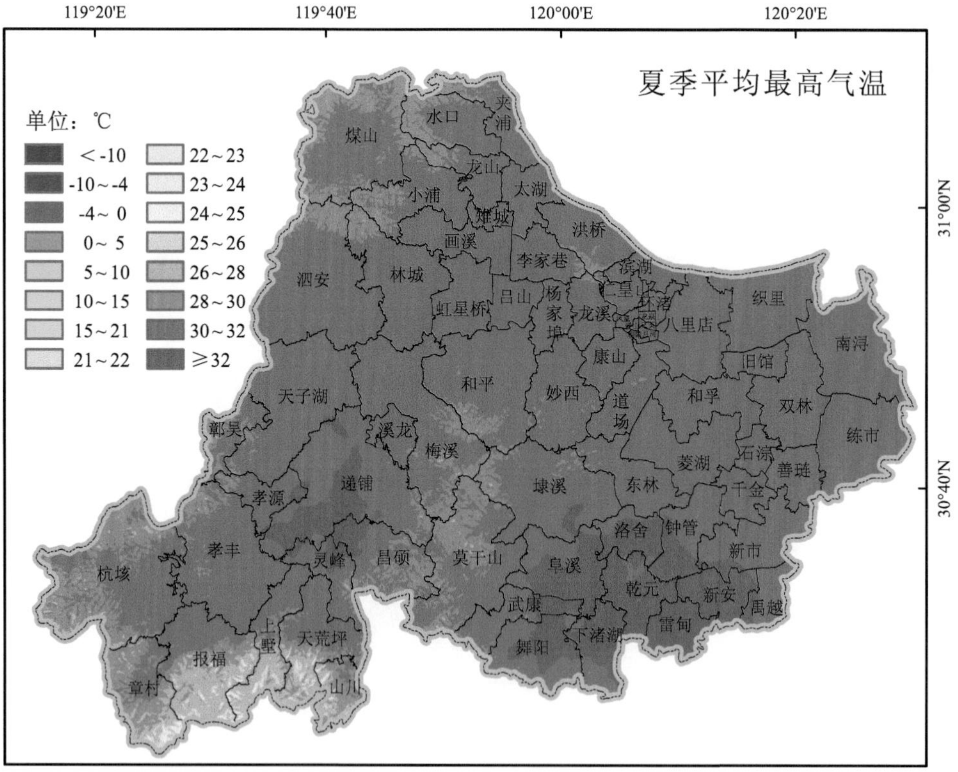
夏季平均最高气温
119°20'E
119°40'E
120°00'E
120°20'E
31°00'N
30°40'N
单位：℃
＜-10
-10～-4
-4～0
0～5
5～10
10～15
15～21
21～22
22～23
23～24
24～25
25～26
26～28
28～30
30～32
≥32
煤山
水口
夹浦
龙山
小浦
太湖
雉城
洪桥
画溪
李家巷
泗安
林城
虹星桥
吕山
杨家埠
龙溪
滨湖
仁皇山
环渚
八里店
织里
南浔
康山
旧馆
和平
妙西
道场
和孚
双林
天子湖
鄣吴
溪龙
梅溪
菱湖
石淙
练市
善琏
递铺
孝源
埭溪
东林
千金
孝丰
杭垓
灵峰
昌硕
莫干山
洛舍
钟管
新市
阜溪
乾元
新安
禹越
武康
雷甸
上墅
天荒坪
报福
舞阳
下渚湖
章村
山川

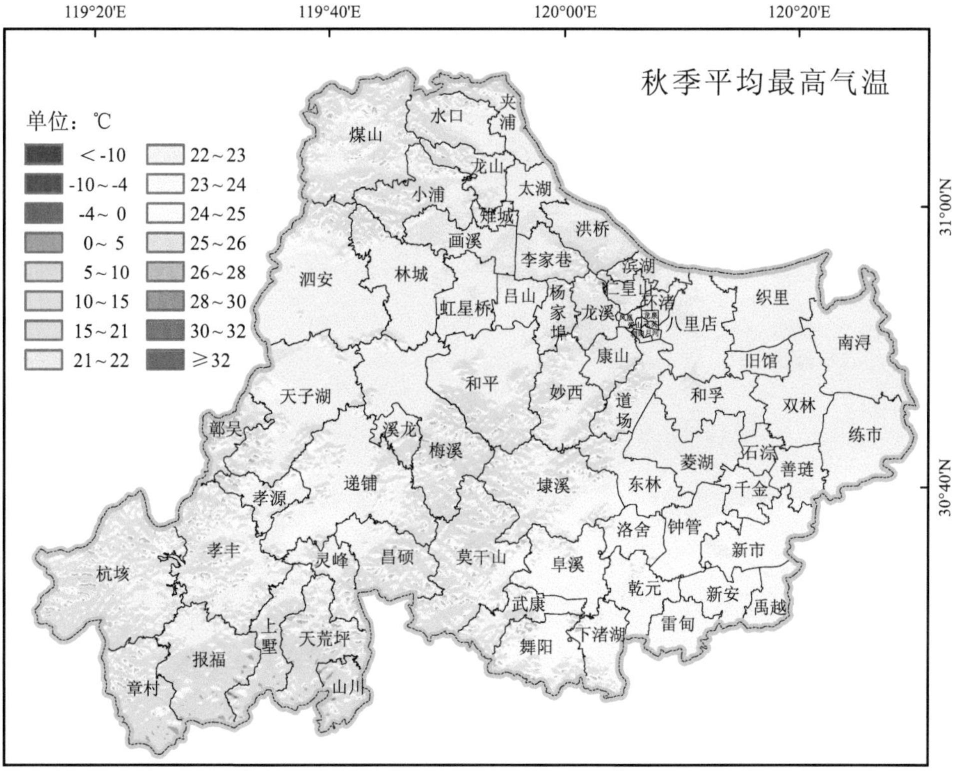
119°20'E
119°40'E
120°00'E
120°20'E
31°00'N
30°40'N
秋季平均最高气温
单位：℃
＜-10
-10～-4
-4～0
0～5
5～10
10～15
15～21
21～22
22～23
23～24
24～25
25～26
26～28
28～30
30～32
≥32
煤山
水口
夹浦
龙山
小浦
太湖
雉城
洪桥
画溪
李家巷
滨湖
泗安
林城
虹星桥
吕山
杨家埠
龙溪
二里山
林港
八里店
织里
南浔
旧馆
和平
康山
妙西
天子湖
道场
和孚
双林
练市
鄣吴
溪龙
梅溪
石淙
菱湖
善琏
递铺
埭溪
东林
千金
孝源
洛舍
钟管
新市
孝丰
灵峰
昌硕
莫干山
阜溪
杭垓
乾元
新安
禹越
武康
上墅
天荒坪
雷甸
报福
下渚湖
舞阳
山川
章村

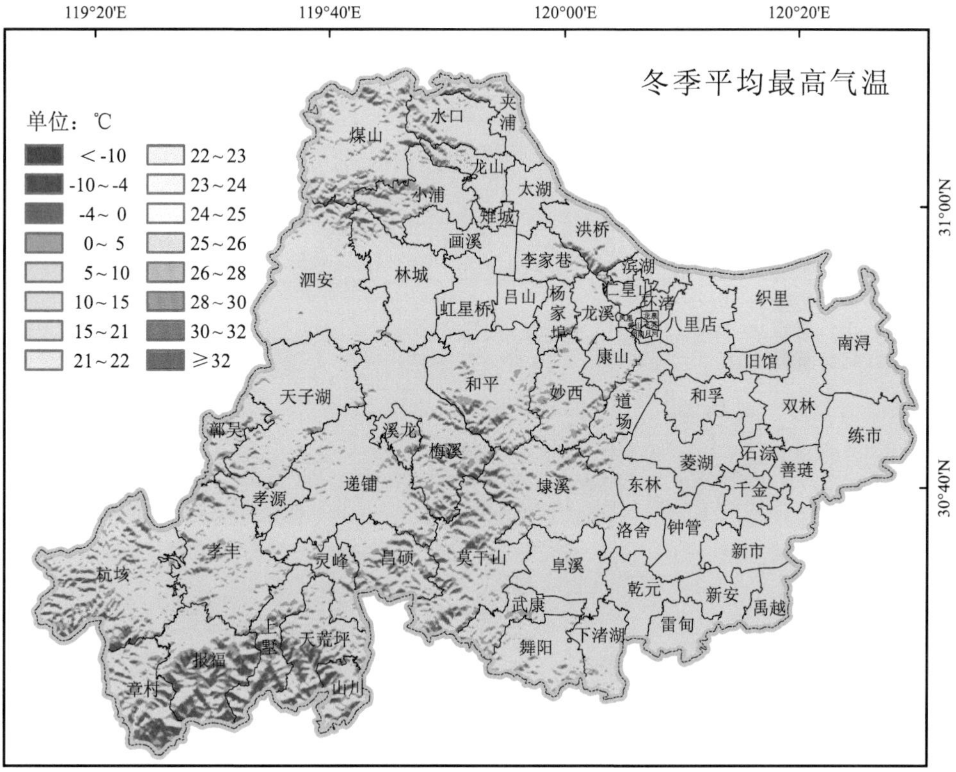
119°20'E
119°40'E
120°00'E
120°20'E
31°00'N
30°40'N
冬季平均最高气温
单位：℃
＜-10
-10～-4
-4～0
0～5
5～10
10～15
15～21
21～22
22～23
23～24
24～25
25～26
26～28
28～30
30～32
≥32
煤山
水口
夹浦
龙山
小浦
太湖
雉城
洪桥
画溪
李家巷
滨湖
泗安
林城
虹星桥
吕山
杨家埠
龙溪
二里山
林港
八里店
织里
南浔
旧馆
和平
康山
妙西
天子湖
道场
和孚
双林
练市
鄣吴
溪龙
梅溪
石淙
菱湖
善琏
递铺
埭溪
东林
千金
孝源
洛舍
钟管
新市
孝丰
灵峰
昌硕
莫干山
阜溪
杭垓
乾元
新安
禹越
武康
上墅
天荒坪
雷甸
报福
下渚湖
舞阳
山川
章村

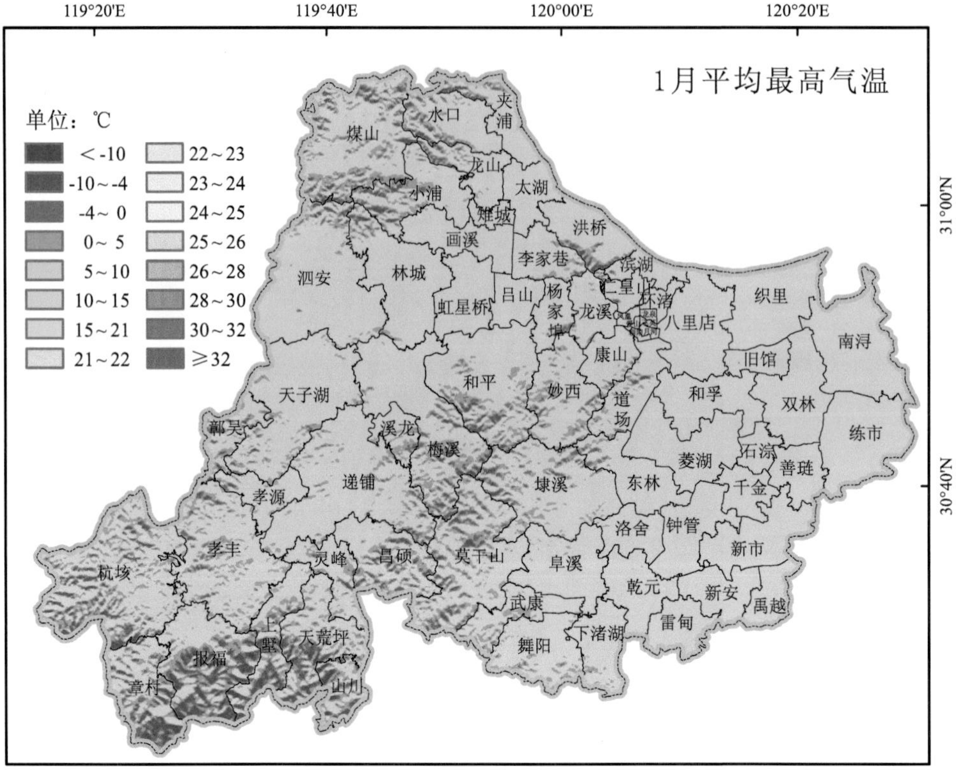
1月平均最高气温
119°20'E
119°40'E
120°00'E
120°20'E
31°00'N
30°40'N
单位：℃
＜-10
-10～-4
-4～0
0～5
5～10
10～15
15～21
21～22
22～23
23～24
24～25
25～26
26～28
28～30
30～32
≥32
煤山
水口
夹浦
龙山
小浦
太湖
雉城
洪桥
画溪
李家巷
泗安
林城
滨湖
虹星桥
吕山
杨家埠
龙溪
环渚
八里店
织里
南浔
旧馆
康山
和平
妙西
道场
和孚
双林
天子湖
鄣吴
溪龙
梅溪
石淙
菱湖
练市
善琏
递铺
埭溪
东林
千金
孝源
洛舍
钟管
新市
孝丰
灵峰
昌硕
莫干山
阜溪
杭垓
乾元
新安
禹越
武康
雷甸
上墅
天荒坪
下渚湖
舞阳
报福
章村
山川

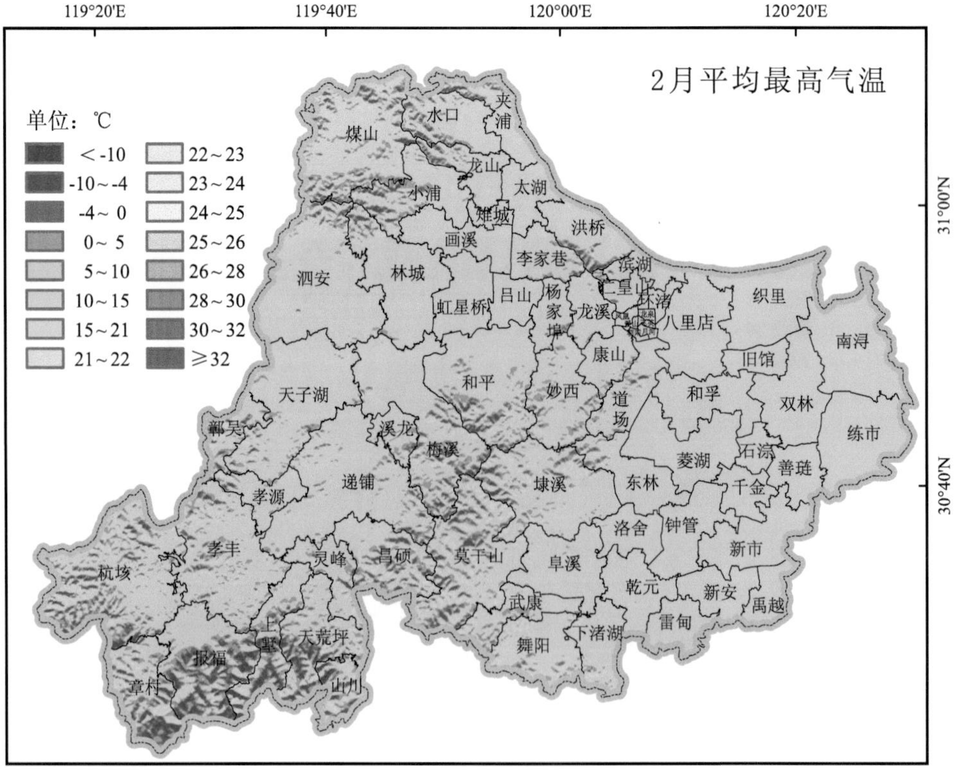
2月平均最高气温
119°20'E
119°40'E
120°00'E
120°20'E
31°00'N
30°40'N
单位：℃
＜-10
-10～-4
-4～0
0～5
5～10
10～15
15～21
21～22
22～23
23～24
24～25
25～26
26～28
28～30
30～32
≥32
煤山
水口
夹浦
龙山
小浦
太湖
雉城
洪桥
画溪
李家巷
泗安
林城
滨湖
虹星桥
吕山
杨家埠
龙溪
环渚
八里店
织里
南浔
旧馆
康山
和平
妙西
道场
和孚
双林
天子湖
鄣吴
溪龙
梅溪
石淙
菱湖
练市
善琏
递铺
埭溪
东林
千金
孝源
洛舍
钟管
新市
孝丰
灵峰
昌硕
莫干山
阜溪
杭垓
乾元
新安
禹越
武康
雷甸
上墅
天荒坪
下渚湖
舞阳
报福
章村
山川

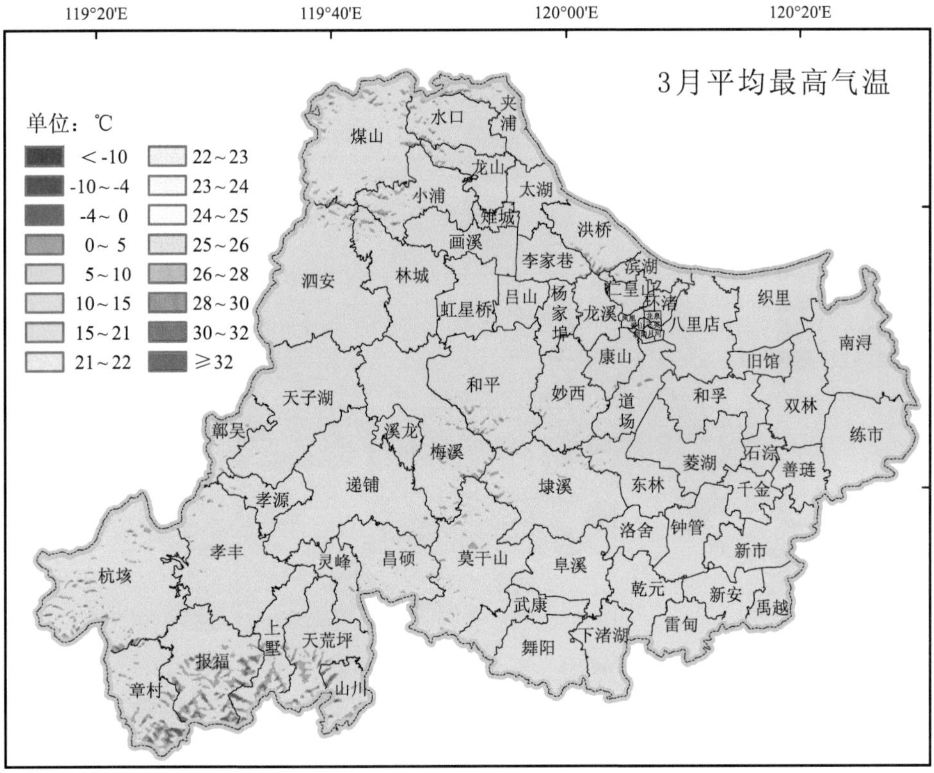
119°20'E
119°40'E
120°00'E
120°20'E
31°00'N
30°40'N
3月平均最高气温
单位：℃
＜-10
-10～-4
-4～0
0～5
5～10
10～15
15～21
21～22
22～23
23～24
24～25
25～26
26～28
28～30
30～32
≥32
煤山
水口
夹浦
龙山
小浦
太湖
雉城
洪桥
画溪
李家巷
滨湖
泗安
林城
吕山
杨家埠
仁皇山
环渚
龙溪
八里店
织里
虹星桥
南浔
旧馆
康山
和平
妙西
道场
和孚
双林
天子湖
练市
鄣吴
溪龙
梅溪
石淙
菱湖
善琏
递铺
埭溪
东林
千金
孝源
洛舍
钟管
孝丰
新市
灵峰
昌硕
莫干山
阜溪
杭垓
乾元
新安
武康
禹越
雷甸
上墅
天荒坪
下渚湖
舞阳
报福
章村
山川

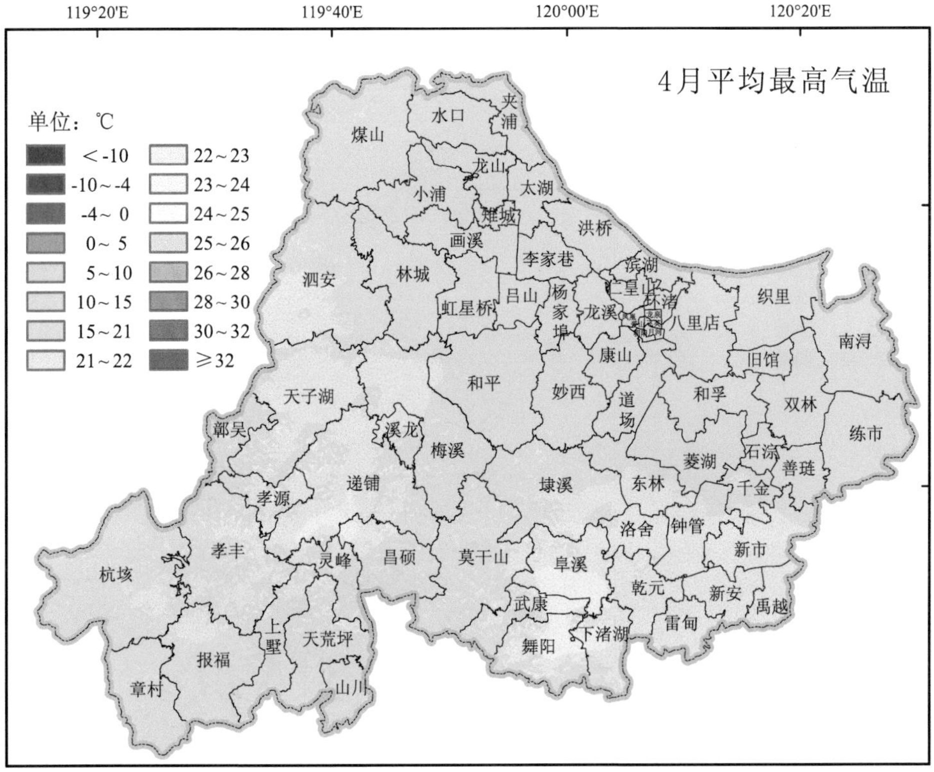
119°20'E
119°40'E
120°00'E
120°20'E
31°00'N
30°40'N
4月平均最高气温
单位：℃
＜-10
-10～-4
-4～0
0～5
5～10
10～15
15～21
21～22
22～23
23～24
24～25
25～26
26～28
28～30
30～32
≥32
煤山
水口
夹浦
龙山
小浦
太湖
雉城
洪桥
画溪
李家巷
滨湖
泗安
林城
吕山
杨家埠
仁皇山
环渚
龙溪
八里店
织里
虹星桥
南浔
旧馆
康山
和平
妙西
道场
和孚
双林
天子湖
练市
鄣吴
溪龙
梅溪
石淙
菱湖
善琏
递铺
埭溪
东林
千金
孝源
洛舍
钟管
孝丰
新市
灵峰
昌硕
莫干山
阜溪
杭垓
乾元
新安
武康
禹越
雷甸
上墅
天荒坪
下渚湖
舞阳
报福
章村
山川

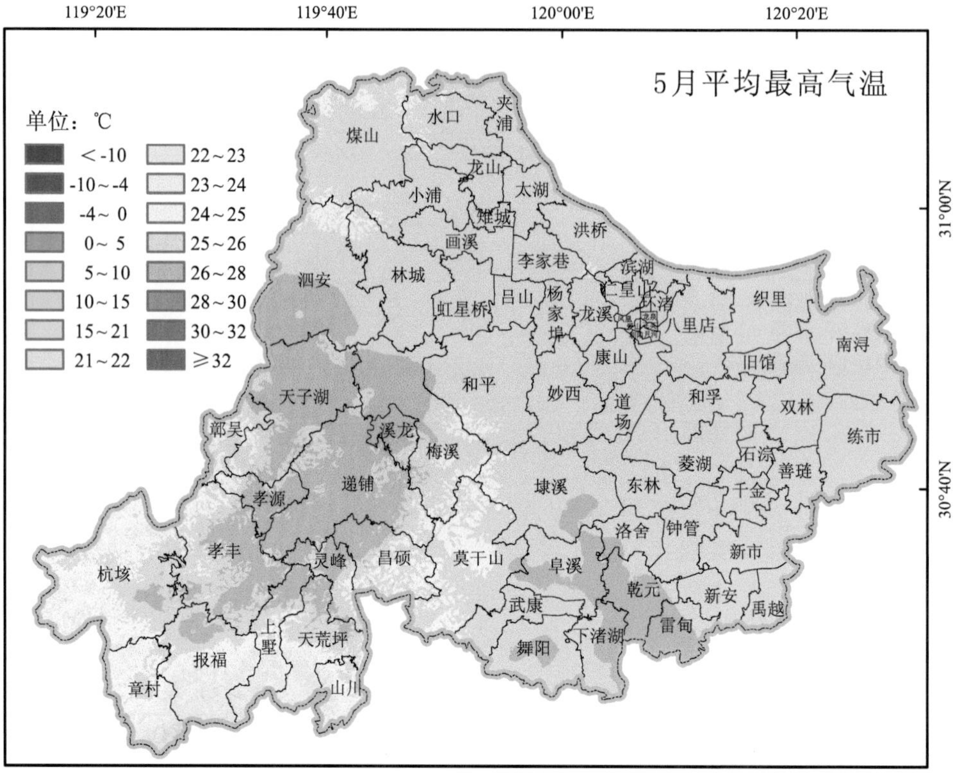
5月平均最高气温
119°20'E
119°40'E
120°00'E
120°20'E
31°00'N
30°40'N
单位：℃
＜-10
-10～-4
-4～0
0～5
5～10
10～15
15～21
21～22
22～23
23～24
24～25
25～26
26～28
28～30
30～32
≥32
煤山
水口
夹浦
龙山
小浦
太湖
雉城
洪桥
画溪
李家巷
滨湖
泗安
林城
虹星桥
吕山
杨家埠
仁皇山
龙溪
环渚
八里店
织里
南浔
旧馆
康山
和平
妙西
道场
和孚
双林
天子湖
鄣吴
溪龙
梅溪
菱湖
石淙
练市
善琏
递铺
孝源
埭溪
东林
千金
洛舍
钟管
孝丰
灵峰
昌硕
莫干山
阜溪
新市
杭垓
乾元
新安
禹越
武康
雷甸
上墅
天荒坪
舞阳
下渚湖
报福
山川
章村

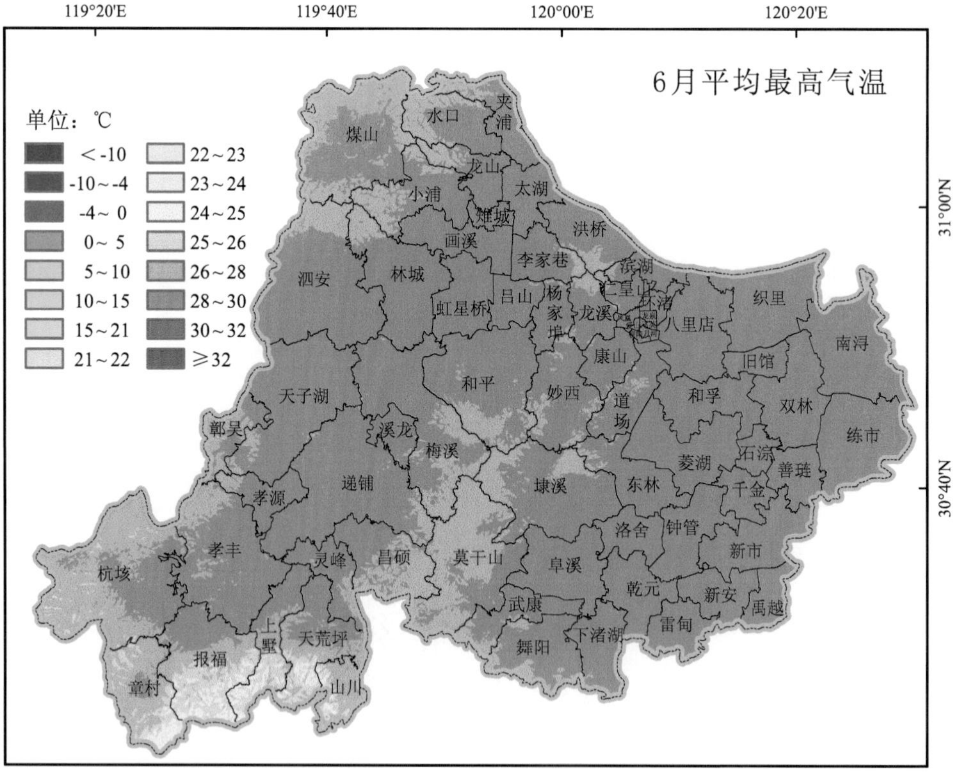
6月平均最高气温
119°20'E
119°40'E
120°00'E
120°20'E
31°00'N
30°40'N
单位：℃
＜-10
-10～-4
-4～0
0～5
5～10
10～15
15～21
21～22
22～23
23～24
24～25
25～26
26～28
28～30
30～32
≥32
煤山
水口
夹浦
龙山
小浦
太湖
雉城
洪桥
画溪
李家巷
滨湖
泗安
林城
虹星桥
吕山
杨家埠
仁皇山
龙溪
环渚
八里店
织里
南浔
旧馆
康山
和平
妙西
道场
和孚
双林
天子湖
鄣吴
溪龙
梅溪
菱湖
石淙
练市
善琏
递铺
孝源
埭溪
东林
千金
洛舍
钟管
孝丰
灵峰
昌硕
莫干山
阜溪
新市
杭垓
乾元
新安
禹越
武康
雷甸
上墅
天荒坪
舞阳
下渚湖
报福
山川
章村

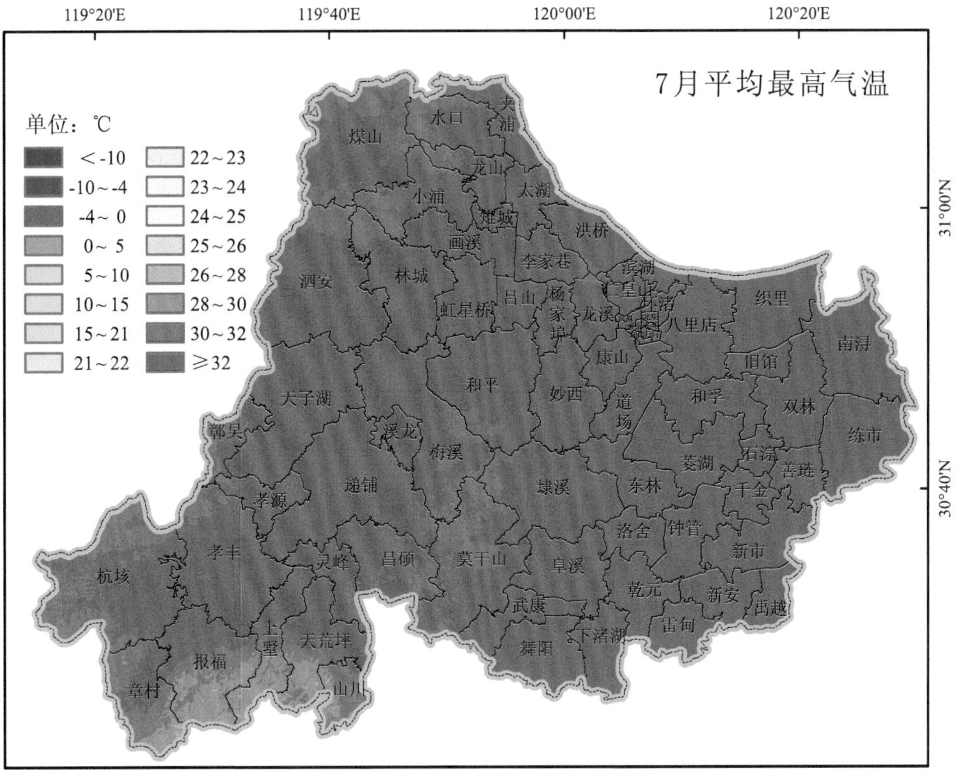
119°20'E
119°40'E
120°00'E
120°20'E
31°00'N
30°40'N
7月平均最高气温
单位：℃
＜-10
-10～-4
-4～0
0～5
5～10
10～15
15～21
21～22
22～23
23～24
24～25
25～26
26～28
28～30
30～32
≥32
煤山
水口
夹浦
龙山
小浦
太湖
雉城
洪桥
画溪
李家巷
泗安
林城
吕山
杨家埠
龙溪
仁皇山
滨湖
环渚
八里店
织里
南浔
虹星桥
康山
旧馆
和平
妙西
道场
和孚
双林
天子湖
鄣吴
溪龙
梅溪
菱湖
石淙
善琏
练市
递铺
埭溪
东林
千金
孝源
洛舍
钟管
新市
孝丰
灵峰
昌硕
莫干山
阜溪
杭垓
乾元
新安
禹越
武康
雷甸
上墅
天荒坪
舞阳
下渚湖
报福
章村
山川

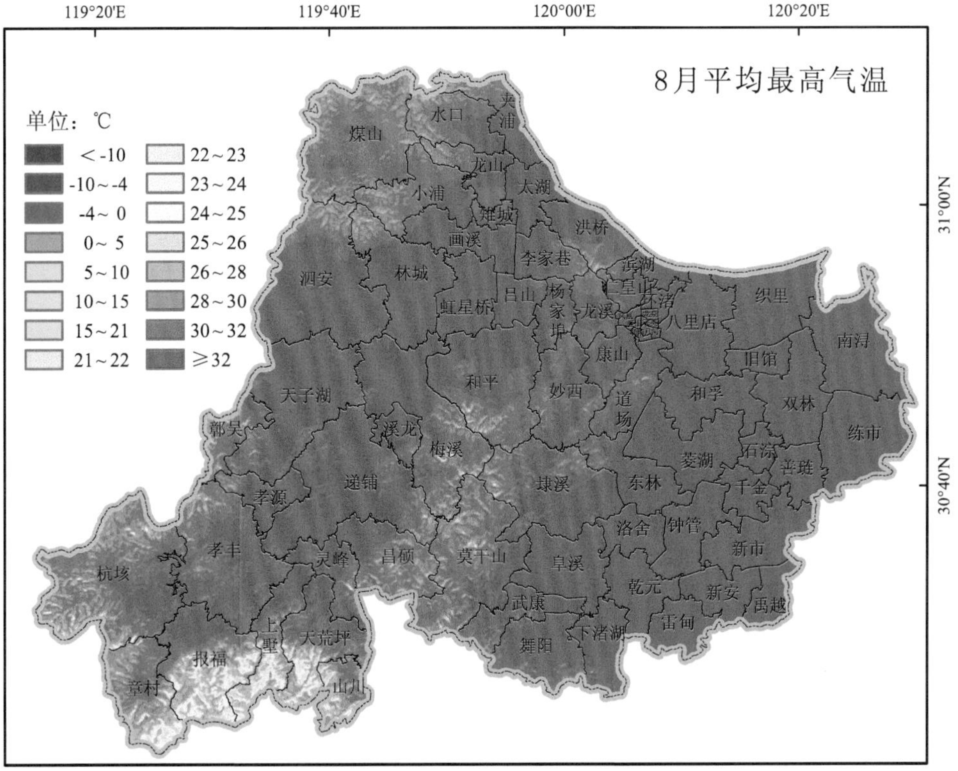
119°20'E
119°40'E
120°00'E
120°20'E
31°00'N
30°40'N
8月平均最高气温
单位：℃
＜-10
-10～-4
-4～0
0～5
5～10
10～15
15～21
21～22
22～23
23～24
24～25
25～26
26～28
28～30
30～32
≥32
煤山
水口
夹浦
龙山
小浦
太湖
雉城
洪桥
画溪
李家巷
泗安
林城
吕山
杨家埠
龙溪
仁皇山
滨湖
环渚
八里店
织里
南浔
虹星桥
康山
旧馆
和平
妙西
道场
和孚
双林
天子湖
鄣吴
溪龙
梅溪
菱湖
石淙
善琏
练市
递铺
埭溪
东林
千金
孝源
洛舍
钟管
新市
孝丰
灵峰
昌硕
莫干山
阜溪
杭垓
乾元
新安
禹越
武康
雷甸
上墅
天荒坪
舞阳
下渚湖
报福
章村
山川

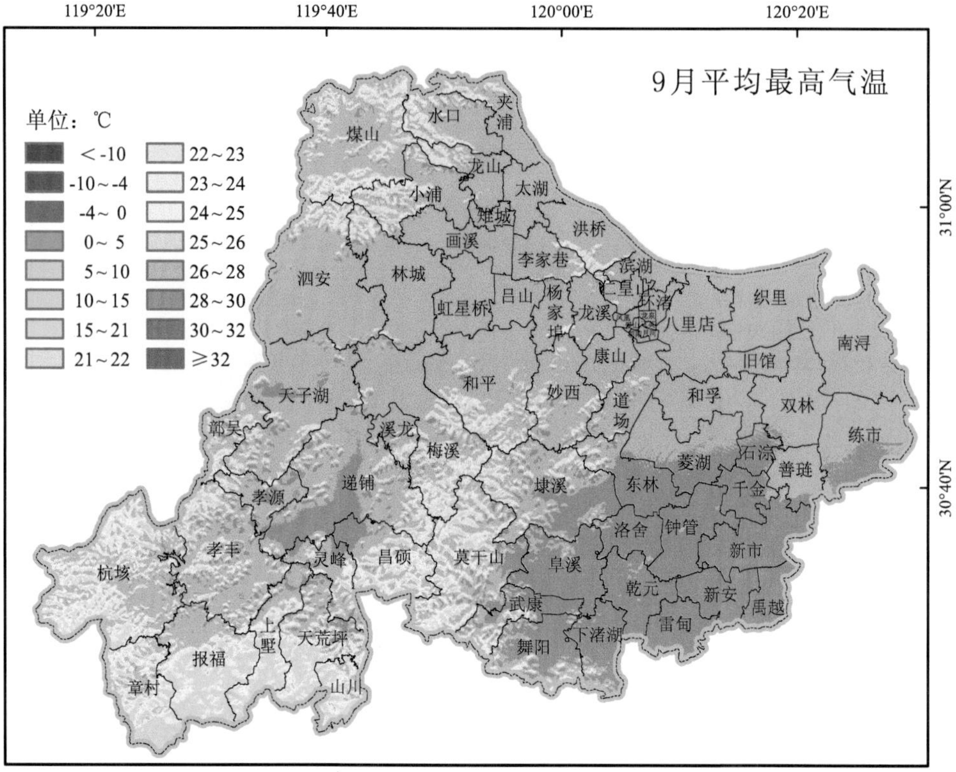
9月平均最高气温
单位：℃
＜-10
-10～-4
-4～0
0～5
5～10
10～15
15～21
21～22
22～23
23～24
24～25
25～26
26～28
28～30
30～32
≥32
119°20'E
119°40'E
120°00'E
120°20'E
31°00'N
30°40'N
煤山
水口
夹浦
龙山
小浦
太湖
雉城
洪桥
画溪
李家巷
泗安
林城
滨湖
虹星桥
吕山
杨家埠
龙溪
八里店
织里
南浔
康山
旧馆
天子湖
和平
妙西
和孚
双林
鄣吴
溪龙
梅溪
道场
练市
菱湖
石淙
善琏
孝源
递铺
埭溪
东林
千金
孝丰
灵峰
昌硕
莫干山
洛舍
钟管
新市
杭垓
阜溪
乾元
新安
禹越
武康
雷甸
上墅
天荒坪
报福
舞阳
下渚湖
章村
山川

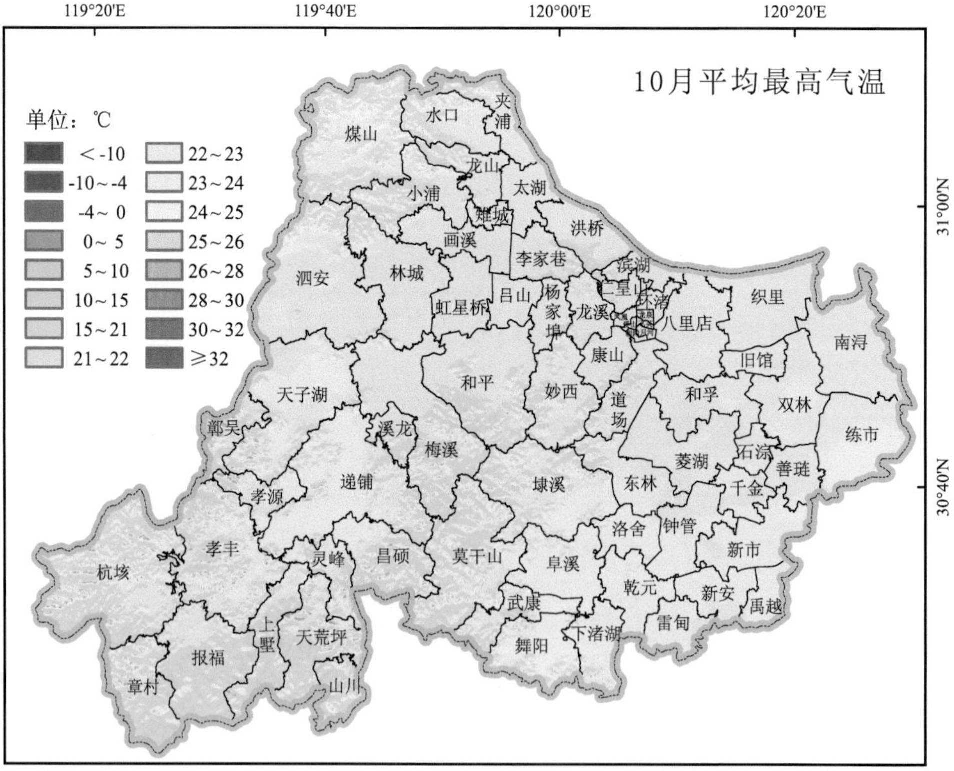
10月平均最高气温
单位：℃
＜-10
-10～-4
-4～0
0～5
5～10
10～15
15～21
21～22
22～23
23～24
24～25
25～26
26～28
28～30
30～32
≥32
119°20'E
119°40'E
120°00'E
120°20'E
31°00'N
30°40'N
煤山
水口
夹浦
龙山
小浦
太湖
雉城
洪桥
画溪
李家巷
泗安
林城
滨湖
虹星桥
吕山
杨家埠
龙溪
八里店
织里
南浔
康山
旧馆
天子湖
和平
妙西
和孚
双林
鄣吴
溪龙
梅溪
道场
练市
菱湖
石淙
善琏
孝源
递铺
埭溪
东林
千金
孝丰
灵峰
昌硕
莫干山
洛舍
钟管
新市
杭垓
阜溪
乾元
新安
禹越
武康
雷甸
上墅
天荒坪
报福
舞阳
下渚湖
章村
山川

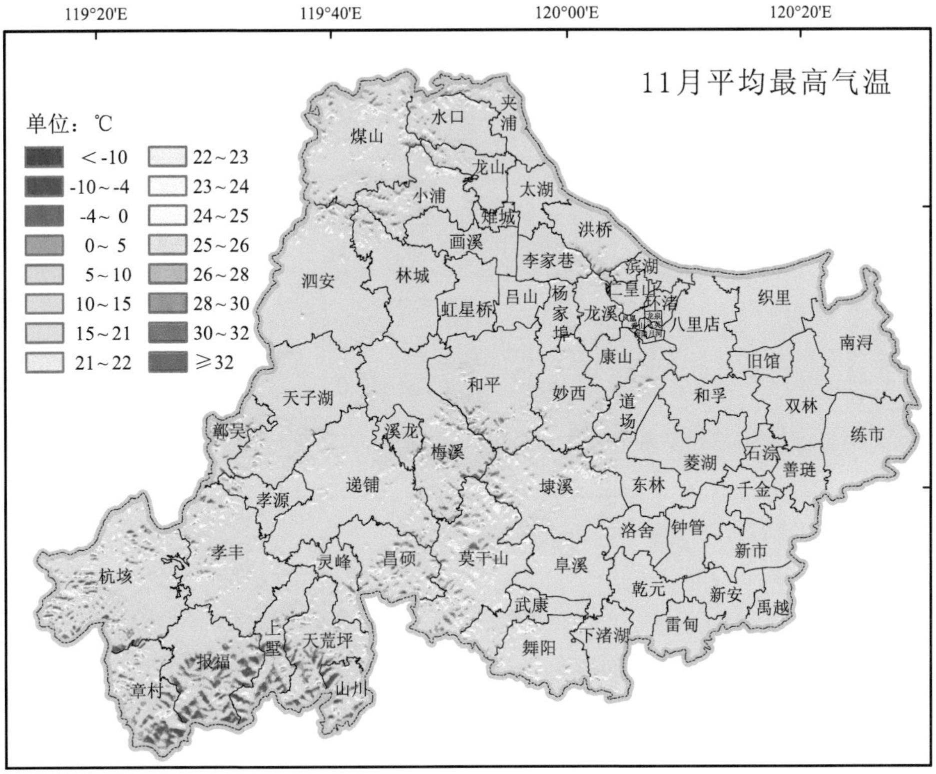

11月平均最高气温

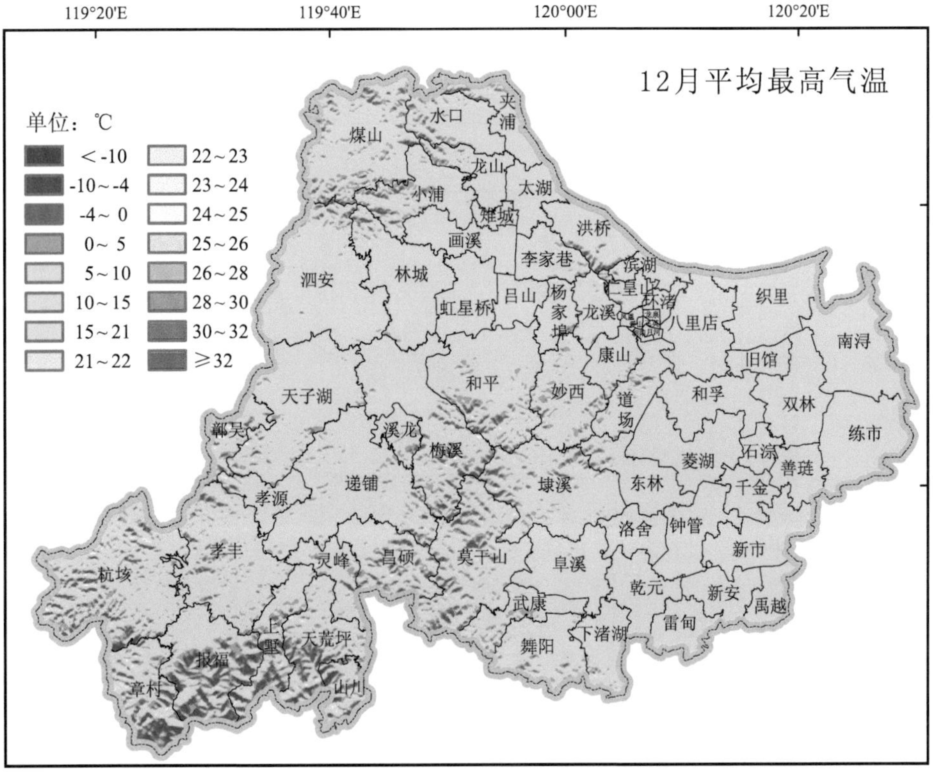

12月平均最高气温

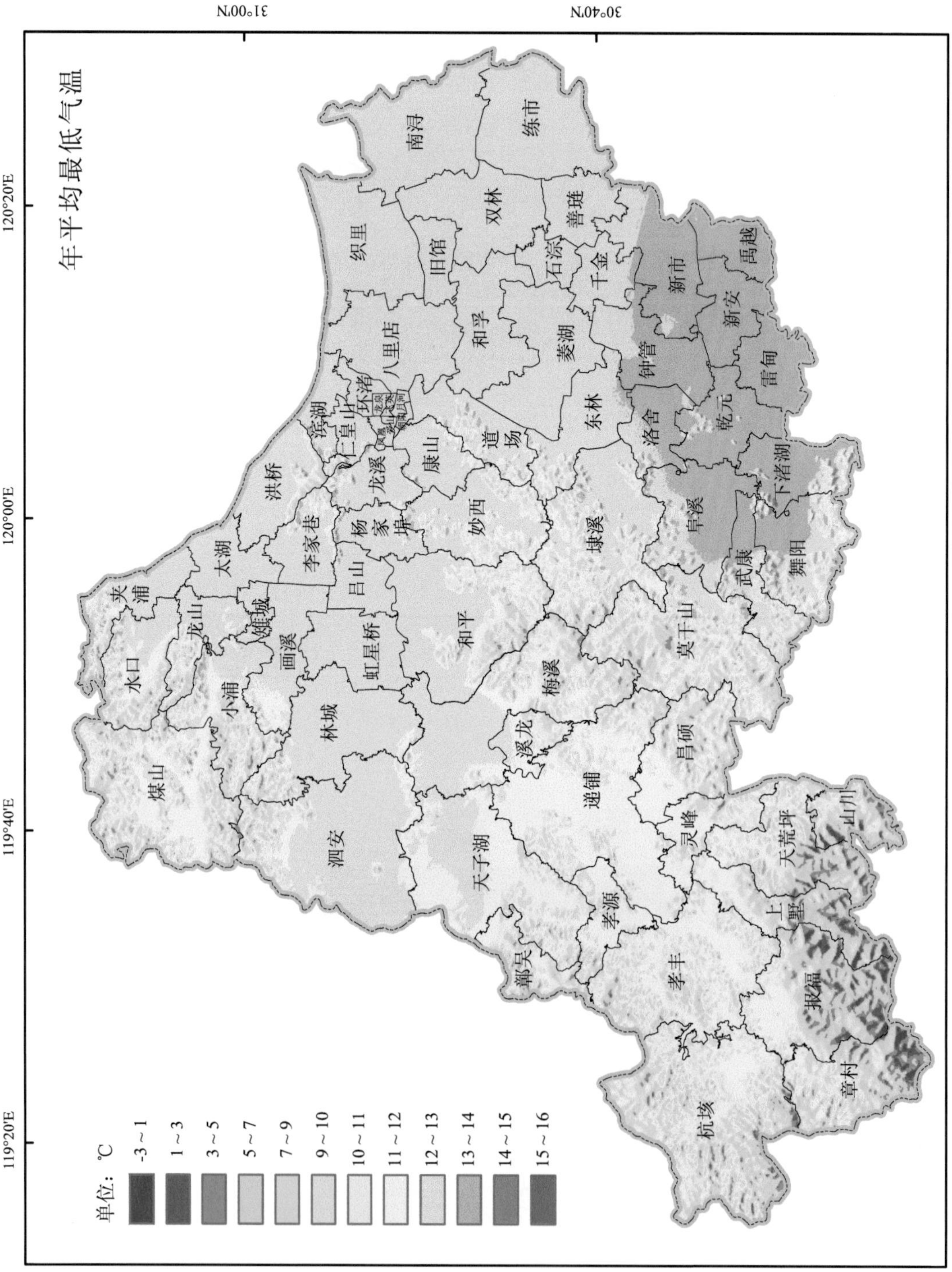
年平均最低气温
单位：℃
-3 ~ 1
1 ~ 3
3 ~ 5
5 ~ 7
7 ~ 9
9 ~ 10
10 ~ 11
11 ~ 12
12 ~ 13
13 ~ 14
14 ~ 15
15 ~ 16
31°00'N
30°40'N
120°20'E
120°00'E
119°40'E
119°20'E
南浔
练市
双林
善琏
织里
旧馆
石淙
千金
和孚
菱湖
八里店
环渚
滨湖
仁皇山
龙溪
康山
道场
东林
钟管
新市
禹越
新安
雷甸
洛舍
乾元
下渚湖
洪桥
李家巷
杨家埠
妙西
埭溪
阜溪
武康
舞阳
太湖
夹浦
龙山
雉城
画溪
吕山
虹星桥
和平
莫干山
水口
小浦
林城
梅溪
溪龙
昌硕
煤山
泗安
天子湖
递铺
灵峰
天荒坪
山川
孝源
上墅
鄣吴
孝丰
报福
章村
杭垓

春季平均最低气温
单位：℃
＜-10
-10～-4
-4～0
0～3
3～6
6～9
9～12
12～15
15～16
16～17
17～20
20～23
≥23
119°20'E
119°40'E
120°00'E
120°20'E
31°00'N
30°40'N
煤山
水口
夹浦
龙山
小浦
太湖
雉城
洪桥
画溪
李家巷
泗安
林城
滨湖
吕山
杨家埠
龙溪
林湖
八里店
织里
虹星桥
康山
旧馆
南浔
和平
妙西
道场
和孚
双林
天子湖
鄣吴
溪龙
梅溪
递铺
埭溪
东林
菱湖
石淙
善琏
练市
千金
孝源
洛舍
钟管
新市
孝丰
杭垓
灵峰
昌硕
莫干山
阜溪
乾元
新安
禹越
武康
雷甸
上墅
天荒坪
报福
舞阳
下渚湖
章村
山川

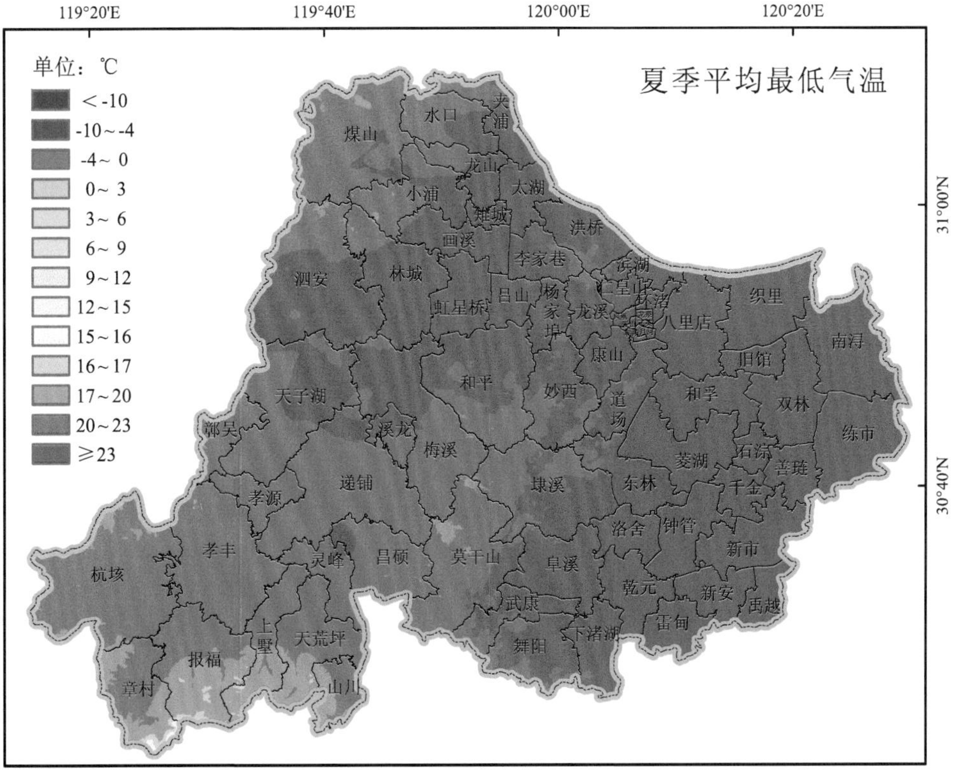
夏季平均最低气温
单位：℃
＜-10
-10～-4
-4～0
0～3
3～6
6～9
9～12
12～15
15～16
16～17
17～20
20～23
≥23
119°20'E
119°40'E
120°00'E
120°20'E
31°00'N
30°40'N
煤山
水口
夹浦
龙山
小浦
太湖
雉城
洪桥
画溪
李家巷
泗安
林城
滨湖
吕山
杨家埠
龙溪
林湖
八里店
织里
虹星桥
康山
旧馆
南浔
和平
妙西
道场
和孚
双林
天子湖
鄣吴
溪龙
梅溪
递铺
埭溪
东林
菱湖
石淙
善琏
练市
千金
孝源
洛舍
钟管
新市
孝丰
杭垓
灵峰
昌硕
莫干山
阜溪
乾元
新安
禹越
武康
雷甸
上墅
天荒坪
报福
舞阳
下渚湖
章村
山川

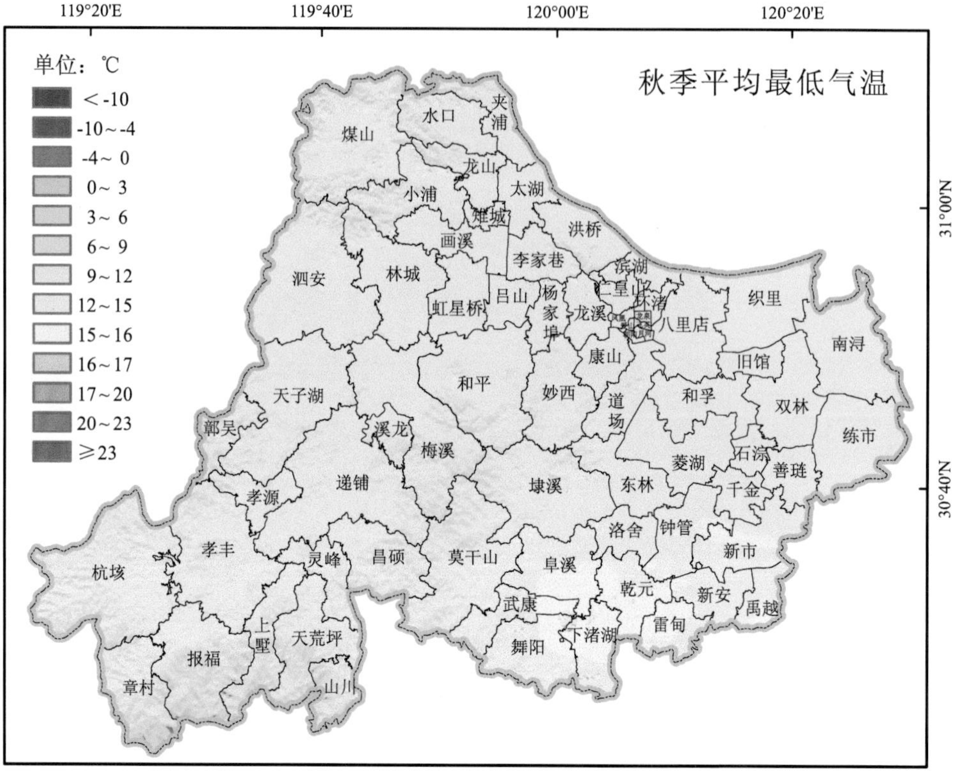
秋季平均最低气温
单位：℃
<-10
-10～-4
-4～0
0～3
3～6
6～9
9～12
12～15
15～16
16～17
17～20
20～23
≥23
119°20'E
119°40'E
120°00'E
120°20'E
31°00'N
30°40'N
水口
夹浦
煤山
龙山
小浦
太湖
雉城
洪桥
画溪
李家巷
泗安
林城
滨湖
仁皇山
环渚
织里
虹星桥
吕山
杨家埠
龙溪
八里店
南浔
旧馆
康山
和平
妙西
天子湖
道场
和孚
双林
鄣吴
溪龙
梅溪
菱湖
石淙
练市
递铺
埭溪
东林
善琏
孝源
千金
洛舍
钟管
孝丰
新市
杭垓
灵峰
昌硕
莫干山
阜溪
乾元
新安
武康
禹越
上墅
天荒坪
报福
雷甸
舞阳
下渚湖
章村
山川

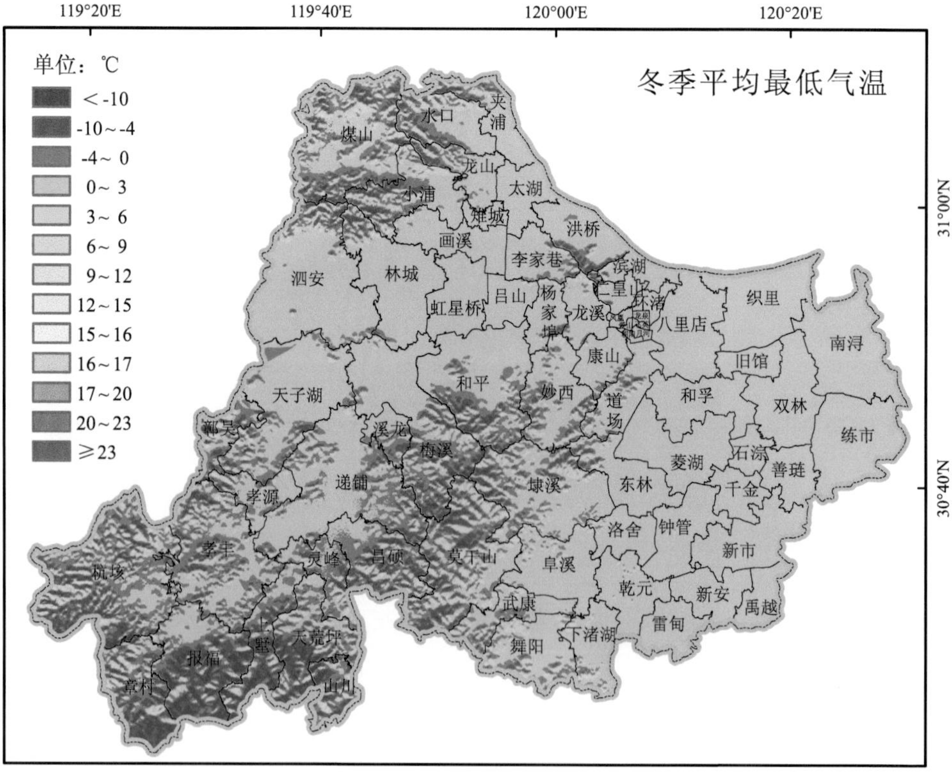
冬季平均最低气温
单位：℃
<-10
-10～-4
-4～0
0～3
3～6
6～9
9～12
12～15
15～16
16～17
17～20
20～23
≥23
119°20'E
119°40'E
120°00'E
120°20'E
31°00'N
30°40'N
水口
夹浦
煤山
龙山
小浦
太湖
雉城
洪桥
画溪
李家巷
泗安
林城
滨湖
仁皇山
环渚
织里
虹星桥
吕山
杨家埠
龙溪
八里店
南浔
旧馆
康山
和平
妙西
天子湖
道场
和孚
双林
鄣吴
溪龙
梅溪
菱湖
石淙
练市
递铺
埭溪
东林
善琏
孝源
千金
洛舍
钟管
孝丰
新市
杭垓
灵峰
昌硕
莫干山
阜溪
乾元
新安
武康
禹越
上墅
天荒坪
报福
雷甸
舞阳
下渚湖
章村
山川

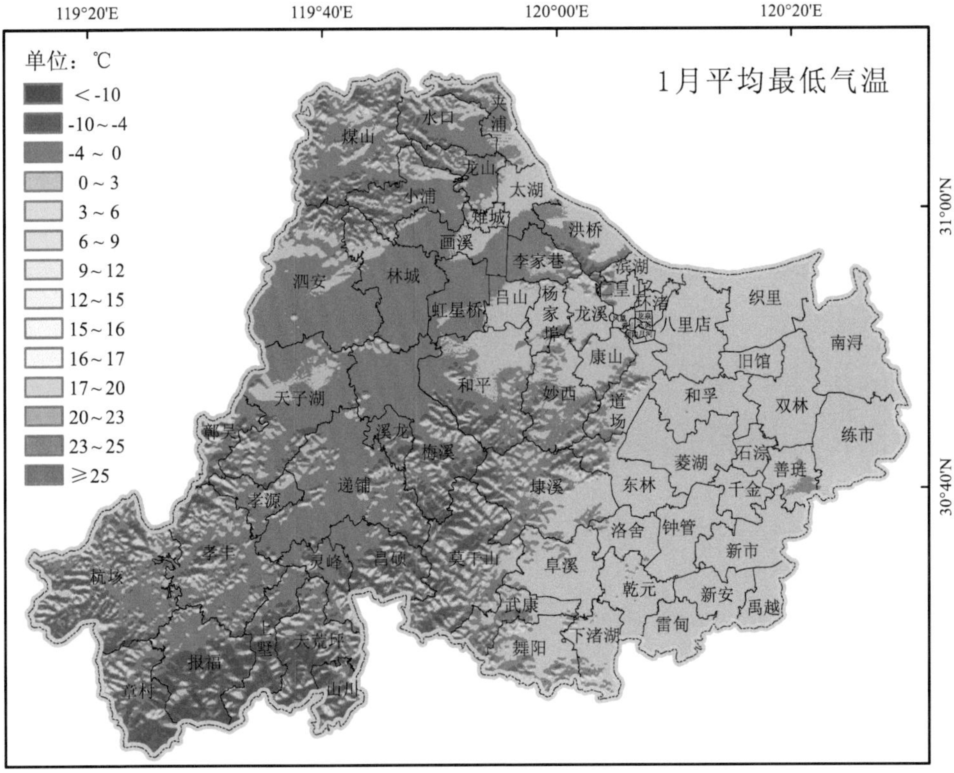
119°20'E
119°40'E
120°00'E
120°20'E
31°00'N
30°40'N
单位：℃
＜-10
-10～-4
-4～0
0～3
3～6
6～9
9～12
12～15
15～16
16～17
17～20
20～23
23～25
≥25
1月平均最低气温
水口
夹浦
煤山
龙山
小浦
太湖
雉城
洪桥
画溪
李家巷
滨湖
泗安
林城
吕山
杨家埠
龙溪
环渚
织里
虹星桥
八里店
南浔
康山
旧馆
和平
妙西
和孚
双林
天子湖
道场
鄣吴
溪龙
梅溪
菱湖
石淙
练市
善琏
递铺
埭溪
东林
千金
孝源
洛舍
钟管
孝丰
灵峰
昌硕
莫干山
阜溪
新市
杭垓
乾元
新安
武康
禹越
雷甸
天荒坪
上墅
下渚湖
报福
舞阳
章村
山川

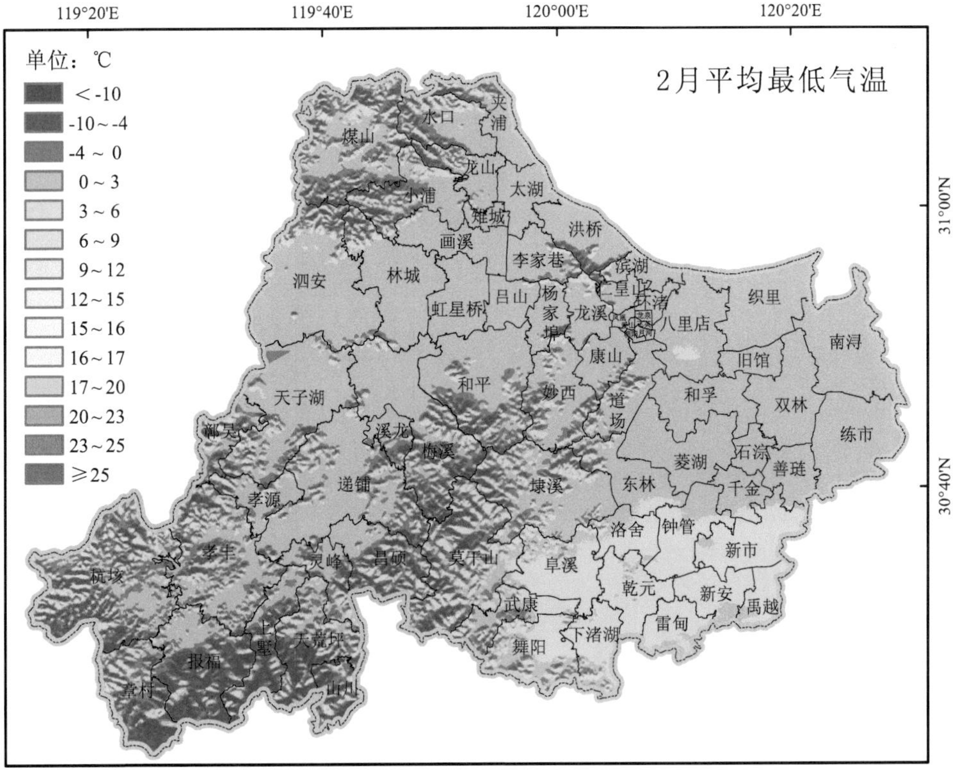
119°20'E
119°40'E
120°00'E
120°20'E
31°00'N
30°40'N
单位：℃
＜-10
-10～-4
-4～0
0～3
3～6
6～9
9～12
12～15
15～16
16～17
17～20
20～23
23～25
≥25
2月平均最低气温
水口
夹浦
煤山
龙山
小浦
太湖
雉城
洪桥
画溪
李家巷
滨湖
泗安
林城
吕山
杨家埠
龙溪
环渚
织里
虹星桥
八里店
南浔
康山
旧馆
和平
妙西
和孚
双林
天子湖
道场
鄣吴
溪龙
梅溪
菱湖
石淙
练市
善琏
递铺
埭溪
东林
千金
孝源
洛舍
钟管
孝丰
灵峰
昌硕
莫干山
阜溪
新市
杭垓
乾元
新安
武康
禹越
雷甸
天荒坪
上墅
下渚湖
报福
舞阳
章村
山川

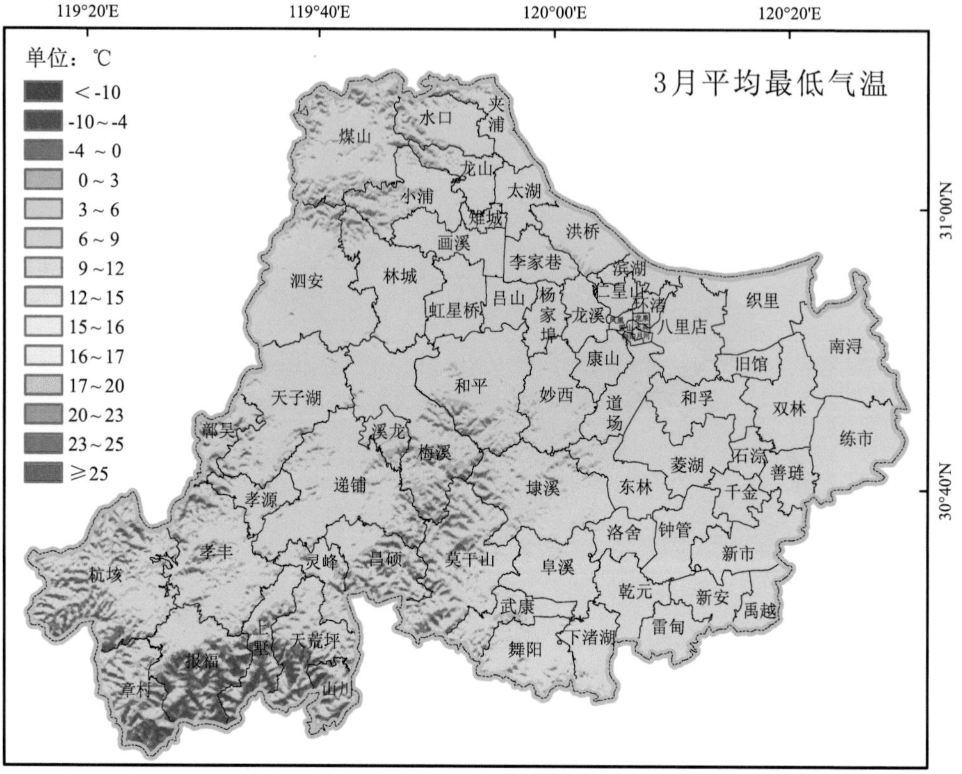
119°20'E
119°40'E
120°00'E
120°20'E
31°00'N
30°40'N
单位：℃
＜-10
-10～-4
-4 ～0
0～3
3～6
6～9
9～12
12～15
15～16
16～17
17～20
20～23
23～25
≥25
3月平均最低气温
煤山
水口
夹浦
龙山
小浦
太湖
雉城
洪桥
画溪
李家巷
泗安
林城
滨湖
仁皇山
吕山
杨家埠
环渚
龙溪
虹星桥
八里店
织里
康山
旧馆
南浔
和平
妙西
道场
和孚
双林
天子湖
鄣吴
溪龙
梅溪
练市
菱湖
石淙
善琏
递铺
埭溪
东林
千金
孝源
洛舍
钟管
孝丰
新市
灵峰
昌硕
莫干山
阜溪
杭垓
乾元
新安
武康
禹越
雷甸
上墅
天荒坪
舞阳
下渚湖
报福
章村
山川

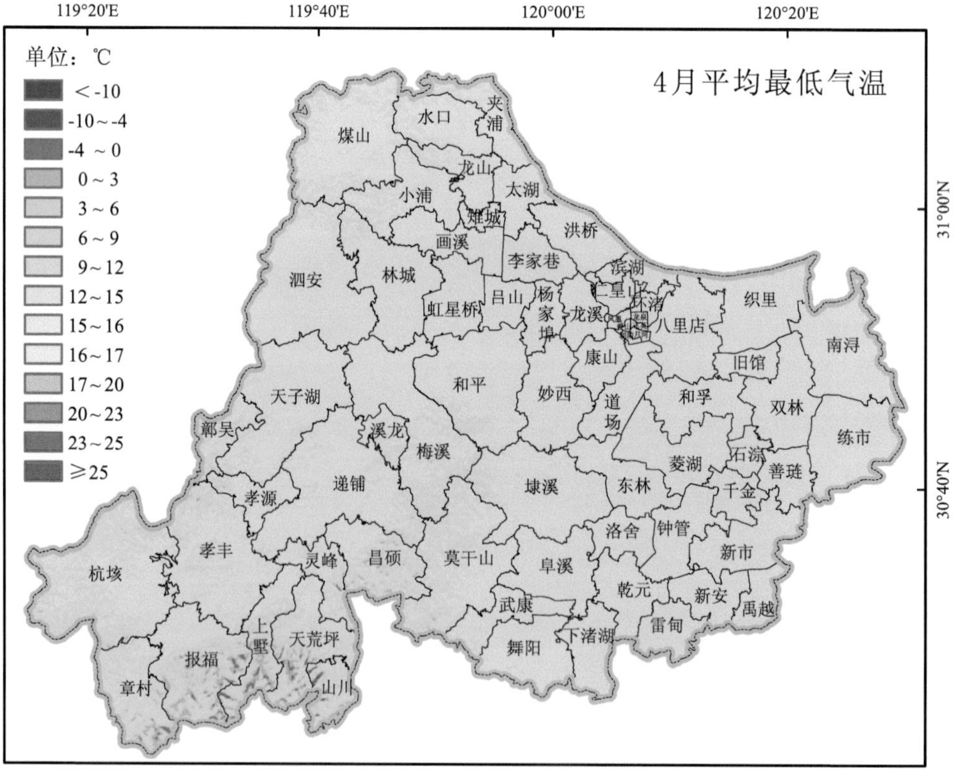
119°20'E
119°40'E
120°00'E
120°20'E
31°00'N
30°40'N
单位：℃
＜-10
-10～-4
-4 ～0
0～3
3～6
6～9
9～12
12～15
15～16
16～17
17～20
20～23
23～25
≥25
4月平均最低气温
煤山
水口
夹浦
龙山
小浦
太湖
雉城
洪桥
画溪
李家巷
泗安
林城
滨湖
仁皇山
吕山
杨家埠
环渚
龙溪
虹星桥
八里店
织里
康山
旧馆
南浔
和平
妙西
道场
和孚
双林
天子湖
鄣吴
溪龙
梅溪
练市
菱湖
石淙
善琏
递铺
埭溪
东林
千金
孝源
洛舍
钟管
孝丰
新市
灵峰
昌硕
莫干山
阜溪
杭垓
乾元
新安
武康
禹越
雷甸
上墅
天荒坪
舞阳
下渚湖
报福
章村
山川

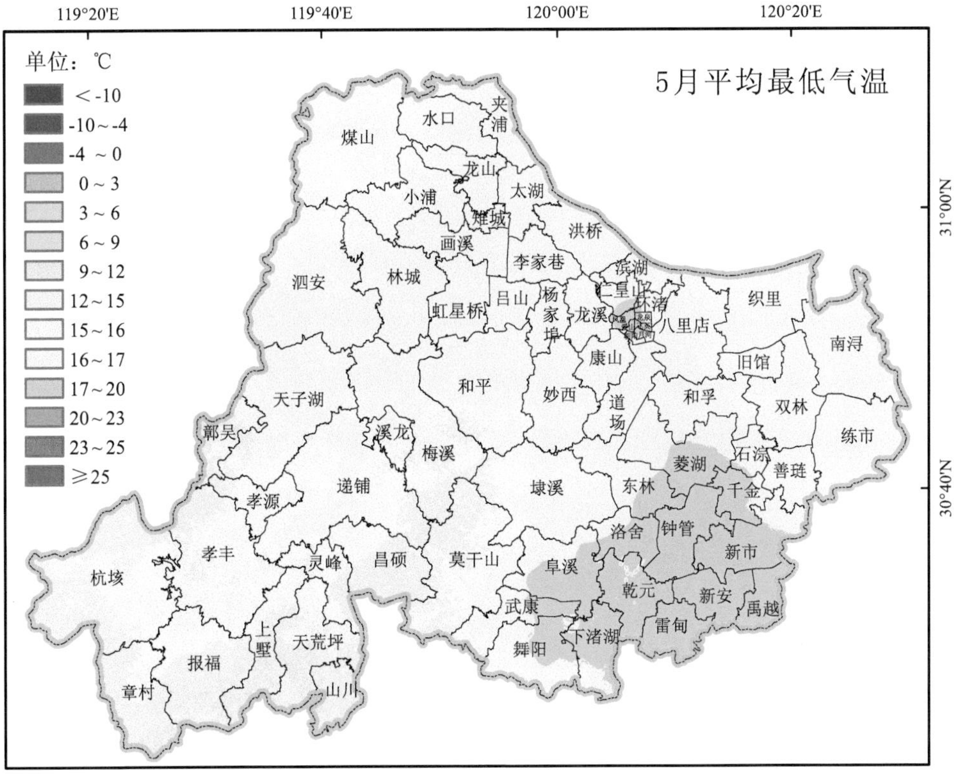
5月平均最低气温
单位：℃
＜-10
-10～-4
-4 ～0
0～3
3～6
6～9
9～12
12～15
15～16
16～17
17～20
20～23
23～25
≥25
119°20'E
119°40'E
120°00'E
120°20'E
31°00'N
30°40'N
煤山
水口
夹浦
龙山
小浦
太湖
雉城
洪桥
画溪
李家巷
滨湖
泗安
林城
吕山
杨家埠
龙溪
仁皇山
环渚
八里店
织里
虹星桥
康山
旧馆
南浔
和平
妙西
道场
和孚
双林
天子湖
溪龙
梅溪
菱湖
石淙
练市
鄣吴
递铺
埭溪
东林
千金
善琏
孝源
洛舍
钟管
新市
孝丰
灵峰
昌硕
莫干山
阜溪
杭垓
乾元
新安
禹越
武康
雷甸
上墅
天荒坪
下渚湖
报福
舞阳
章村
山川

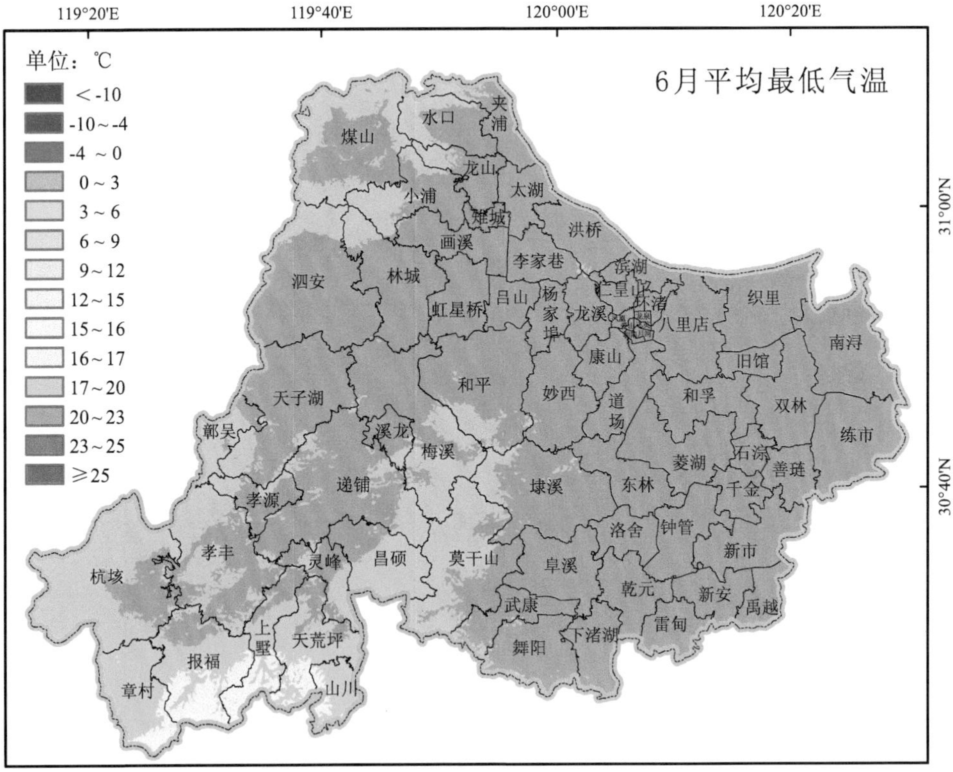
6月平均最低气温
单位：℃
＜-10
-10～-4
-4 ～0
0～3
3～6
6～9
9～12
12～15
15～16
16～17
17～20
20～23
23～25
≥25
119°20'E
119°40'E
120°00'E
120°20'E
31°00'N
30°40'N
煤山
水口
夹浦
龙山
小浦
太湖
雉城
洪桥
画溪
李家巷
滨湖
泗安
林城
吕山
杨家埠
龙溪
仁皇山
环渚
八里店
织里
虹星桥
康山
旧馆
南浔
和平
妙西
道场
和孚
双林
天子湖
溪龙
梅溪
菱湖
石淙
练市
鄣吴
递铺
埭溪
东林
千金
善琏
孝源
洛舍
钟管
新市
孝丰
灵峰
昌硕
莫干山
阜溪
杭垓
乾元
新安
禹越
武康
雷甸
上墅
天荒坪
下渚湖
报福
舞阳
章村
山川

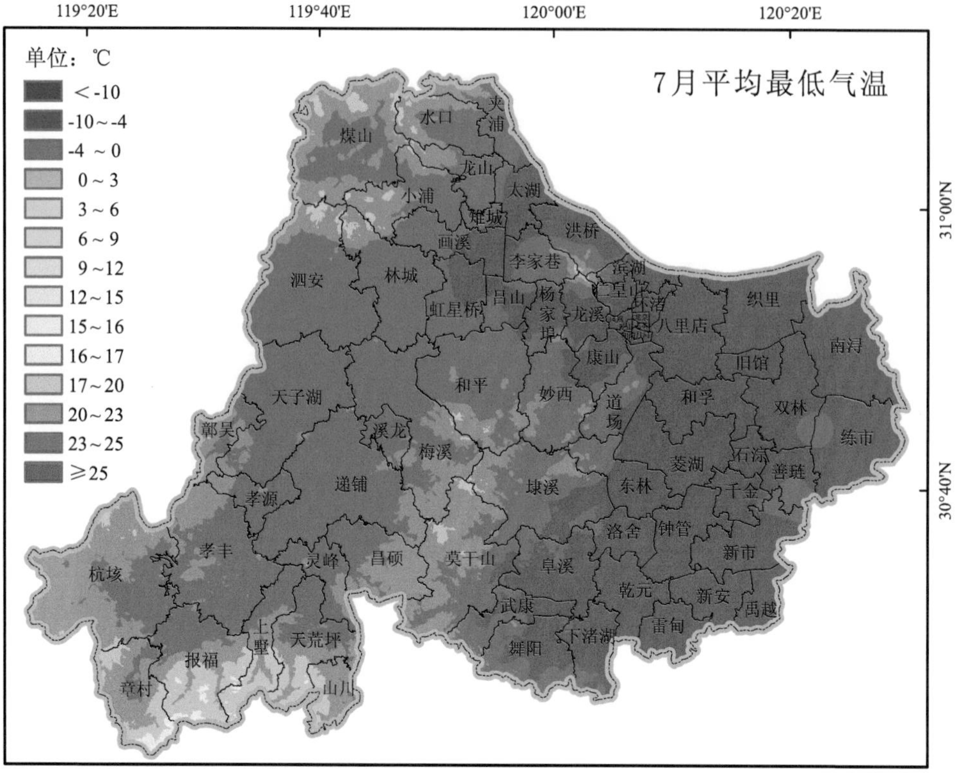
7月平均最低气温
单位：℃
＜-10
-10～-4
-4 ～0
0～3
3～6
6～9
9～12
12～15
15～16
16～17
17～20
20～23
23～25
≥25
119°20'E
119°40'E
120°00'E
120°20'E
31°00'N
30°40'N
煤山
水口
夹浦
龙山
小浦
太湖
雉城
洪桥
画溪
李家巷
滨湖
泗安
林城
仁皇山
吕山
杨家埠
龙溪
虹星桥
八里店
织里
南浔
康山
旧馆
和平
妙西
道场
和孚
双林
天子湖
练市
鄣吴
溪龙
梅溪
菱湖
石淙
善琏
递铺
埭溪
东林
千金
孝源
洛舍
钟管
孝丰
灵峰
昌硕
莫干山
新市
杭垓
阜溪
乾元
新安
武康
禹越
上墅
天荒坪
下渚湖
雷甸
报福
舞阳
章村
山川

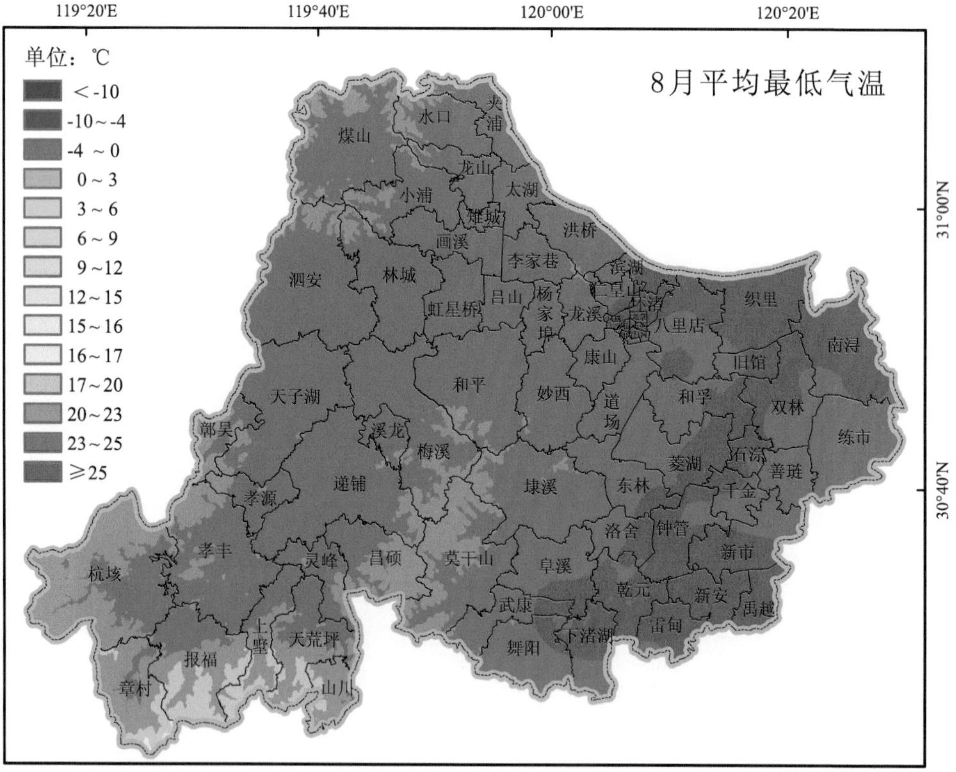
8月平均最低气温
单位：℃
＜-10
-10～-4
-4 ～0
0～3
3～6
6～9
9～12
12～15
15～16
16～17
17～20
20～23
23～25
≥25
119°20'E
119°40'E
120°00'E
120°20'E
31°00'N
30°40'N
煤山
水口
夹浦
龙山
小浦
太湖
雉城
洪桥
画溪
李家巷
滨湖
泗安
林城
仁皇山
吕山
杨家埠
龙溪
虹星桥
八里店
织里
南浔
康山
旧馆
和平
妙西
道场
和孚
双林
天子湖
练市
鄣吴
溪龙
梅溪
菱湖
石淙
善琏
递铺
埭溪
东林
千金
孝源
洛舍
钟管
孝丰
灵峰
昌硕
莫干山
新市
杭垓
阜溪
乾元
新安
武康
禹越
上墅
天荒坪
下渚湖
雷甸
报福
舞阳
章村
山川

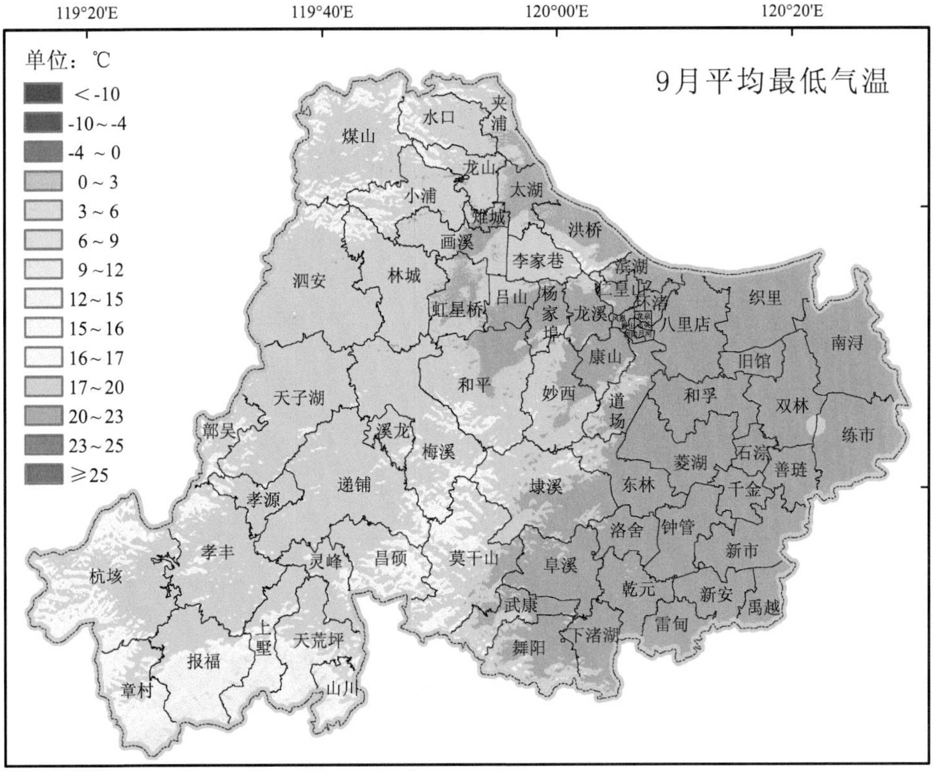
119°20'E
119°40'E
120°00'E
120°20'E
31°00'N
30°40'N
单位：℃
＜-10
-10～-4
-4 ～0
0～3
3～6
6～9
9～12
12～15
15～16
16～17
17～20
20～23
23～25
≥25
9月平均最低气温
煤山
水口
夹浦
龙山
小浦
太湖
雉城
画溪
洪桥
李家巷
滨湖
泗安
林城
虹星桥
吕山
杨家埠
龙溪
仁皇山
环渚
八里店
织里
南浔
旧馆
康山
和平
妙西
道场
和孚
双林
练市
天子湖
鄣吴
溪龙
梅溪
石淙
菱湖
善琏
孝源
递铺
埭溪
东林
千金
洛舍
钟管
新市
孝丰
灵峰
昌硕
莫干山
阜溪
杭垓
乾元
新安
禹越
武康
雷甸
上墅
天荒坪
下渚湖
舞阳
报福
章村
山川

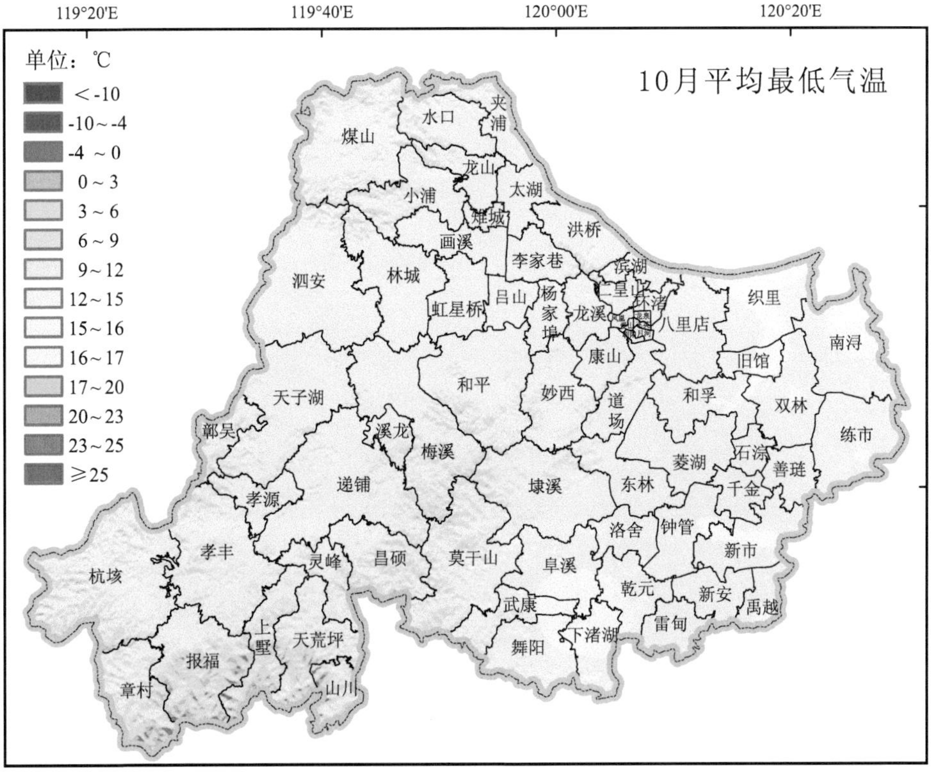
119°20'E
119°40'E
120°00'E
120°20'E
31°00'N
30°40'N
单位：℃
＜-10
-10～-4
-4 ～0
0～3
3～6
6～9
9～12
12～15
15～16
16～17
17～20
20～23
23～25
≥25
10月平均最低气温
煤山
水口
夹浦
龙山
小浦
太湖
雉城
画溪
洪桥
李家巷
滨湖
泗安
林城
虹星桥
吕山
杨家埠
龙溪
仁皇山
环渚
八里店
织里
南浔
旧馆
康山
和平
妙西
道场
和孚
双林
练市
天子湖
鄣吴
溪龙
梅溪
石淙
菱湖
善琏
孝源
递铺
埭溪
东林
千金
洛舍
钟管
新市
孝丰
灵峰
昌硕
莫干山
阜溪
杭垓
乾元
新安
禹越
武康
雷甸
上墅
天荒坪
下渚湖
舞阳
报福
章村
山川

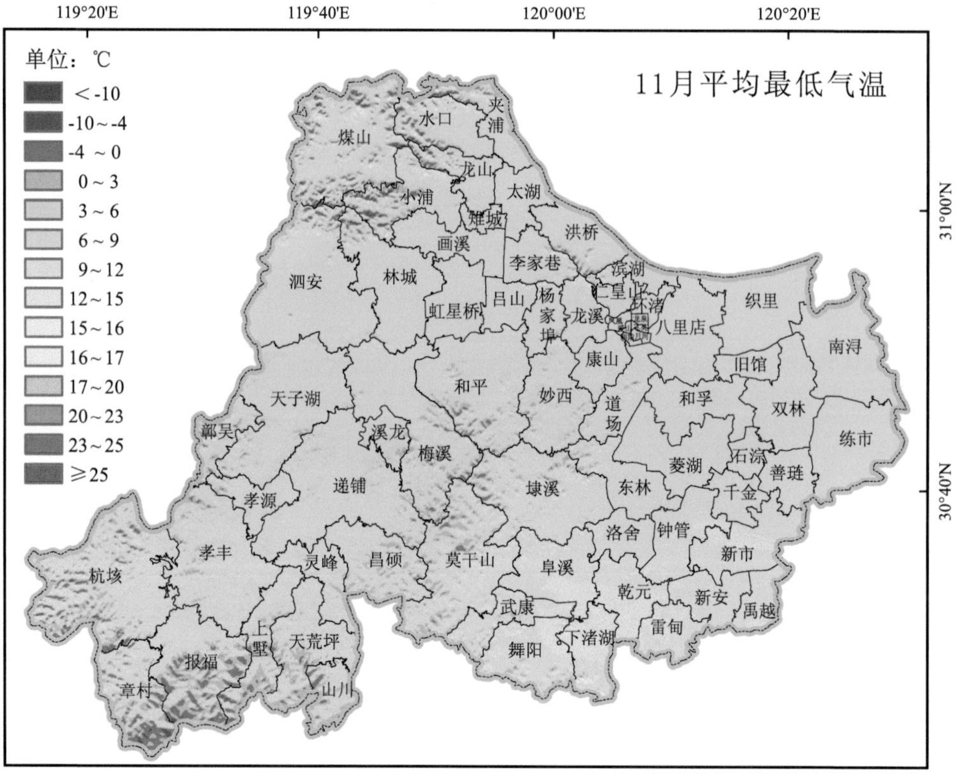
119°20'E
119°40'E
120°00'E
120°20'E
31°00'N
30°40'N
单位：℃
＜-10
-10～-4
-4 ～0
0～3
3～6
6～9
9～12
12～15
15～16
16～17
17～20
20～23
23～25
≥25
11月平均最低气温
煤山
水口
夹浦
龙山
小浦
太湖
雉城
画溪
洪桥
李家巷
滨湖
泗安
林城
虹星桥
吕山
杨家埠
龙溪
仁皇山
环渚
织里
八里店
南浔
康山
旧馆
天子湖
和平
妙西
道场
和孚
双林
鄣吴
溪龙
梅溪
石淙
练市
菱湖
善琏
递铺
埭溪
东林
千金
孝源
孝丰
灵峰
昌硕
莫干山
洛舍
钟管
新市
杭垓
阜溪
乾元
新安
禹越
武康
雷甸
上墅
天荒坪
舞阳
下渚湖
报福
章村
山川

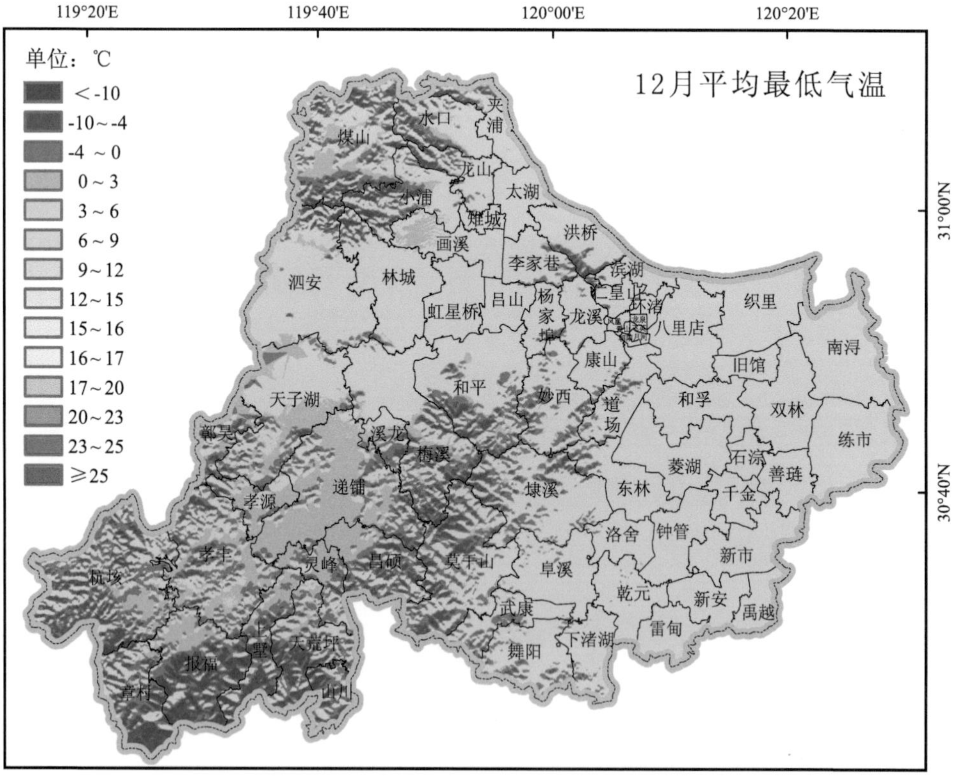
119°20'E
119°40'E
120°00'E
120°20'E
31°00'N
30°40'N
单位：℃
＜-10
-10～-4
-4 ～0
0～3
3～6
6～9
9～12
12～15
15～16
16～17
17～20
20～23
23～25
≥25
12月平均最低气温
煤山
水口
夹浦
龙山
小浦
太湖
雉城
画溪
洪桥
李家巷
滨湖
泗安
林城
虹星桥
吕山
杨家埠
龙溪
仁皇山
环渚
织里
八里店
南浔
康山
旧馆
天子湖
和平
妙西
道场
和孚
双林
鄣吴
溪龙
梅溪
石淙
练市
菱湖
善琏
递铺
埭溪
东林
千金
孝源
孝丰
灵峰
昌硕
莫干山
洛舍
钟管
新市
杭垓
阜溪
乾元
新安
禹越
武康
雷甸
上墅
天荒坪
舞阳
下渚湖
报福
章村
山川

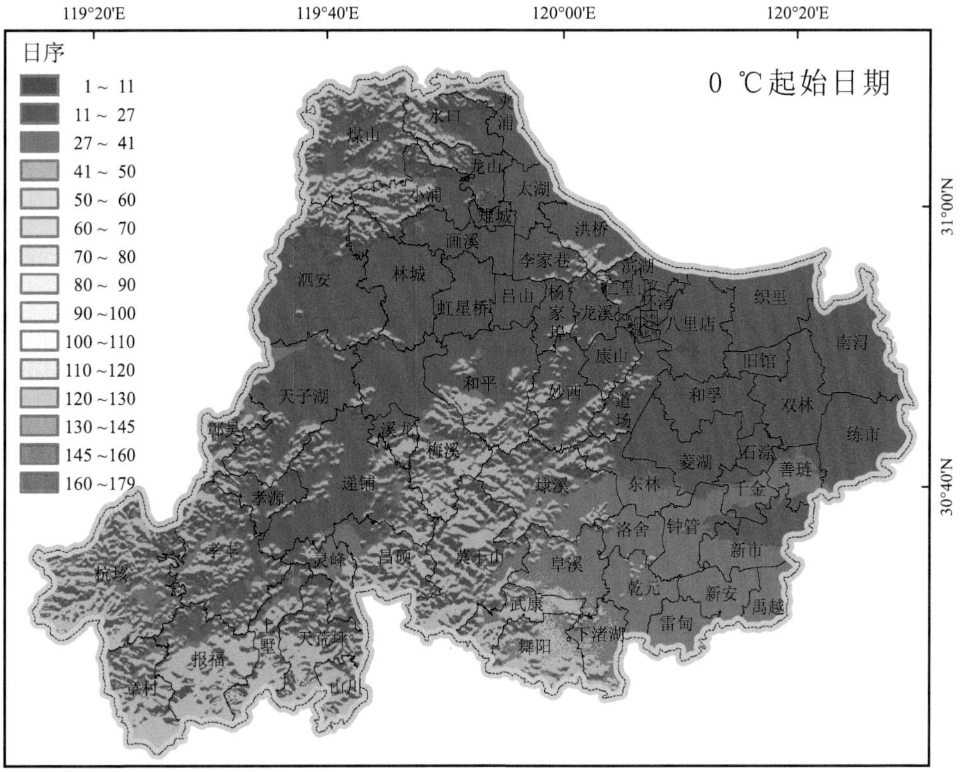
119°20'E
119°40'E
120°00'E
120°20'E
31°00'N
30°40'N
日序
1～11
11～27
27～41
41～50
50～60
60～70
70～80
80～90
90～100
100～110
110～120
120～130
130～145
145～160
160～179
0 ℃起始日期
煤山
水口
夹浦
龙山
小浦
太湖
雉城
洪桥
画溪
李家巷
泗安
林城
虹星桥
吕山
杨家埠
龙溪
滨湖
八里店
织里
南浔
康山
旧馆
天子湖
和平
妙西
道场
和孚
双林
练市
鄣吴
溪龙
梅溪
菱湖
石淙
善琏
递铺
孝源
埭溪
东林
千金
洛舍
钟管
新市
杭垓
孝丰
灵峰
昌硕
莫干山
阜溪
乾元
新安
禹越
武康
雷甸
上墅
天荒坪
下渚湖
报福
舞阳
章村
山川

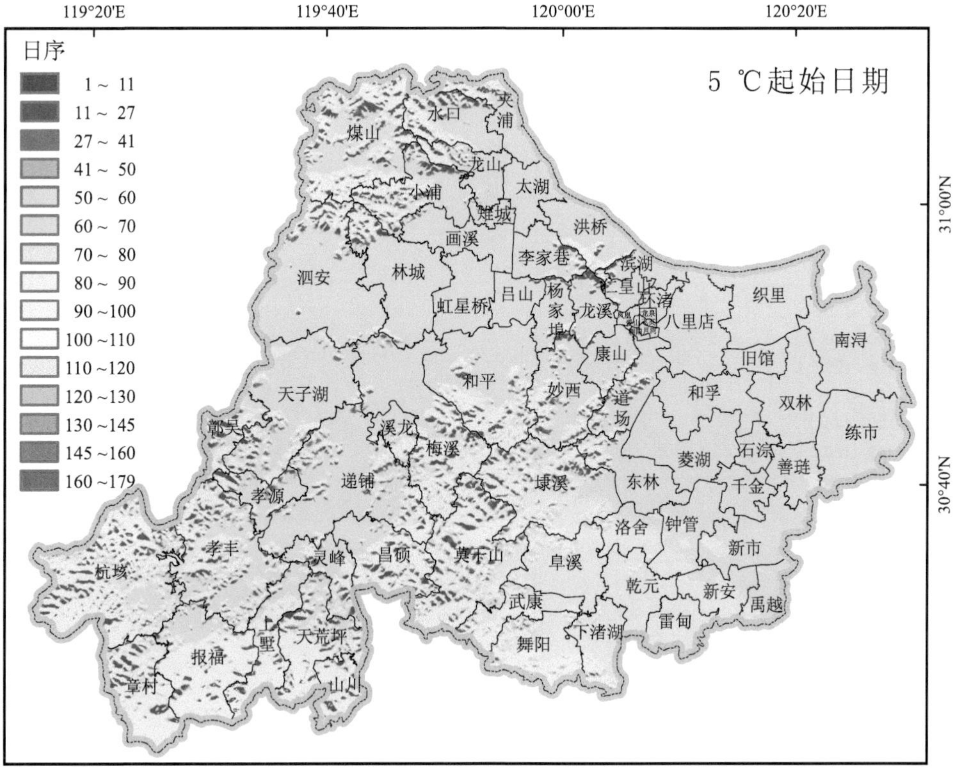
119°20'E
119°40'E
120°00'E
120°20'E
31°00'N
30°40'N
日序
1～11
11～27
27～41
41～50
50～60
60～70
70～80
80～90
90～100
100～110
110～120
120～130
130～145
145～160
160～179
5 ℃起始日期
煤山
水口
夹浦
龙山
小浦
太湖
雉城
洪桥
画溪
李家巷
泗安
林城
虹星桥
吕山
杨家埠
龙溪
滨湖
八里店
织里
南浔
康山
旧馆
天子湖
和平
妙西
道场
和孚
双林
练市
鄣吴
溪龙
梅溪
菱湖
石淙
善琏
递铺
孝源
埭溪
东林
千金
洛舍
钟管
新市
杭垓
孝丰
灵峰
昌硕
莫干山
阜溪
乾元
新安
禹越
武康
雷甸
上墅
天荒坪
下渚湖
报福
舞阳
章村
山川

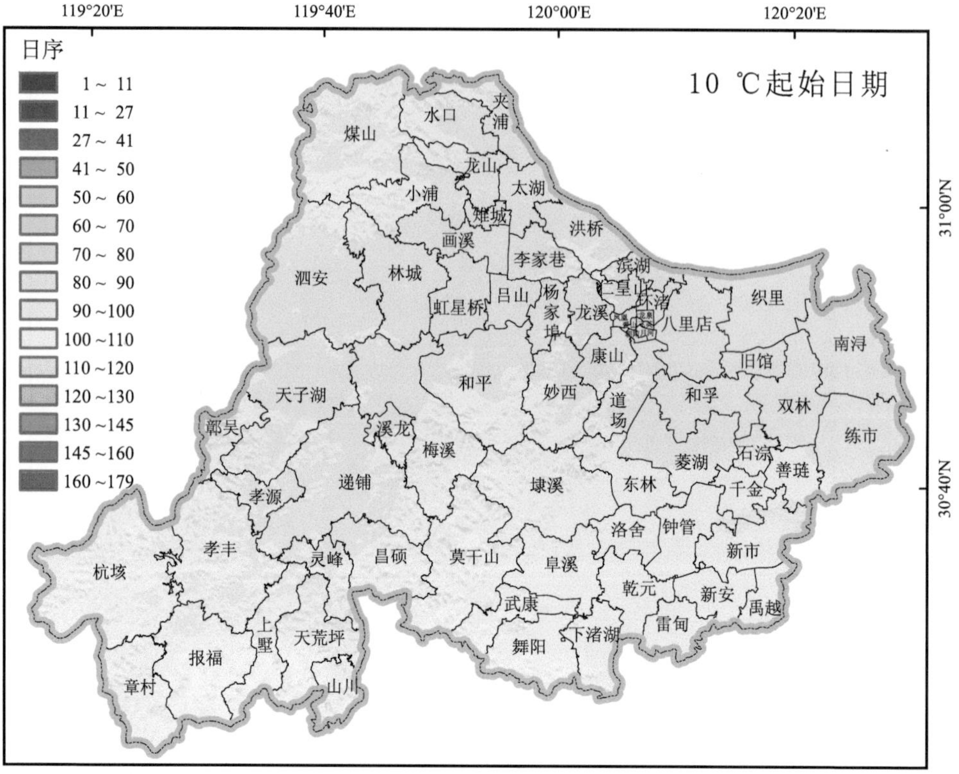
10 ℃起始日期
日序
1 ~ 11
11 ~ 27
27 ~ 41
41 ~ 50
50 ~ 60
60 ~ 70
70 ~ 80
80 ~ 90
90 ~100
100 ~110
110 ~120
120 ~130
130 ~145
145 ~160
160 ~179
119°20'E
119°40'E
120°00'E
120°20'E
31°00'N
30°40'N
煤山
水口
夹浦
龙山
小浦
太湖
雉城
画溪
洪桥
李家巷
滨湖
泗安
林城
吕山
杨家埠
龙溪
八里店
织里
虹星桥
康山
旧馆
南浔
和平
妙西
道场
和孚
双林
天子湖
鄣吴
溪龙
梅溪
菱湖
石淙
练市
递铺
埭溪
东林
善琏
孝源
千金
洛舍
钟管
新市
孝丰
灵峰
昌硕
莫干山
阜溪
杭垓
乾元
新安
禹越
武康
雷甸
上墅
天荒坪
下渚湖
报福
舞阳
章村
山川

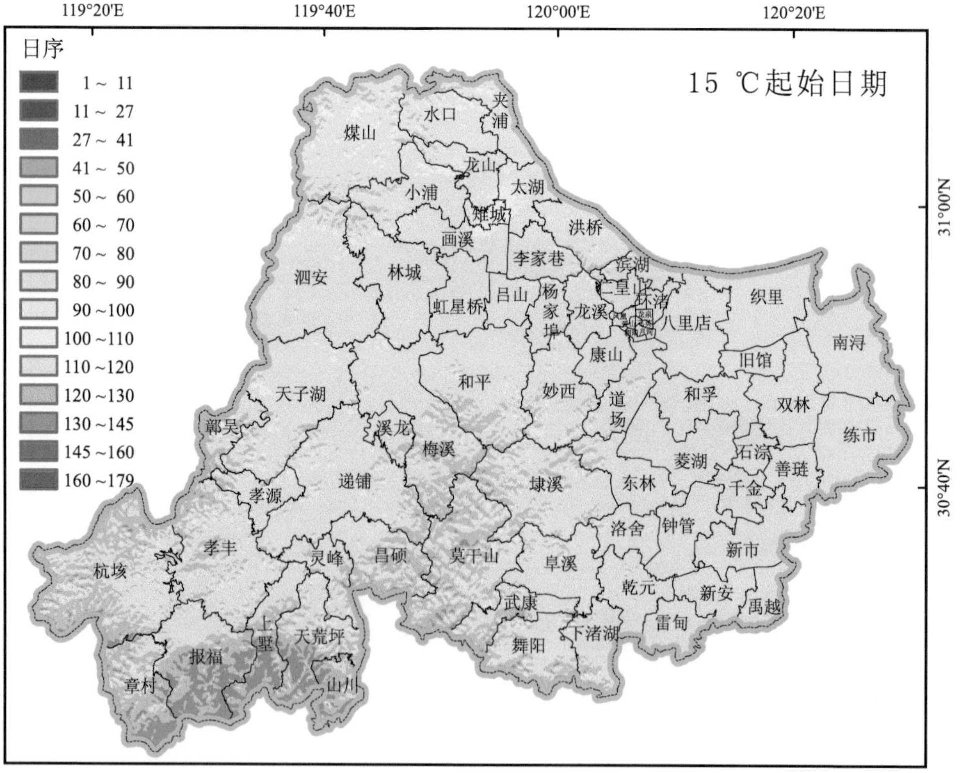
15 ℃起始日期
日序
1 ~ 11
11 ~ 27
27 ~ 41
41 ~ 50
50 ~ 60
60 ~ 70
70 ~ 80
80 ~ 90
90 ~100
100 ~110
110 ~120
120 ~130
130 ~145
145 ~160
160 ~179
119°20'E
119°40'E
120°00'E
120°20'E
31°00'N
30°40'N
煤山
水口
夹浦
龙山
小浦
太湖
雉城
画溪
洪桥
李家巷
滨湖
泗安
林城
吕山
杨家埠
龙溪
八里店
织里
虹星桥
康山
旧馆
南浔
和平
妙西
道场
和孚
双林
天子湖
鄣吴
溪龙
梅溪
菱湖
石淙
练市
递铺
埭溪
东林
善琏
孝源
千金
洛舍
钟管
新市
孝丰
灵峰
昌硕
莫干山
阜溪
杭垓
乾元
新安
禹越
武康
雷甸
上墅
天荒坪
下渚湖
报福
舞阳
章村
山川

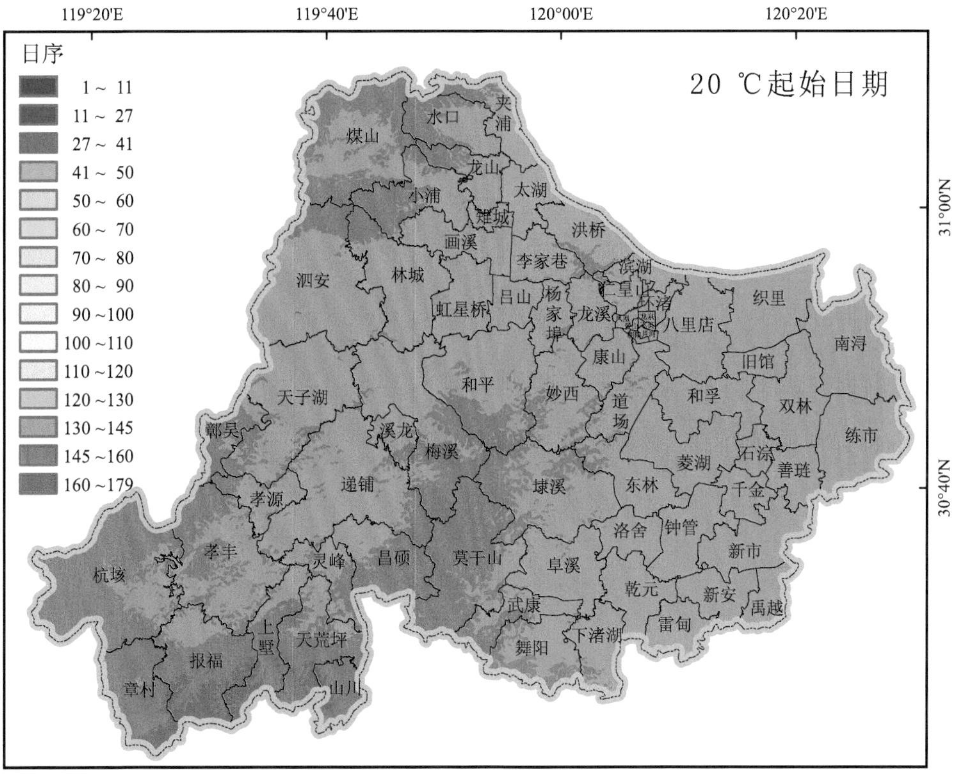
119°20'E
119°40'E
120°00'E
120°20'E
31°00'N
30°40'N
日序
1～11
11～27
27～41
41～50
50～60
60～70
70～80
80～90
90～100
100～110
110～120
120～130
130～145
145～160
160～179
20 ℃起始日期
煤山
水口
夹浦
龙山
太湖
小浦
雉城
洪桥
画溪
李家巷
滨湖
泗安
林城
虹星桥
吕山
杨家埠
龙溪
八里店
织里
南浔
康山
旧馆
和平
妙西
道场
和孚
双林
练市
天子湖
鄣吴
溪龙
梅溪
石淙
菱湖
善琏
递铺
埭溪
东林
千金
孝源
洛舍
钟管
新市
孝丰
灵峰
昌硕
莫干山
阜溪
杭垓
乾元
新安
武康
禹越
雷甸
上墅
天荒坪
下渚湖
报福
舞阳
章村
山川

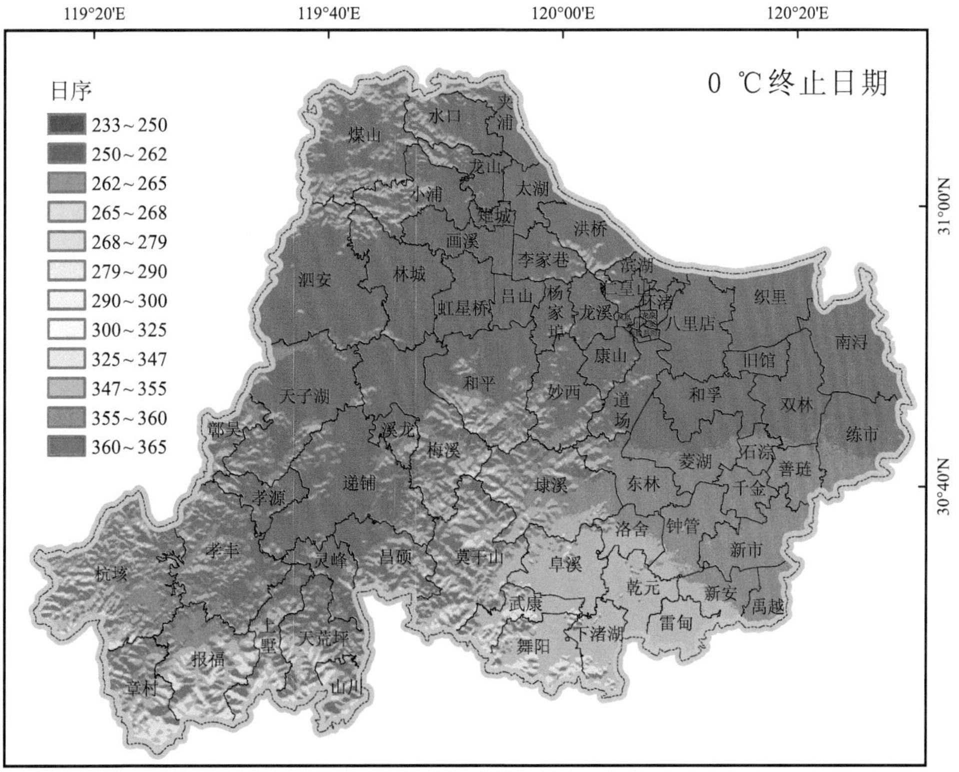
119°20'E
119°40'E
120°00'E
120°20'E
31°00'N
30°40'N
日序
233～250
250～262
262～265
265～268
268～279
279～290
290～300
300～325
325～347
347～355
355～360
360～365
0 ℃终止日期
煤山
水口
夹浦
龙山
太湖
小浦
雉城
洪桥
画溪
李家巷
滨湖
泗安
林城
虹星桥
吕山
杨家埠
龙溪
八里店
织里
南浔
康山
旧馆
和平
妙西
道场
和孚
双林
练市
天子湖
鄣吴
溪龙
梅溪
石淙
菱湖
善琏
递铺
埭溪
东林
千金
孝源
洛舍
钟管
新市
孝丰
灵峰
昌硕
莫干山
阜溪
杭垓
乾元
新安
武康
禹越
雷甸
上墅
天荒坪
下渚湖
报福
舞阳
章村
山川

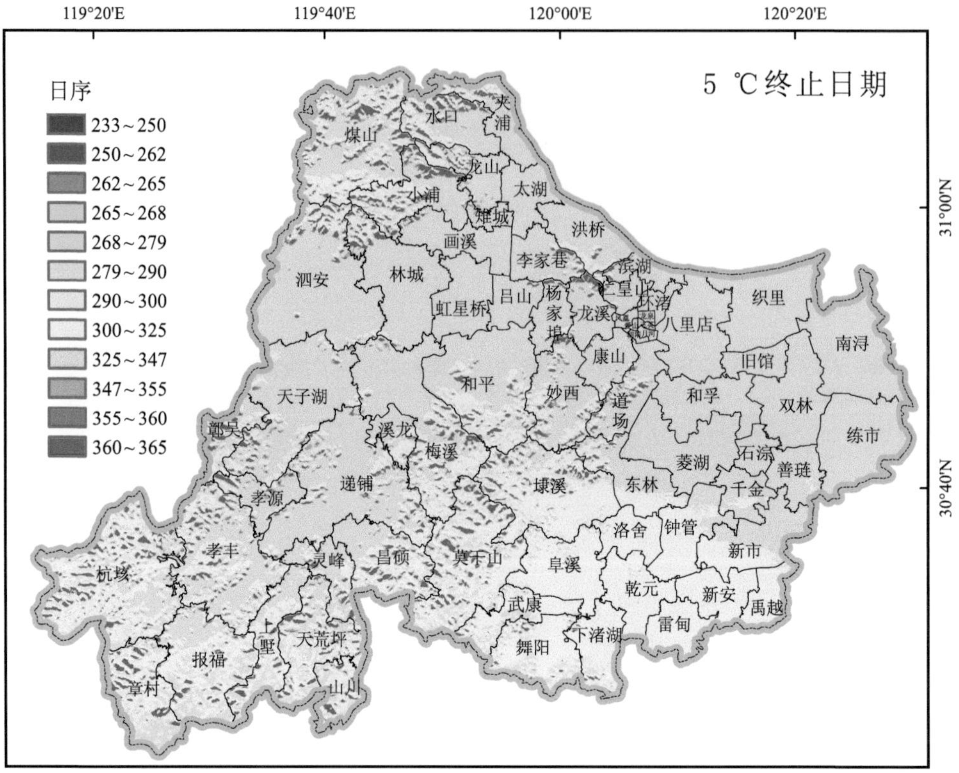
5 ℃终止日期
日序
233～250
250～262
262～265
265～268
268～279
279～290
290～300
300～325
325～347
347～355
355～360
360～365
119°20'E
119°40'E
120°00'E
120°20'E
31°00'N
30°40'N
煤山
水口
夹浦
龙山
小浦
太湖
雉城
洪桥
画溪
李家巷
滨湖
泗安
林城
虹星桥
吕山
杨家埠
龙溪
仁皇山
环渚
八里店
织里
南浔
旧馆
康山
和平
妙西
道场
和孚
双林
练市
天子湖
鄣吴
溪龙
梅溪
菱湖
石淙
善琏
递铺
埭溪
东林
千金
孝源
洛舍
钟管
孝丰
灵峰
昌硕
莫干山
阜溪
新市
杭垓
乾元
新安
禹越
武康
雷甸
上墅
天荒坪
下渚湖
舞阳
报福
章村
山川

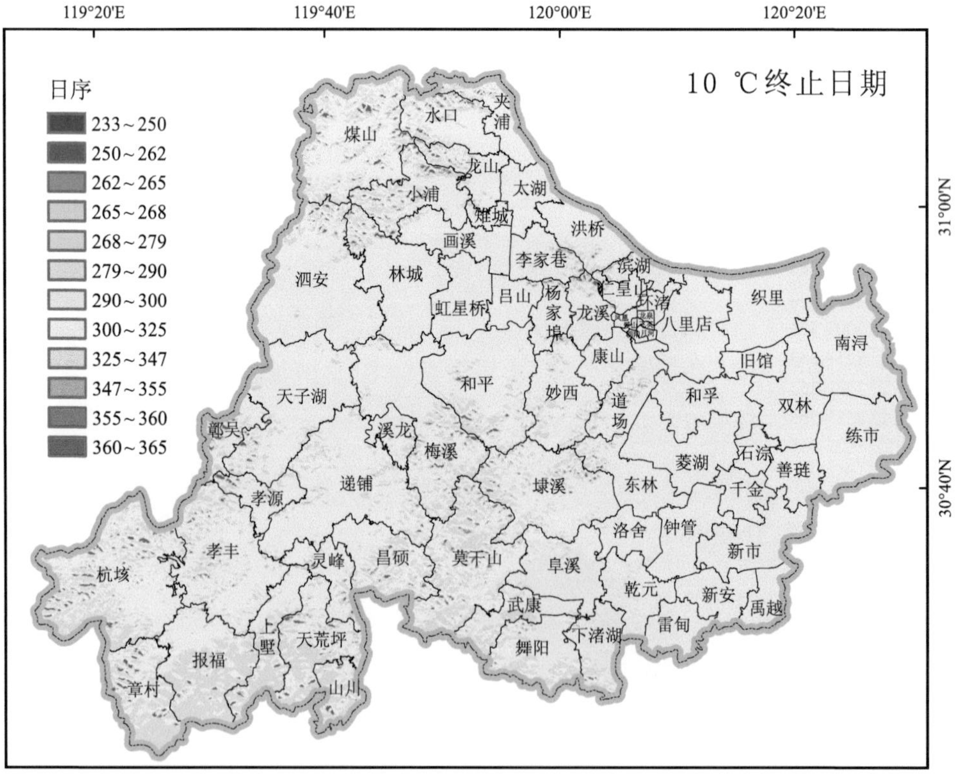
10 ℃终止日期
日序
233～250
250～262
262～265
265～268
268～279
279～290
290～300
300～325
325～347
347～355
355～360
360～365
119°20'E
119°40'E
120°00'E
120°20'E
31°00'N
30°40'N
煤山
水口
夹浦
龙山
小浦
太湖
雉城
洪桥
画溪
李家巷
滨湖
泗安
林城
虹星桥
吕山
杨家埠
龙溪
仁皇山
环渚
八里店
织里
南浔
旧馆
康山
和平
妙西
道场
和孚
双林
练市
天子湖
鄣吴
溪龙
梅溪
菱湖
石淙
善琏
递铺
埭溪
东林
千金
孝源
洛舍
钟管
孝丰
灵峰
昌硕
莫干山
阜溪
新市
杭垓
乾元
新安
禹越
武康
雷甸
上墅
天荒坪
下渚湖
舞阳
报福
章村
山川

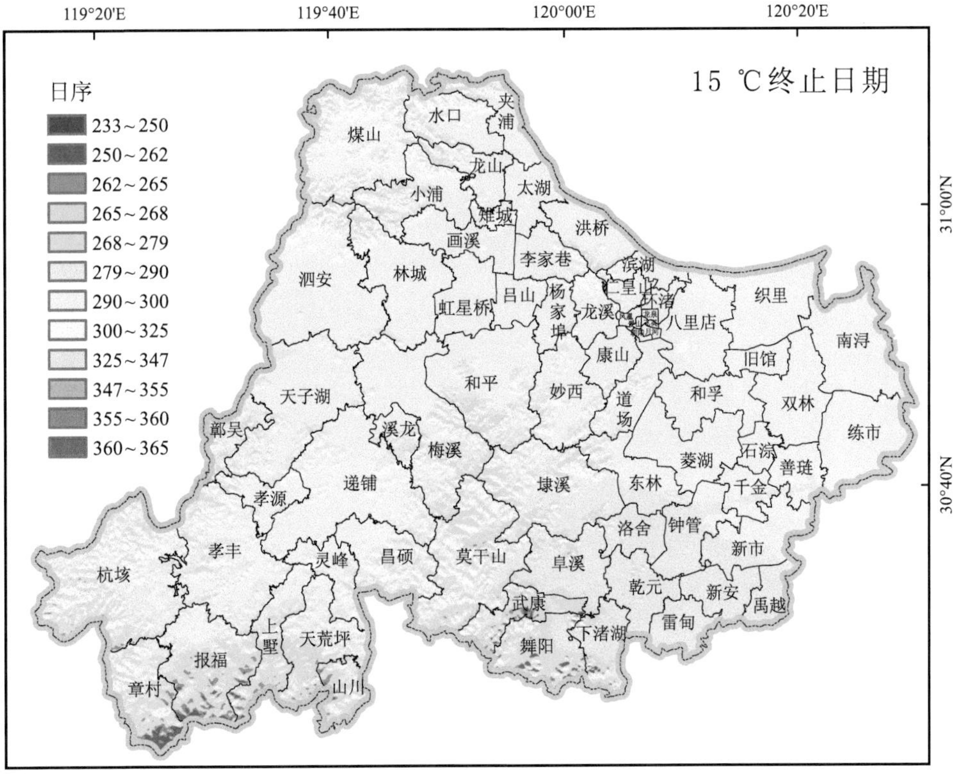
15 ℃终止日期
日序
233～250
250～262
262～265
265～268
268～279
279～290
290～300
300～325
325～347
347～355
355～360
360～365
119°20'E
119°40'E
120°00'E
120°20'E
31°00'N
30°40'N
煤山
水口
夹浦
龙山
小浦
太湖
雉城
画溪
洪桥
李家巷
泗安
林城
虹星桥
吕山
杨家埠
龙溪
滨湖
仁皇山
环渚
八里店
织里
南浔
旧馆
和平
妙西
康山
道场
和孚
双林
练市
天子湖
鄣吴
溪龙
梅溪
菱湖
石淙
善琏
千金
递铺
孝源
埭溪
东林
洛舍
钟管
孝丰
灵峰
昌硕
莫干山
阜溪
新市
杭垓
乾元
新安
禹越
武康
雷甸
上墅
天荒坪
下渚湖
报福
舞阳
章村
山川

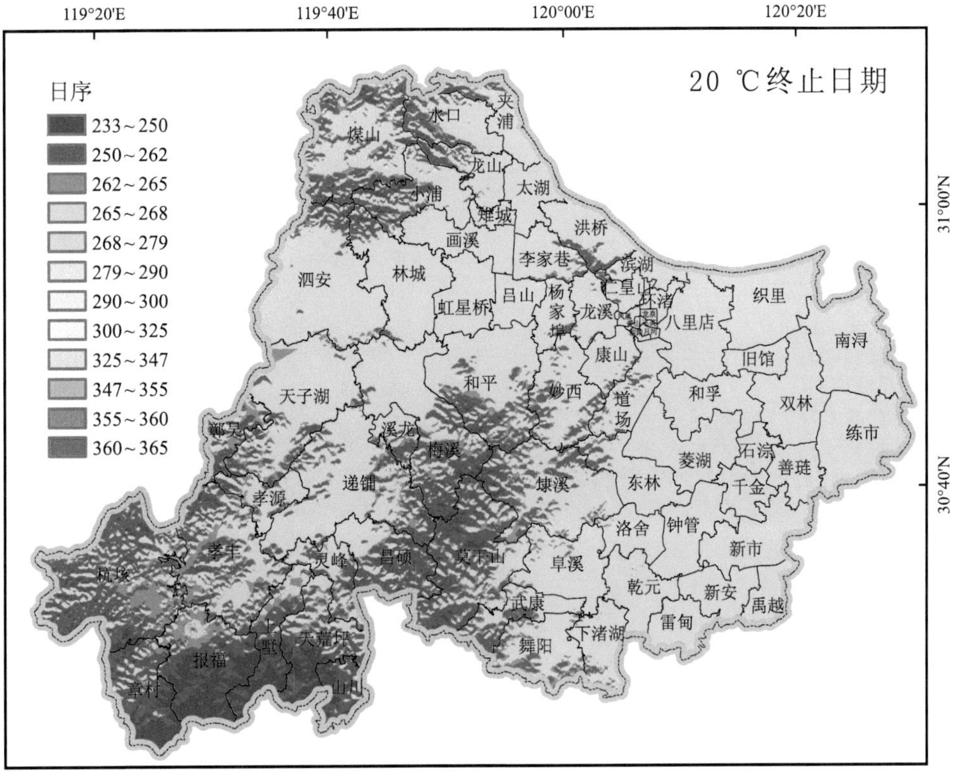
20 ℃终止日期
日序
233～250
250～262
262～265
265～268
268～279
279～290
290～300
300～325
325～347
347～355
355～360
360～365
119°20'E
119°40'E
120°00'E
120°20'E
31°00'N
30°40'N
煤山
水口
夹浦
龙山
小浦
太湖
雉城
画溪
洪桥
李家巷
泗安
林城
虹星桥
吕山
杨家埠
龙溪
滨湖
仁皇山
环渚
八里店
织里
南浔
旧馆
和平
妙西
康山
道场
和孚
双林
练市
天子湖
鄣吴
溪龙
梅溪
菱湖
石淙
善琏
千金
递铺
孝源
埭溪
东林
洛舍
钟管
孝丰
灵峰
昌硕
莫干山
阜溪
新市
杭垓
乾元
新安
禹越
武康
雷甸
上墅
天荒坪
下渚湖
报福
舞阳
章村
山川

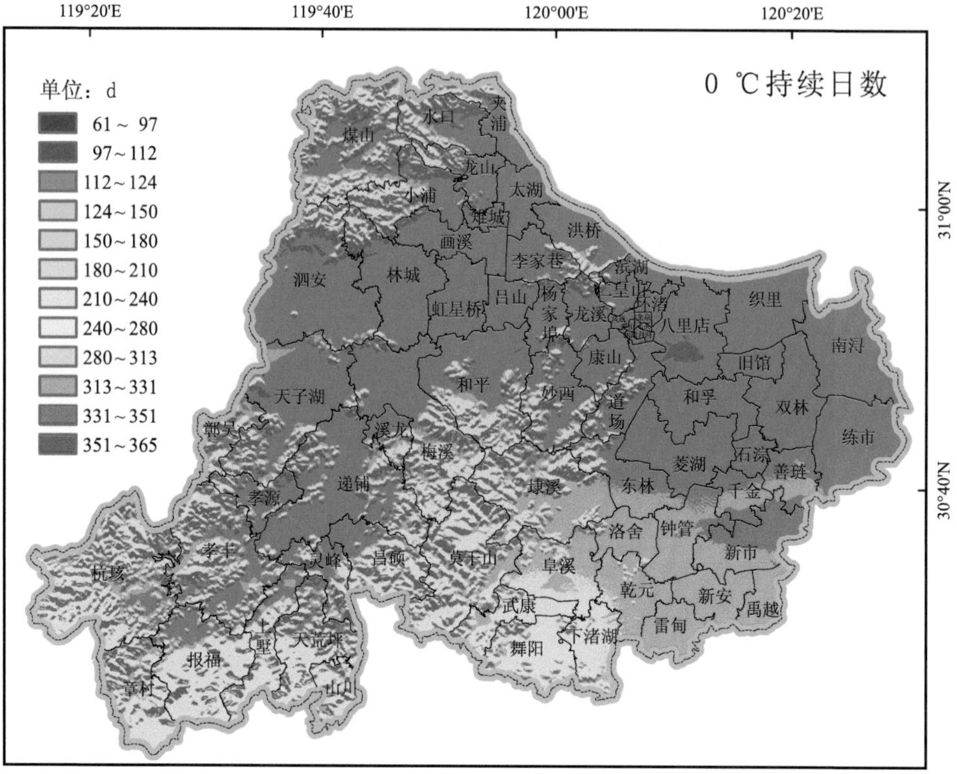
0 ℃持续日数
单位：d
61～97
97～112
112～124
124～150
150～180
180～210
210～240
240～280
280～313
313～331
331～351
351～365
119°20'E
119°40'E
120°00'E
120°20'E
31°00'N
30°40'N
水口
夹浦
煤山
龙山
小浦
太湖
雉城
画溪
洪桥
李家巷
滨湖
泗安
林城
二里
环渚
虹星桥
吕山
杨家埠
龙溪
八里店
织里
南浔
康山
旧馆
和平
天子湖
妙西
和孚
双林
道场
鄣吴
溪龙
梅溪
练市
石淙
菱湖
善琏
递铺
孝源
埭溪
东林
千金
洛舍
钟管
孝丰
灵峰
昌硕
莫干山
新市
杭垓
阜溪
乾元
新安
武康
禹越
雷甸
上墅
天荒坪
舞阳
下渚湖
报福
章村
山川

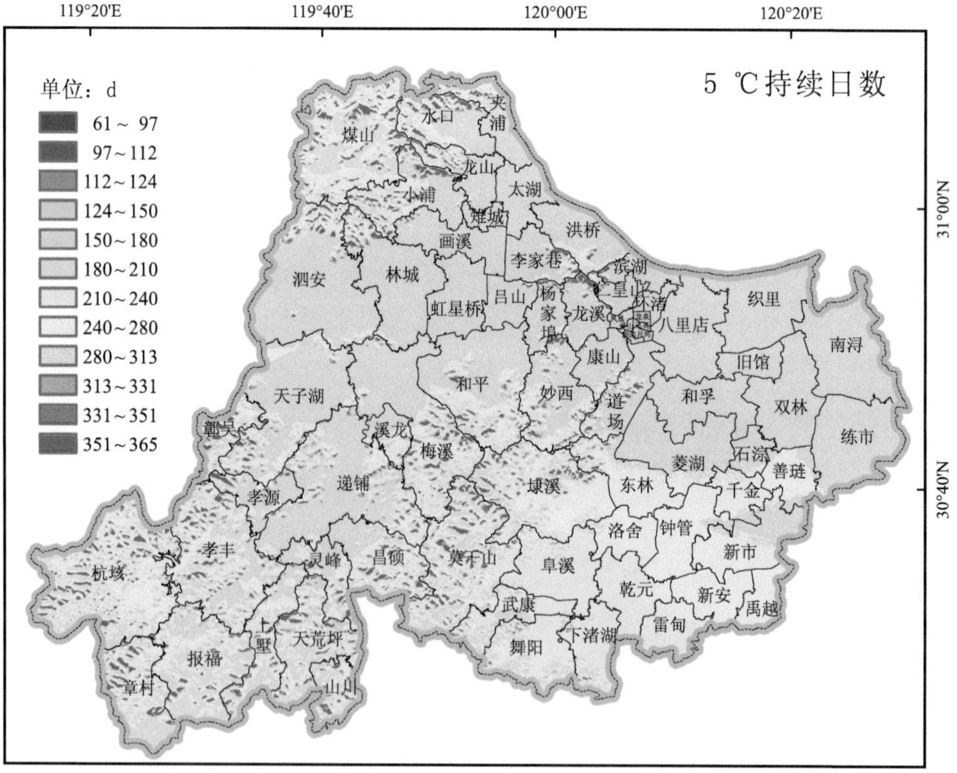
5 ℃持续日数
单位：d
61～97
97～112
112～124
124～150
150～180
180～210
210～240
240～280
280～313
313～331
331～351
351～365
119°20'E
119°40'E
120°00'E
120°20'E
31°00'N
30°40'N
水口
夹浦
煤山
龙山
小浦
太湖
雉城
画溪
洪桥
李家巷
滨湖
泗安
林城
二里
环渚
虹星桥
吕山
杨家埠
龙溪
八里店
织里
南浔
康山
旧馆
和平
天子湖
妙西
和孚
双林
道场
鄣吴
溪龙
梅溪
练市
石淙
菱湖
善琏
递铺
孝源
埭溪
东林
千金
洛舍
钟管
孝丰
灵峰
昌硕
莫干山
新市
杭垓
阜溪
乾元
新安
武康
禹越
雷甸
上墅
天荒坪
舞阳
下渚湖
报福
章村
山川

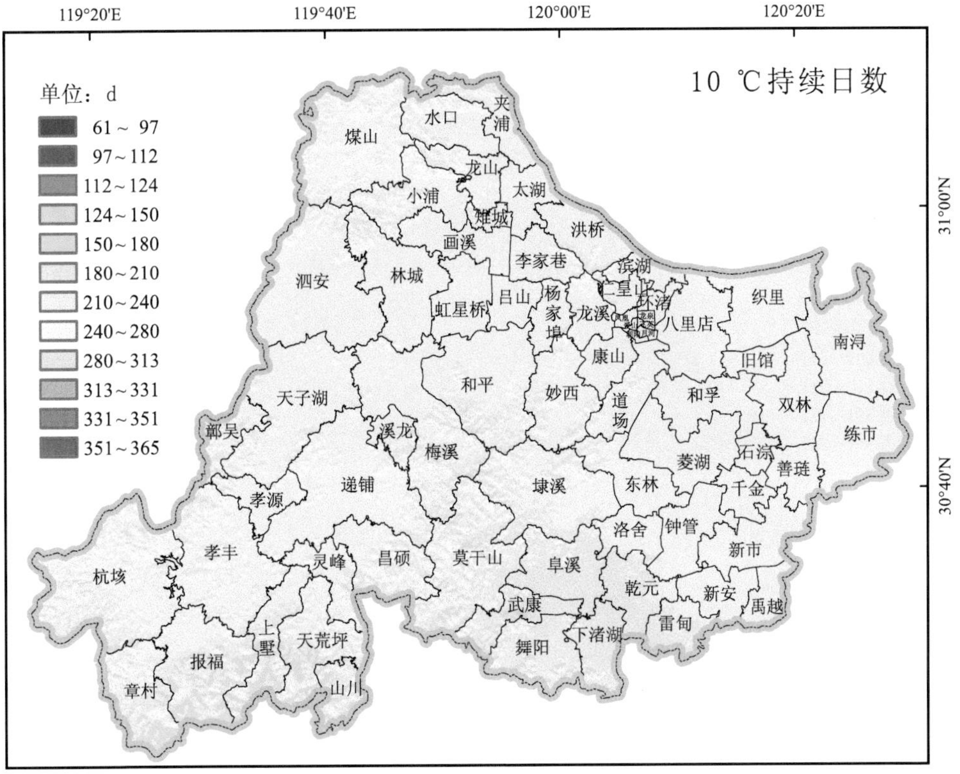
10 ℃持续日数
单位：d
61～97
97～112
112～124
124～150
150～180
180～210
210～240
240～280
280～313
313～331
331～351
351～365
119°20'E
119°40'E
120°00'E
120°20'E
31°00'N
30°40'N
水口
夹浦
煤山
龙山
小浦
太湖
雉城
洪桥
画溪
李家巷
滨湖
泗安
林城
虹星桥
吕山
杨家埠
二里山
龙溪
环渚
织里
八里店
南浔
旧馆
康山
和平
妙西
道场
和孚
双林
天子湖
鄣吴
溪龙
梅溪
练市
石淙
菱湖
善琏
递铺
埭溪
东林
千金
孝源
洛舍
钟管
孝丰
灵峰
昌硕
莫干山
阜溪
新市
杭垓
乾元
新安
武康
禹越
雷甸
上墅
天荒坪
报福
舞阳
下渚湖
章村
山川

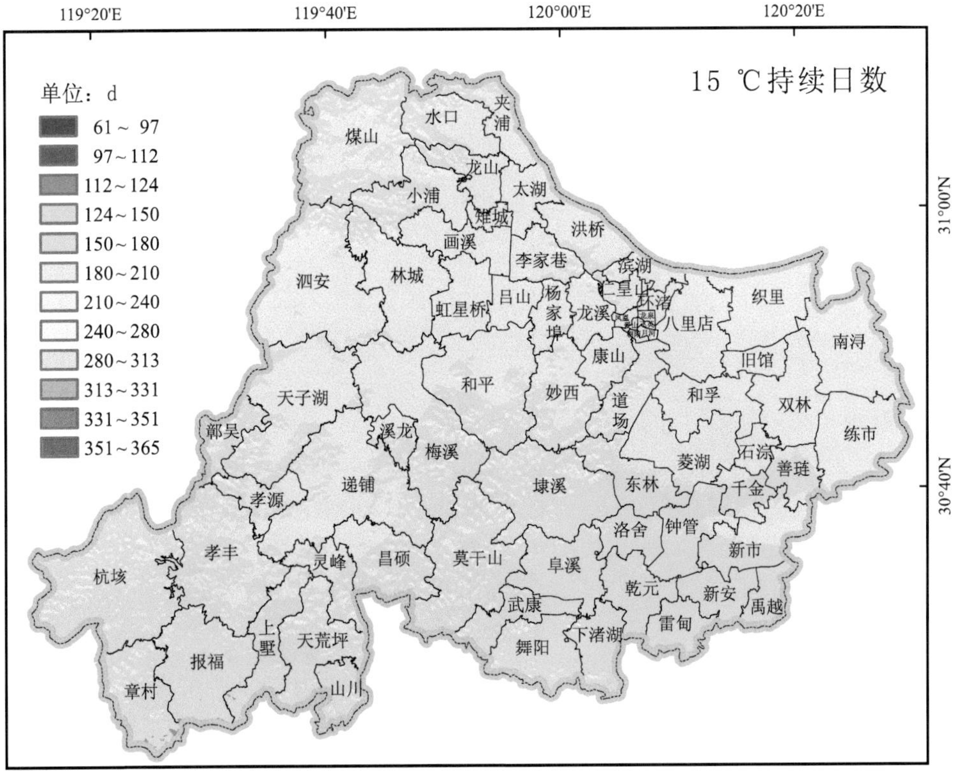
15 ℃持续日数
单位：d
61～97
97～112
112～124
124～150
150～180
180～210
210～240
240～280
280～313
313～331
331～351
351～365
119°20'E
119°40'E
120°00'E
120°20'E
31°00'N
30°40'N
水口
夹浦
煤山
龙山
小浦
太湖
雉城
洪桥
画溪
李家巷
滨湖
泗安
林城
虹星桥
吕山
杨家埠
二里山
龙溪
环渚
织里
八里店
南浔
旧馆
康山
和平
妙西
道场
和孚
双林
天子湖
鄣吴
溪龙
梅溪
练市
石淙
菱湖
善琏
递铺
埭溪
东林
千金
孝源
洛舍
钟管
孝丰
灵峰
昌硕
莫干山
阜溪
新市
杭垓
乾元
新安
武康
禹越
雷甸
上墅
天荒坪
报福
舞阳
下渚湖
章村
山川

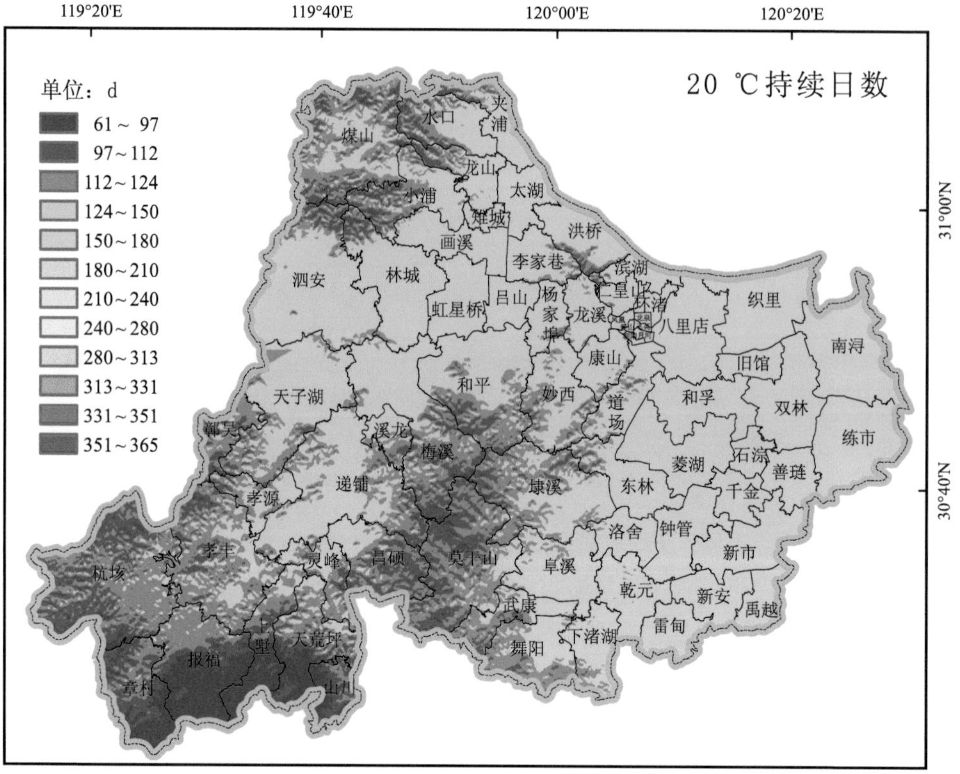
20 ℃持续日数
单位：d
61～97
97～112
112～124
124～150
150～180
180～210
210～240
240～280
280～313
313～331
331～351
351～365
119°20'E
119°40'E
120°00'E
120°20'E
31°00'N
30°40'N
煤山
水口
夹浦
龙山
小浦
太湖
雉城
画溪
洪桥
李家巷
滨湖
泗安
林城
虹星桥
吕山
杨家埠
龙溪
二里山
八里店
织里
南浔
康山
旧馆
和平
妙西
和孚
双林
天子湖
道场
鄣吴
溪龙
梅溪
石淙
练市
菱湖
善琏
递铺
孝源
埭溪
东林
千金
洛舍
钟管
孝丰
灵峰
昌硕
莫干山
新市
杭垓
阜溪
乾元
新安
武康
禹越
雷甸
上墅
天荒坪
下渚湖
报福
舞阳
章村
山川

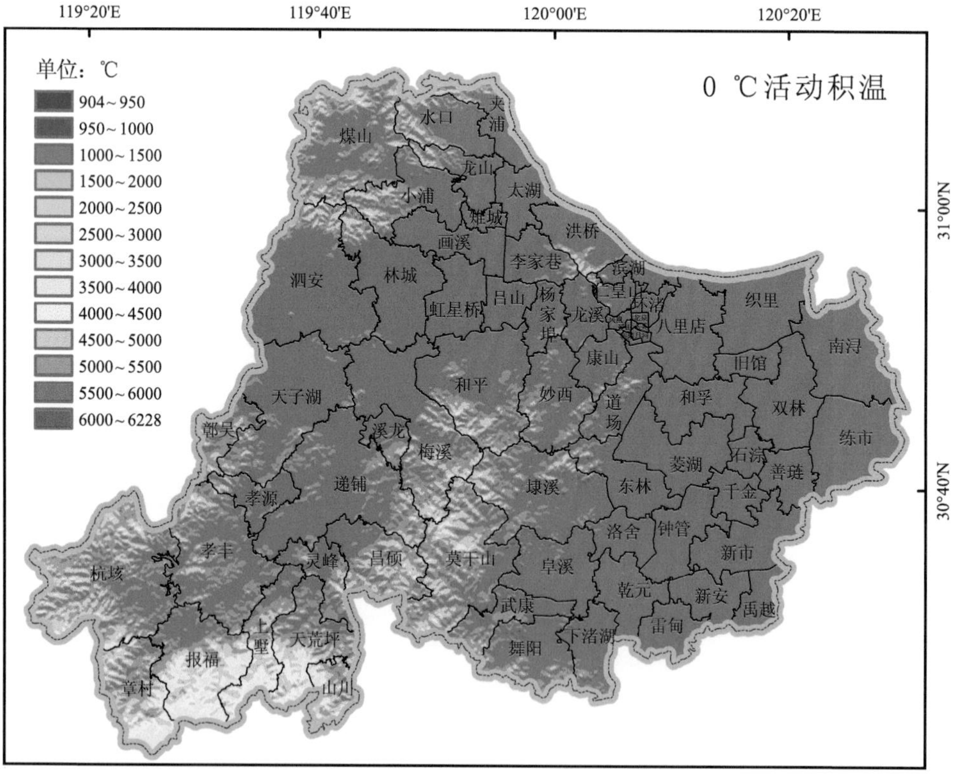
0 ℃活动积温
单位：℃
904～950
950～1000
1000～1500
1500～2000
2000～2500
2500～3000
3000～3500
3500～4000
4000～4500
4500～5000
5000～5500
5500～6000
6000～6228
119°20'E
119°40'E
120°00'E
120°20'E
31°00'N
30°40'N
煤山
水口
夹浦
龙山
小浦
太湖
雉城
画溪
洪桥
李家巷
滨湖
泗安
林城
虹星桥
吕山
杨家埠
龙溪
二里山
八里店
织里
南浔
康山
旧馆
和平
妙西
和孚
双林
天子湖
道场
鄣吴
溪龙
梅溪
石淙
练市
菱湖
善琏
递铺
孝源
埭溪
东林
千金
洛舍
钟管
孝丰
灵峰
昌硕
莫干山
新市
杭垓
阜溪
乾元
新安
武康
禹越
雷甸
上墅
天荒坪
下渚湖
报福
舞阳
章村
山川

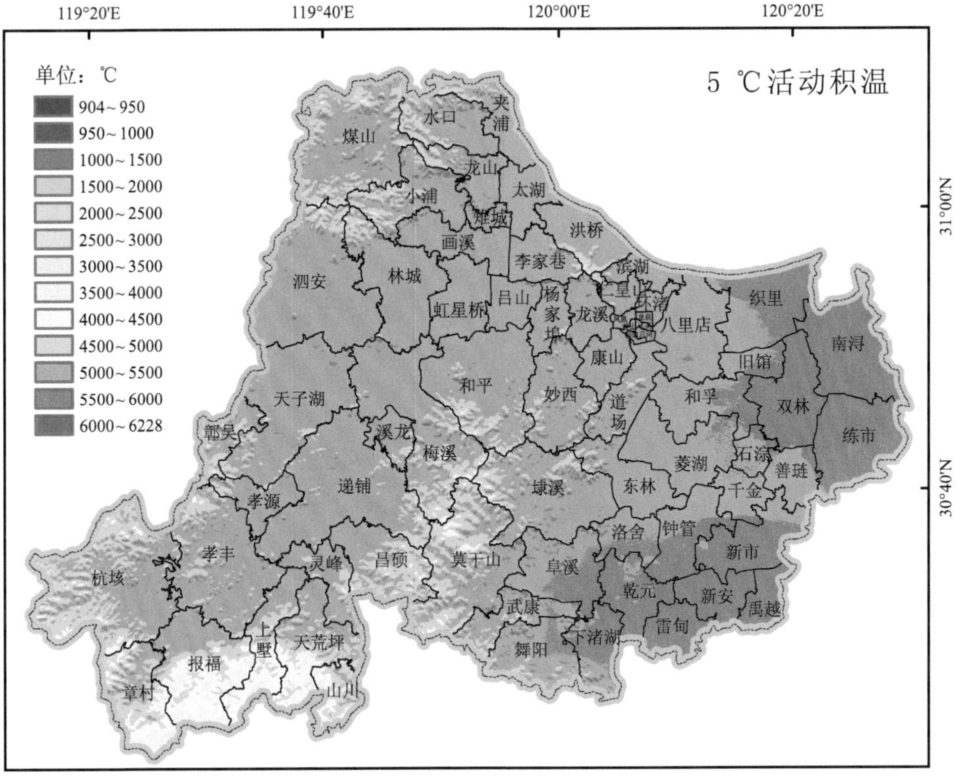
5 ℃活动积温
单位：℃
904～950
950～1000
1000～1500
1500～2000
2000～2500
2500～3000
3000～3500
3500～4000
4000～4500
4500～5000
5000～5500
5500～6000
6000～6228
119°20'E
119°40'E
120°00'E
120°20'E
31°00'N
30°40'N
水口
夹浦
煤山
龙山
小浦
太湖
雉城
洪桥
画溪
李家巷
泗安
林城
滨湖
仁皇山
虹星桥
吕山
杨家埠
龙溪
环渚
织里
八里店
南浔
旧馆
康山
和平
妙西
道场
和孚
天子湖
双林
练市
鄣吴
溪龙
梅溪
石淙
菱湖
善琏
递铺
埭溪
东林
千金
孝源
洛舍
钟管
新市
孝丰
灵峰
昌硕
莫干山
阜溪
杭垓
乾元
新安
禹越
武康
上墅
天荒坪
下渚湖
雷甸
舞阳
报福
章村
山川

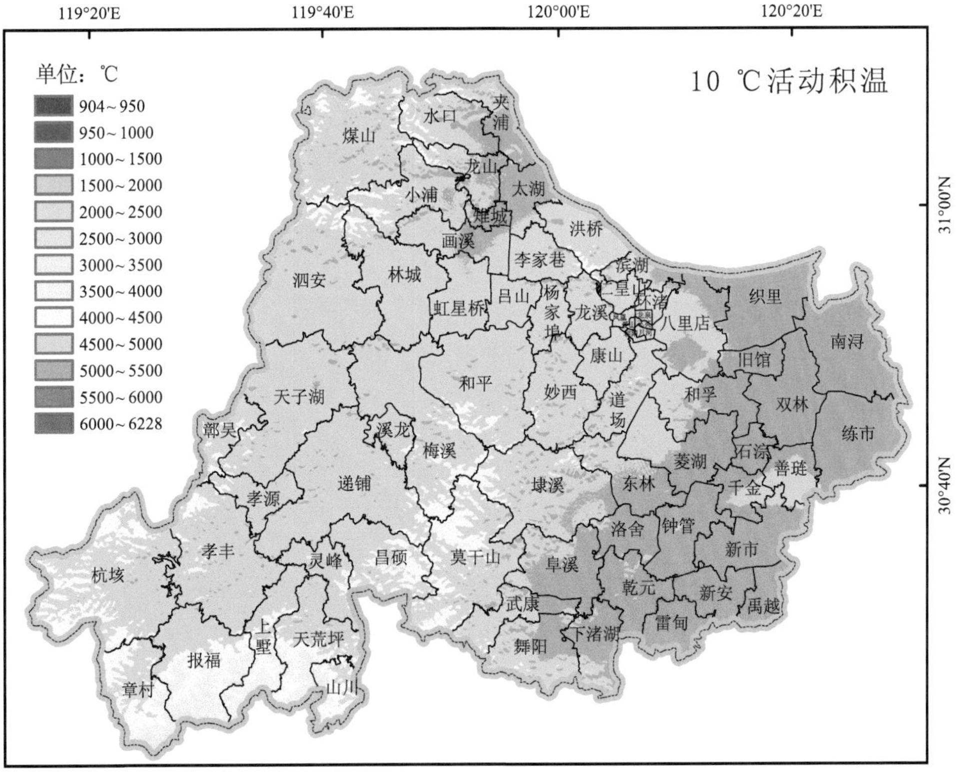
10 ℃活动积温
单位：℃
904～950
950～1000
1000～1500
1500～2000
2000～2500
2500～3000
3000～3500
3500～4000
4000～4500
4500～5000
5000～5500
5500～6000
6000～6228
119°20'E
119°40'E
120°00'E
120°20'E
31°00'N
30°40'N
水口
夹浦
煤山
龙山
小浦
太湖
雉城
洪桥
画溪
李家巷
泗安
林城
滨湖
仁皇山
虹星桥
吕山
杨家埠
龙溪
环渚
织里
八里店
南浔
旧馆
康山
和平
妙西
道场
和孚
天子湖
双林
练市
鄣吴
溪龙
梅溪
石淙
菱湖
善琏
递铺
埭溪
东林
千金
孝源
洛舍
钟管
新市
孝丰
灵峰
昌硕
莫干山
阜溪
杭垓
乾元
新安
禹越
武康
上墅
天荒坪
下渚湖
雷甸
舞阳
报福
章村
山川

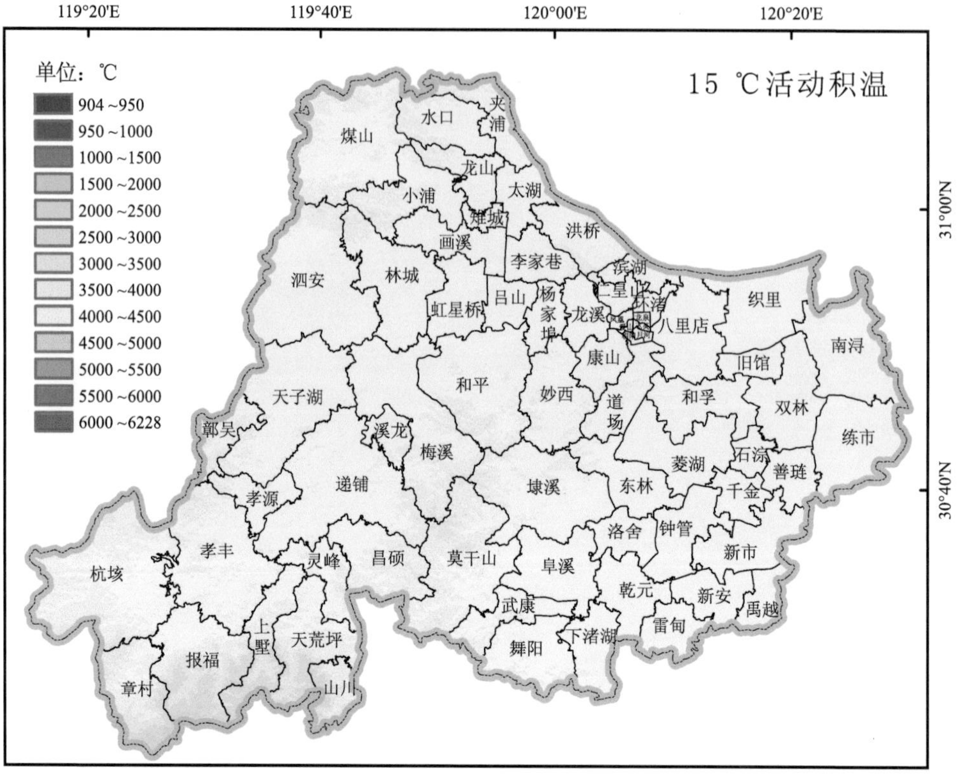
119°20'E
119°40'E
120°00'E
120°20'E
31°00'N
30°40'N
单位：℃
904～950
950～1000
1000～1500
1500～2000
2000～2500
2500～3000
3000～3500
3500～4000
4000～4500
4500～5000
5000～5500
5500～6000
6000～6228
15 ℃活动积温
煤山
水口
夹浦
龙山
小浦
太湖
雉城
画溪
洪桥
李家巷
泗安
林城
虹星桥
吕山
杨家埠
龙溪
滨湖
仁皇山
环渚
八里店
织里
南浔
旧馆
康山
和平
妙西
道场
和孚
双林
练市
天子湖
鄣吴
溪龙
梅溪
递铺
埭溪
东林
菱湖
石淙
善琏
千金
孝源
洛舍
钟管
新市
杭垓
孝丰
灵峰
昌硕
莫干山
阜溪
乾元
新安
禹越
武康
雷甸
下渚湖
舞阳
上墅
天荒坪
报福
章村
山川

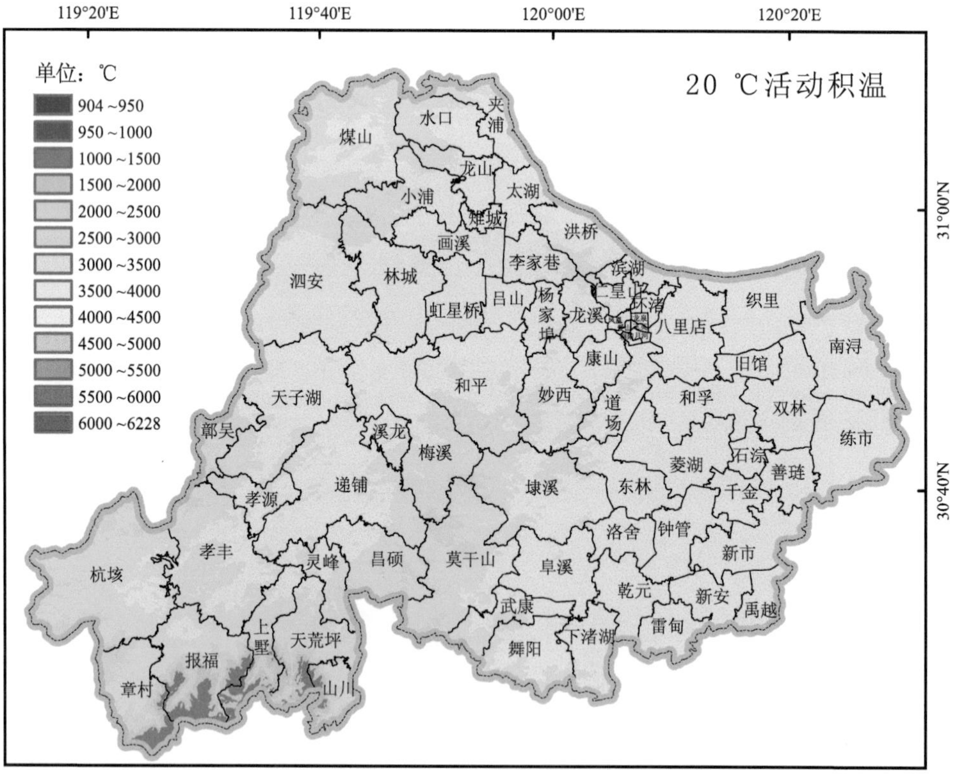
119°20'E
119°40'E
120°00'E
120°20'E
31°00'N
30°40'N
单位：℃
904～950
950～1000
1000～1500
1500～2000
2000～2500
2500～3000
3000～3500
3500～4000
4000～4500
4500～5000
5000～5500
5500～6000
6000～6228
20 ℃活动积温
煤山
水口
夹浦
龙山
小浦
太湖
雉城
画溪
洪桥
李家巷
泗安
林城
虹星桥
吕山
杨家埠
龙溪
滨湖
仁皇山
环渚
八里店
织里
南浔
旧馆
康山
和平
妙西
道场
和孚
双林
练市
天子湖
鄣吴
溪龙
梅溪
递铺
埭溪
东林
菱湖
石淙
善琏
千金
孝源
洛舍
钟管
新市
杭垓
孝丰
灵峰
昌硕
莫干山
阜溪
乾元
新安
禹越
武康
雷甸
下渚湖
舞阳
上墅
天荒坪
报福
章村
山川

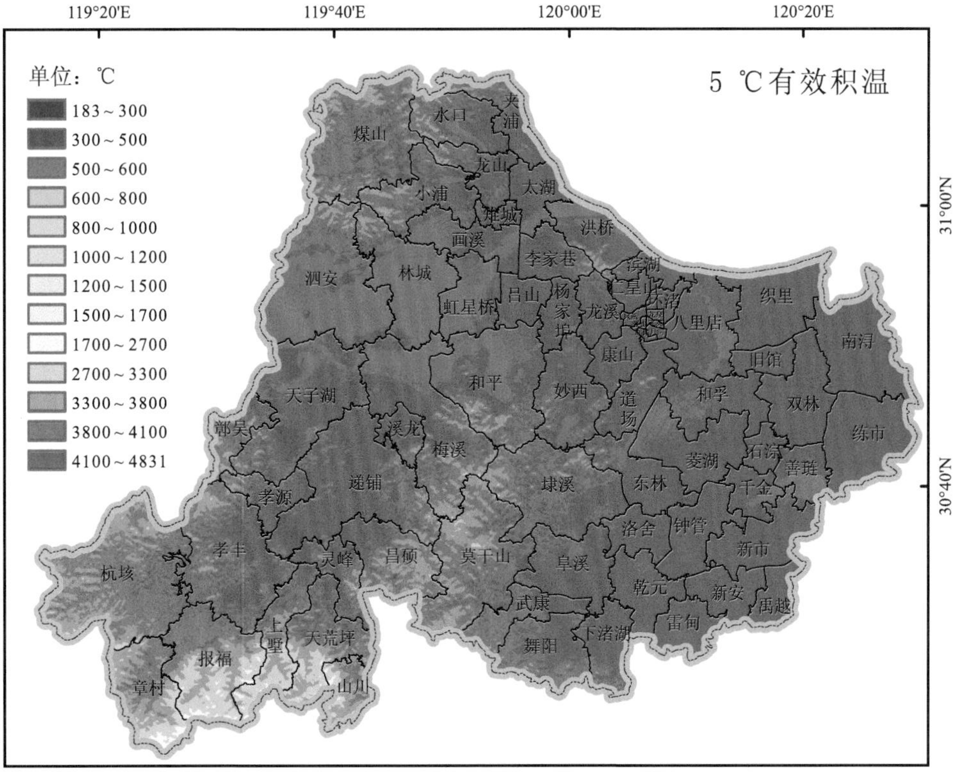

5 ℃有效积温
单位：℃
183～300
300～500
500～600
600～800
800～1000
1000～1200
1200～1500
1500～1700
1700～2700
2700～3300
3300～3800
3800～4100
4100～4831
119°20'E
119°40'E
120°00'E
120°20'E
31°00'N
30°40'N
水口
夹浦
煤山
龙山
小浦
太湖
雉城
画溪
洪桥
李家巷
泗安
林城
滨湖
仁皇山
吕山
杨家埠
龙溪
环渚
织里
虹星桥
八里店
南浔
康山
旧馆
和平
妙西
道场
和孚
双林
天子湖
鄣吴
溪龙
梅溪
石淙
练市
菱湖
善琏
递铺
埭溪
东林
千金
孝源
洛舍
钟管
孝丰
灵峰
昌硕
莫干山
阜溪
新市
杭垓
乾元
新安
武康
禹越
上墅
天荒坪
雷甸
下渚湖
报福
舞阳
章村
山川

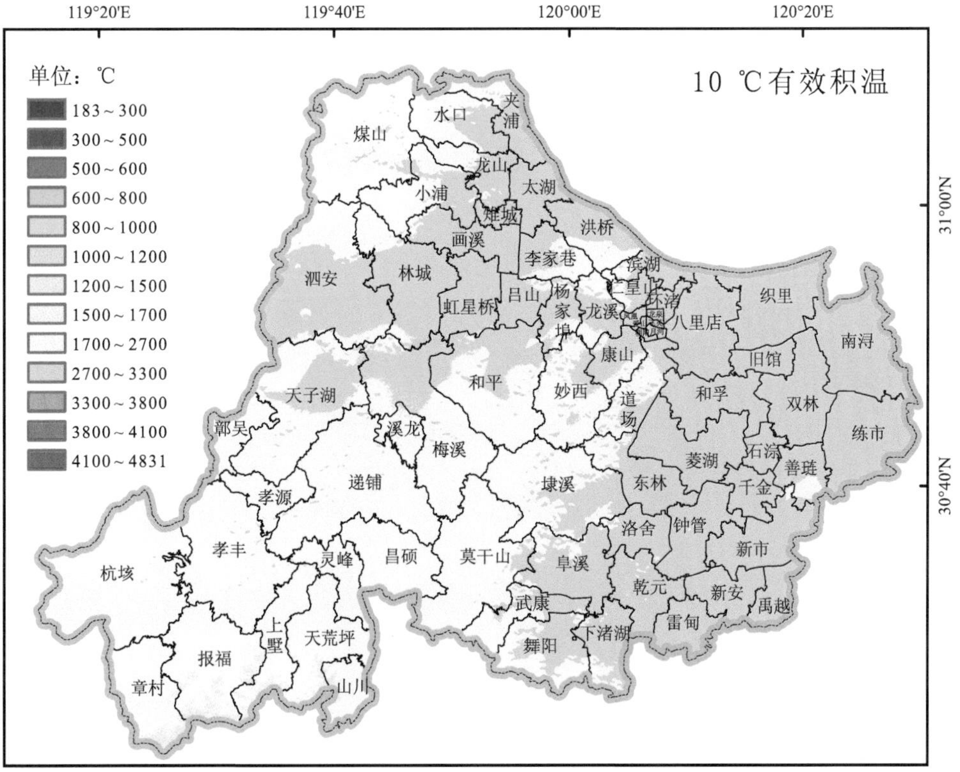

10 ℃有效积温
单位：℃
183～300
300～500
500～600
600～800
800～1000
1000～1200
1200～1500
1500～1700
1700～2700
2700～3300
3300～3800
3800～4100
4100～4831
119°20'E
119°40'E
120°00'E
120°20'E
31°00'N
30°40'N
水口
夹浦
煤山
龙山
小浦
太湖
雉城
画溪
洪桥
李家巷
泗安
林城
滨湖
仁皇山
吕山
杨家埠
龙溪
环渚
织里
虹星桥
八里店
南浔
康山
旧馆
和平
妙西
道场
和孚
双林
天子湖
鄣吴
溪龙
梅溪
石淙
练市
菱湖
善琏
递铺
埭溪
东林
千金
孝源
洛舍
钟管
孝丰
灵峰
昌硕
莫干山
阜溪
新市
杭垓
乾元
新安
武康
禹越
上墅
天荒坪
雷甸
下渚湖
报福
舞阳
章村
山川

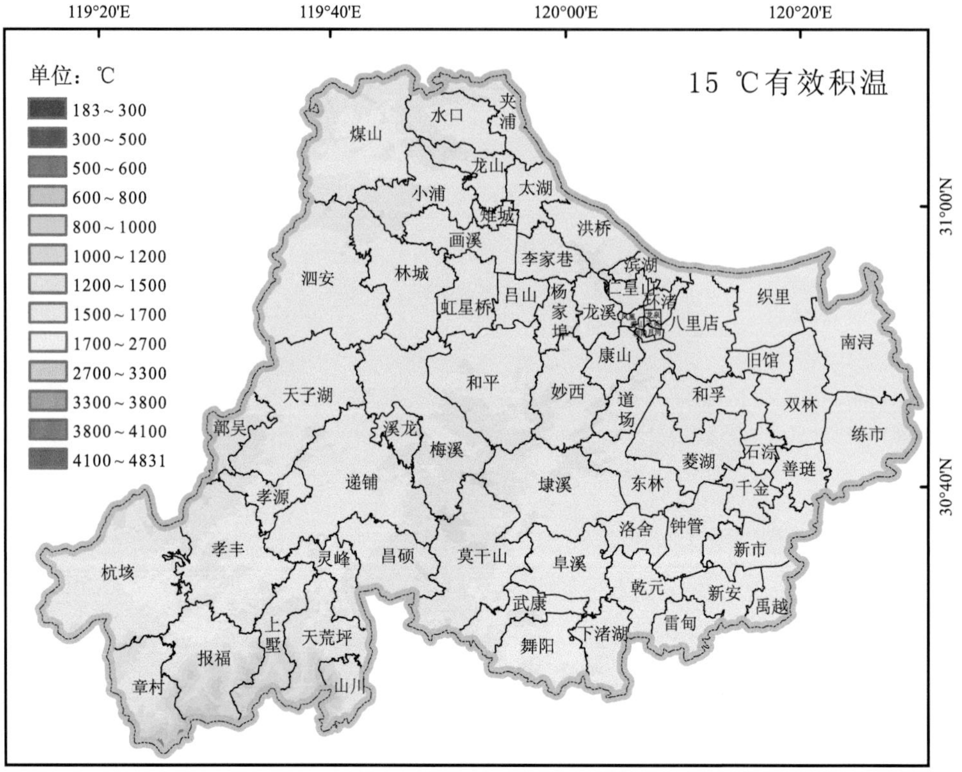
15 ℃有效积温
单位：℃
183～300
300～500
500～600
600～800
800～1000
1000～1200
1200～1500
1500～1700
1700～2700
2700～3300
3300～3800
3800～4100
4100～4831
119°20′E
119°40′E
120°00′E
120°20′E
31°00′N
30°40′N
煤山
水口
夹浦
龙山
小浦
太湖
雉城
洪桥
画溪
李家巷
滨湖
泗安
林城
虹星桥
吕山
杨家埠
龙溪
二里
环渚
八里店
织里
南浔
旧馆
康山
和平
妙西
道场
和孚
双林
练市
天子湖
鄣吴
溪龙
梅溪
菱湖
石淙
善琏
递铺
埭溪
东林
千金
孝源
洛舍
钟管
新市
孝丰
灵峰
昌硕
莫干山
阜溪
杭垓
武康
乾元
新安
禹越
上墅
天荒坪
雷甸
舞阳
下渚湖
报福
章村
山川

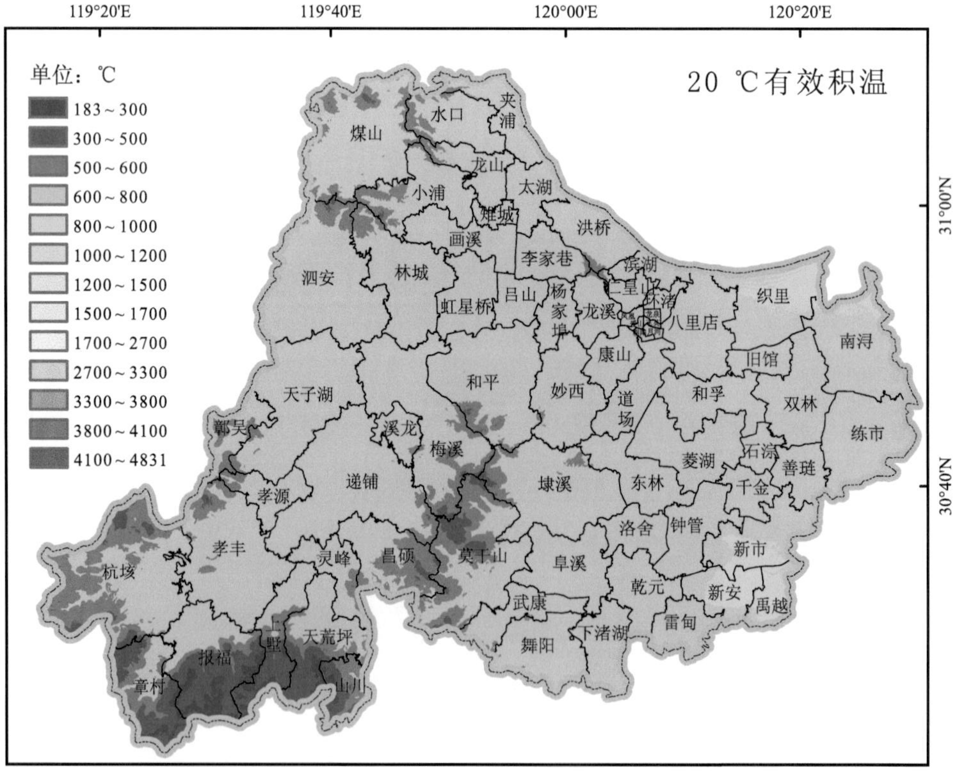
20 ℃有效积温
单位：℃
183～300
300～500
500～600
600～800
800～1000
1000～1200
1200～1500
1500～1700
1700～2700
2700～3300
3300～3800
3800～4100
4100～4831
119°20′E
119°40′E
120°00′E
120°20′E
31°00′N
30°40′N
煤山
水口
夹浦
龙山
小浦
太湖
雉城
洪桥
画溪
李家巷
滨湖
泗安
林城
虹星桥
吕山
杨家埠
龙溪
二里
环渚
八里店
织里
南浔
旧馆
康山
和平
妙西
道场
和孚
双林
练市
天子湖
鄣吴
溪龙
梅溪
菱湖
石淙
善琏
递铺
埭溪
东林
千金
孝源
洛舍
钟管
新市
孝丰
灵峰
昌硕
莫干山
阜溪
杭垓
武康
乾元
新安
禹越
上墅
天荒坪
雷甸
舞阳
下渚湖
报福
章村
山川

第二部分

湿度与水资源

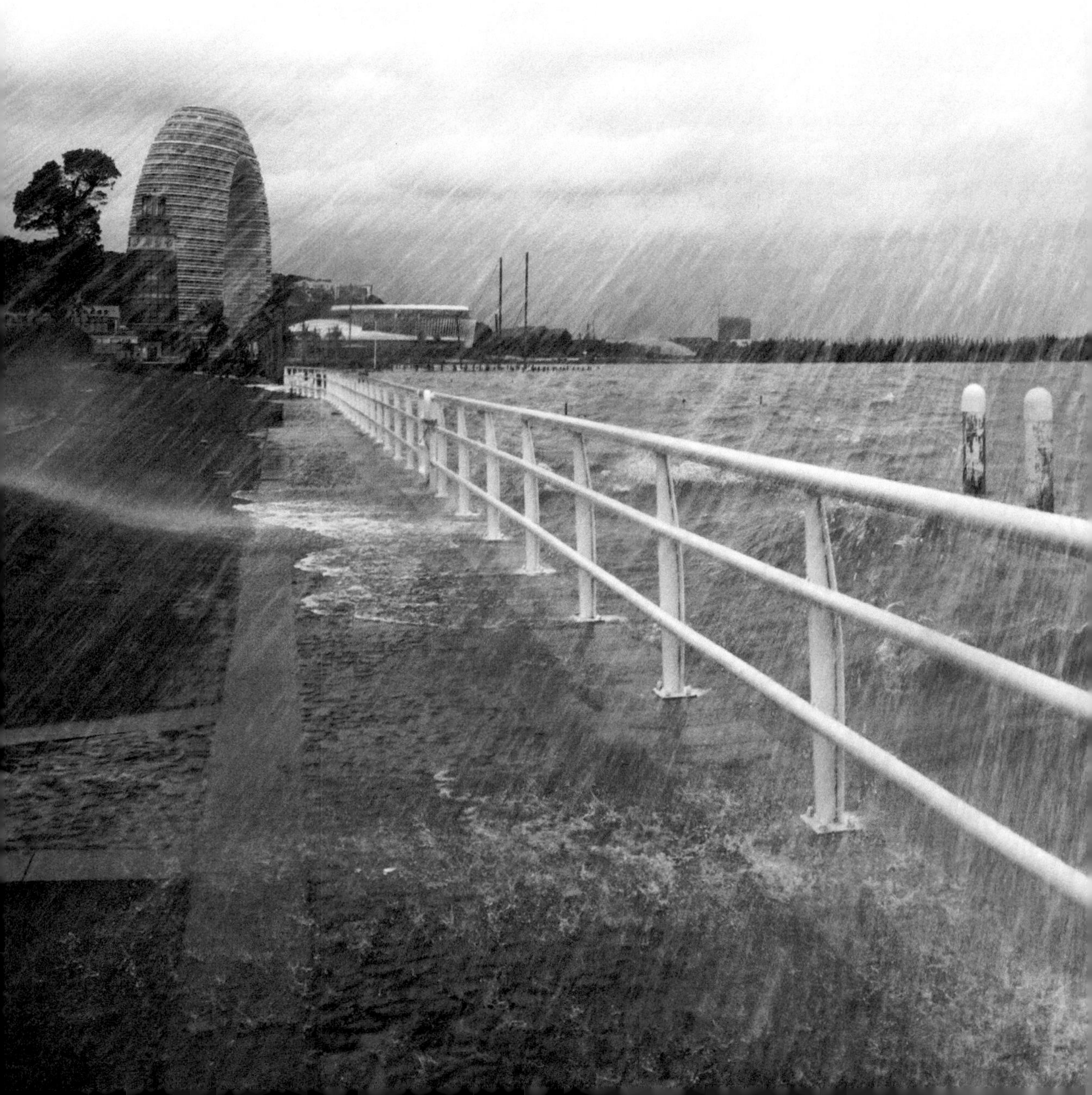

降水量：天空下降的液态、固态降水(融化后)积聚在水平器皿(雨量筒)中的深度，单位为毫米(mm)。

实际水汽压：空气中水汽的分压力，单位为百帕(hPa)。

相对湿度：空气中实际水汽压与当时气温下的饱和水汽压之比，用百分数(%)表达。

可能蒸散：由大气状况决定的地表蒸发和植物蒸腾的最大可能总量，单位为毫米(mm)。

实际蒸散：实际条件下地表蒸发和植物蒸腾的总和，单位为毫米(mm)。

湖州市年降水总量在 1115～1808 mm 之间。高值区主要分布在安吉县，降水量高于 1428 mm；低值区集中分布在湖州市东部地区，降水量低于 1200 mm；大部分地区降水量约在 1300 mm。四季降水量中，夏季＞春季＞秋季＞冬季；各月降水量中，6 月最高，大部分区域在 200 mm 左右，12 月最低，大部分区域在 45 mm 左右。

湖州市年平均水汽压在 8～19 hPa 之间，低值区集中分布在安吉县南部、德清县西部、长兴县西北部等山区内，约在 13 hPa 以下。四季平均水汽压中，夏季＞秋季＞春季＞冬季；各月平均水汽压中，7 月最高，大部分区域在 30 hPa 左右，1 月最低，大部分区域在 6 hPa 左右。

湖州市年平均相对湿度在 77%～85%之间，高值区集中分布在安吉县南部、德清县西部、长兴县西北部等山区内，约在 80%以上。四季平均相对湿度中，夏季＞秋季＞春季＞冬季。各月平均相对湿度中，9 月最高，都在 81%以上，12 月最低，大部分区域在 75%左右。

湖州市年可能蒸散量在 428～1147 mm 之间。可能蒸散量高值区主要分布在湖州东北部地区，高于 980 mm；低值区集中分布在安吉县南部、德清县西部、长兴县西北部等山区内，低于806 mm；大部分地区可能蒸散量在 950 mm 左右。四季可能蒸散量中，夏季＞春季＞秋季＞冬季；各月可能蒸散量中，7 月最高，大部分区域在 150 mm 左右，1 月最低，大部分区域在 20 mm 左右。

湖州市年实际蒸散量在 343～1015 mm 之间。实际蒸散量高值区主要分布在湖州东北部地区，高于 850 mm；低值区集中分布在安吉县南部、德清县西部、长兴县西北部等山区内，低于676 mm；大部分地区实际蒸散量在 780 mm 左右。四季实际蒸散量中，夏季＞春季＞秋季＞冬季；各月实际蒸散量中，7 月最高，大部分区域在 150 mm 左右，1 月最低，大部分区域低于 10 mm。

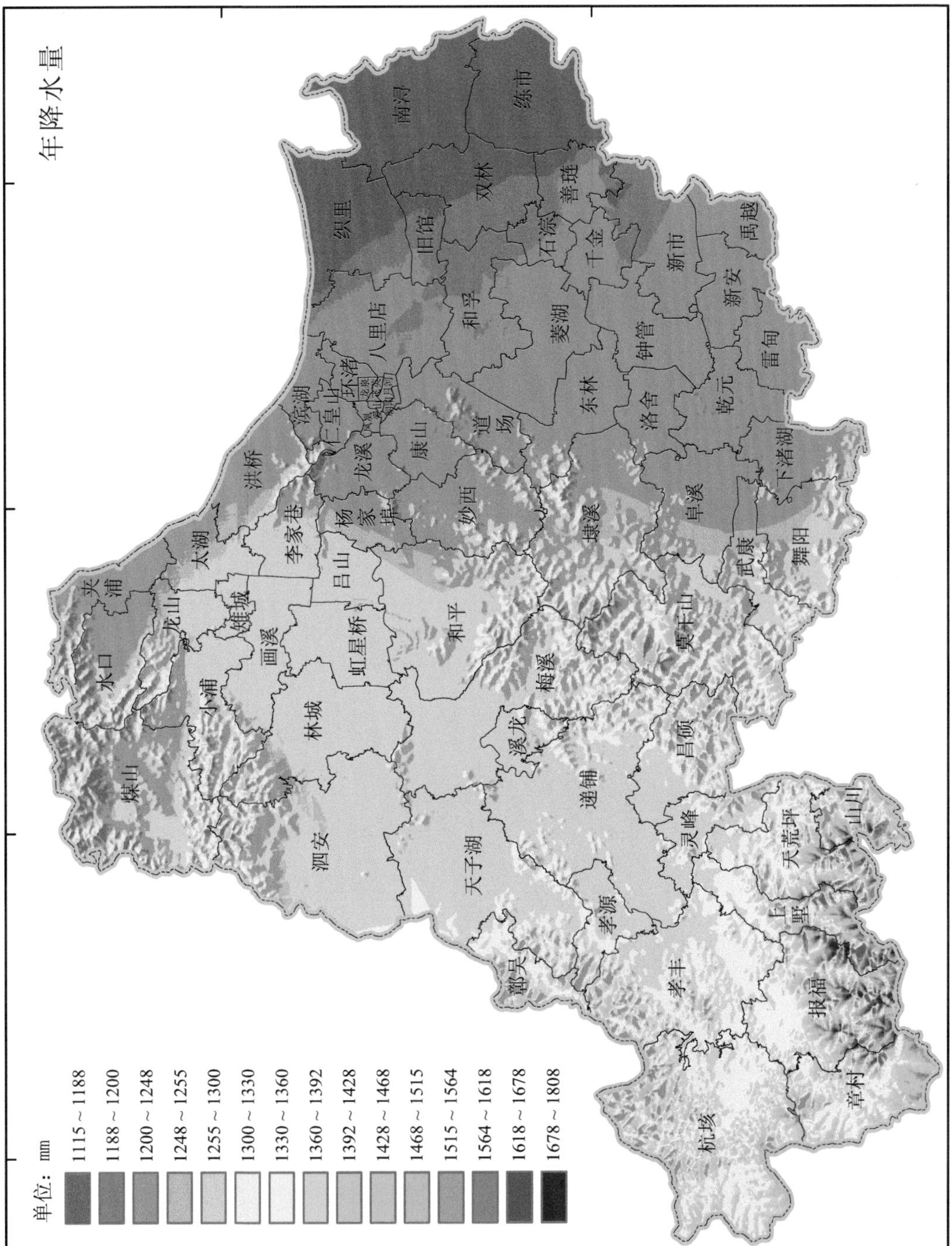
年降水量
单位：mm
1115 ~ 1188
1188 ~ 1200
1200 ~ 1248
1248 ~ 1255
1255 ~ 1300
1300 ~ 1330
1330 ~ 1360
1360 ~ 1392
1392 ~ 1428
1428 ~ 1468
1468 ~ 1515
1515 ~ 1564
1564 ~ 1618
1618 ~ 1678
1678 ~ 1808
31°00′N
30°40′N
120°20′E
120°00′E
119°40′E
119°20′E
南浔
练市
双林
善琏
织里
旧馆
石淙
千金
新市
禹越
和孚
菱湖
新安
八里店
钟管
雷甸
环渚
东林
洛舍
乾元
滨湖
仁皇山
道场
康山
龙溪
下渚湖
洪桥
杨家埠
妙西
埭溪
阜溪
李家巷
太湖
吕山
武康
舞阳
夹浦
龙山
雉城
和平
莫干山
画溪
虹星桥
水口
小浦
梅溪
林城
溪龙
昌硕
煤山
递铺
灵峰
天荒坪
山川
泗安
天子湖
孝源
上墅
鄣吴
孝丰
报福
章村
杭垓

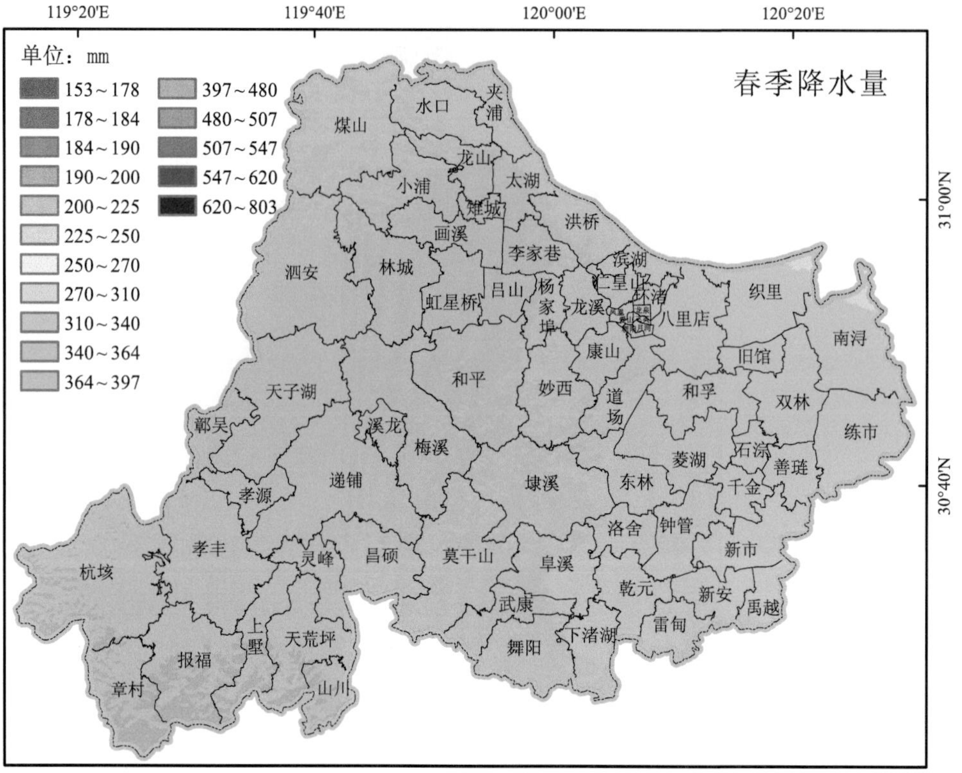
春季降水量
单位：mm
153～178
178～184
184～190
190～200
200～225
225～250
250～270
270～310
310～340
340～364
364～397
397～480
480～507
507～547
547～620
620～803
119°20'E
119°40'E
120°00'E
120°20'E
31°00'N
30°40'N
水口
夹浦
煤山
龙山
小浦
太湖
雉城
画溪
洪桥
李家巷
泗安
林城
滨湖
虹星桥
吕山
杨家埠
龙溪
八里店
织里
南浔
康山
旧馆
天子湖
和平
妙西
道场
和孚
双林
鄣吴
溪龙
梅溪
菱湖
石淙
练市
递铺
埭溪
东林
善琏
孝源
千金
洛舍
钟管
孝丰
灵峰
昌硕
莫干山
阜溪
新市
杭垓
乾元
新安
武康
禹越
上墅
天荒坪
雷甸
报福
下渚湖
舞阳
章村
山川

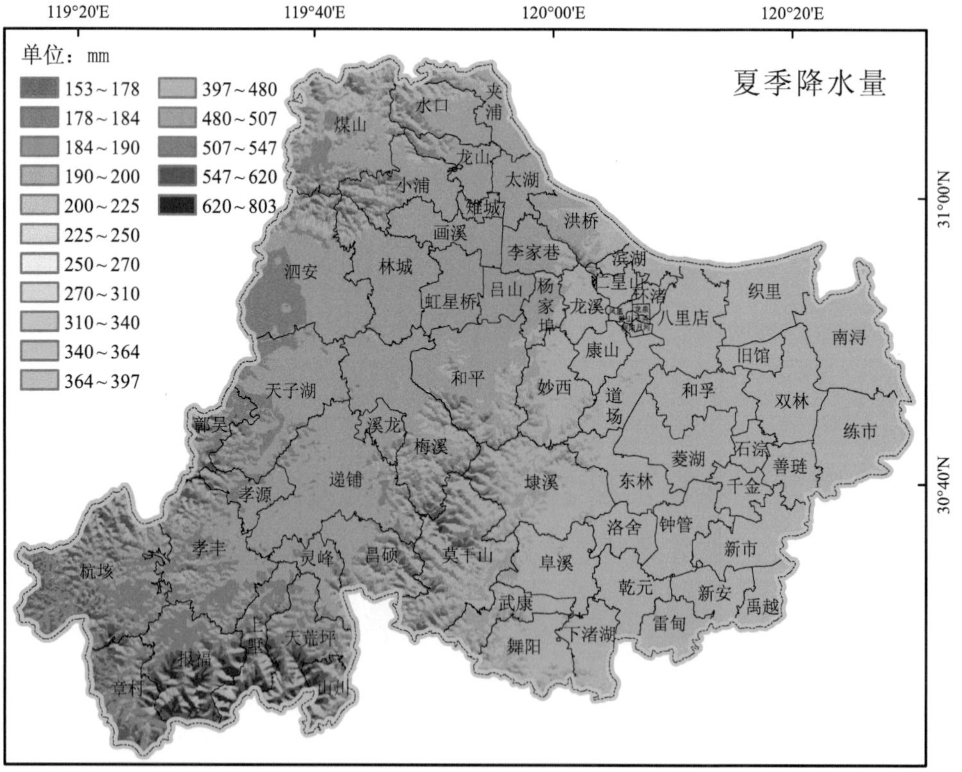
夏季降水量
单位：mm
153～178
178～184
184～190
190～200
200～225
225～250
250～270
270～310
310～340
340～364
364～397
397～480
480～507
507～547
547～620
620～803
119°20'E
119°40'E
120°00'E
120°20'E
31°00'N
30°40'N
水口
夹浦
煤山
龙山
小浦
太湖
雉城
画溪
洪桥
李家巷
泗安
林城
滨湖
虹星桥
吕山
杨家埠
龙溪
八里店
织里
南浔
康山
旧馆
天子湖
和平
妙西
道场
和孚
双林
鄣吴
溪龙
梅溪
菱湖
石淙
练市
递铺
埭溪
东林
善琏
孝源
千金
洛舍
钟管
孝丰
灵峰
昌硕
莫干山
阜溪
新市
杭垓
乾元
新安
武康
禹越
上墅
天荒坪
雷甸
报福
下渚湖
舞阳
章村
山川

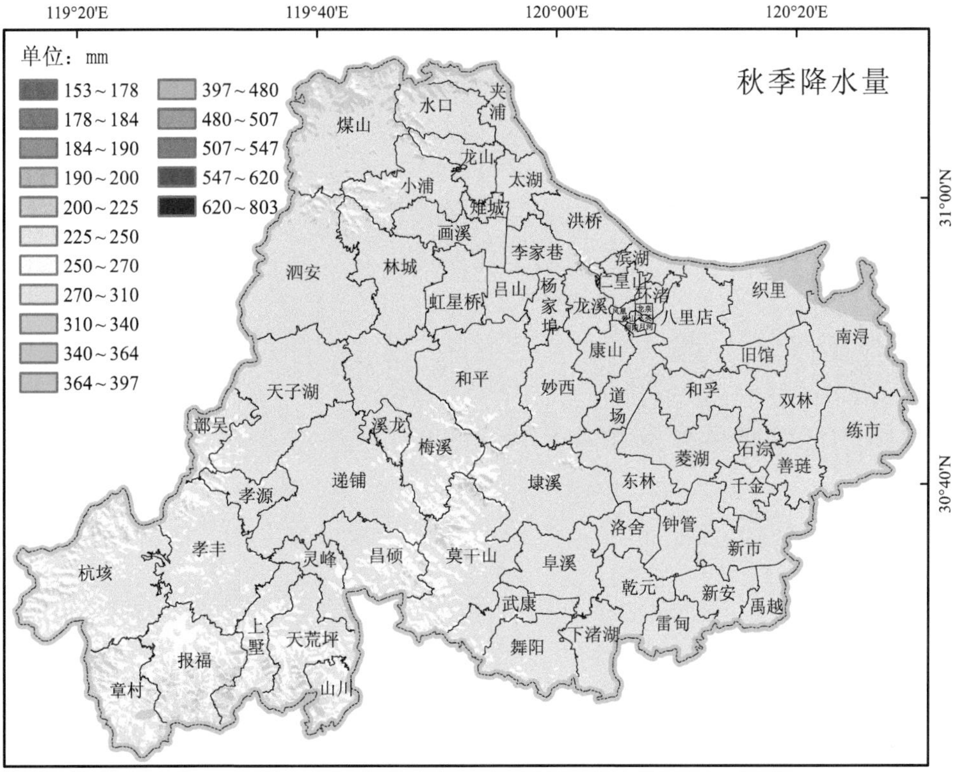
119°20'E
119°40'E
120°00'E
120°20'E
31°00'N
30°40'N
秋季降水量
单位：mm
153～178
178～184
184～190
190～200
200～225
225～250
250～270
270～310
310～340
340～364
364～397
397～480
480～507
507～547
547～620
620～803
煤山
水口
夹浦
龙山
小浦
太湖
雉城
洪桥
画溪
李家巷
滨湖
泗安
林城
吕山
杨家埠
龙溪
仁皇山
环渚
织里
虹星桥
八里店
南浔
康山
旧馆
和平
妙西
天子湖
道场
和孚
双林
鄣吴
溪龙
练市
梅溪
石淙
菱湖
善琏
递铺
埭溪
东林
千金
孝源
洛舍
钟管
孝丰
新市
杭垓
灵峰
昌硕
莫干山
阜溪
乾元
新安
武康
禹越
上墅
天荒坪
雷甸
报福
舞阳
下渚湖
章村
山川

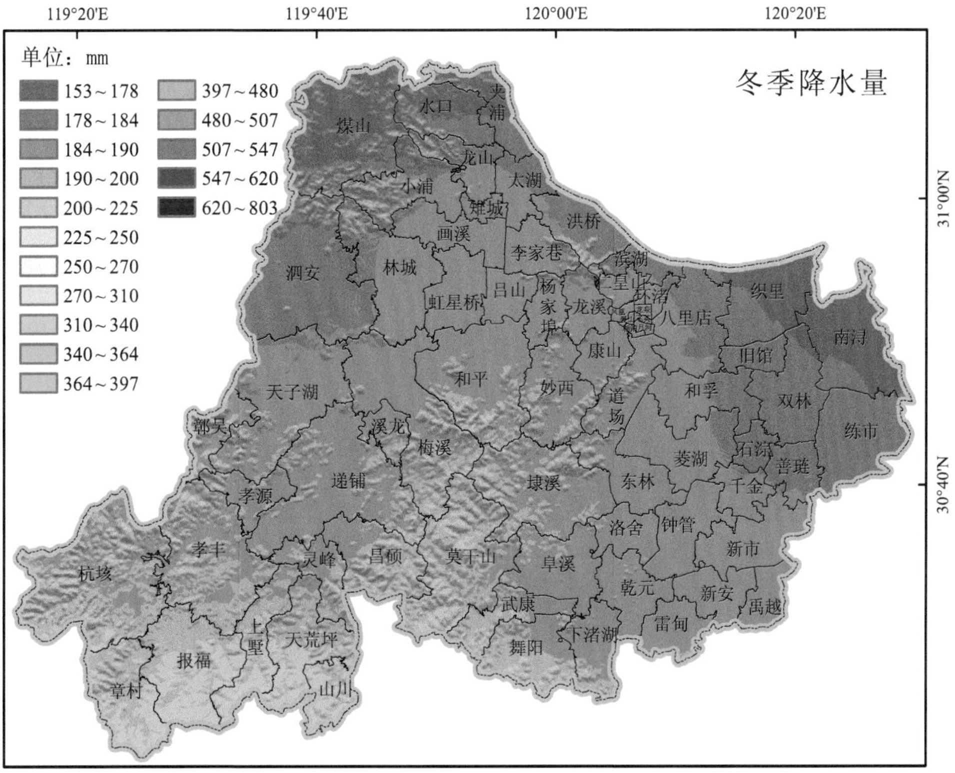
119°20'E
119°40'E
120°00'E
120°20'E
31°00'N
30°40'N
冬季降水量
单位：mm
153～178
178～184
184～190
190～200
200～225
225～250
250～270
270～310
310～340
340～364
364～397
397～480
480～507
507～547
547～620
620～803
煤山
水口
夹浦
龙山
小浦
太湖
雉城
洪桥
画溪
李家巷
滨湖
泗安
林城
吕山
杨家埠
龙溪
仁皇山
环渚
织里
虹星桥
八里店
南浔
康山
旧馆
和平
妙西
天子湖
道场
和孚
双林
鄣吴
溪龙
练市
梅溪
石淙
菱湖
善琏
递铺
埭溪
东林
千金
孝源
洛舍
钟管
孝丰
新市
杭垓
灵峰
昌硕
莫干山
阜溪
乾元
新安
武康
禹越
上墅
天荒坪
雷甸
报福
舞阳
下渚湖
章村
山川

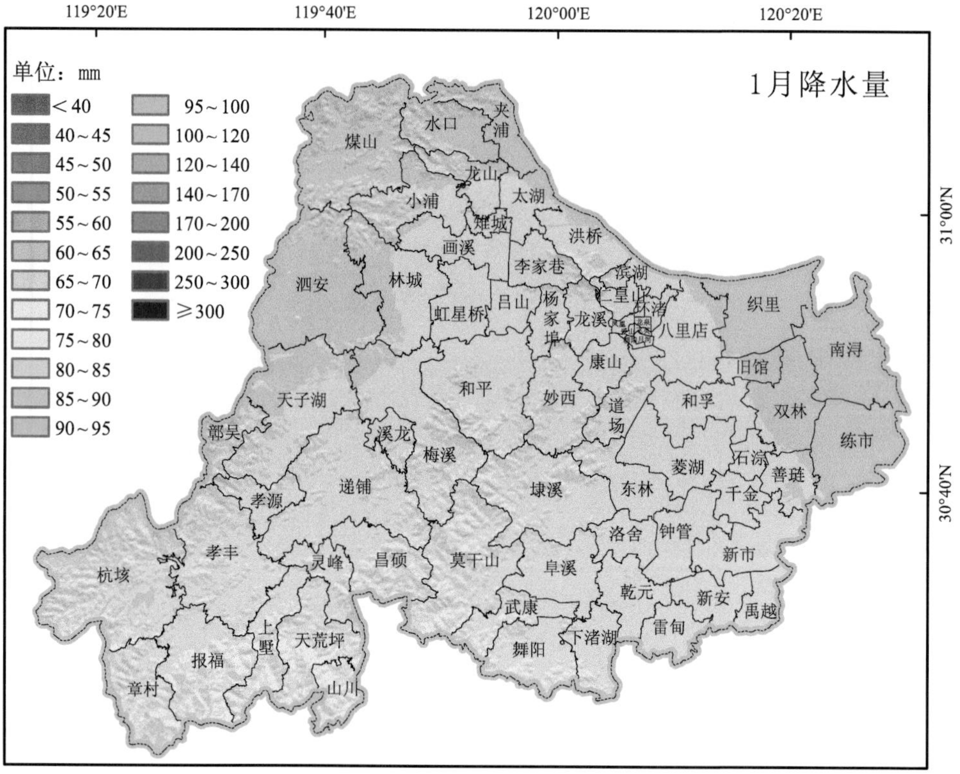
1月降水量
单位：mm
＜40
40～45
45～50
50～55
55～60
60～65
65～70
70～75
75～80
80～85
85～90
90～95
95～100
100～120
120～140
140～170
170～200
200～250
250～300
≥300
119°20'E
119°40'E
120°00'E
120°20'E
31°00'N
30°40'N
煤山
水口
夹浦
龙山
小浦
太湖
雉城
洪桥
画溪
李家巷
泗安
林城
滨湖
二里山
环渚
吕山
虹星桥
杨家埠
龙溪
八里店
织里
南浔
康山
旧馆
和平
妙西
道场
和孚
双林
练市
天子湖
鄣吴
溪龙
梅溪
菱湖
石淙
善琏
递铺
埭溪
东林
千金
孝源
洛舍
钟管
孝丰
新市
杭垓
灵峰
昌硕
莫干山
阜溪
乾元
新安
禹越
武康
雷甸
上墅
天荒坪
下渚湖
报福
舞阳
章村
山川

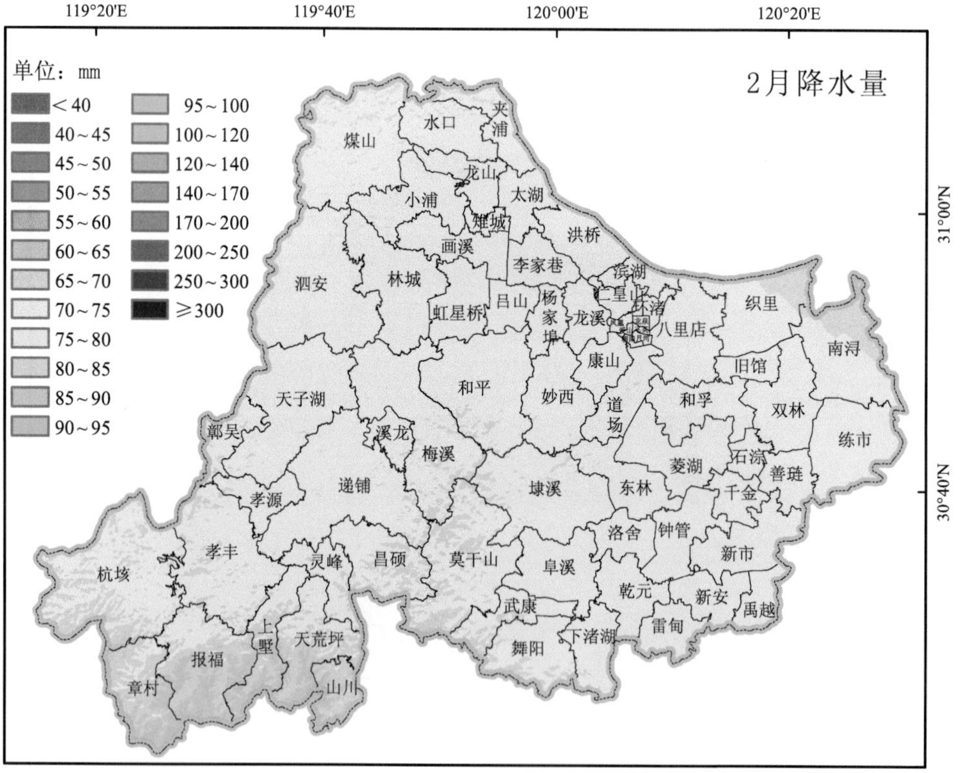
2月降水量
单位：mm
＜40
40～45
45～50
50～55
55～60
60～65
65～70
70～75
75～80
80～85
85～90
90～95
95～100
100～120
120～140
140～170
170～200
200～250
250～300
≥300
119°20'E
119°40'E
120°00'E
120°20'E
31°00'N
30°40'N
煤山
水口
夹浦
龙山
小浦
太湖
雉城
洪桥
画溪
李家巷
泗安
林城
滨湖
二里山
环渚
吕山
虹星桥
杨家埠
龙溪
八里店
织里
南浔
康山
旧馆
和平
妙西
道场
和孚
双林
练市
天子湖
鄣吴
溪龙
梅溪
菱湖
石淙
善琏
递铺
埭溪
东林
千金
孝源
洛舍
钟管
孝丰
新市
杭垓
灵峰
昌硕
莫干山
阜溪
乾元
新安
禹越
武康
雷甸
上墅
天荒坪
下渚湖
报福
舞阳
章村
山川

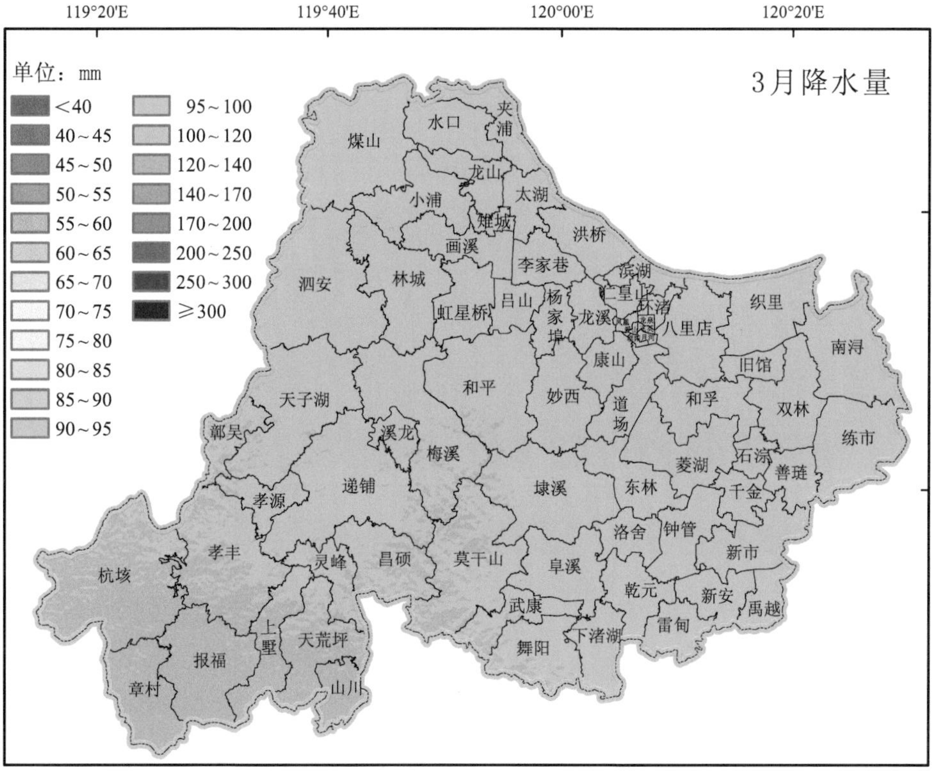
119°20'E
119°40'E
120°00'E
120°20'E
31°00'N
30°40'N
3月降水量
单位：mm
<40
40~45
45~50
50~55
55~60
60~65
65~70
70~75
75~80
80~85
85~90
90~95
95~100
100~120
120~140
140~170
170~200
200~250
250~300
≥300
煤山
水口
夹浦
龙山
小浦
太湖
雉城
洪桥
画溪
李家巷
泗安
林城
滨湖
仁皇山
吕山
杨家埠
龙溪
环渚
八里店
织里
南浔
虹星桥
康山
旧馆
和平
妙西
道场
和孚
双林
天子湖
练市
鄣吴
溪龙
梅溪
石淙
菱湖
善琏
递铺
埭溪
东林
孝源
千金
洛舍
钟管
孝丰
灵峰
昌硕
莫干山
阜溪
新市
杭垓
乾元
新安
武康
禹越
上墅
天荒坪
雷甸
下渚湖
报福
舞阳
章村
山川

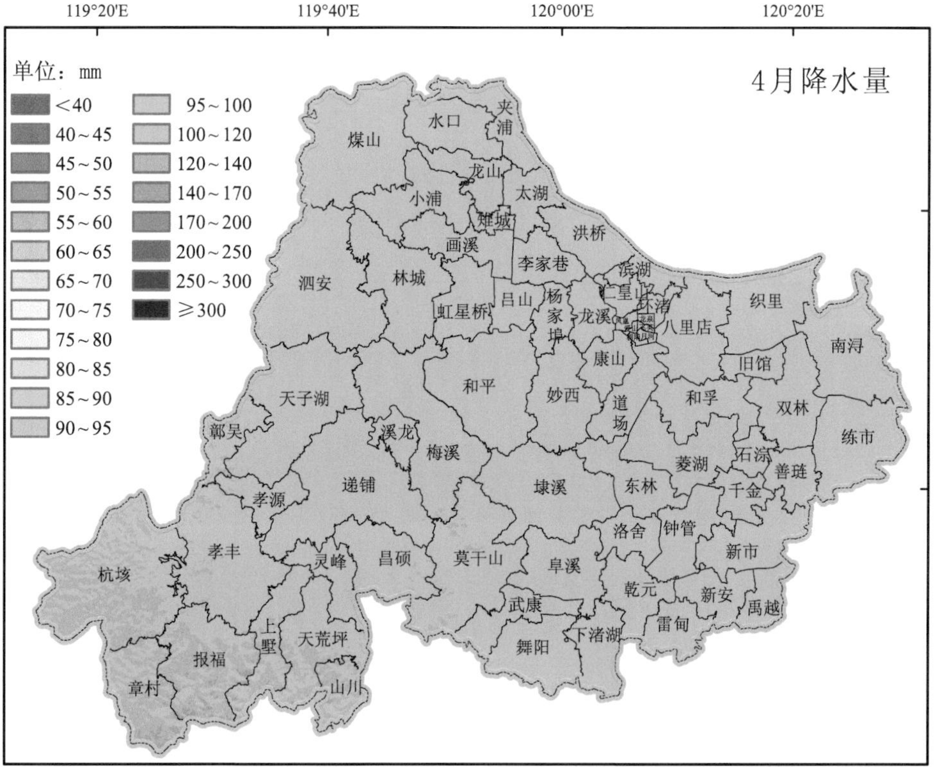
119°20'E
119°40'E
120°00'E
120°20'E
31°00'N
30°40'N
4月降水量
单位：mm
<40
40~45
45~50
50~55
55~60
60~65
65~70
70~75
75~80
80~85
85~90
90~95
95~100
100~120
120~140
140~170
170~200
200~250
250~300
≥300
煤山
水口
夹浦
龙山
小浦
太湖
雉城
洪桥
画溪
李家巷
泗安
林城
滨湖
仁皇山
吕山
杨家埠
龙溪
环渚
八里店
织里
南浔
虹星桥
康山
旧馆
和平
妙西
道场
和孚
双林
天子湖
练市
鄣吴
溪龙
梅溪
石淙
菱湖
善琏
递铺
埭溪
东林
孝源
千金
洛舍
钟管
孝丰
灵峰
昌硕
莫干山
阜溪
新市
杭垓
乾元
新安
武康
禹越
上墅
天荒坪
雷甸
下渚湖
报福
舞阳
章村
山川

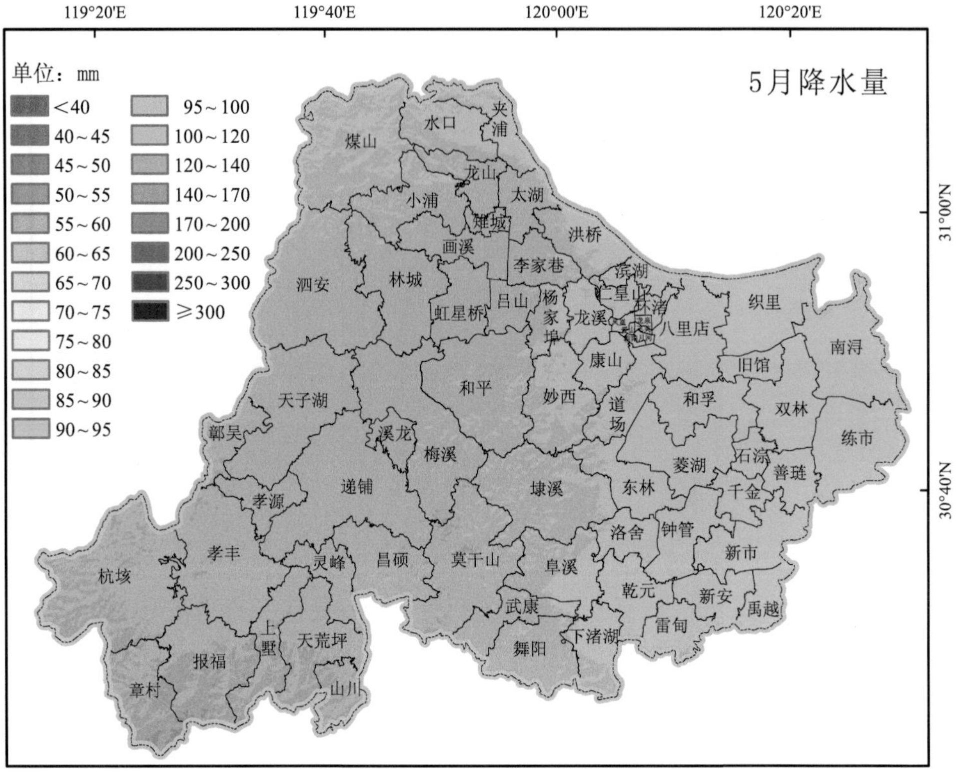
5月降水量
单位：mm
<40
40~45
45~50
50~55
55~60
60~65
65~70
70~75
75~80
80~85
85~90
90~95
95~100
100~120
120~140
140~170
170~200
200~250
250~300
≥300
119°20'E
119°40'E
120°00'E
120°20'E
31°00'N
30°40'N
煤山
水口
夹浦
龙山
小浦
太湖
雉城
洪桥
画溪
李家巷
泗安
林城
滨湖
二里山
吕山
杨家埠
龙溪
虹星桥
八里店
织里
南浔
旧馆
康山
和平
妙西
道场
和孚
双林
天子湖
鄣吴
溪龙
梅溪
练市
菱湖
石淙
善琏
递铺
埭溪
东林
千金
孝源
洛舍
钟管
新市
孝丰
灵峰
昌硕
莫干山
阜溪
杭垓
乾元
新安
禹越
武康
上墅
天荒坪
报福
下渚湖
雷甸
舞阳
章村
山川

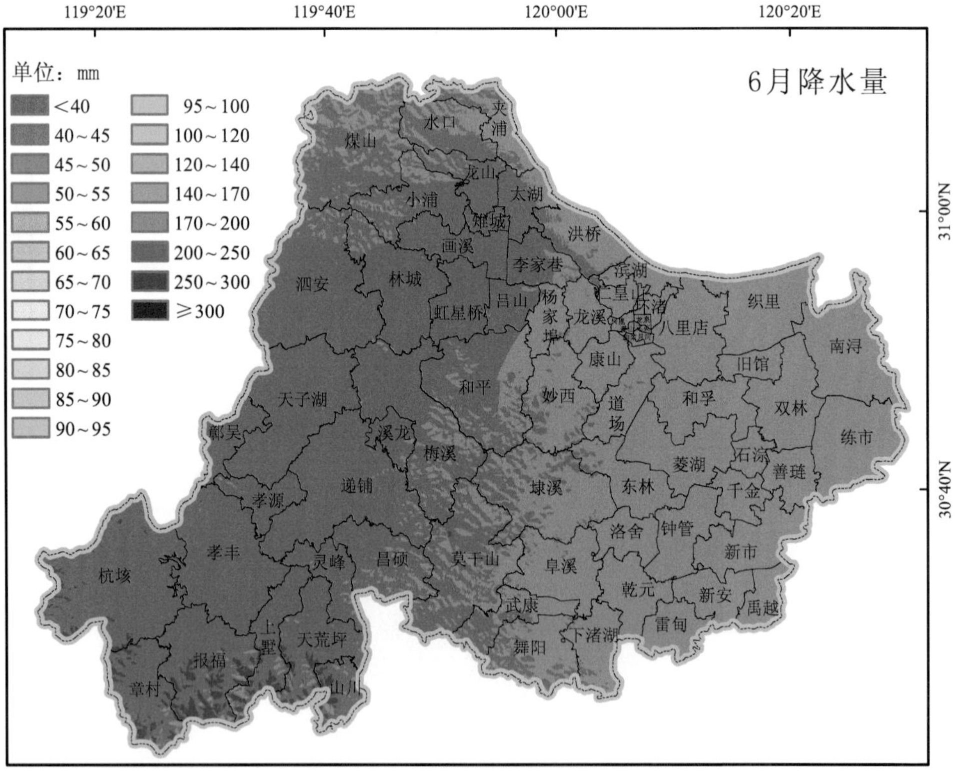
6月降水量
单位：mm
<40
40~45
45~50
50~55
55~60
60~65
65~70
70~75
75~80
80~85
85~90
90~95
95~100
100~120
120~140
140~170
170~200
200~250
250~300
≥300
119°20'E
119°40'E
120°00'E
120°20'E
31°00'N
30°40'N
煤山
水口
夹浦
龙山
小浦
太湖
雉城
洪桥
画溪
李家巷
泗安
林城
滨湖
二里山
吕山
杨家埠
龙溪
虹星桥
八里店
织里
南浔
旧馆
康山
和平
妙西
道场
和孚
双林
天子湖
鄣吴
溪龙
梅溪
练市
菱湖
石淙
善琏
递铺
埭溪
东林
千金
孝源
洛舍
钟管
新市
孝丰
灵峰
昌硕
莫干山
阜溪
杭垓
乾元
新安
禹越
武康
上墅
天荒坪
报福
下渚湖
雷甸
舞阳
章村
山川

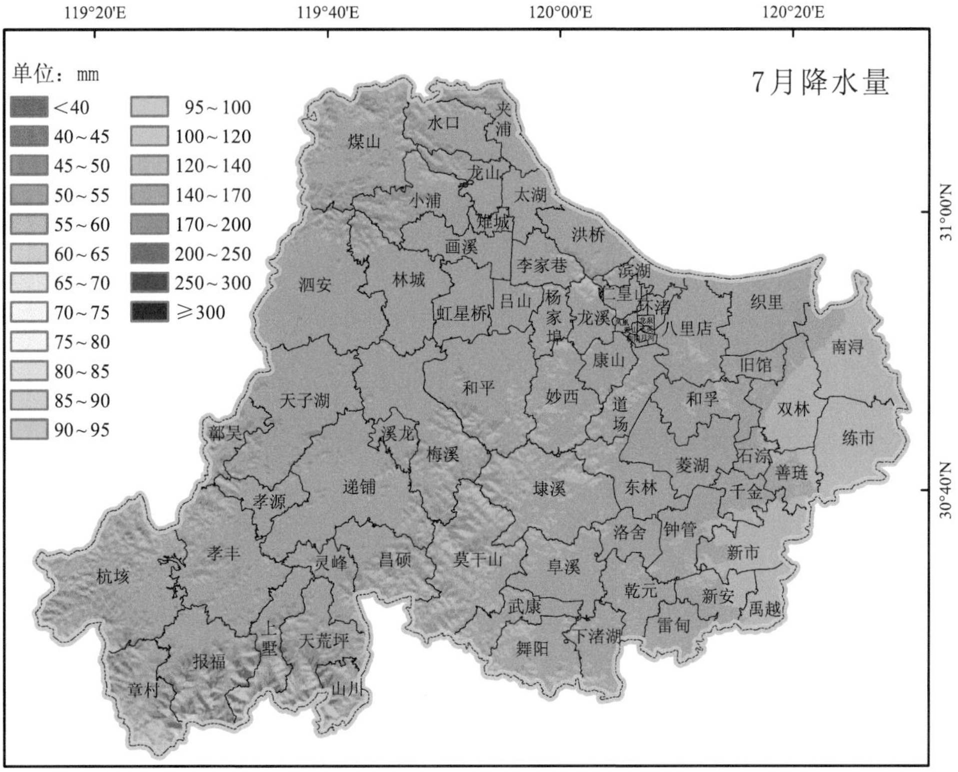
7月降水量
单位：mm
<40
40～45
45～50
50～55
55～60
60～65
65～70
70～75
75～80
80～85
85～90
90～95
95～100
100～120
120～140
140～170
170～200
200～250
250～300
≥300
119°20'E
119°40'E
120°00'E
120°20'E
31°00'N
30°40'N
煤山
水口
夹浦
龙山
小浦
太湖
雉城
画溪
洪桥
李家巷
滨湖
泗安
林城
吕山
杨家埠
龙溪
仁皇山
环渚
八里店
织里
南浔
虹星桥
康山
旧馆
和平
妙西
道场
和孚
双林
天子湖
鄣吴
溪龙
梅溪
菱湖
石淙
练市
善琏
递铺
埭溪
东林
千金
孝源
洛舍
钟管
新市
孝丰
灵峰
昌硕
莫干山
阜溪
杭垓
乾元
新安
禹越
武康
雷甸
上墅
天荒坪
舞阳
下渚湖
报福
章村
山川

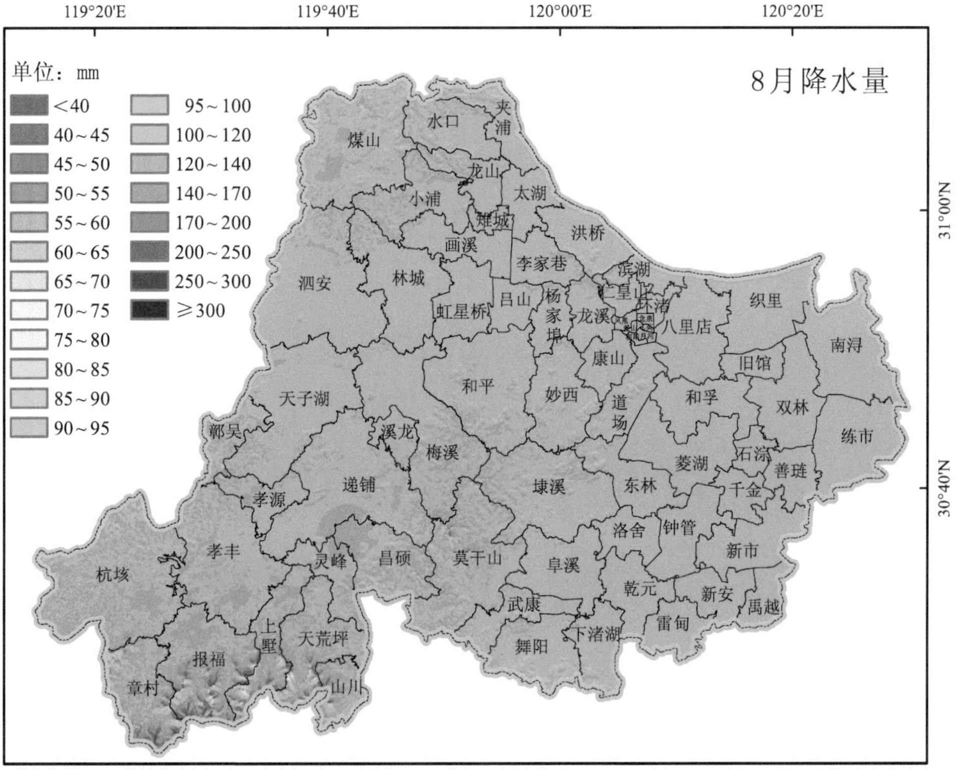
8月降水量
单位：mm
<40
40～45
45～50
50～55
55～60
60～65
65～70
70～75
75～80
80～85
85～90
90～95
95～100
100～120
120～140
140～170
170～200
200～250
250～300
≥300
119°20'E
119°40'E
120°00'E
120°20'E
31°00'N
30°40'N
煤山
水口
夹浦
龙山
小浦
太湖
雉城
画溪
洪桥
李家巷
滨湖
泗安
林城
吕山
杨家埠
龙溪
仁皇山
环渚
八里店
织里
南浔
虹星桥
康山
旧馆
和平
妙西
道场
和孚
双林
天子湖
鄣吴
溪龙
梅溪
菱湖
石淙
练市
善琏
递铺
埭溪
东林
千金
孝源
洛舍
钟管
新市
孝丰
灵峰
昌硕
莫干山
阜溪
杭垓
乾元
新安
禹越
武康
雷甸
上墅
天荒坪
舞阳
下渚湖
报福
章村
山川

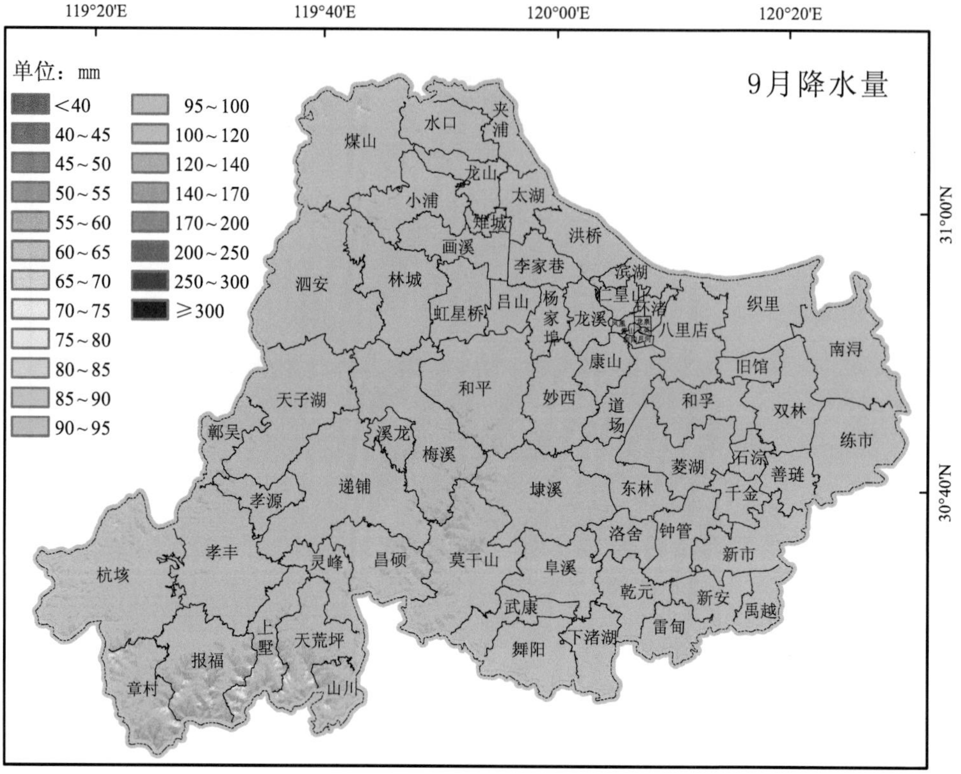
119°20'E
119°40'E
120°00'E
120°20'E
31°00'N
30°40'N
单位：mm
<40
40~45
45~50
50~55
55~60
60~65
65~70
70~75
75~80
80~85
85~90
90~95
95~100
100~120
120~140
140~170
170~200
200~250
250~300
≥300
9月降水量
煤山
水口
夹浦
龙山
小浦
太湖
雉城
洪桥
画溪
李家巷
滨湖
泗安
林城
二里山
吕山
杨家埠
龙溪
环渚
虹星桥
八里店
织里
南浔
旧馆
康山
和平
妙西
道场
和孚
双林
天子湖
鄣吴
溪龙
梅溪
菱湖
练市
石淙
善琏
递铺
埭溪
东林
千金
孝源
洛舍
钟管
孝丰
灵峰
昌硕
莫干山
阜溪
新市
杭垓
乾元
新安
武康
禹越
上墅
天荒坪
雷甸
报福
舞阳
下渚湖
章村
山川

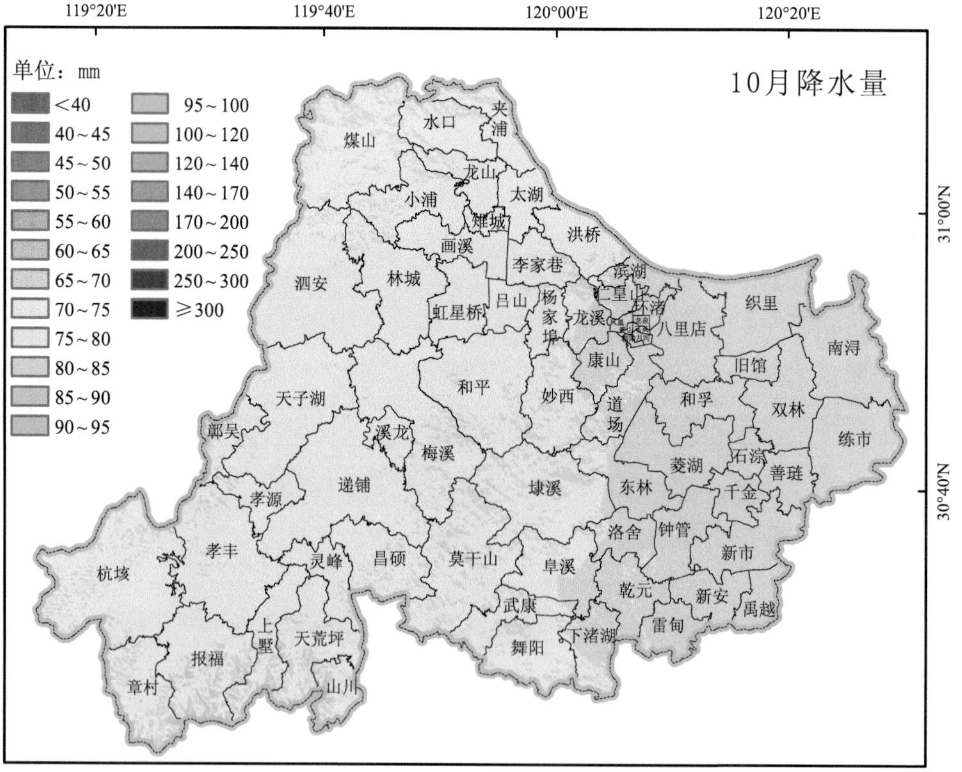
119°20'E
119°40'E
120°00'E
120°20'E
31°00'N
30°40'N
单位：mm
<40
40~45
45~50
50~55
55~60
60~65
65~70
70~75
75~80
80~85
85~90
90~95
95~100
100~120
120~140
140~170
170~200
200~250
250~300
≥300
10月降水量
煤山
水口
夹浦
龙山
小浦
太湖
雉城
洪桥
画溪
李家巷
滨湖
泗安
林城
二里山
吕山
杨家埠
龙溪
环渚
虹星桥
八里店
织里
南浔
旧馆
康山
和平
妙西
道场
和孚
双林
天子湖
鄣吴
溪龙
梅溪
菱湖
练市
石淙
善琏
递铺
埭溪
东林
千金
孝源
洛舍
钟管
孝丰
灵峰
昌硕
莫干山
阜溪
新市
杭垓
乾元
新安
武康
禹越
上墅
天荒坪
雷甸
报福
舞阳
下渚湖
章村
山川

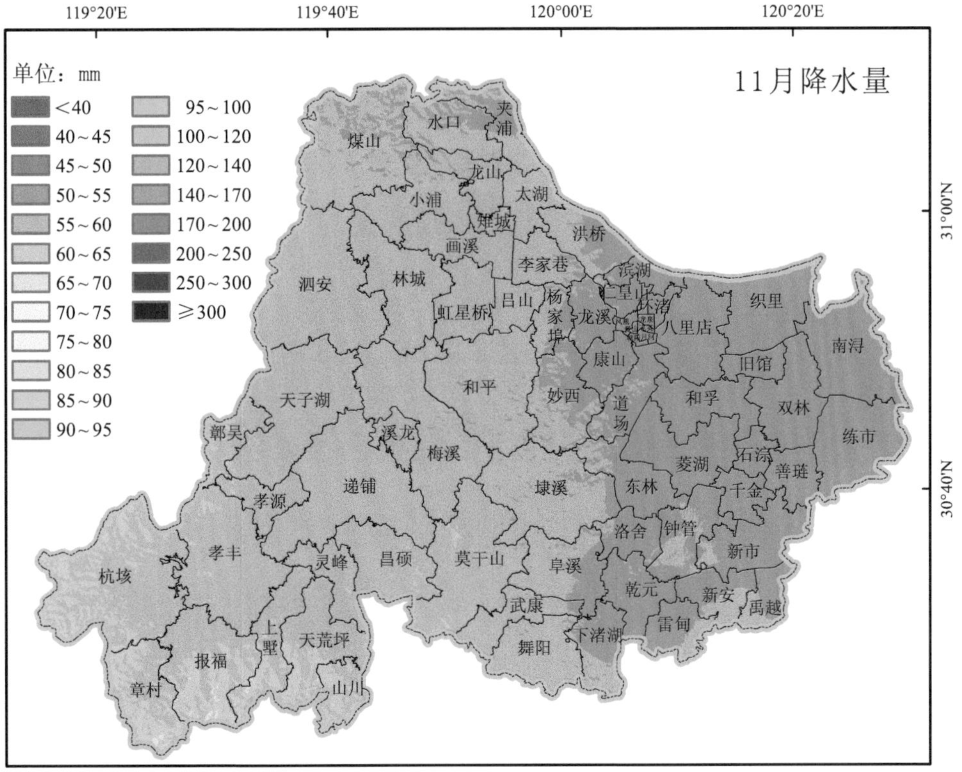
11月降水量
单位：mm
<40
40～45
45～50
50～55
55～60
60～65
65～70
70～75
75～80
80～85
85～90
90～95
95～100
100～120
120～140
140～170
170～200
200～250
250～300
≥300
119°20'E
119°40'E
120°00'E
120°20'E
31°00'N
30°40'N
煤山
水口
夹浦
龙山
小浦
太湖
雉城
洪桥
画溪
李家巷
泗安
林城
滨湖
吕山
杨家埠
龙溪
八里店
织里
虹星桥
南浔
康山
旧馆
和平
妙西
道场
和孚
双林
天子湖
鄣吴
练市
溪龙
梅溪
菱湖
石淙
递铺
善琏
孝源
埭溪
东林
千金
洛舍
钟管
孝丰
新市
杭垓
灵峰
昌硕
莫干山
阜溪
乾元
新安
武康
禹越
上墅
天荒坪
雷甸
报福
舞阳
下渚湖
章村
山川

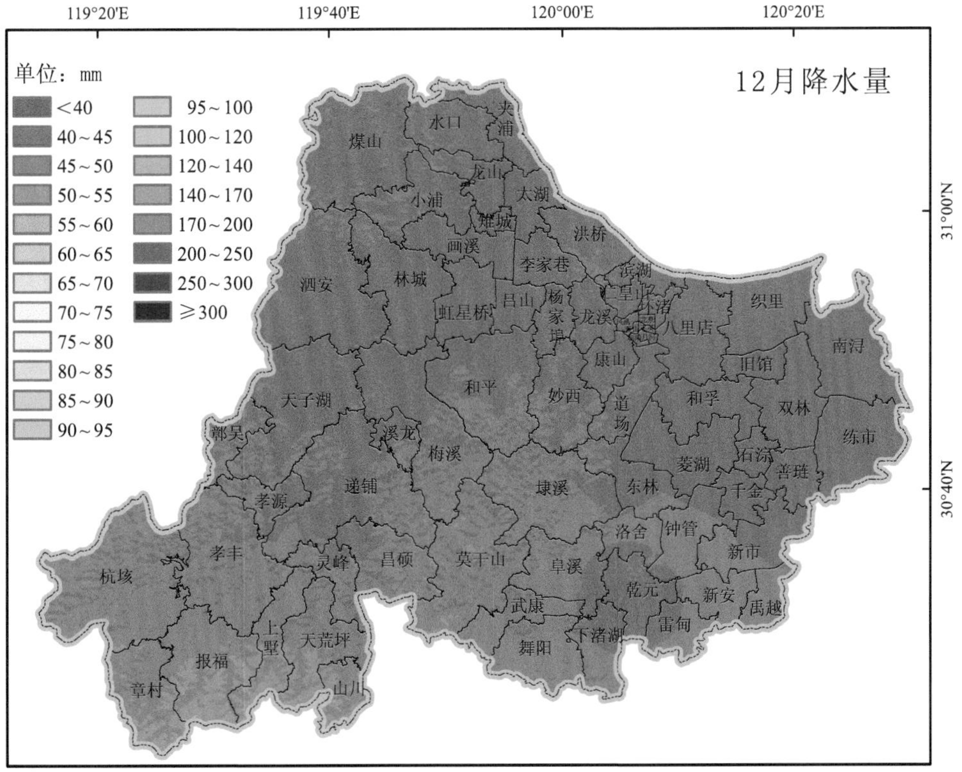
12月降水量
单位：mm
<40
40～45
45～50
50～55
55～60
60～65
65～70
70～75
75～80
80～85
85～90
90～95
95～100
100～120
120～140
140～170
170～200
200～250
250～300
≥300
119°20'E
119°40'E
120°00'E
120°20'E
31°00'N
30°40'N
煤山
水口
夹浦
龙山
小浦
太湖
雉城
洪桥
画溪
李家巷
泗安
林城
滨湖
吕山
杨家埠
龙溪
八里店
织里
虹星桥
南浔
康山
旧馆
和平
妙西
道场
和孚
双林
天子湖
鄣吴
练市
溪龙
梅溪
菱湖
石淙
递铺
善琏
孝源
埭溪
东林
千金
洛舍
钟管
孝丰
新市
杭垓
灵峰
昌硕
莫干山
阜溪
乾元
新安
武康
禹越
上墅
天荒坪
雷甸
报福
舞阳
下渚湖
章村
山川

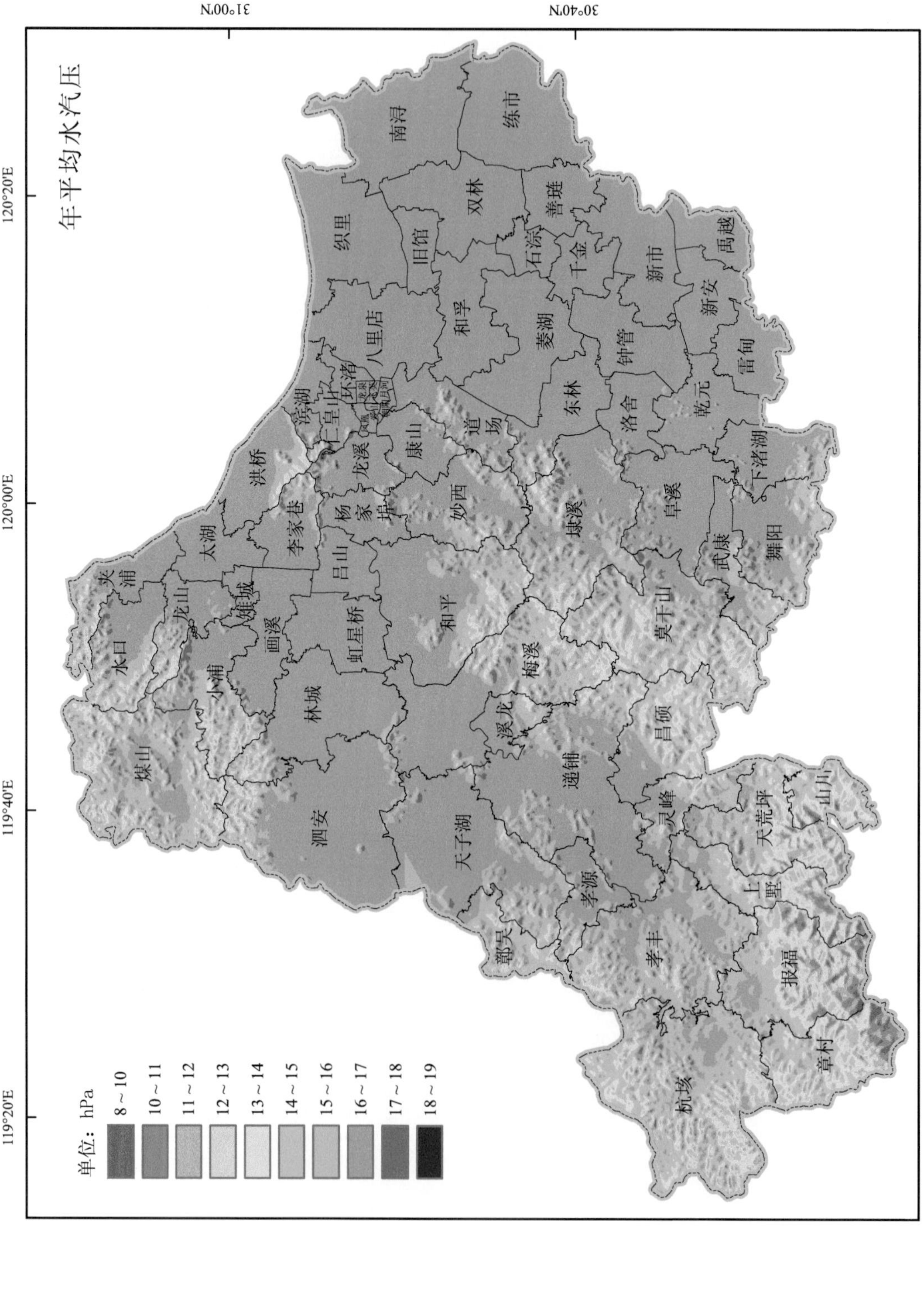
年平均水汽压
单位：hPa
8～10
10～11
11～12
12～13
13～14
14～15
15～16
16～17
17～18
18～19
31°00′N
30°40′N
120°20′E
120°00′E
119°40′E
119°20′E
南浔
练市
双林
善琏
织里
旧馆
石淙
千金
新市
禹越
和孚
菱湖
八里店
钟管
新安
雷甸
环渚
东林
洛舍
乾元
滨湖
仁皇山
道场
康山
龙溪
洪桥
下渚湖
阜溪
妙西
杨家埠
李家巷
太湖
夹浦
雉城
龙山
吕山
和平
武康
舞阳
莫干山
水口
画溪
虹星桥
小浦
梅溪
林城
溪龙
昌硕
煤山
递铺
泗安
天子湖
灵峰
天荒坪
山川
孝源
上墅
鄣吴
孝丰
报福
章村
杭垓

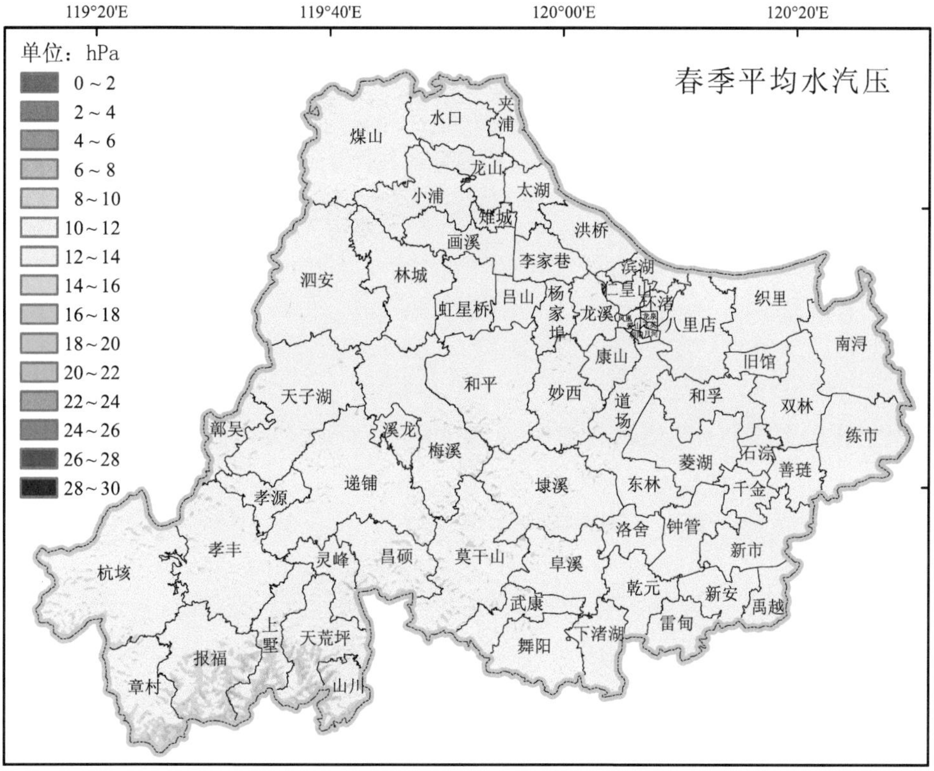
119°20'E
119°40'E
120°00'E
120°20'E
31°00'N
30°40'N
单位：hPa
0～2
2～4
4～6
6～8
8～10
10～12
12～14
14～16
16～18
18～20
20～22
22～24
24～26
26～28
28～30
春季平均水汽压
水口
夹浦
煤山
龙山
小浦
太湖
雉城
洪桥
画溪
李家巷
滨湖
泗安
林城
仁皇山
吕山
杨家埠
龙溪
环渚
八里店
织里
虹星桥
南浔
康山
旧馆
和平
妙西
道场
和孚
双林
天子湖
鄣吴
溪龙
梅溪
菱湖
练市
石淙
递铺
埭溪
东林
善琏
千金
孝源
洛舍
钟管
孝丰
灵峰
昌硕
莫干山
阜溪
新市
杭垓
乾元
新安
武康
禹越
上墅
天荒坪
雷甸
报福
舞阳
下渚湖
章村
山川

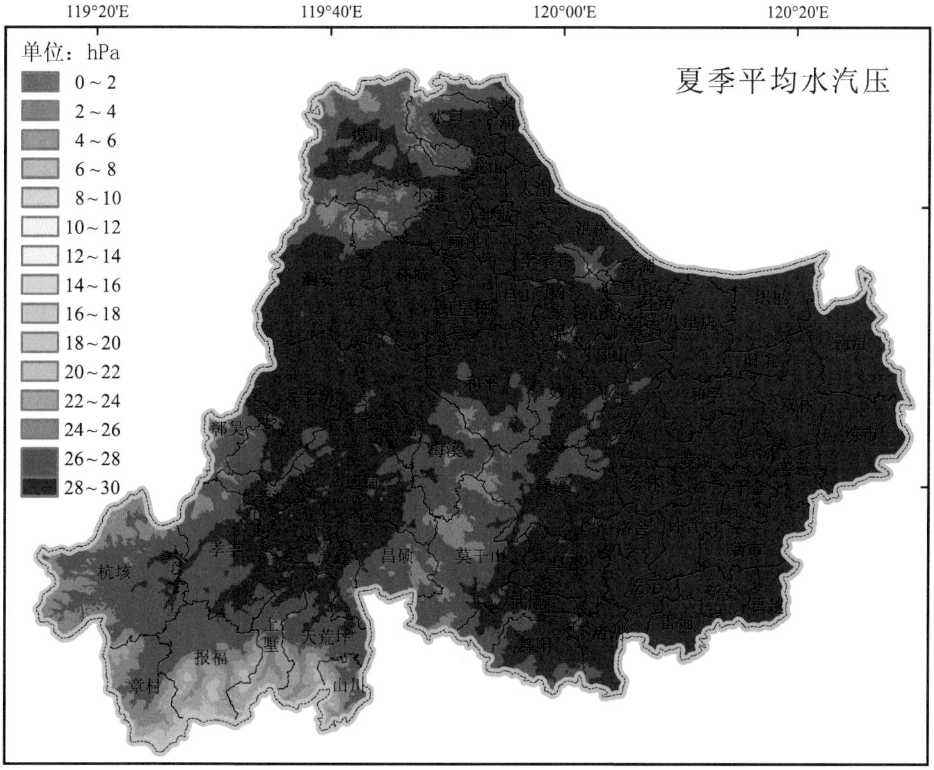
119°20'E
119°40'E
120°00'E
120°20'E
31°00'N
30°40'N
单位：hPa
0～2
2～4
4～6
6～8
8～10
10～12
12～14
14～16
16～18
18～20
20～22
22～24
24～26
26～28
28～30
夏季平均水汽压
鄣吴
梅溪
昌硕
莫干山
杭垓
报福
章村
山川
上墅
天荒坪

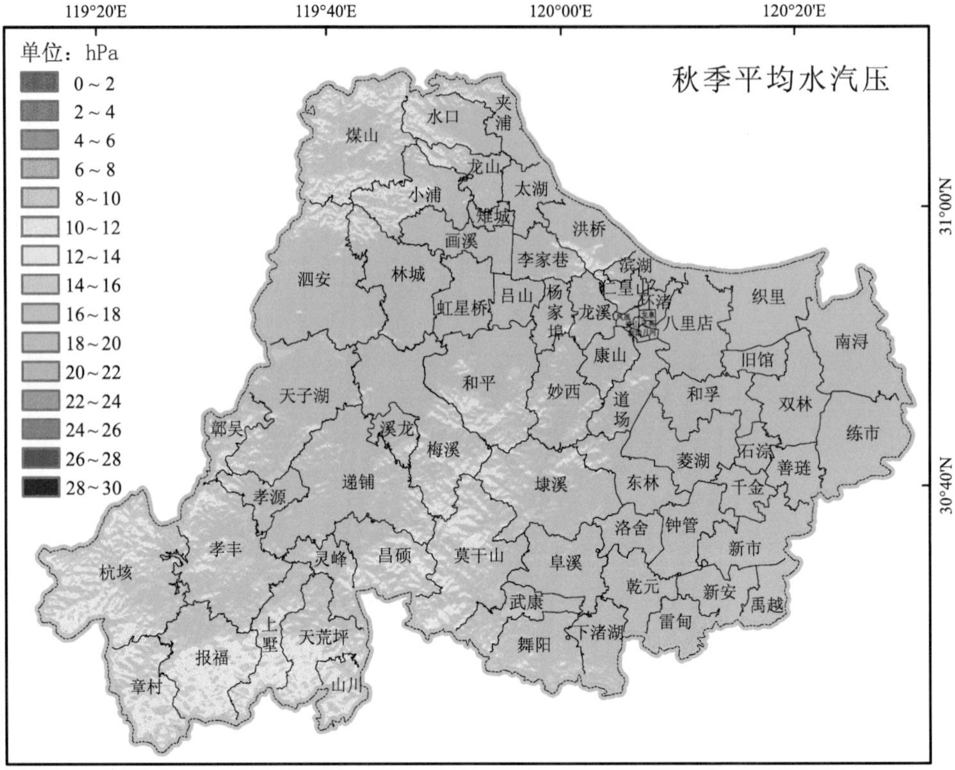

119°20'E
119°40'E
120°00'E
120°20'E
31°00'N
30°40'N
单位：hPa
0～2
2～4
4～6
6～8
8～10
10～12
12～14
14～16
16～18
18～20
20～22
22～24
24～26
26～28
28～30
秋季平均水汽压
煤山
水口
夹浦
龙山
小浦
太湖
雉城
洪桥
画溪
李家巷
泗安
林城
滨湖
仁皇山
环渚
织里
虹星桥
吕山
杨家埠
龙溪
八里店
南浔
康山
旧馆
天子湖
和平
妙西
道场
和孚
双林
鄣吴
溪龙
梅溪
石淙
练市
菱湖
善琏
递铺
埭溪
东林
千金
孝源
洛舍
钟管
孝丰
灵峰
昌硕
莫干山
新市
杭垓
阜溪
乾元
新安
禹越
武康
雷甸
上墅
天荒坪
舞阳
下渚湖
报福
山川
章村

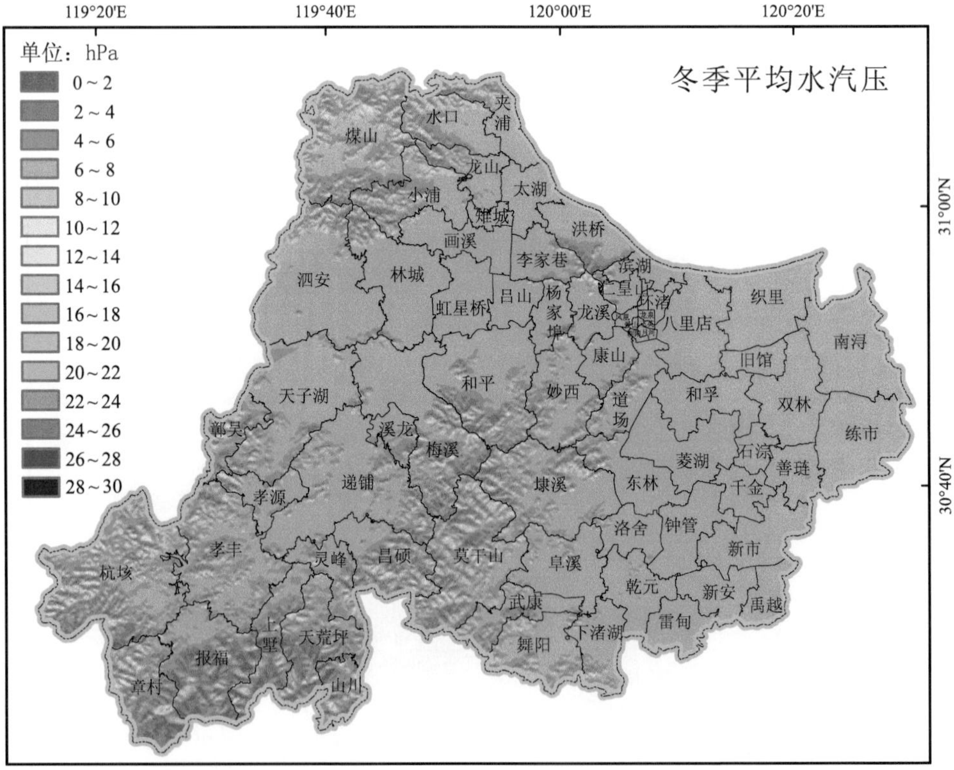

119°20'E
119°40'E
120°00'E
120°20'E
31°00'N
30°40'N
单位：hPa
0～2
2～4
4～6
6～8
8～10
10～12
12～14
14～16
16～18
18～20
20～22
22～24
24～26
26～28
28～30
冬季平均水汽压
煤山
水口
夹浦
龙山
小浦
太湖
雉城
洪桥
画溪
李家巷
泗安
林城
滨湖
仁皇山
环渚
织里
虹星桥
吕山
杨家埠
龙溪
八里店
南浔
康山
旧馆
天子湖
和平
妙西
道场
和孚
双林
鄣吴
溪龙
梅溪
石淙
练市
菱湖
善琏
递铺
埭溪
东林
千金
孝源
洛舍
钟管
孝丰
灵峰
昌硕
莫干山
新市
杭垓
阜溪
乾元
新安
禹越
武康
雷甸
上墅
天荒坪
舞阳
下渚湖
报福
山川
章村

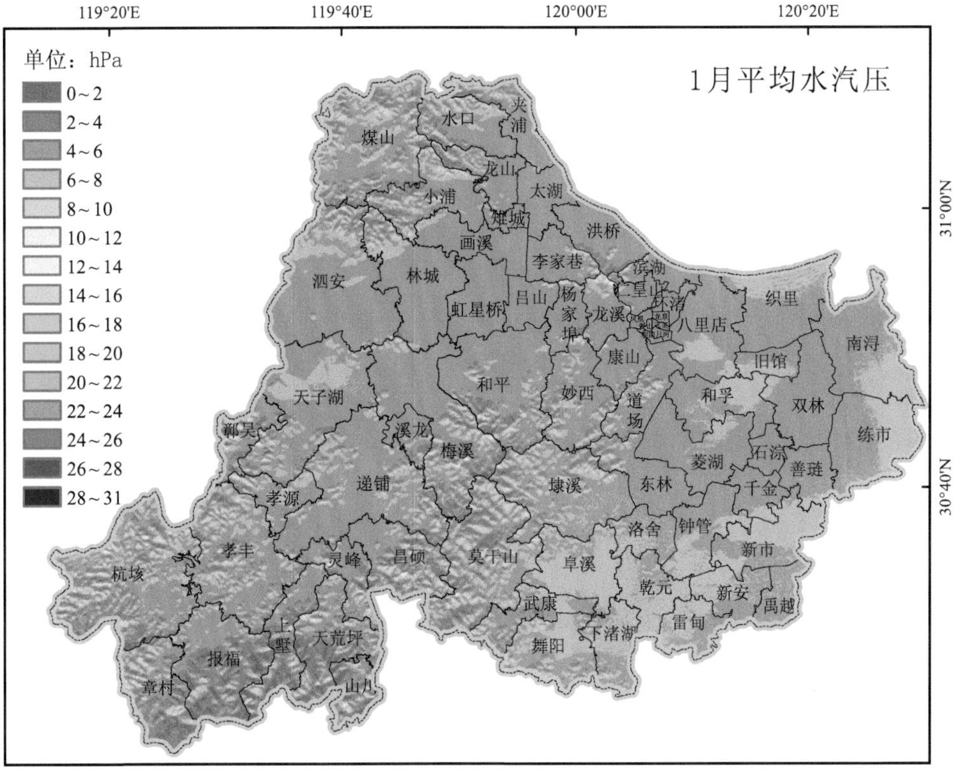
119°20'E
119°40'E
120°00'E
120°20'E
31°00'N
30°40'N
单位：hPa
0～2
2～4
4～6
6～8
8～10
10～12
12～14
14～16
16～18
18～20
20～22
22～24
24～26
26～28
28～31
1月平均水汽压
煤山
水口
夹浦
龙山
小浦
太湖
雉城
洪桥
画溪
李家巷
滨湖
泗安
林城
吕山
杨家埠
二里山
龙溪
虹星桥
环渚
八里店
织里
南浔
旧馆
康山
和平
妙西
道场
和孚
双林
天子湖
练市
鄣吴
溪龙
梅溪
石淙
菱湖
善琏
递铺
埭溪
东林
千金
孝源
洛舍
钟管
新市
孝丰
灵峰
昌硕
莫干山
阜溪
杭垓
乾元
新安
禹越
武康
雷甸
上墅
天荒坪
下渚湖
报福
舞阳
章村
山川

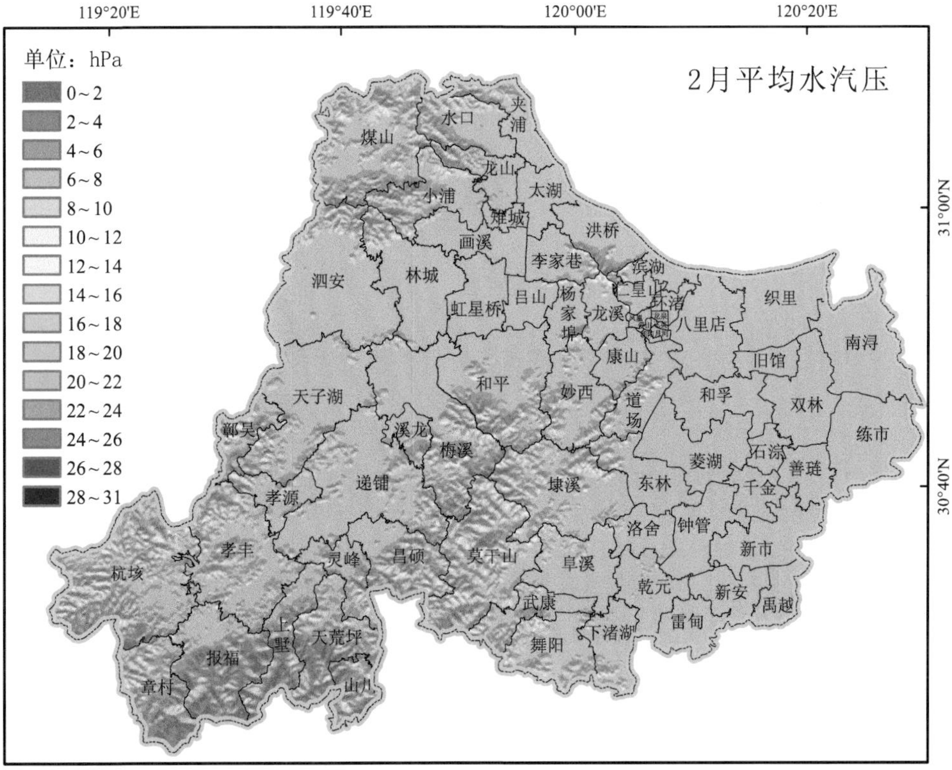
119°20'E
119°40'E
120°00'E
120°20'E
31°00'N
30°40'N
单位：hPa
0～2
2～4
4～6
6～8
8～10
10～12
12～14
14～16
16～18
18～20
20～22
22～24
24～26
26～28
28～31
2月平均水汽压
煤山
水口
夹浦
龙山
小浦
太湖
雉城
洪桥
画溪
李家巷
滨湖
泗安
林城
吕山
杨家埠
二里山
龙溪
虹星桥
环渚
八里店
织里
南浔
旧馆
康山
和平
妙西
道场
和孚
双林
天子湖
练市
鄣吴
溪龙
梅溪
石淙
菱湖
善琏
递铺
埭溪
东林
千金
孝源
洛舍
钟管
新市
孝丰
灵峰
昌硕
莫干山
阜溪
杭垓
乾元
新安
禹越
武康
雷甸
上墅
天荒坪
下渚湖
报福
舞阳
章村
山川

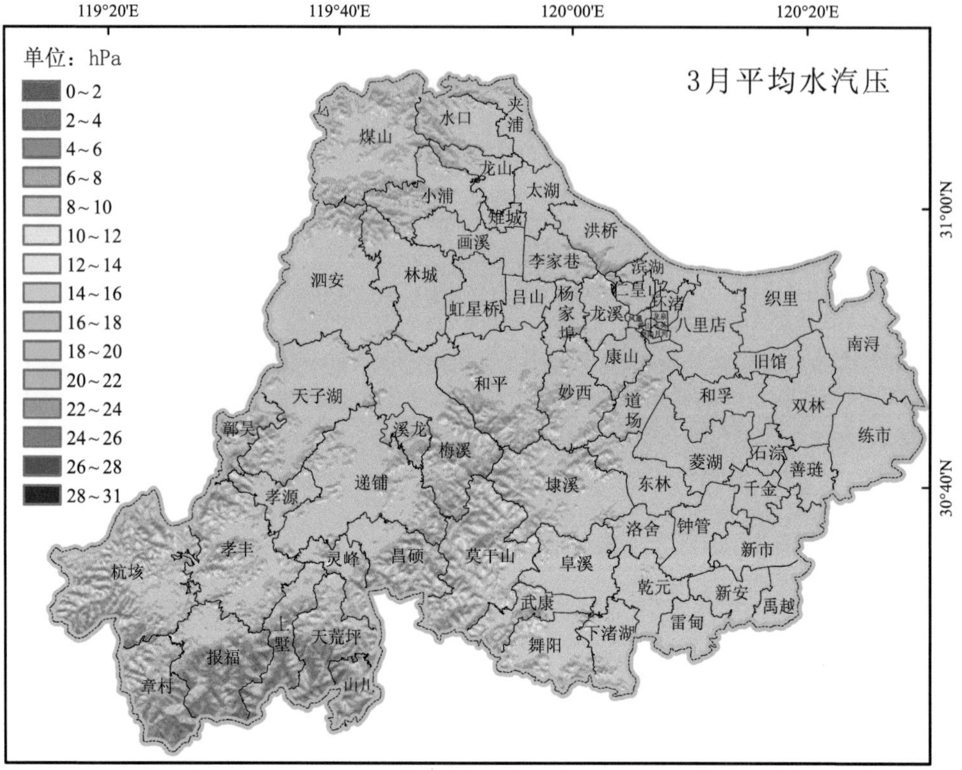
3月平均水汽压
单位：hPa
0~2
2~4
4~6
6~8
8~10
10~12
12~14
14~16
16~18
18~20
20~22
22~24
24~26
26~28
28~31
119°20'E
119°40'E
120°00'E
120°20'E
31°00'N
30°40'N
煤山
水口
夹浦
龙山
小浦
太湖
雉城
洪桥
画溪
李家巷
泗安
林城
滨湖
仁皇山
虹星桥
吕山
杨家埠
龙溪
环渚
八里店
织里
南浔
旧馆
康山
和平
妙西
道场
和孚
双林
天子湖
鄣吴
溪龙
梅溪
菱湖
石淙
练市
善琏
递铺
埭溪
东林
千金
孝源
洛舍
钟管
孝丰
灵峰
昌硕
莫干山
阜溪
新市
杭垓
乾元
新安
武康
禹越
上墅
天荒坪
雷甸
下渚湖
报福
舞阳
章村
山川

4月平均水汽压
单位：hPa
0~2
2~4
4~6
6~8
8~10
10~12
12~14
14~16
16~18
18~20
20~22
22~24
24~26
26~28
28~31
119°20'E
119°40'E
120°00'E
120°20'E
31°00'N
30°40'N
煤山
水口
夹浦
龙山
小浦
太湖
雉城
洪桥
画溪
李家巷
泗安
林城
滨湖
仁皇山
虹星桥
吕山
杨家埠
龙溪
环渚
八里店
织里
南浔
旧馆
康山
和平
妙西
道场
和孚
双林
天子湖
鄣吴
溪龙
梅溪
菱湖
石淙
练市
善琏
递铺
埭溪
东林
千金
孝源
洛舍
钟管
孝丰
灵峰
昌硕
莫干山
阜溪
新市
杭垓
乾元
新安
武康
禹越
上墅
天荒坪
雷甸
下渚湖
报福
舞阳
章村
山川

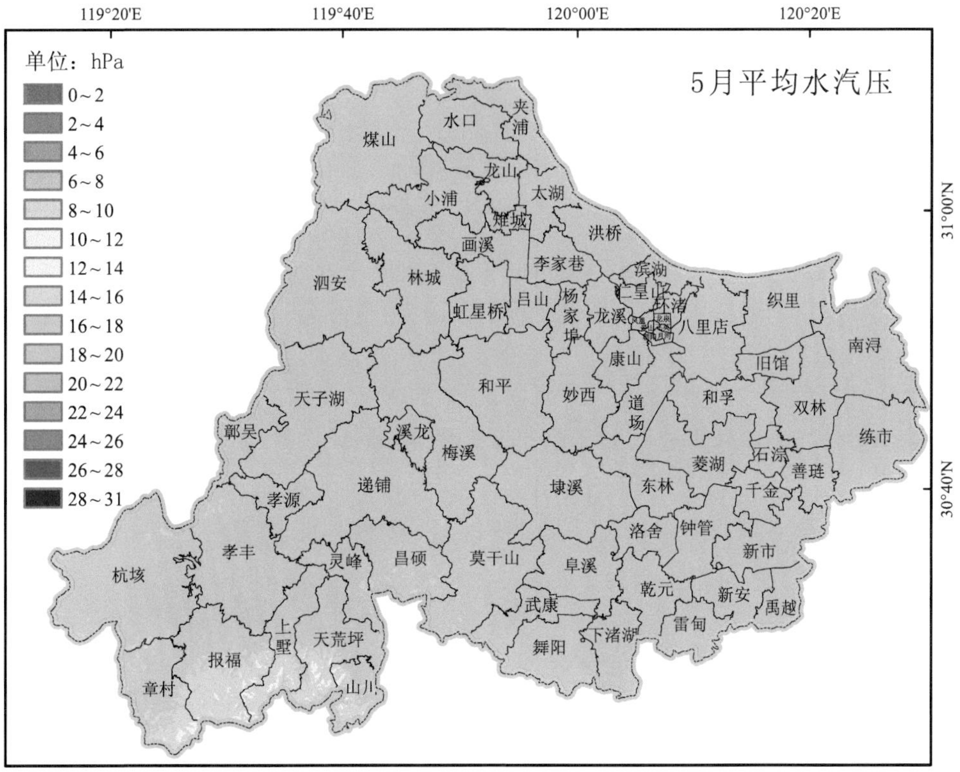
119°20'E
119°40'E
120°00'E
120°20'E
31°00'N
30°40'N
单位：hPa
0～2
2～4
4～6
6～8
8～10
10～12
12～14
14～16
16～18
18～20
20～22
22～24
24～26
26～28
28～31
5月平均水汽压
夹浦
水口
煤山
龙山
小浦
太湖
雉城
洪桥
画溪
李家巷
滨湖
泗安
林城
二里
虹星桥
吕山
杨家埠
龙溪
八里店
织里
南浔
旧馆
康山
和平
妙西
道场
和孚
双林
天子湖
鄣吴
溪龙
梅溪
练市
石淙
菱湖
善琏
递铺
埭溪
东林
千金
孝源
洛舍
钟管
新市
孝丰
灵峰
昌硕
莫干山
阜溪
杭垓
乾元
新安
武康
禹越
雷甸
上墅
天荒坪
舞阳
下渚湖
报福
章村
山川

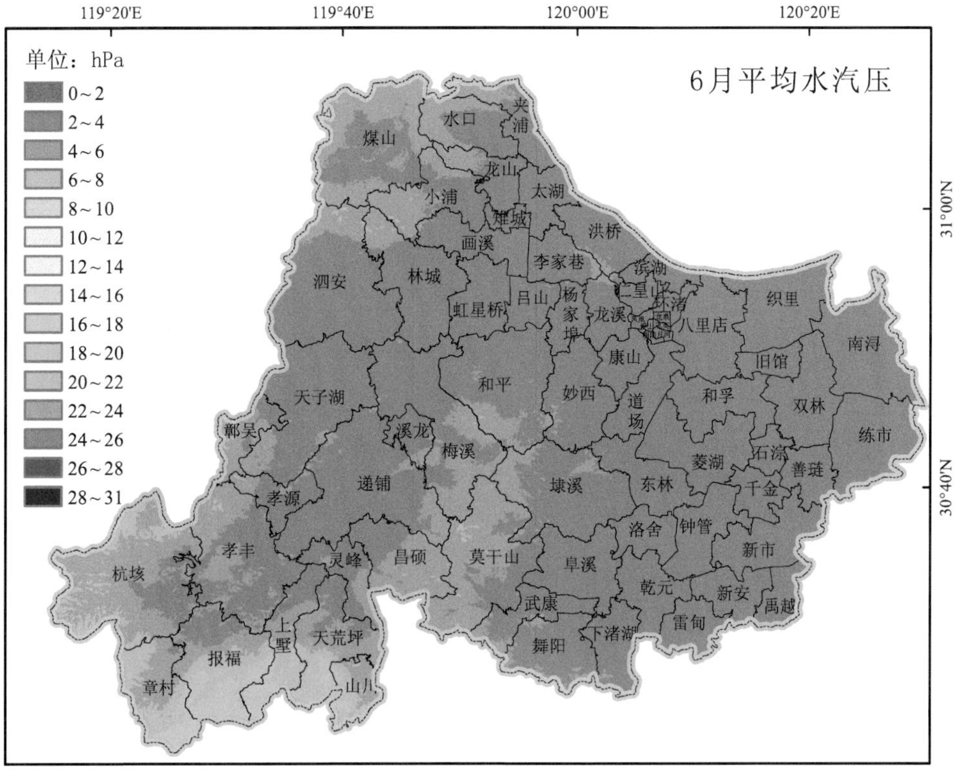
119°20'E
119°40'E
120°00'E
120°20'E
31°00'N
30°40'N
单位：hPa
0～2
2～4
4～6
6～8
8～10
10～12
12～14
14～16
16～18
18～20
20～22
22～24
24～26
26～28
28～31
6月平均水汽压
夹浦
水口
煤山
龙山
小浦
太湖
雉城
洪桥
画溪
李家巷
滨湖
泗安
林城
二里
虹星桥
吕山
杨家埠
龙溪
八里店
织里
南浔
旧馆
康山
和平
妙西
道场
和孚
双林
天子湖
鄣吴
溪龙
梅溪
练市
石淙
菱湖
善琏
递铺
埭溪
东林
千金
孝源
洛舍
钟管
新市
孝丰
灵峰
昌硕
莫干山
阜溪
杭垓
乾元
新安
武康
禹越
雷甸
上墅
天荒坪
舞阳
下渚湖
报福
章村
山川

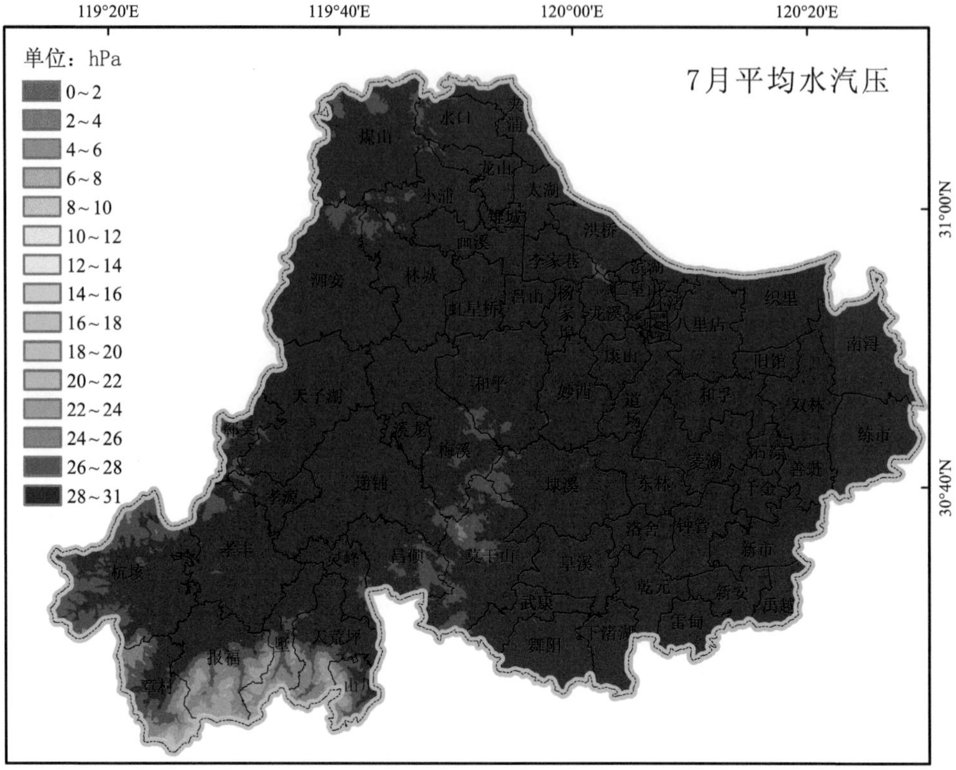
119°20'E
119°40'E
120°00'E
120°20'E
31°00'N
30°40'N
单位：hPa
0～2
2～4
4～6
6～8
8～10
10～12
12～14
14～16
16～18
18～20
20～22
22～24
24～26
26～28
28～31
7月平均水汽压
煤山
水口
夹浦
龙山
小浦
太湖
雉城
画溪
洪桥
李家巷
泗安
林城
虹星桥
吕山
杨家埠
龙溪
八里店
织里
南浔
康山
旧馆
和平
妙西
道场
和孚
双林
天子湖
鄣吴
溪龙
梅溪
练市
递铺
埭溪
东林
菱湖
石淙
善琏
孝源
千金
孝丰
洛舍
钟管
灵峰
昌硕
莫干山
新市
杭垓
阜溪
乾元
新安
武康
禹越
雷甸
天荒坪
报福
下渚湖
舞阳
章村

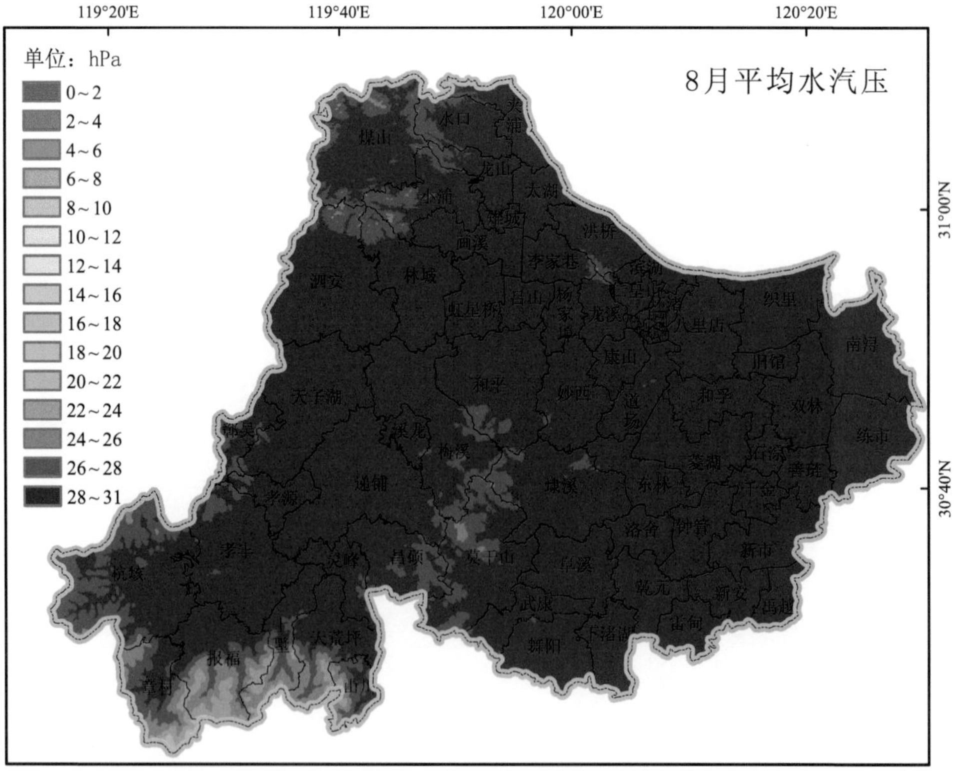
119°20'E
119°40'E
120°00'E
120°20'E
31°00'N
30°40'N
单位：hPa
0～2
2～4
4～6
6～8
8～10
10～12
12～14
14～16
16～18
18～20
20～22
22～24
24～26
26～28
28～31
8月平均水汽压
煤山
水口
夹浦
龙山
小浦
太湖
雉城
画溪
洪桥
李家巷
泗安
林城
虹星桥
吕山
杨家埠
龙溪
八里店
织里
南浔
康山
旧馆
和平
妙西
道场
和孚
双林
天子湖
鄣吴
溪龙
梅溪
练市
递铺
埭溪
东林
菱湖
石淙
善琏
孝源
千金
孝丰
洛舍
钟管
灵峰
昌硕
莫干山
新市
杭垓
阜溪
乾元
新安
武康
禹越
雷甸
天荒坪
报福
下渚湖
舞阳
章村

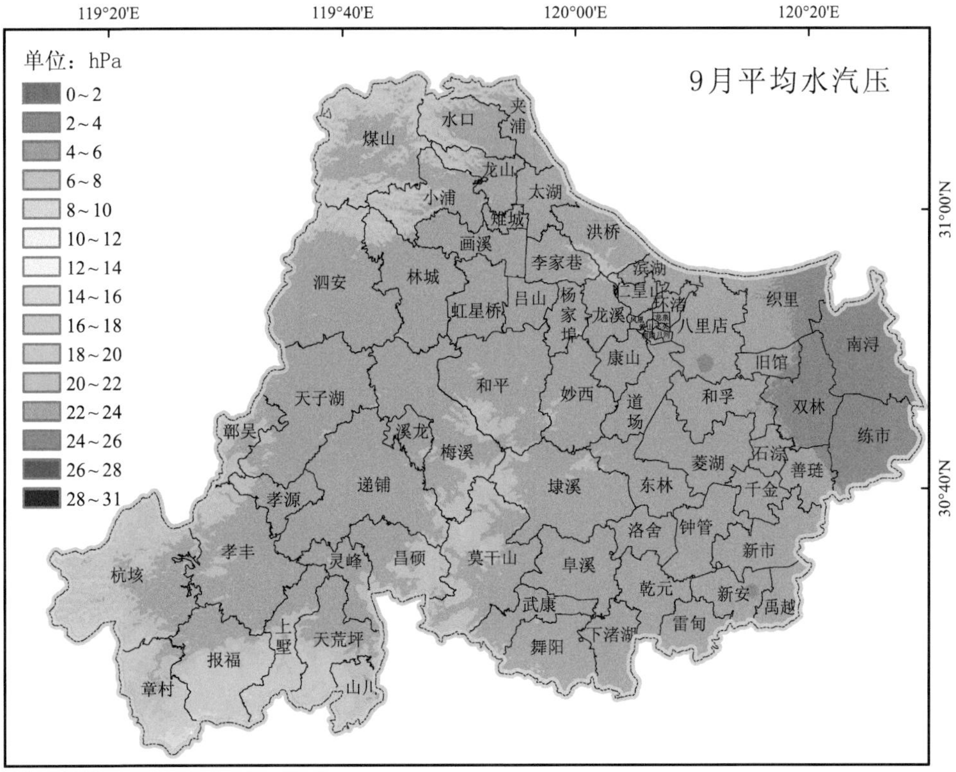
9月平均水汽压
单位：hPa
0～2
2～4
4～6
6～8
8～10
10～12
12～14
14～16
16～18
18～20
20～22
22～24
24～26
26～28
28～31
119°20'E
119°40'E
120°00'E
120°20'E
31°00'N
30°40'N
煤山
水口
夹浦
龙山
小浦
太湖
雉城
洪桥
画溪
李家巷
滨湖
泗安
林城
虹星桥
吕山
杨家埠
龙溪
八里店
织里
南浔
旧馆
康山
和平
妙西
道场
和孚
双林
练市
天子湖
鄣吴
溪龙
梅溪
菱湖
石淙
善琏
递铺
埭溪
东林
千金
孝源
洛舍
钟管
新市
杭垓
孝丰
灵峰
昌硕
莫干山
阜溪
乾元
新安
禹越
武康
雷甸
上墅
天荒坪
下渚湖
报福
舞阳
章村
山川

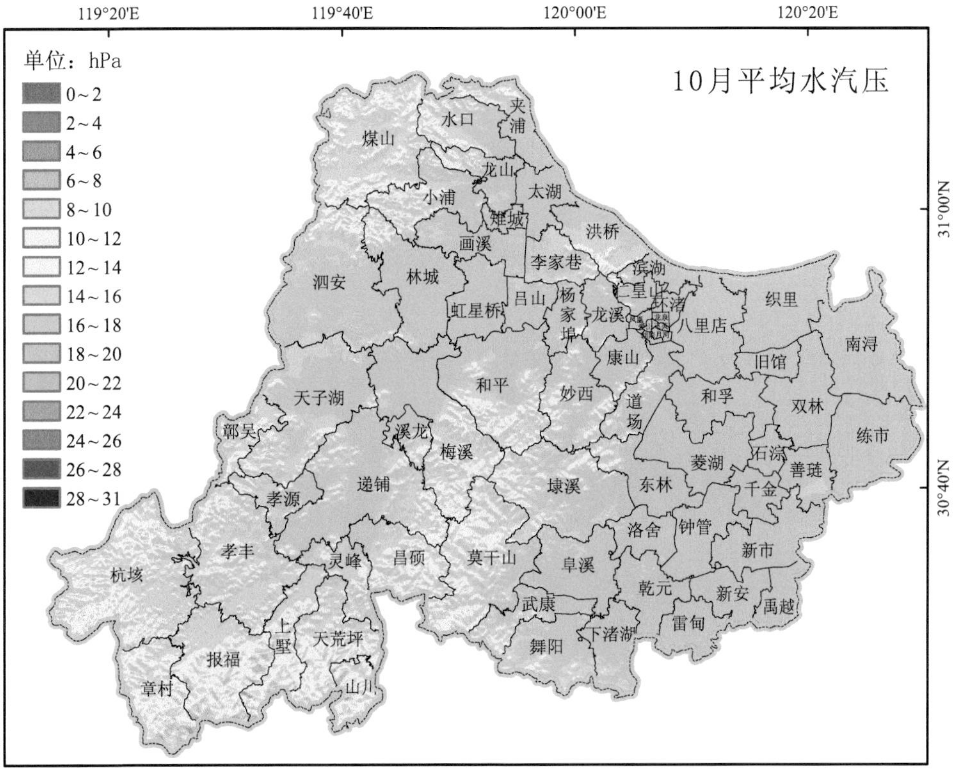
10月平均水汽压
单位：hPa
0～2
2～4
4～6
6～8
8～10
10～12
12～14
14～16
16～18
18～20
20～22
22～24
24～26
26～28
28～31
119°20'E
119°40'E
120°00'E
120°20'E
31°00'N
30°40'N
煤山
水口
夹浦
龙山
小浦
太湖
雉城
洪桥
画溪
李家巷
滨湖
泗安
林城
虹星桥
吕山
杨家埠
龙溪
八里店
织里
南浔
旧馆
康山
和平
妙西
道场
和孚
双林
练市
天子湖
鄣吴
溪龙
梅溪
菱湖
石淙
善琏
递铺
埭溪
东林
千金
孝源
洛舍
钟管
新市
杭垓
孝丰
灵峰
昌硕
莫干山
阜溪
乾元
新安
禹越
武康
雷甸
上墅
天荒坪
下渚湖
报福
舞阳
章村
山川

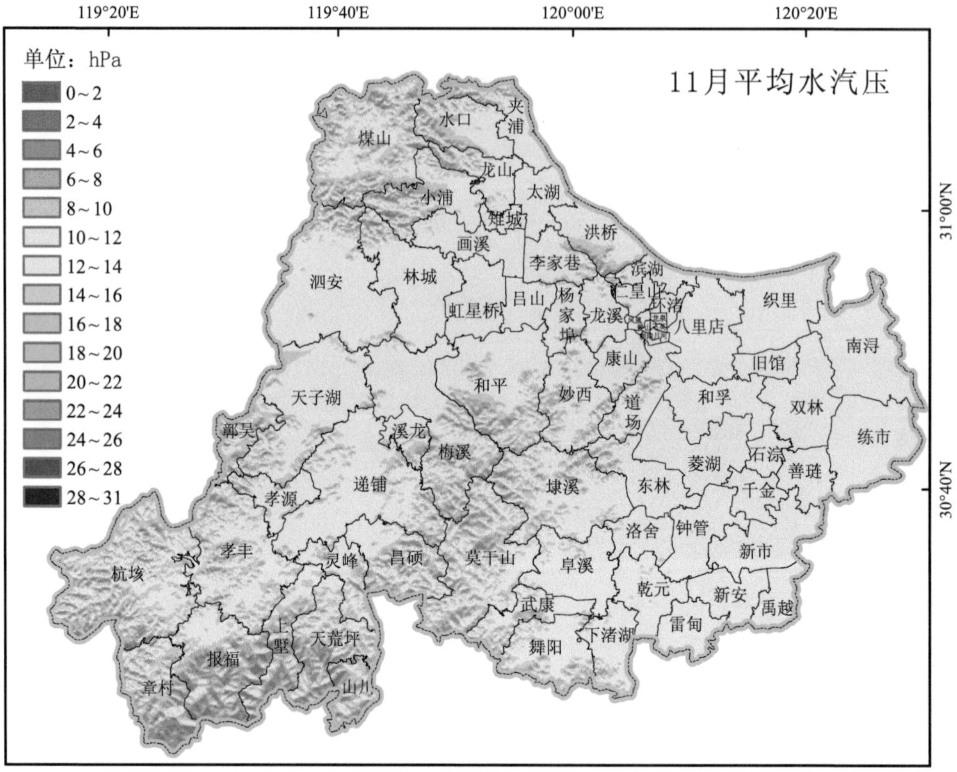
11月平均水汽压
单位：hPa
0～2
2～4
4～6
6～8
8～10
10～12
12～14
14～16
16～18
18～20
20～22
22～24
24～26
26～28
28～31
119°20′E
119°40′E
120°00′E
120°20′E
31°00′N
30°40′N
煤山
水口
夹浦
龙山
小浦
太湖
雉城
洪桥
画溪
李家巷
泗安
林城
虹星桥
吕山
杨家埠
龙溪
滨湖
仁皇山
环渚
八里店
织里
南浔
旧馆
康山
和平
妙西
道场
和孚
双林
练市
天子湖
鄣吴
溪龙
梅溪
递铺
埭溪
东林
菱湖
石淙
善琏
千金
孝源
孝丰
灵峰
昌硕
莫干山
阜溪
洛舍
钟管
新市
杭垓
乾元
新安
禹越
武康
雷甸
上墅
天荒坪
下渚湖
舞阳
报福
章村
山川

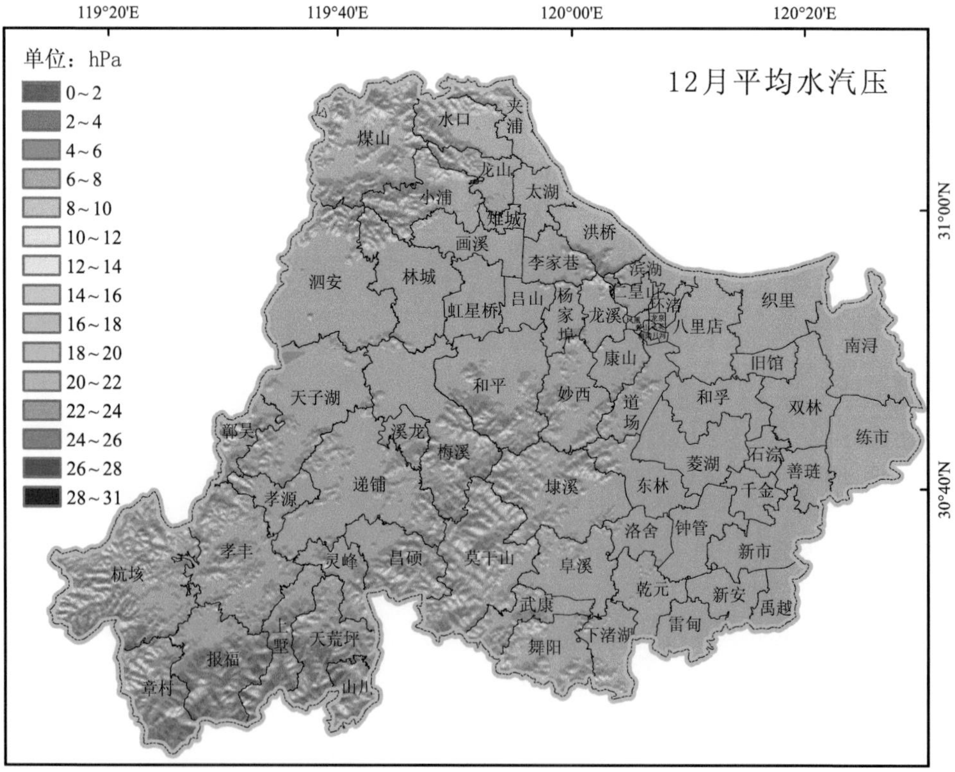
12月平均水汽压
单位：hPa
0～2
2～4
4～6
6～8
8～10
10～12
12～14
14～16
16～18
18～20
20～22
22～24
24～26
26～28
28～31
119°20′E
119°40′E
120°00′E
120°20′E
31°00′N
30°40′N
煤山
水口
夹浦
龙山
小浦
太湖
雉城
洪桥
画溪
李家巷
泗安
林城
虹星桥
吕山
杨家埠
龙溪
滨湖
仁皇山
环渚
八里店
织里
南浔
旧馆
康山
和平
妙西
道场
和孚
双林
练市
天子湖
鄣吴
溪龙
梅溪
递铺
埭溪
东林
菱湖
石淙
善琏
千金
孝源
孝丰
灵峰
昌硕
莫干山
阜溪
洛舍
钟管
新市
杭垓
乾元
新安
禹越
武康
雷甸
上墅
天荒坪
下渚湖
舞阳
报福
章村
山川

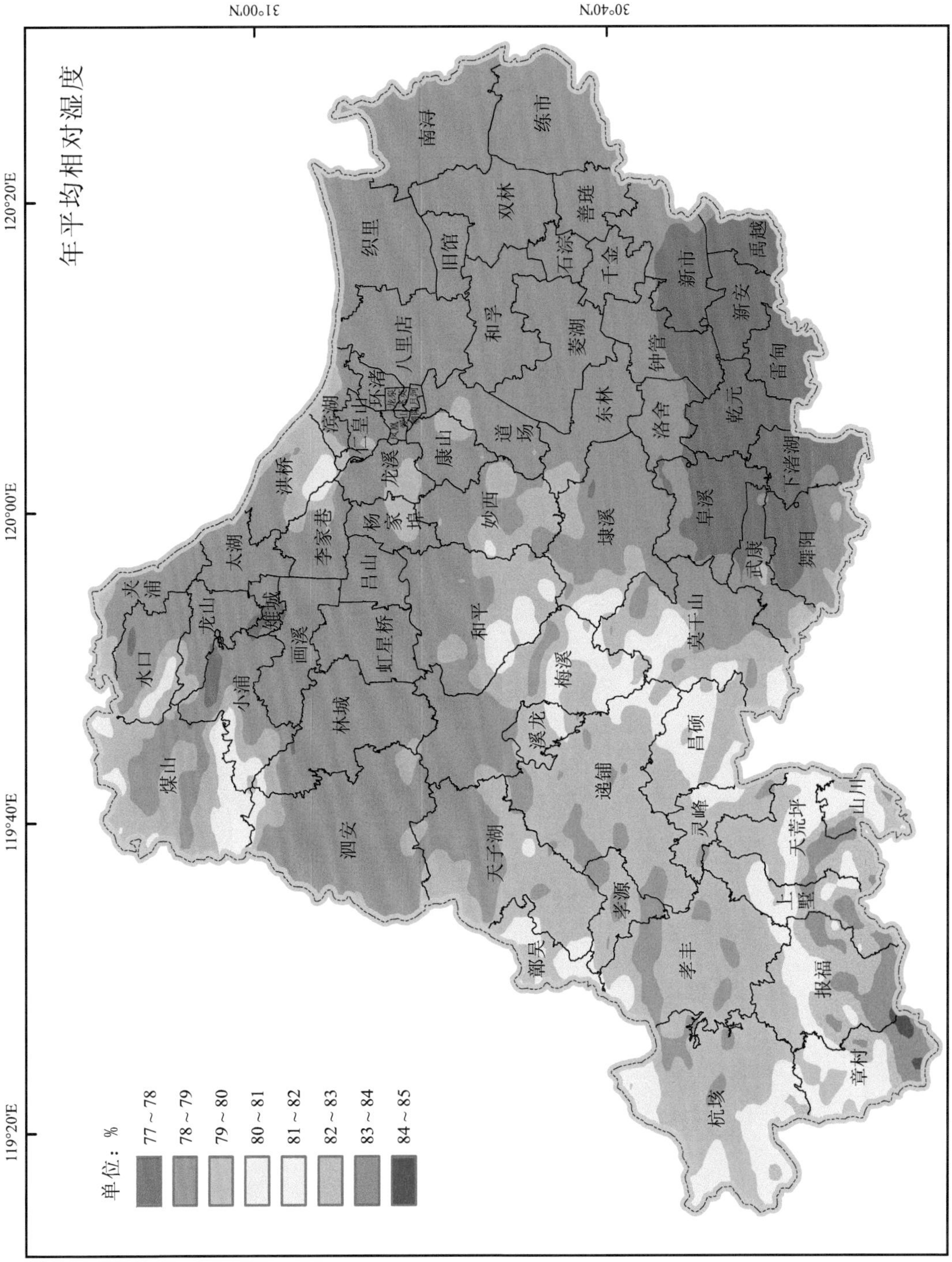
年平均相对湿度
单位：%
77～78
78～79
79～80
80～81
81～82
82～83
83～84
84～85
31°00′N
30°40′N
120°20′E
120°00′E
119°40′E
119°20′E
南浔
练市
双林
善琏
织里
旧馆
石淙
千金
新市
禹越
八里店
和孚
菱湖
钟管
新安
雷甸
环渚
滨湖
仁皇山
道场
东林
洛舍
乾元
下渚湖
洪桥
康山
龙溪
阜溪
杨家埠
妙西
李家巷
埭溪
舞阳
太湖
吕山
武康
夹浦
龙山
雉城
和平
莫干山
画溪
虹星桥
水口
小浦
梅溪
林城
昌硕
溪龙
煤山
递铺
灵峰
山川
天荒坪
泗安
天子湖
孝源
上墅
孝丰
报福
鄣吴
杭垓
章村

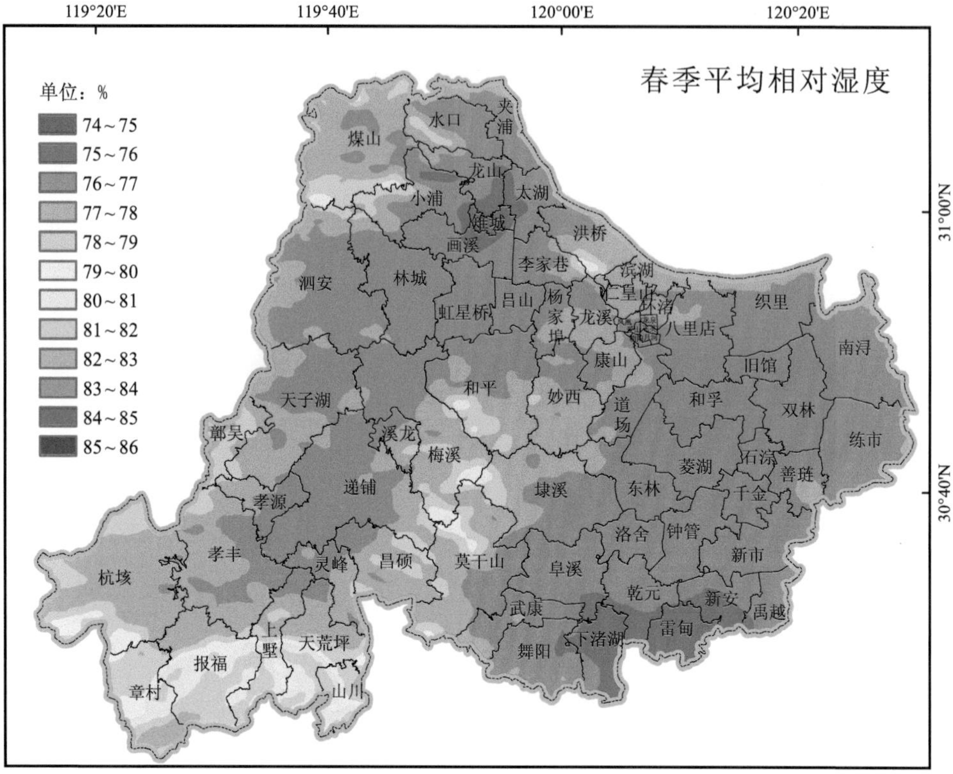
119°20'E
119°40'E
120°00'E
120°20'E
31°00'N
30°40'N
春季平均相对湿度
单位：%
74～75
75～76
76～77
77～78
78～79
79～80
80～81
81～82
82～83
83～84
84～85
85～86
煤山
水口
夹浦
龙山
小浦
太湖
雉城
洪桥
画溪
李家巷
滨湖
泗安
林城
吕山
仁皇山
杨家埠
龙溪
八里店
织里
虹星桥
南浔
康山
旧馆
和平
妙西
道场
和孚
双林
天子湖
鄣吴
溪龙
梅溪
菱湖
石淙
练市
善琏
递铺
埭溪
东林
千金
孝源
洛舍
钟管
孝丰
新市
杭垓
灵峰
昌硕
莫干山
阜溪
乾元
武康
新安
禹越
雷甸
上墅
天荒坪
下渚湖
舞阳
报福
章村
山川

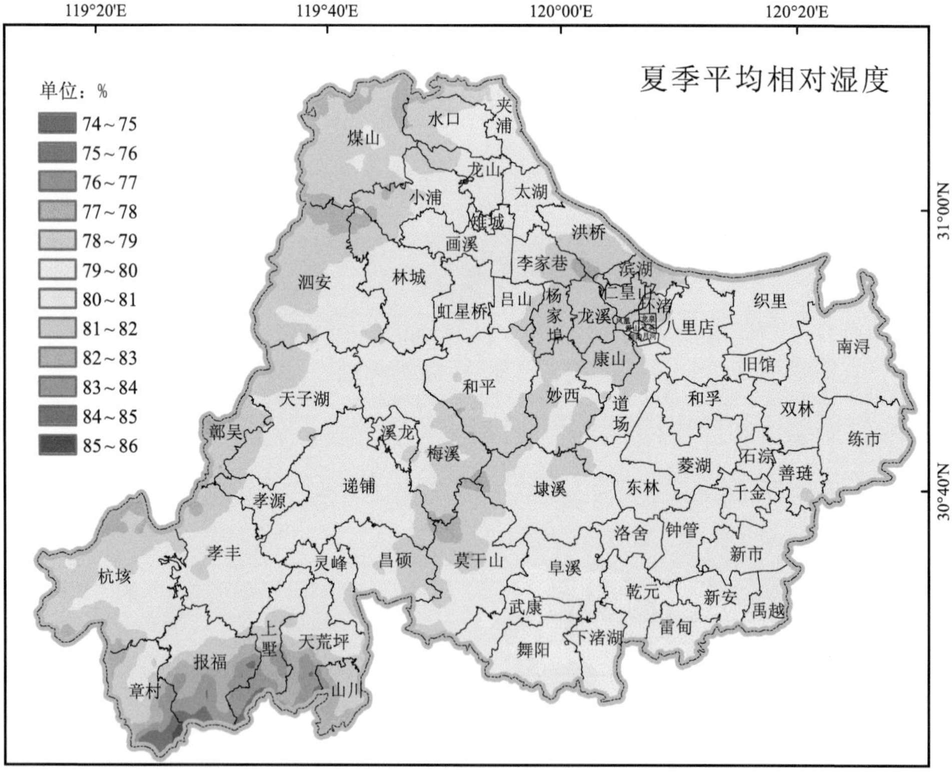
119°20'E
119°40'E
120°00'E
120°20'E
31°00'N
30°40'N
夏季平均相对湿度
单位：%
74～75
75～76
76～77
77～78
78～79
79～80
80～81
81～82
82～83
83～84
84～85
85～86
煤山
水口
夹浦
龙山
小浦
太湖
雉城
洪桥
画溪
李家巷
滨湖
泗安
林城
吕山
仁皇山
杨家埠
龙溪
八里店
织里
虹星桥
南浔
康山
旧馆
和平
妙西
道场
和孚
双林
天子湖
鄣吴
溪龙
梅溪
菱湖
石淙
练市
善琏
递铺
埭溪
东林
千金
孝源
洛舍
钟管
孝丰
新市
杭垓
灵峰
昌硕
莫干山
阜溪
乾元
武康
新安
禹越
雷甸
上墅
天荒坪
下渚湖
舞阳
报福
章村
山川

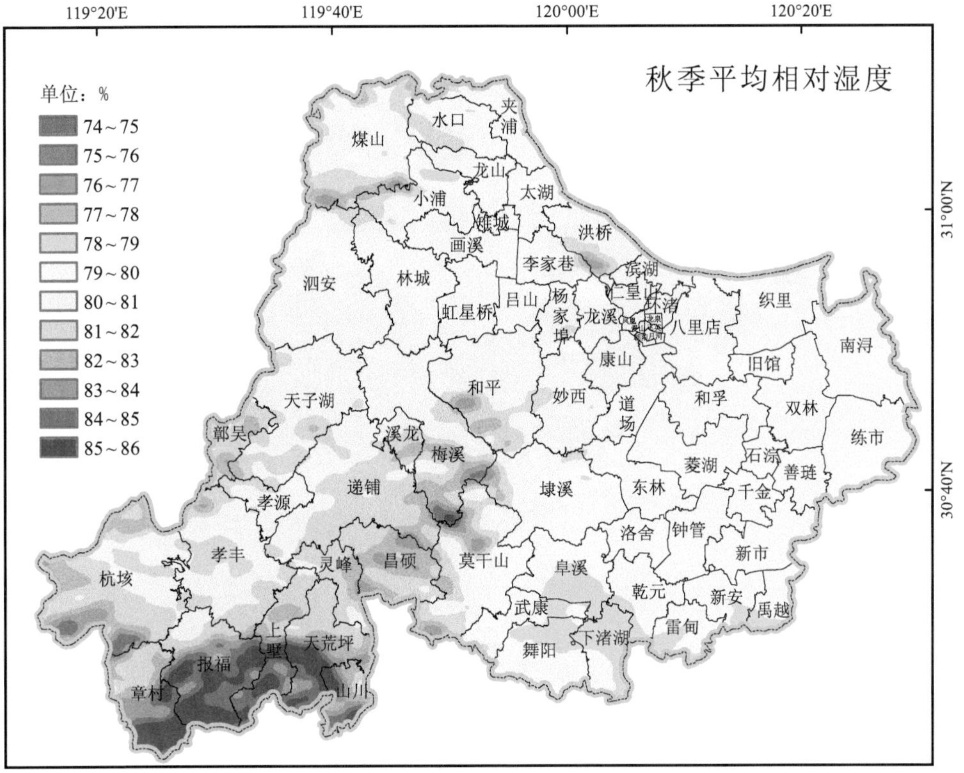
秋季平均相对湿度
单位：%
74～75
75～76
76～77
77～78
78～79
79～80
80～81
81～82
82～83
83～84
84～85
85～86
119°20'E
119°40'E
120°00'E
120°20'E
31°00'N
30°40'N
煤山
水口
夹浦
龙山
小浦
太湖
雉城
洪桥
画溪
李家巷
滨湖
泗安
林城
仁皇山
吕山
杨家埠
龙溪
环渚
织里
虹星桥
八里店
南浔
康山
旧馆
和平
妙西
道场
和孚
双林
天子湖
鄣吴
溪龙
梅溪
练市
石淙
菱湖
善琏
递铺
埭溪
东林
千金
孝源
洛舍
钟管
孝丰
昌硕
新市
灵峰
莫干山
阜溪
杭垓
乾元
新安
武康
禹越
上墅
天荒坪
雷甸
报福
下渚湖
舞阳
章村
山川

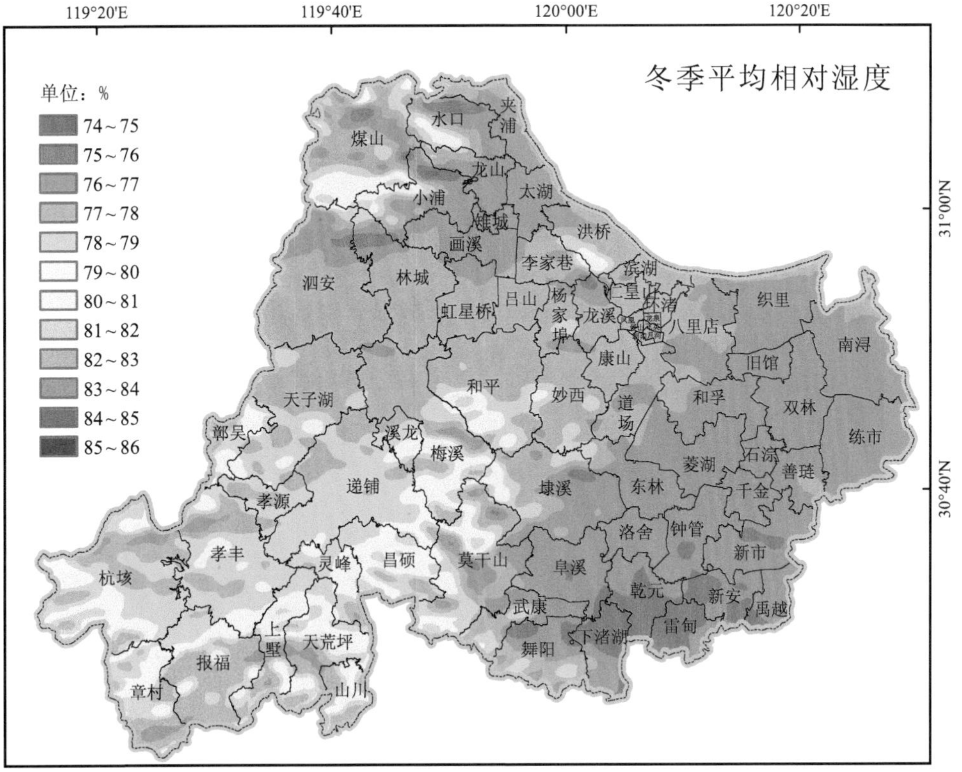
冬季平均相对湿度
单位：%
74～75
75～76
76～77
77～78
78～79
79～80
80～81
81～82
82～83
83～84
84～85
85～86
119°20'E
119°40'E
120°00'E
120°20'E
31°00'N
30°40'N
煤山
水口
夹浦
龙山
小浦
太湖
雉城
洪桥
画溪
李家巷
滨湖
泗安
林城
仁皇山
吕山
杨家埠
龙溪
环渚
织里
虹星桥
八里店
南浔
康山
旧馆
和平
妙西
道场
和孚
双林
天子湖
鄣吴
溪龙
梅溪
练市
石淙
菱湖
善琏
递铺
埭溪
东林
千金
孝源
洛舍
钟管
孝丰
昌硕
新市
灵峰
莫干山
阜溪
杭垓
乾元
新安
武康
禹越
上墅
天荒坪
雷甸
报福
下渚湖
舞阳
章村
山川

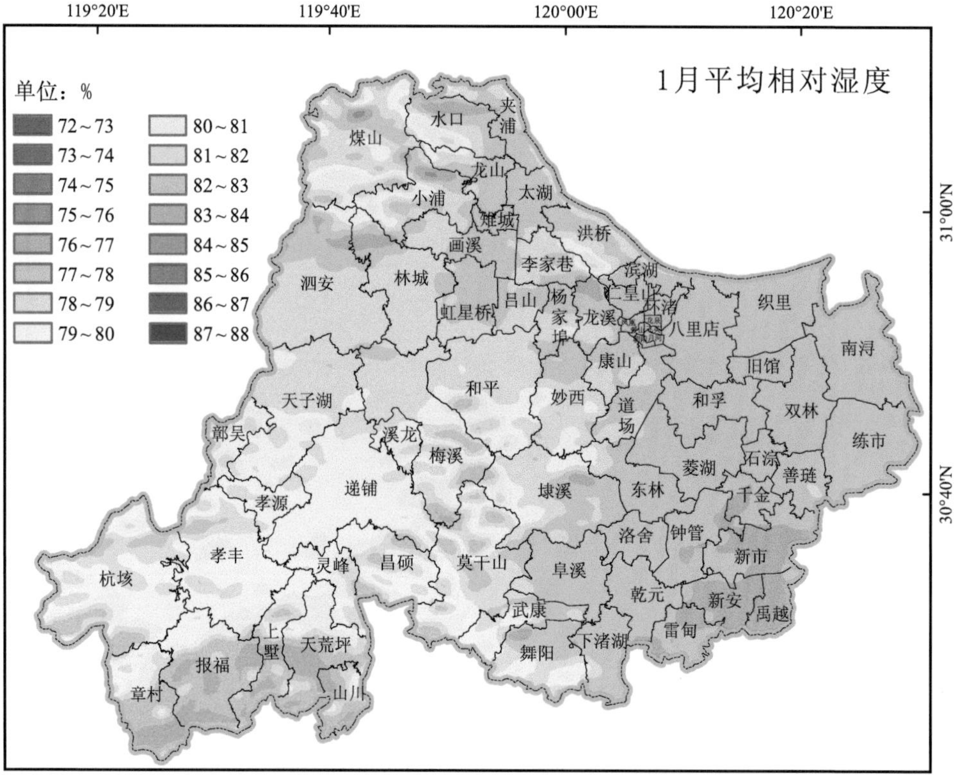
119°20'E
119°40'E
120°00'E
120°20'E
31°00'N
30°40'N
1月平均相对湿度
单位：%
72～73
73～74
74～75
75～76
76～77
77～78
78～79
79～80
80～81
81～82
82～83
83～84
84～85
85～86
86～87
87～88
水口
夹浦
煤山
龙山
小浦
太湖
雉城
洪桥
画溪
李家巷
泗安
林城
滨湖
二里山
环渚
虹星桥
吕山
杨家埠
龙溪
八里店
织里
南浔
旧馆
康山
和平
妙西
道场
和孚
双林
天子湖
鄣吴
溪龙
梅溪
练市
石淙
菱湖
善琏
递铺
埭溪
东林
千金
孝源
洛舍
钟管
新市
孝丰
灵峰
昌硕
莫干山
阜溪
杭垓
乾元
新安
禹越
武康
雷甸
上墅
天荒坪
下渚湖
舞阳
报福
章村
山川

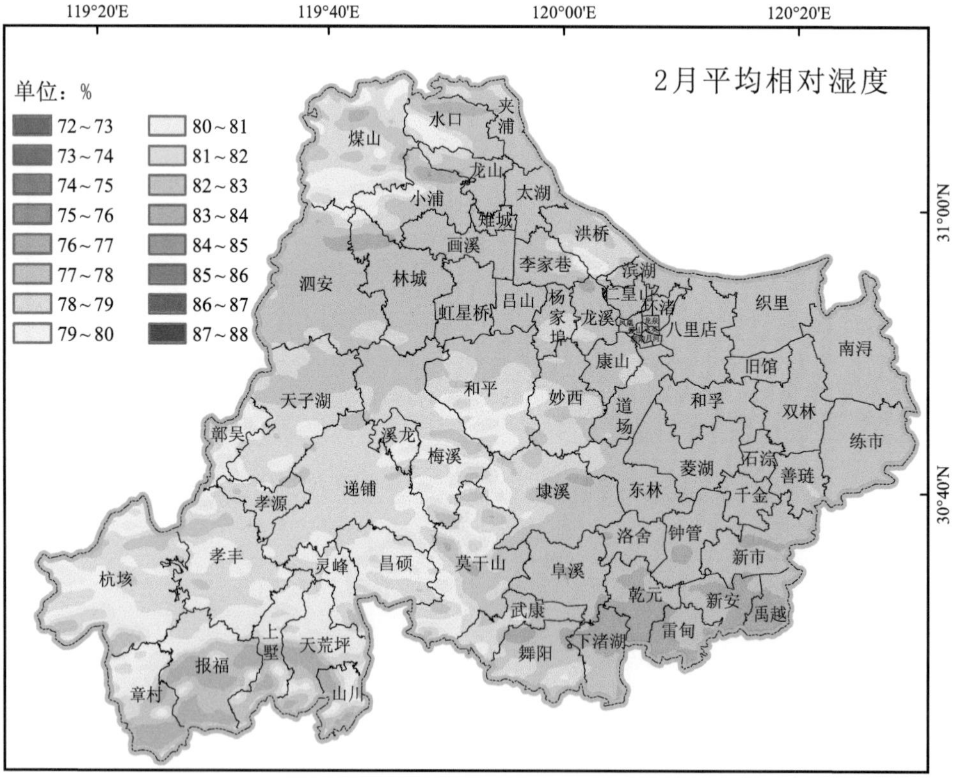
119°20'E
119°40'E
120°00'E
120°20'E
31°00'N
30°40'N
2月平均相对湿度
单位：%
72～73
73～74
74～75
75～76
76～77
77～78
78～79
79～80
80～81
81～82
82～83
83～84
84～85
85～86
86～87
87～88
水口
夹浦
煤山
龙山
小浦
太湖
雉城
洪桥
画溪
李家巷
泗安
林城
滨湖
二里山
环渚
虹星桥
吕山
杨家埠
龙溪
八里店
织里
南浔
旧馆
康山
和平
妙西
道场
和孚
双林
天子湖
鄣吴
溪龙
梅溪
练市
石淙
菱湖
善琏
递铺
埭溪
东林
千金
孝源
洛舍
钟管
新市
孝丰
灵峰
昌硕
莫干山
阜溪
杭垓
乾元
新安
禹越
武康
雷甸
上墅
天荒坪
下渚湖
舞阳
报福
章村
山川

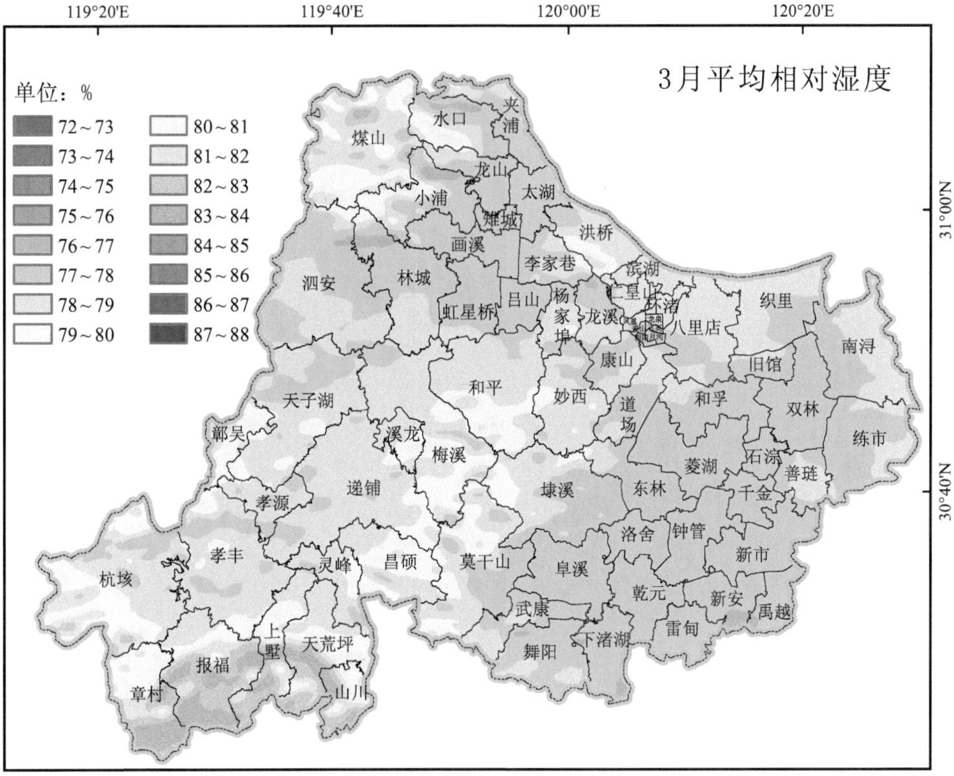
119°20'E
119°40'E
120°00'E
120°20'E
31°00'N
30°40'N
3月平均相对湿度
单位：%
72～73
73～74
74～75
75～76
76～77
77～78
78～79
79～80
80～81
81～82
82～83
83～84
84～85
85～86
86～87
87～88
水口
夹浦
煤山
龙山
小浦
太湖
雉城
洪桥
画溪
李家巷
滨湖
泗安
林城
仁皇山
虹星桥
吕山
杨家埠
龙溪
环渚
织里
八里店
南浔
康山
旧馆
和平
妙西
道场
和孚
双林
天子湖
鄣吴
溪龙
梅溪
练市
石淙
菱湖
善琏
递铺
埭溪
东林
千金
孝源
洛舍
钟管
新市
孝丰
灵峰
昌硕
莫干山
阜溪
杭垓
乾元
新安
武康
禹越
雷甸
上墅
天荒坪
下渚湖
报福
舞阳
章村
山川

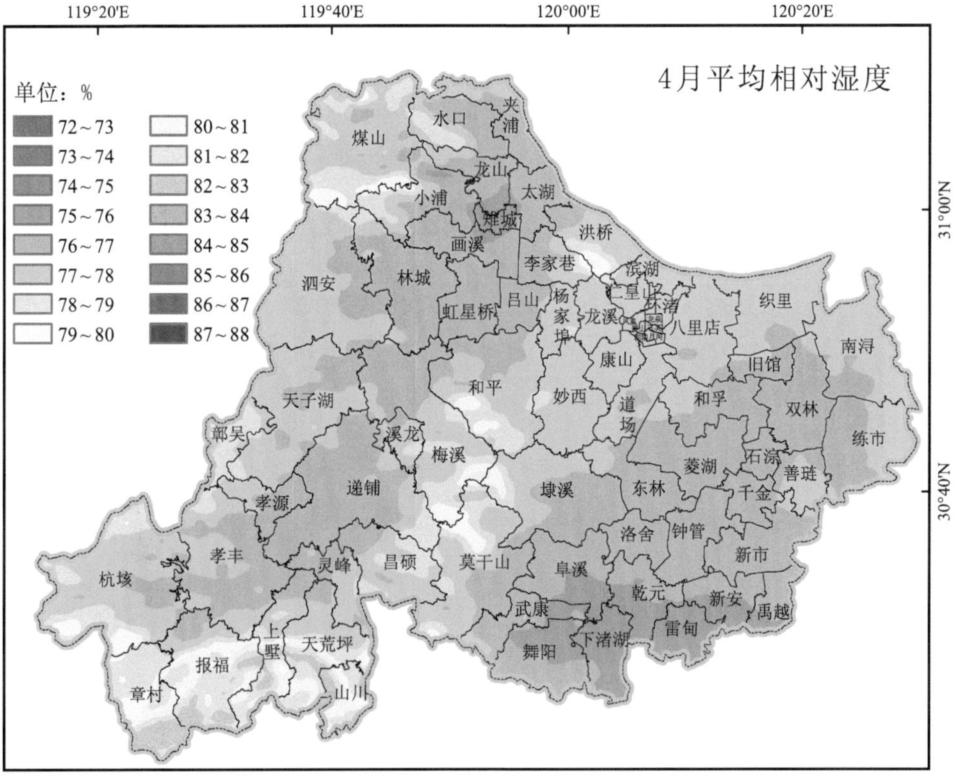
119°20'E
119°40'E
120°00'E
120°20'E
31°00'N
30°40'N
4月平均相对湿度
单位：%
72～73
73～74
74～75
75～76
76～77
77～78
78～79
79～80
80～81
81～82
82～83
83～84
84～85
85～86
86～87
87～88
水口
夹浦
煤山
龙山
小浦
太湖
雉城
洪桥
画溪
李家巷
滨湖
泗安
林城
仁皇山
虹星桥
吕山
杨家埠
龙溪
环渚
织里
八里店
南浔
康山
旧馆
和平
妙西
道场
和孚
双林
天子湖
鄣吴
溪龙
梅溪
练市
石淙
菱湖
善琏
递铺
埭溪
东林
千金
孝源
洛舍
钟管
新市
孝丰
灵峰
昌硕
莫干山
阜溪
杭垓
乾元
新安
武康
禹越
雷甸
上墅
天荒坪
下渚湖
报福
舞阳
章村
山川

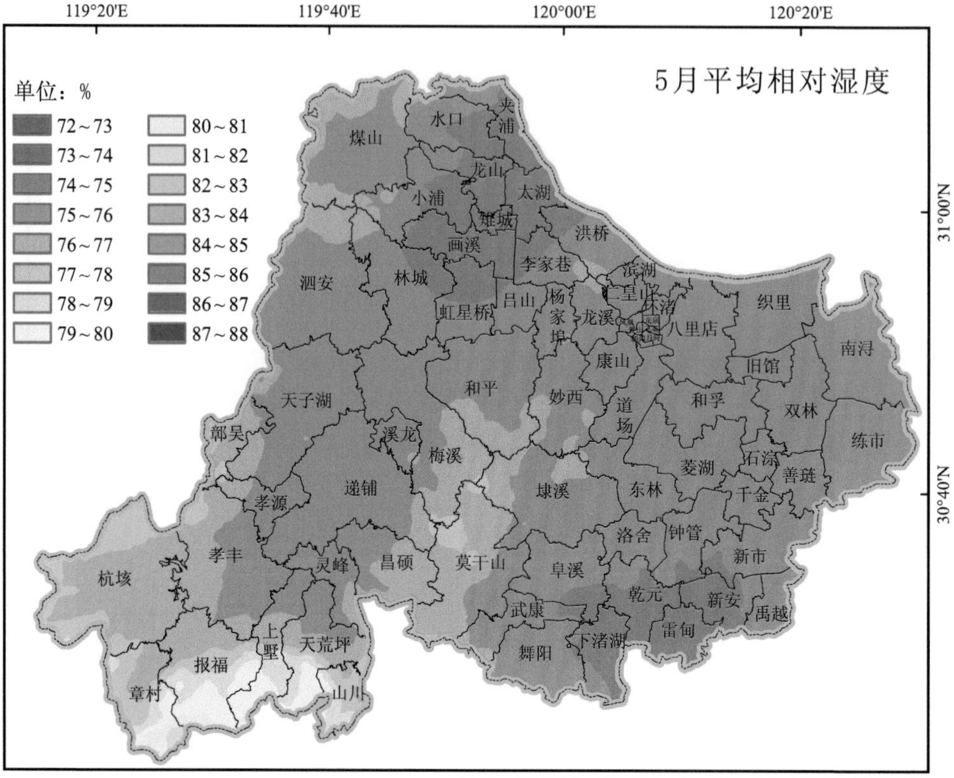
119°20'E
119°40'E
120°00'E
120°20'E
31°00'N
30°40'N
5月平均相对湿度
单位：%
72～73
73～74
74～75
75～76
76～77
77～78
78～79
79～80
80～81
81～82
82～83
83～84
84～85
85～86
86～87
87～88
夹浦
水口
煤山
龙山
小浦
太湖
雉城
洪桥
画溪
李家巷
滨湖
二里山
泗安
林城
杨家埠
吕山
虹星桥
龙溪
环渚
八里店
织里
南浔
康山
旧馆
和平
妙西
道场
和孚
双林
天子湖
鄣吴
溪龙
梅溪
练市
石淙
菱湖
善琏
递铺
埭溪
东林
千金
孝源
洛舍
钟管
孝丰
灵峰
昌硕
莫干山
阜溪
新市
杭垓
乾元
新安
武康
禹越
上墅
天荒坪
下渚湖
雷甸
报福
舞阳
章村
山川

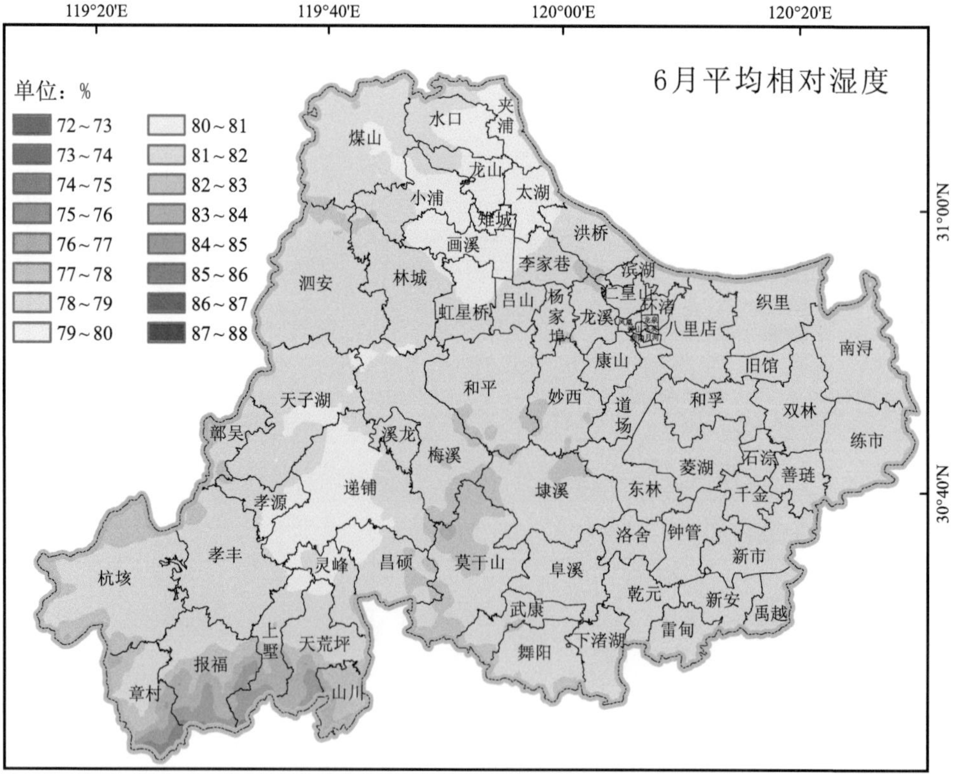
119°20'E
119°40'E
120°00'E
120°20'E
31°00'N
30°40'N
6月平均相对湿度
单位：%
72～73
73～74
74～75
75～76
76～77
77～78
78～79
79～80
80～81
81～82
82～83
83～84
84～85
85～86
86～87
87～88
夹浦
水口
煤山
龙山
小浦
太湖
雉城
洪桥
画溪
李家巷
滨湖
二里山
泗安
林城
杨家埠
吕山
虹星桥
龙溪
环渚
八里店
织里
南浔
康山
旧馆
和平
妙西
道场
和孚
双林
天子湖
鄣吴
溪龙
梅溪
练市
石淙
菱湖
善琏
递铺
埭溪
东林
千金
孝源
洛舍
钟管
孝丰
灵峰
昌硕
莫干山
阜溪
新市
杭垓
乾元
新安
武康
禹越
上墅
天荒坪
下渚湖
雷甸
报福
舞阳
章村
山川

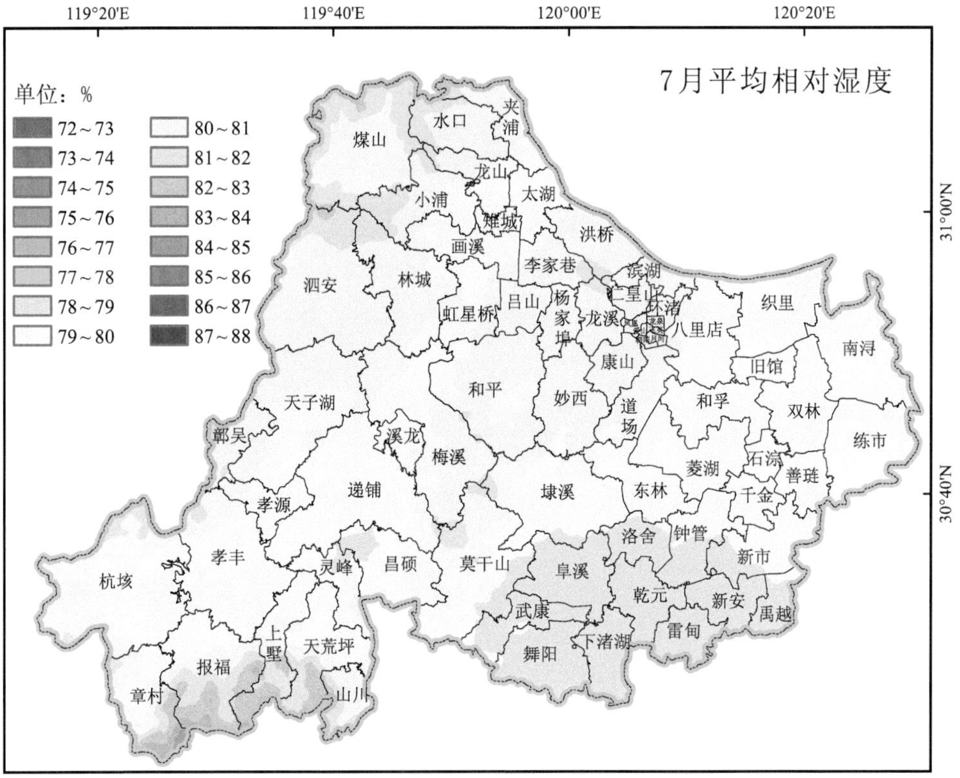
7月平均相对湿度
单位：%
72～73
73～74
74～75
75～76
76～77
77～78
78～79
79～80
80～81
81～82
82～83
83～84
84～85
85～86
86～87
87～88
119°20'E
119°40'E
120°00'E
120°20'E
31°00'N
30°40'N
煤山
水口
夹浦
龙山
小浦
太湖
雉城
画溪
洪桥
李家巷
滨湖
泗安
林城
虹星桥
吕山
杨家埠
龙溪
二里山
环渚
织里
八里店
南浔
康山
旧馆
和平
妙西
道场
和孚
双林
天子湖
练市
鄣吴
溪龙
梅溪
菱湖
石淙
善琏
递铺
埭溪
东林
千金
孝源
洛舍
钟管
孝丰
灵峰
昌硕
莫干山
阜溪
新市
杭垓
乾元
新安
禹越
武康
雷甸
上墅
天荒坪
下渚湖
报福
舞阳
章村
山川

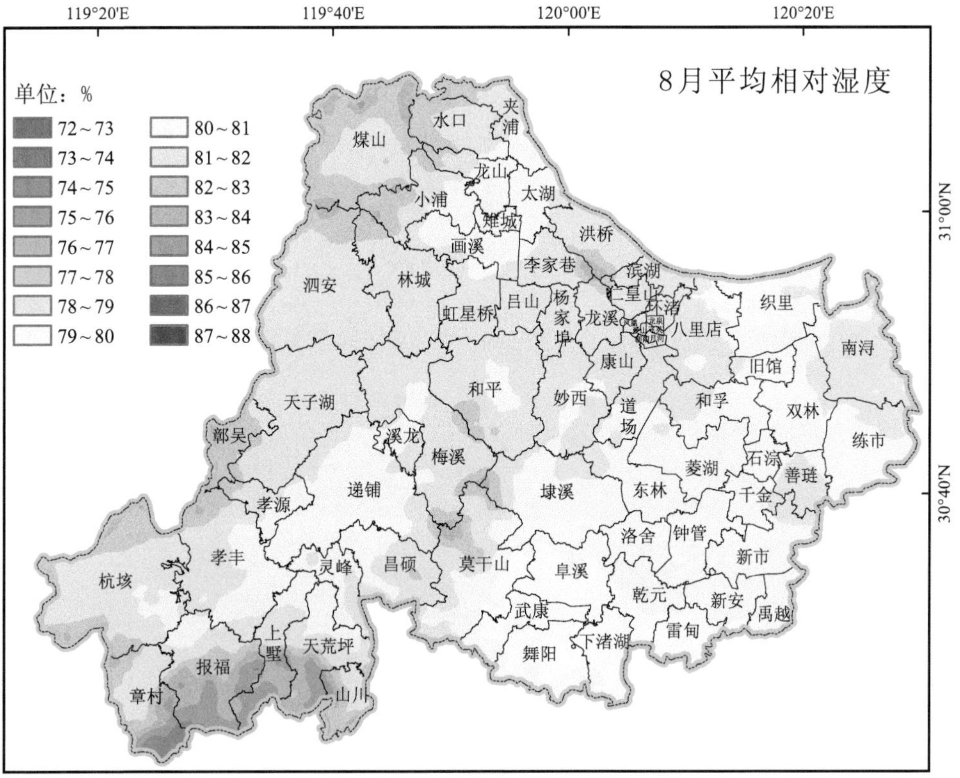
8月平均相对湿度
单位：%
72～73
73～74
74～75
75～76
76～77
77～78
78～79
79～80
80～81
81～82
82～83
83～84
84～85
85～86
86～87
87～88
119°20'E
119°40'E
120°00'E
120°20'E
31°00'N
30°40'N
煤山
水口
夹浦
龙山
小浦
太湖
雉城
画溪
洪桥
李家巷
滨湖
泗安
林城
虹星桥
吕山
杨家埠
龙溪
二里山
环渚
织里
八里店
南浔
康山
旧馆
和平
妙西
道场
和孚
双林
天子湖
练市
鄣吴
溪龙
梅溪
菱湖
石淙
善琏
递铺
埭溪
东林
千金
孝源
洛舍
钟管
孝丰
灵峰
昌硕
莫干山
阜溪
新市
杭垓
乾元
新安
禹越
武康
雷甸
上墅
天荒坪
下渚湖
报福
舞阳
章村
山川

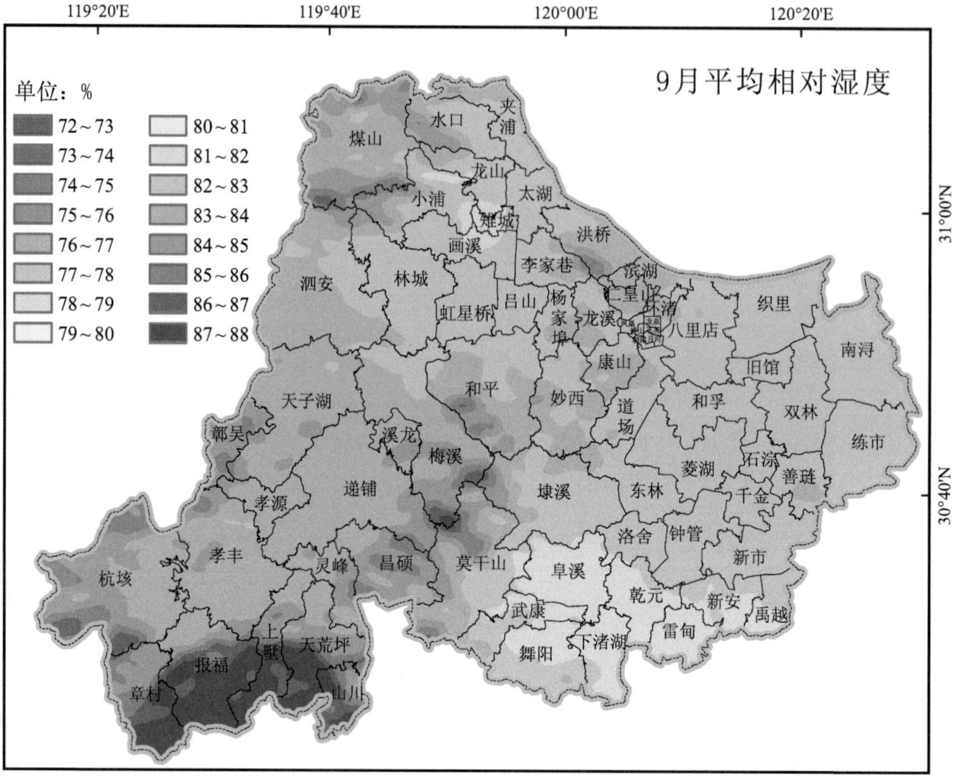
9月平均相对湿度
单位：%
72～73
73～74
74～75
75～76
76～77
77～78
78～79
79～80
80～81
81～82
82～83
83～84
84～85
85～86
86～87
87～88
119°20'E
119°40'E
120°00'E
120°20'E
31°00'N
30°40'N
水口
夹浦
煤山
龙山
小浦
太湖
雉城
洪桥
画溪
李家巷
滨湖
泗安
林城
二里山
吕山
杨家埠
龙溪
织里
虹星桥
八里店
南浔
康山
旧馆
和平
妙西
道场
和孚
双林
天子湖
练市
鄣吴
溪龙
梅溪
石淙
菱湖
善琏
东林
递铺
埭溪
千金
孝源
洛舍
钟管
孝丰
灵峰
昌硕
莫干山
阜溪
新市
杭垓
乾元
新安
武康
禹越
上墅
天荒坪
下渚湖
雷甸
报福
舞阳
章村
山川

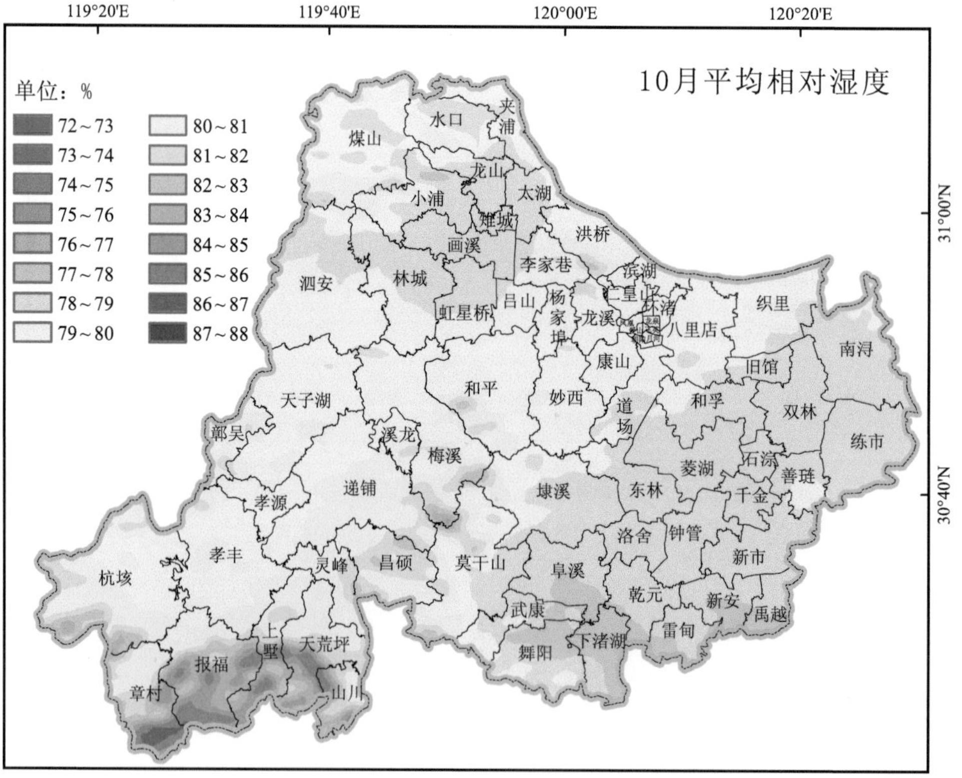
10月平均相对湿度
单位：%
72～73
73～74
74～75
75～76
76～77
77～78
78～79
79～80
80～81
81～82
82～83
83～84
84～85
85～86
86～87
87～88
119°20'E
119°40'E
120°00'E
120°20'E
31°00'N
30°40'N
水口
夹浦
煤山
龙山
小浦
太湖
雉城
洪桥
画溪
李家巷
滨湖
泗安
林城
二里山
吕山
杨家埠
龙溪
织里
虹星桥
八里店
南浔
康山
旧馆
和平
妙西
道场
和孚
双林
天子湖
练市
鄣吴
溪龙
梅溪
石淙
菱湖
善琏
东林
递铺
埭溪
千金
孝源
洛舍
钟管
孝丰
灵峰
昌硕
莫干山
阜溪
新市
杭垓
乾元
新安
武康
禹越
上墅
天荒坪
下渚湖
雷甸
报福
舞阳
章村
山川

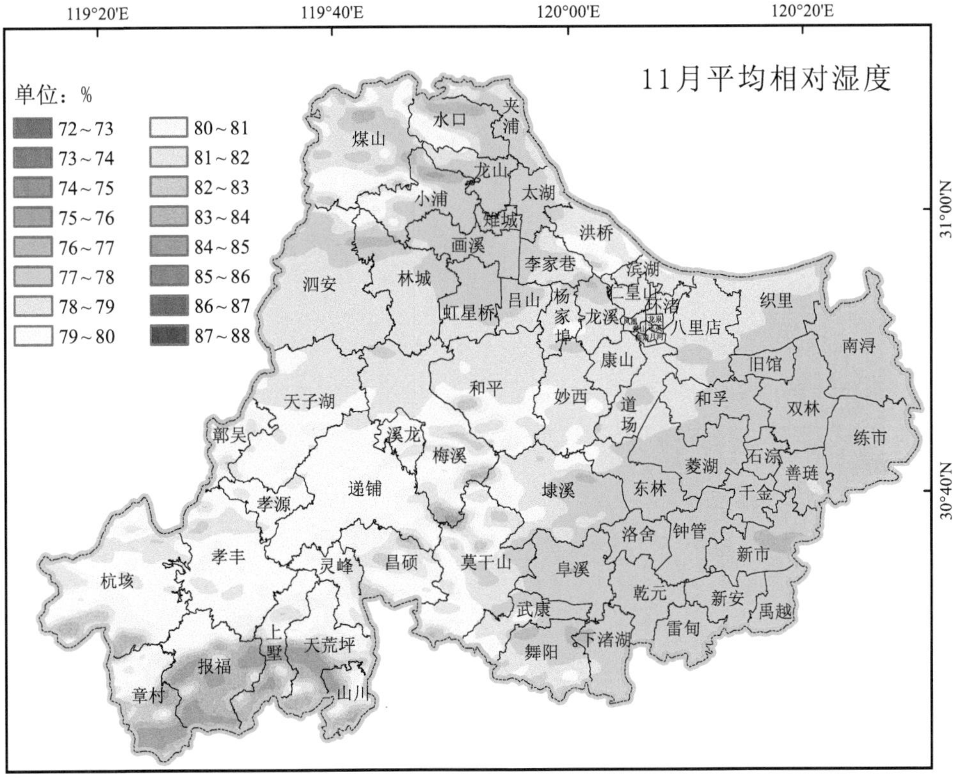
119°20'E
119°40'E
120°00'E
120°20'E
31°00'N
30°40'N
11月平均相对湿度
单位：%
72～73
73～74
74～75
75～76
76～77
77～78
78～79
79～80
80～81
81～82
82～83
83～84
84～85
85～86
86～87
87～88
煤山
水口
夹浦
龙山
小浦
太湖
雉城
洪桥
画溪
李家巷
滨湖
泗安
林城
二里山
虹星桥
吕山
杨家埠
龙溪
环渚
八里店
织里
南浔
旧馆
康山
和平
妙西
道场
和孚
双林
天子湖
练市
鄣吴
溪龙
梅溪
菱湖
石淙
善琏
递铺
埭溪
东林
千金
孝源
洛舍
钟管
新市
孝丰
灵峰
昌硕
莫干山
阜溪
杭垓
乾元
新安
武康
禹越
上墅
天荒坪
雷甸
下渚湖
报福
舞阳
章村
山川

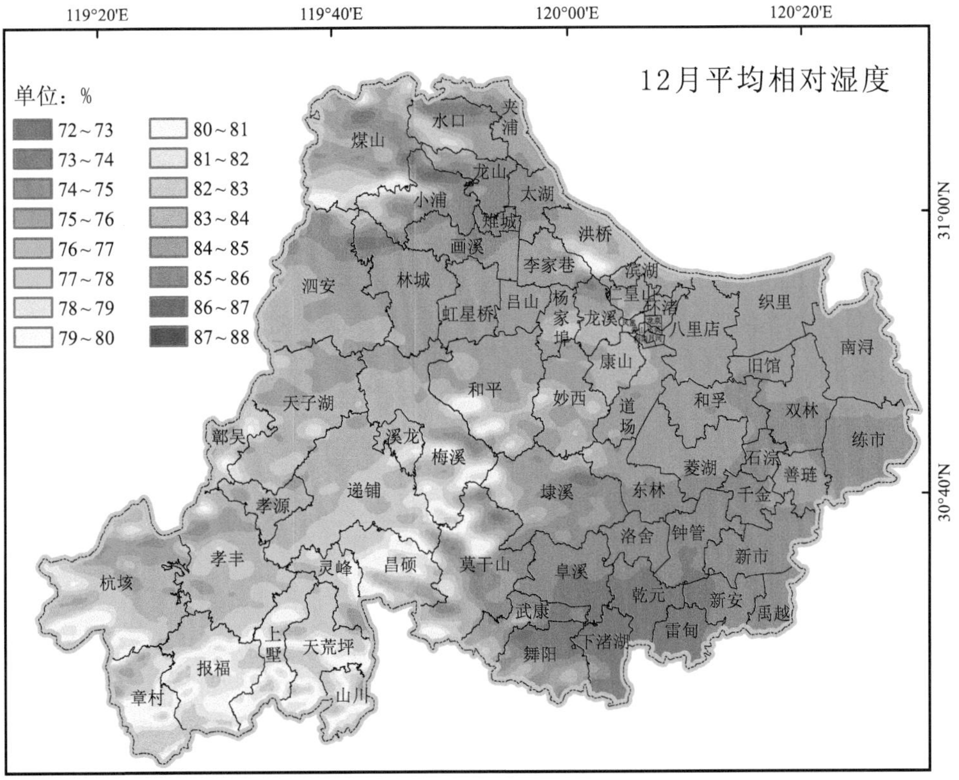
119°20'E
119°40'E
120°00'E
120°20'E
31°00'N
30°40'N
12月平均相对湿度
单位：%
72～73
73～74
74～75
75～76
76～77
77～78
78～79
79～80
80～81
81～82
82～83
83～84
84～85
85～86
86～87
87～88
煤山
水口
夹浦
龙山
小浦
太湖
雉城
洪桥
画溪
李家巷
滨湖
泗安
林城
二里山
虹星桥
吕山
杨家埠
龙溪
环渚
八里店
织里
南浔
旧馆
康山
和平
妙西
道场
和孚
双林
天子湖
练市
鄣吴
溪龙
梅溪
菱湖
石淙
善琏
递铺
埭溪
东林
千金
孝源
洛舍
钟管
新市
孝丰
灵峰
昌硕
莫干山
阜溪
杭垓
乾元
新安
武康
禹越
上墅
天荒坪
雷甸
下渚湖
报福
舞阳
章村
山川

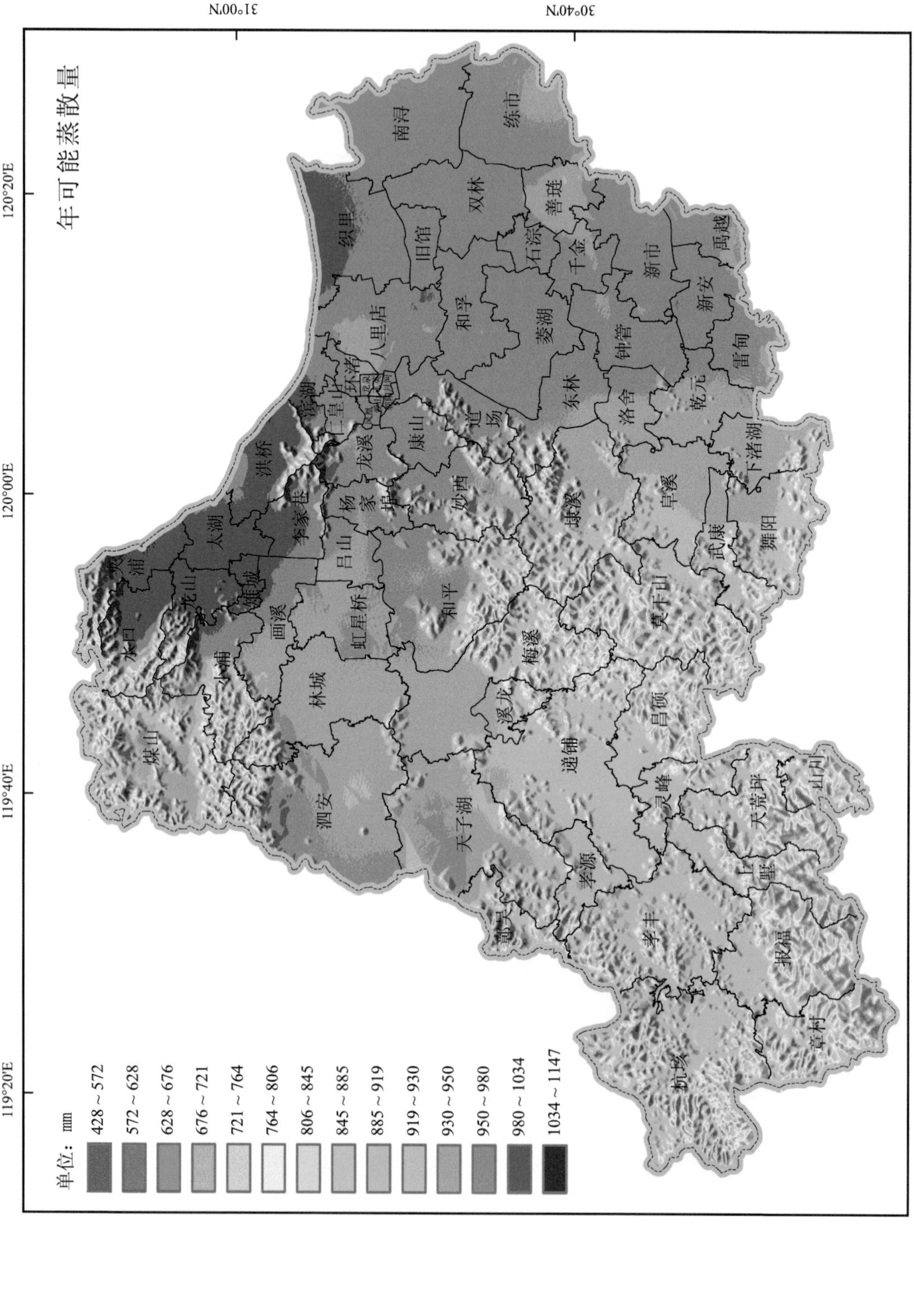
年可能蒸散量
31°00′N
30°40′N
120°20′E
120°00′E
119°40′E
119°20′E
单位：mm
428～572
572～628
628～676
676～721
721～764
764～806
806～845
845～885
885～919
919～930
930～950
950～980
980～1034
1034～1147
南浔
练市
双林
善琏
织里
旧馆
石淙
千金
禹越
新市
新安
和孚
菱湖
八里店
钟管
雷甸
东林
洛舍
乾元
道场
康山
下渚湖
阜溪
洪桥
龙溪
杨家埠
妙西
康溪
李家巷
太湖
吕山
武康
舞阳
龙山
雉城
和平
莫干山
画溪
虹星桥
梅溪
水口
小浦
林城
溪龙
昌硕
煤山
递铺
灵峰
天荒坪
山川
泗安
天子湖
孝源
上墅
鄣吴
孝丰
报福
杭垓
章村

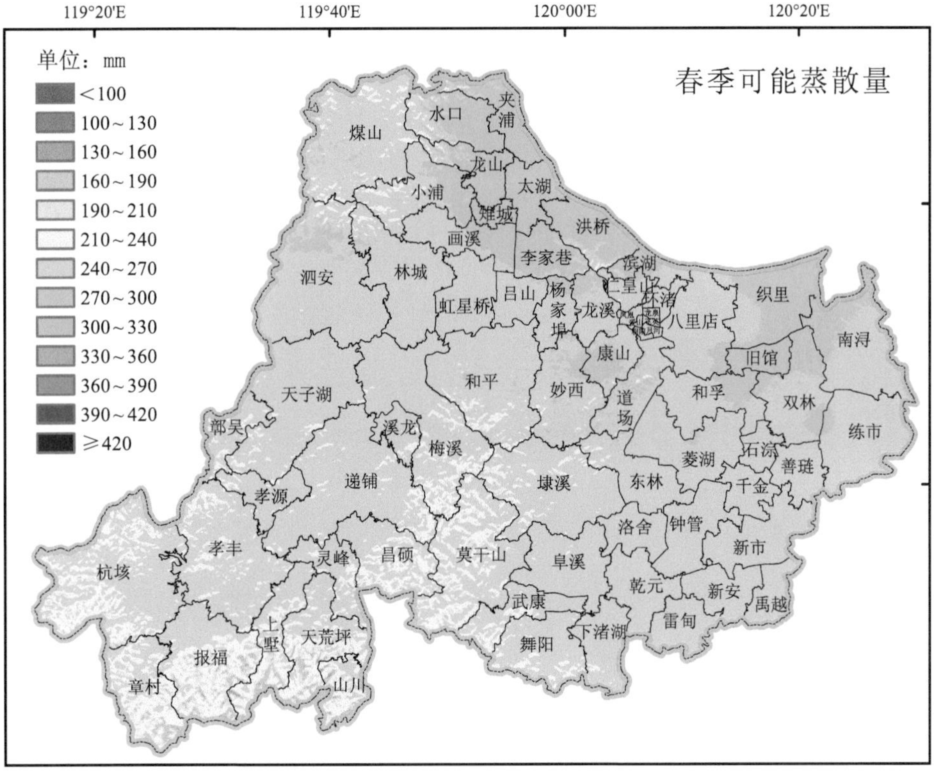
春季可能蒸散量
单位：mm
<100
100～130
130～160
160～190
190～210
210～240
240～270
270～300
300～330
330～360
360～390
390～420
≥420
119°20'E
119°40'E
120°00'E
120°20'E
31°00'N
30°40'N
煤山
水口
夹浦
龙山
小浦
太湖
雉城
画溪
洪桥
李家巷
滨湖
泗安
林城
虹星桥
吕山
杨家埠
龙溪
环渚
织里
八里店
南浔
康山
旧馆
和平
妙西
道场
和孚
双林
天子湖
鄣吴
溪龙
梅溪
石淙
练市
菱湖
善琏
递铺
孝源
埭溪
东林
千金
洛舍
钟管
孝丰
灵峰
昌硕
莫干山
阜溪
新市
杭垓
乾元
新安
禹越
武康
雷甸
上墅
天荒坪
报福
舞阳
下渚湖
章村
山川

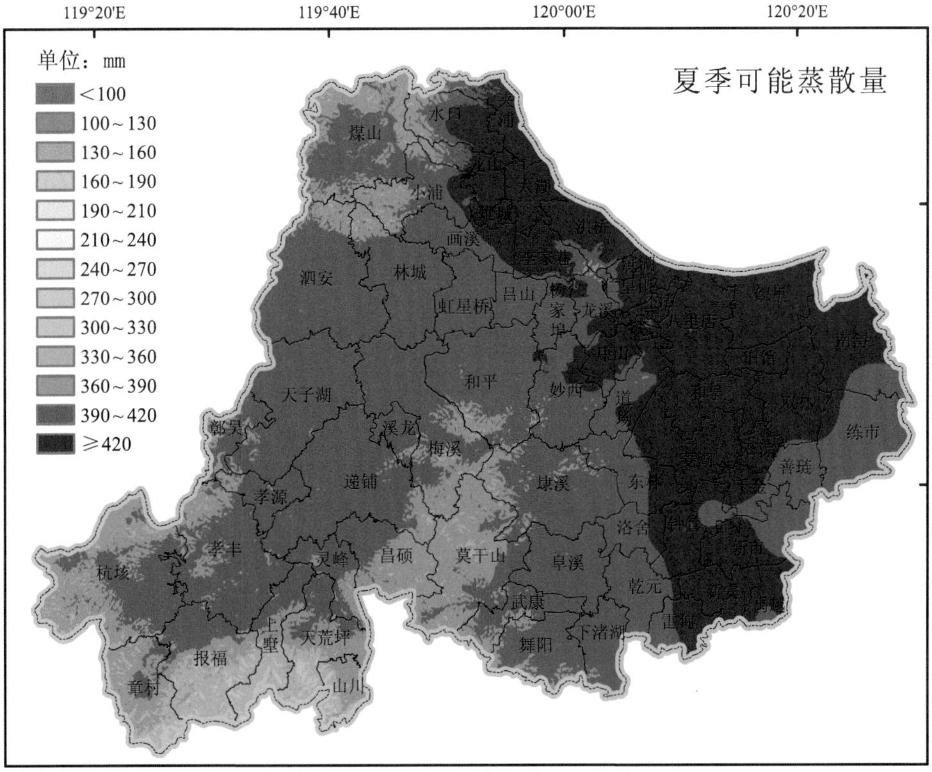
夏季可能蒸散量
单位：mm
<100
100～130
130～160
160～190
190～210
210～240
240～270
270～300
300～330
330～360
360～390
390～420
≥420
119°20'E
119°40'E
120°00'E
120°20'E
31°00'N
30°40'N
煤山
小浦
画溪
泗安
林城
吕山
虹星桥
杨家埠
龙溪
和平
妙西
天子湖
鄣吴
溪龙
梅溪
练市
善琏
递铺
孝源
埭溪
洛舍
孝丰
灵峰
昌硕
莫干山
阜溪
杭垓
乾元
武康
上墅
天荒坪
报福
舞阳
下渚湖
章村
山川

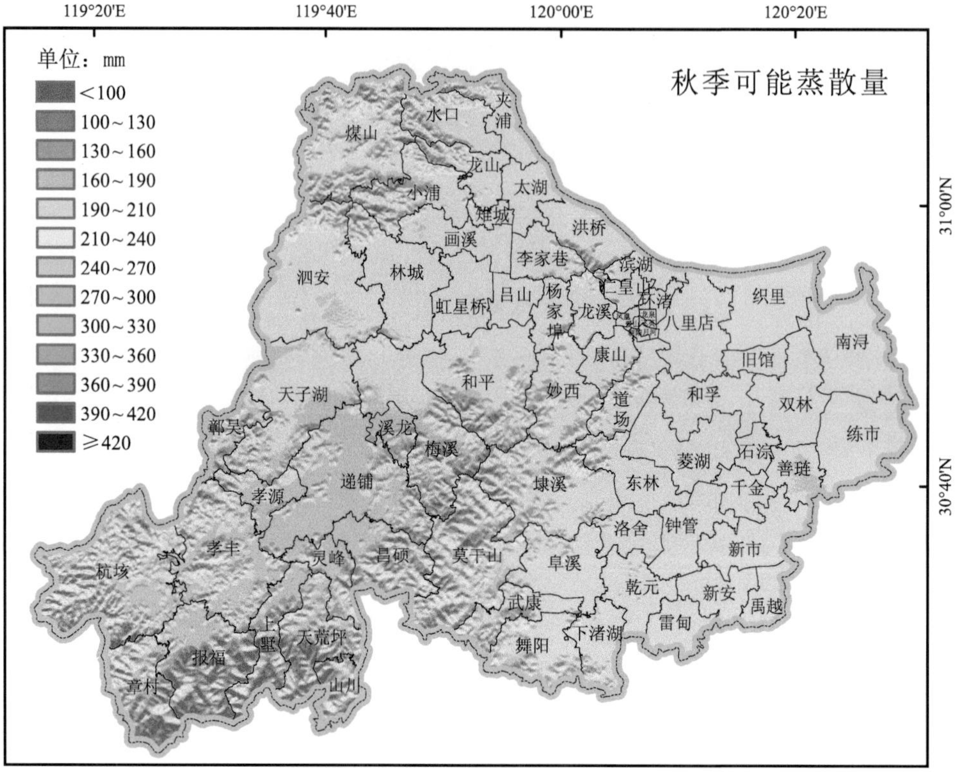
119°20'E
119°40'E
120°00'E
120°20'E
31°00'N
30°40'N
单位：mm
<100
100～130
130～160
160～190
190～210
210～240
240～270
270～300
300～330
330～360
360～390
390～420
≥420
秋季可能蒸散量
水口
夹浦
煤山
龙山
小浦
太湖
雉城
洪桥
画溪
李家巷
滨湖
泗安
林城
吕山
杨家埠
二里山
织里
虹星桥
龙溪
八里店
南浔
康山
旧馆
和平
妙西
和孚
双林
天子湖
道场
鄣吴
溪龙
练市
梅溪
石淙
菱湖
善琏
递铺
埭溪
东林
千金
孝源
洛舍
钟管
孝丰
新市
灵峰
昌硕
莫干山
阜溪
杭垓
乾元
新安
武康
禹越
雷甸
上墅
天荒坪
下渚湖
报福
舞阳
山川
章村

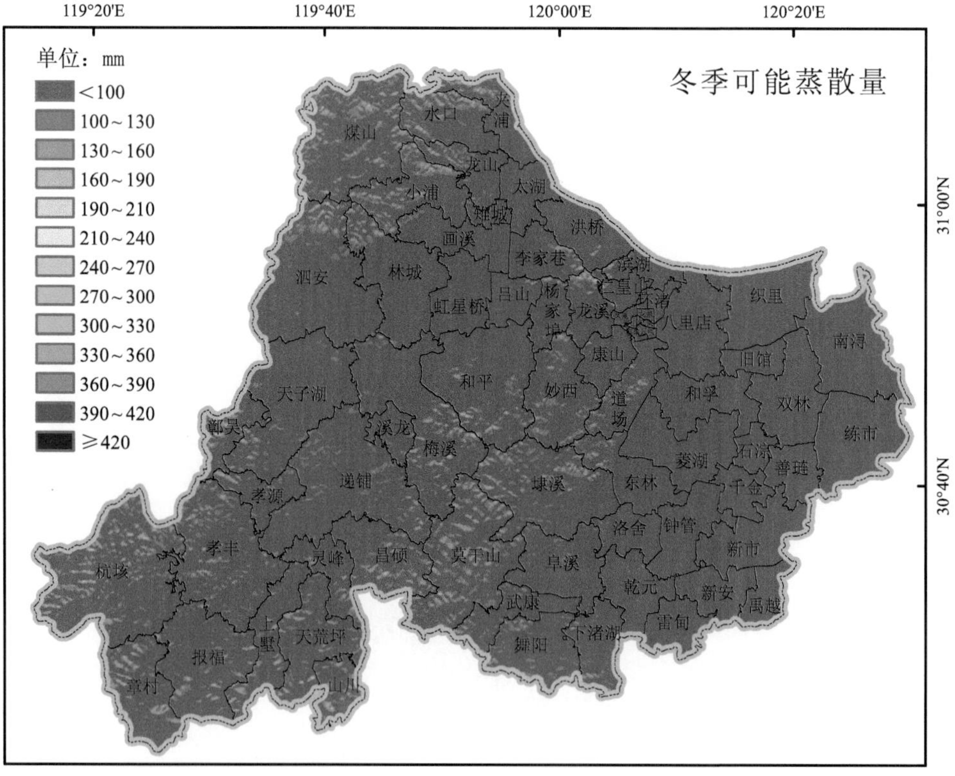
119°20'E
119°40'E
120°00'E
120°20'E
31°00'N
30°40'N
单位：mm
<100
100～130
130～160
160～190
190～210
210～240
240～270
270～300
300～330
330～360
360～390
390～420
≥420
冬季可能蒸散量
水口
夹浦
煤山
龙山
小浦
太湖
雉城
洪桥
画溪
李家巷
滨湖
泗安
林城
吕山
杨家埠
二里山
织里
虹星桥
龙溪
八里店
南浔
康山
旧馆
和平
妙西
和孚
双林
天子湖
道场
鄣吴
溪龙
练市
梅溪
石淙
菱湖
善琏
递铺
埭溪
东林
千金
孝源
洛舍
钟管
孝丰
新市
灵峰
昌硕
莫干山
阜溪
杭垓
乾元
新安
武康
禹越
雷甸
上墅
天荒坪
下渚湖
报福
舞阳
山川
章村

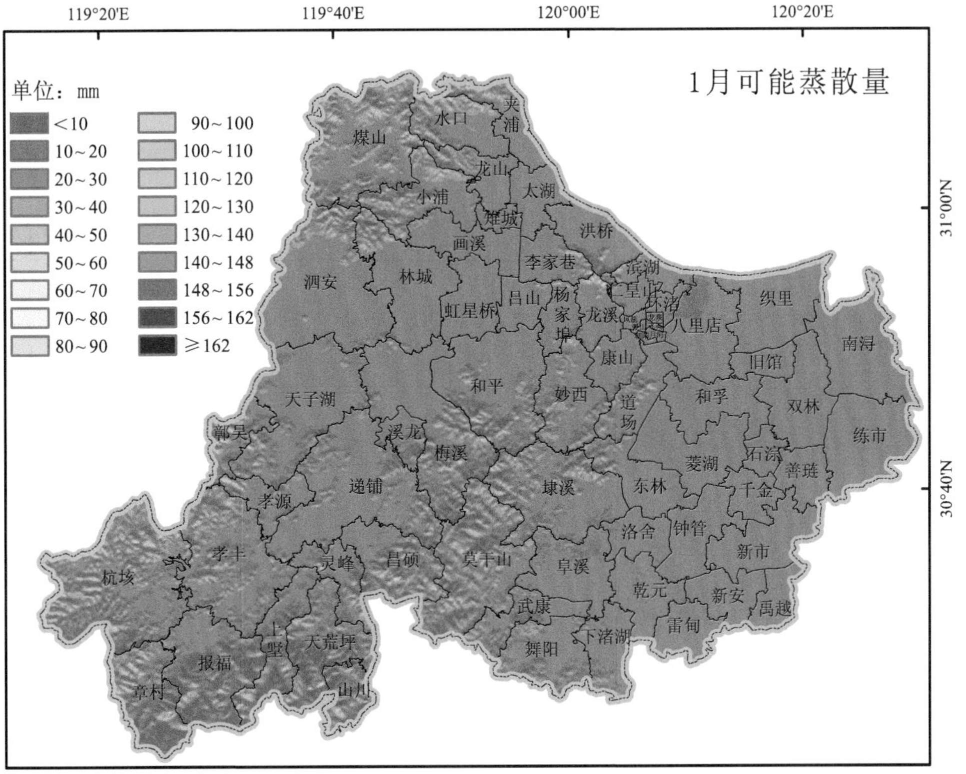
119°20'E
119°40'E
120°00'E
120°20'E
31°00'N
30°40'N
1月可能蒸散量
单位：mm
<10
10~20
20~30
30~40
40~50
50~60
60~70
70~80
80~90
90~100
100~110
110~120
120~130
130~140
140~148
148~156
156~162
≥162
水口
夹浦
煤山
龙山
小浦
太湖
雉城
洪桥
画溪
李家巷
滨湖
泗安
林城
二里山
环渚
虹星桥
吕山
杨家埠
龙溪
八里店
织里
南浔
康山
旧馆
和平
妙西
道场
和孚
双林
天子湖
练市
鄣吴
溪龙
梅溪
石淙
菱湖
善琏
递铺
埭溪
东林
千金
孝源
洛舍
钟管
孝丰
灵峰
昌硕
莫干山
阜溪
新市
杭垓
乾元
新安
武康
禹越
上墅
天荒坪
雷甸
下渚湖
报福
舞阳
章村
山川

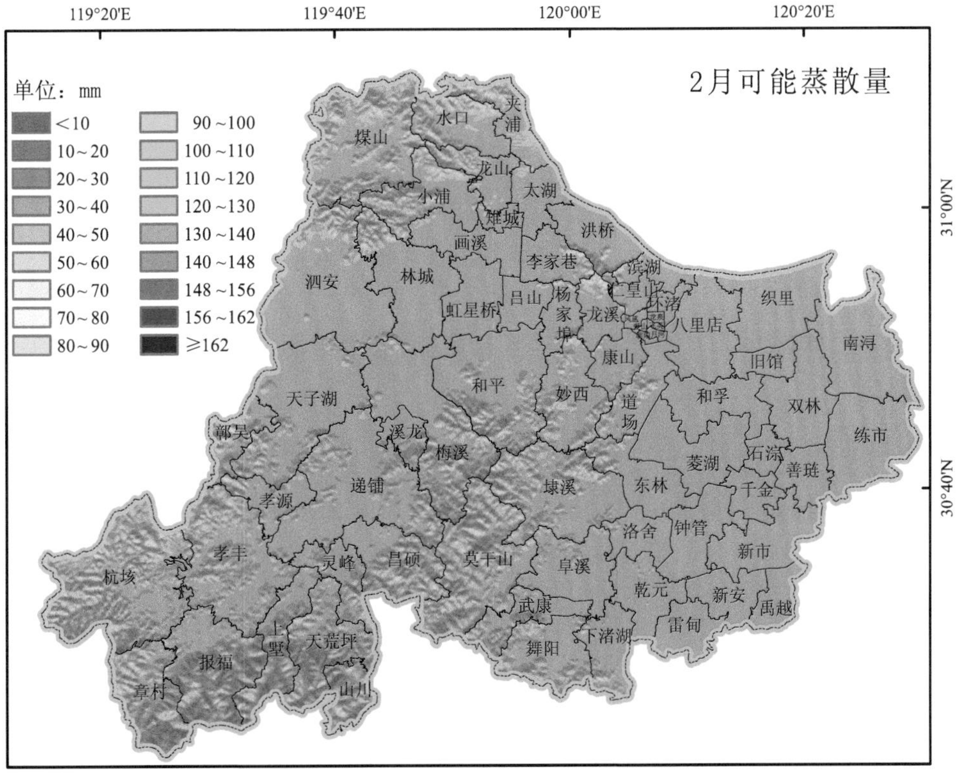
119°20'E
119°40'E
120°00'E
120°20'E
31°00'N
30°40'N
2月可能蒸散量
单位：mm
<10
10~20
20~30
30~40
40~50
50~60
60~70
70~80
80~90
90~100
100~110
110~120
120~130
130~140
140~148
148~156
156~162
≥162
水口
夹浦
煤山
龙山
小浦
太湖
雉城
洪桥
画溪
李家巷
滨湖
泗安
林城
二里山
环渚
虹星桥
吕山
杨家埠
龙溪
八里店
织里
南浔
康山
旧馆
和平
妙西
道场
和孚
双林
天子湖
练市
鄣吴
溪龙
梅溪
石淙
菱湖
善琏
递铺
埭溪
东林
千金
孝源
洛舍
钟管
孝丰
灵峰
昌硕
莫干山
阜溪
新市
杭垓
乾元
新安
武康
禹越
上墅
天荒坪
雷甸
下渚湖
报福
舞阳
章村
山川

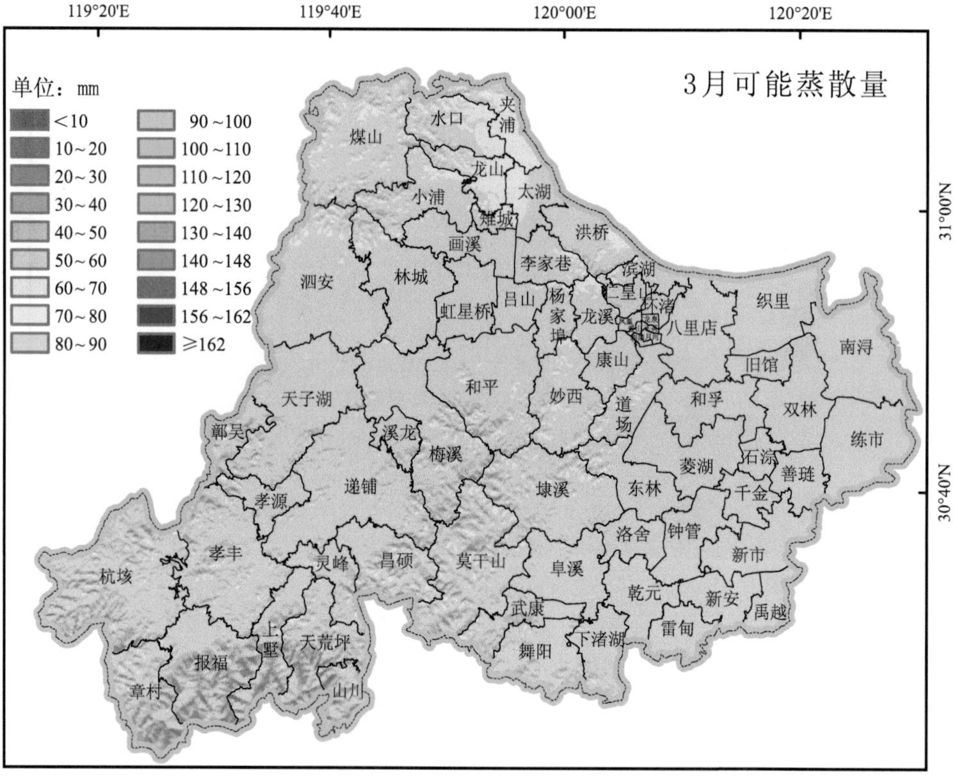
119°20'E
119°40'E
120°00'E
120°20'E
31°00'N
30°40'N
3月可能蒸散量
单位：mm
<10
10~20
20~30
30~40
40~50
50~60
60~70
70~80
80~90
90~100
100~110
110~120
120~130
130~140
140~148
148~156
156~162
≥162
煤山
水口
夹浦
龙山
小浦
太湖
雉城
画溪
洪桥
李家巷
泗安
林城
虹星桥
吕山
杨家埠
龙溪
滨湖
仁皇山
环渚
八里店
织里
南浔
旧馆
康山
和平
妙西
道场
和孚
双林
天子湖
鄣吴
溪龙
梅溪
递铺
埭溪
东林
菱湖
石淙
善琏
练市
千金
孝源
孝丰
灵峰
昌硕
莫干山
阜溪
洛舍
钟管
新市
杭垓
武康
乾元
新安
禹越
上墅
天荒坪
报福
舞阳
下渚湖
雷甸
章村
山川

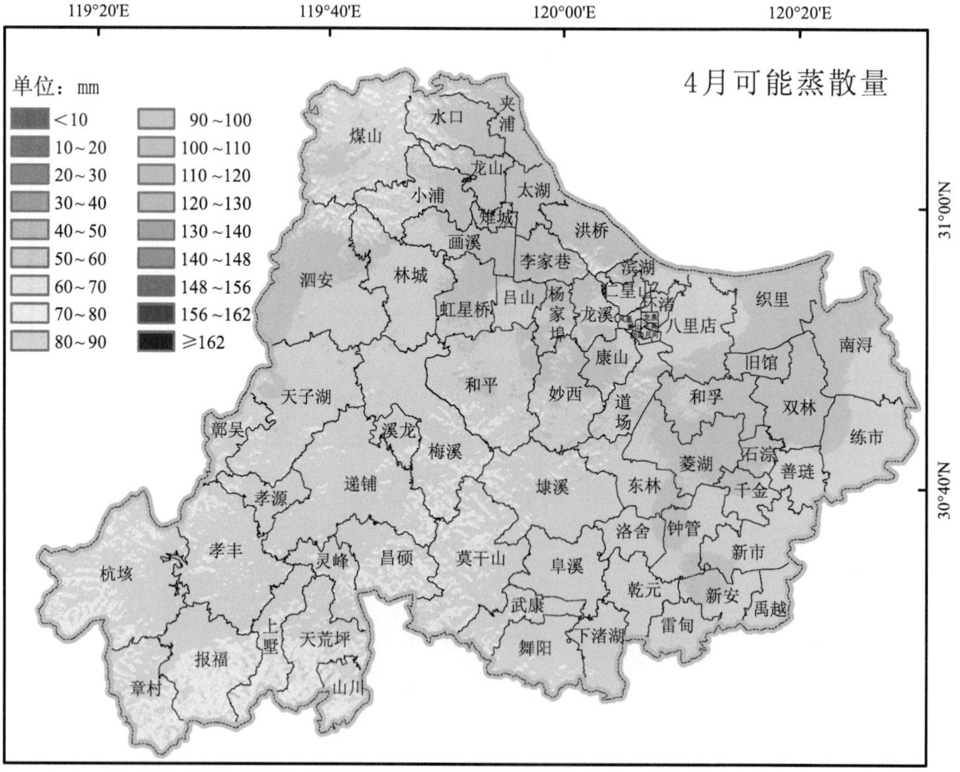
119°20'E
119°40'E
120°00'E
120°20'E
31°00'N
30°40'N
4月可能蒸散量
单位：mm
<10
10~20
20~30
30~40
40~50
50~60
60~70
70~80
80~90
90~100
100~110
110~120
120~130
130~140
140~148
148~156
156~162
≥162
煤山
水口
夹浦
龙山
小浦
太湖
雉城
画溪
洪桥
李家巷
泗安
林城
虹星桥
吕山
杨家埠
龙溪
滨湖
仁皇山
环渚
八里店
织里
南浔
旧馆
康山
和平
妙西
道场
和孚
双林
天子湖
鄣吴
溪龙
梅溪
递铺
埭溪
东林
菱湖
石淙
善琏
练市
千金
孝源
孝丰
灵峰
昌硕
莫干山
阜溪
洛舍
钟管
新市
杭垓
武康
乾元
新安
禹越
上墅
天荒坪
报福
舞阳
下渚湖
雷甸
章村
山川

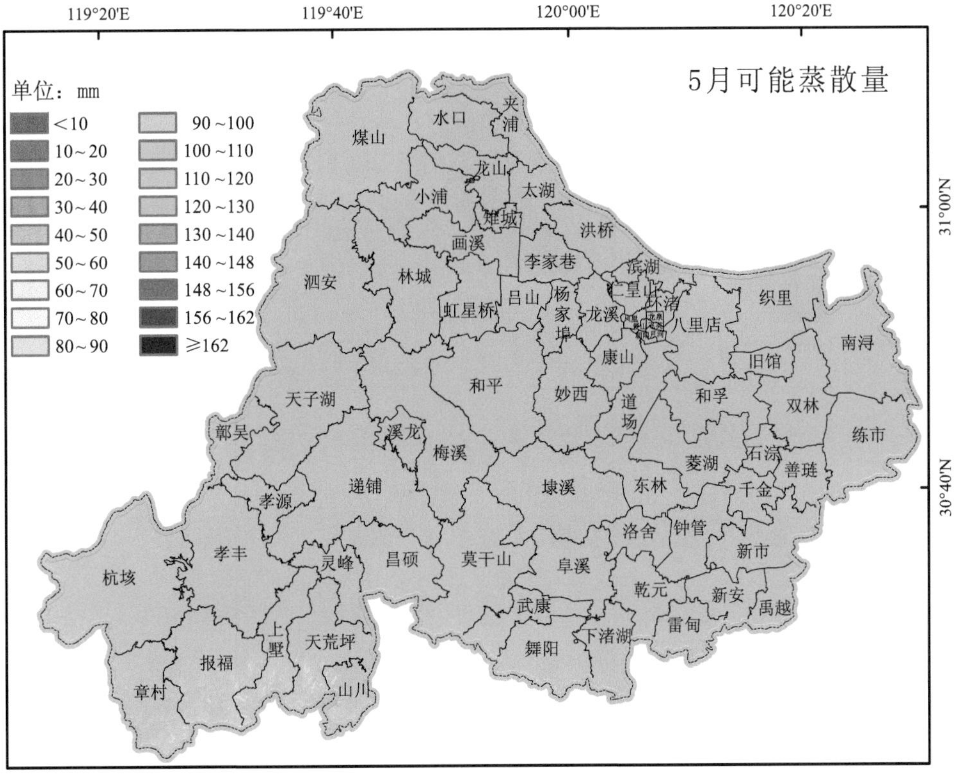
5月可能蒸散量
119°20'E
119°40'E
120°00'E
120°20'E
31°00'N
30°40'N
单位：mm
<10
10~20
20~30
30~40
40~50
50~60
60~70
70~80
80~90
90~100
100~110
110~120
120~130
130~140
140~148
148~156
156~162
≥162
煤山
水口
夹浦
龙山
小浦
太湖
雉城
洪桥
画溪
李家巷
滨湖
泗安
林城
仁皇山
虹星桥
吕山
杨家埠
龙溪
环渚
织里
八里店
南浔
旧馆
康山
和平
妙西
道场
和孚
双林
天子湖
鄣吴
溪龙
梅溪
练市
石淙
菱湖
递铺
埭溪
东林
善琏
孝源
千金
洛舍
钟管
孝丰
灵峰
昌硕
莫干山
新市
杭垓
阜溪
乾元
新安
武康
雷甸
禹越
上墅
天荒坪
报福
舞阳
下渚湖
章村
山川

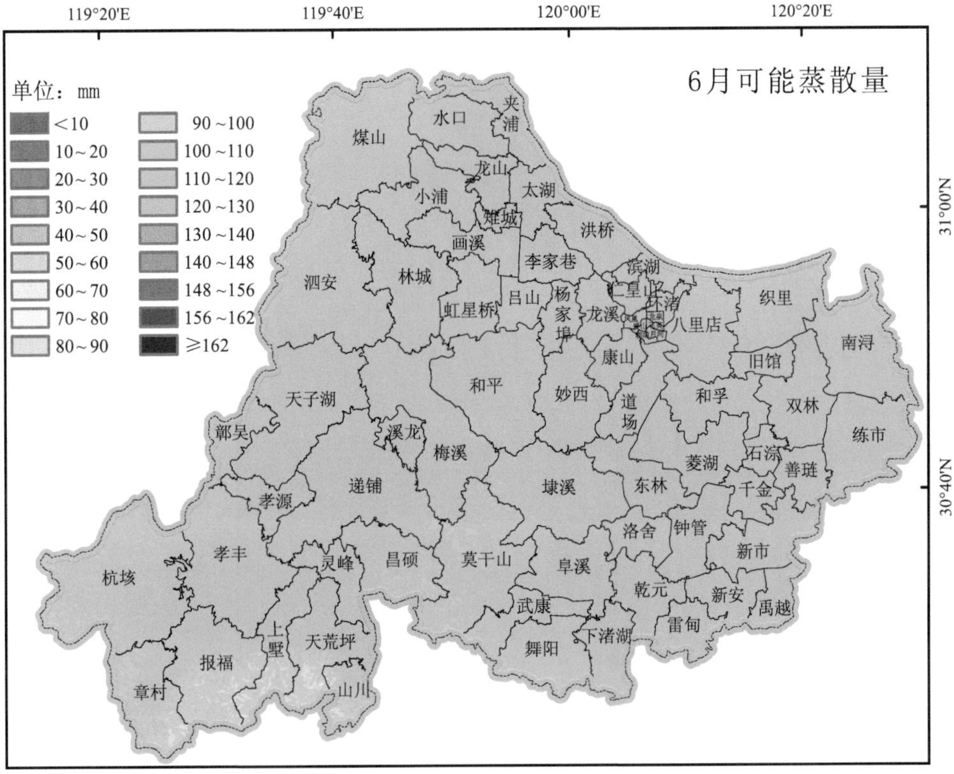
6月可能蒸散量
119°20'E
119°40'E
120°00'E
120°20'E
31°00'N
30°40'N
单位：mm
<10
10~20
20~30
30~40
40~50
50~60
60~70
70~80
80~90
90~100
100~110
110~120
120~130
130~140
140~148
148~156
156~162
≥162
煤山
水口
夹浦
龙山
小浦
太湖
雉城
洪桥
画溪
李家巷
滨湖
泗安
林城
仁皇山
虹星桥
吕山
杨家埠
龙溪
环渚
织里
八里店
南浔
旧馆
康山
和平
妙西
道场
和孚
双林
天子湖
鄣吴
溪龙
梅溪
练市
石淙
菱湖
递铺
埭溪
东林
善琏
孝源
千金
洛舍
钟管
孝丰
灵峰
昌硕
莫干山
新市
杭垓
阜溪
乾元
新安
武康
雷甸
禹越
上墅
天荒坪
报福
舞阳
下渚湖
章村
山川

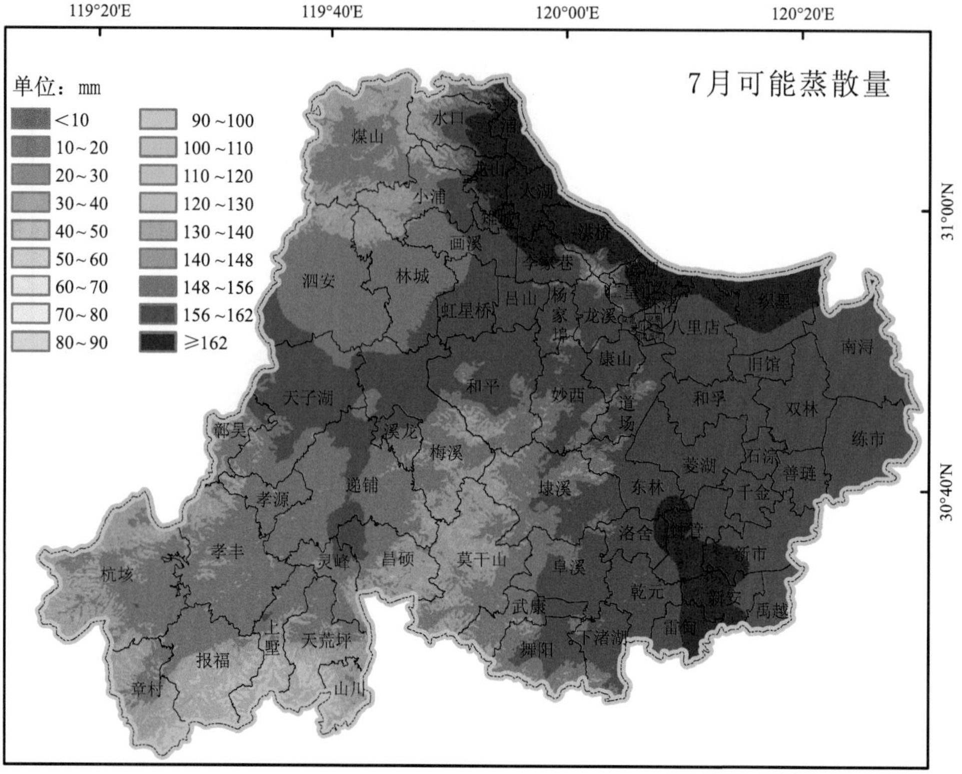
7月可能蒸散量
单位：mm
<10
10~20
20~30
30~40
40~50
50~60
60~70
70~80
80~90
90~100
100~110
110~120
120~130
130~140
140~148
148~156
156~162
≥162
119°20'E
119°40'E
120°00'E
120°20'E
31°00'N
30°40'N
煤山
水口
小浦
画溪
林城
泗安
虹星桥
吕山
杨家埠
龙溪
八里店
南浔
旧馆
和平
妙西
康山
道场
和孚
双林
练市
天子湖
鄣吴
溪龙
梅溪
菱湖
石淙
善琏
递铺
孝源
埭溪
东林
千金
洛舍
新市
孝丰
杭垓
灵峰
昌硕
莫干山
阜溪
乾元
禹越
武康
雷甸
上墅
天荒坪
报福
舞阳
下渚湖
章村
山川

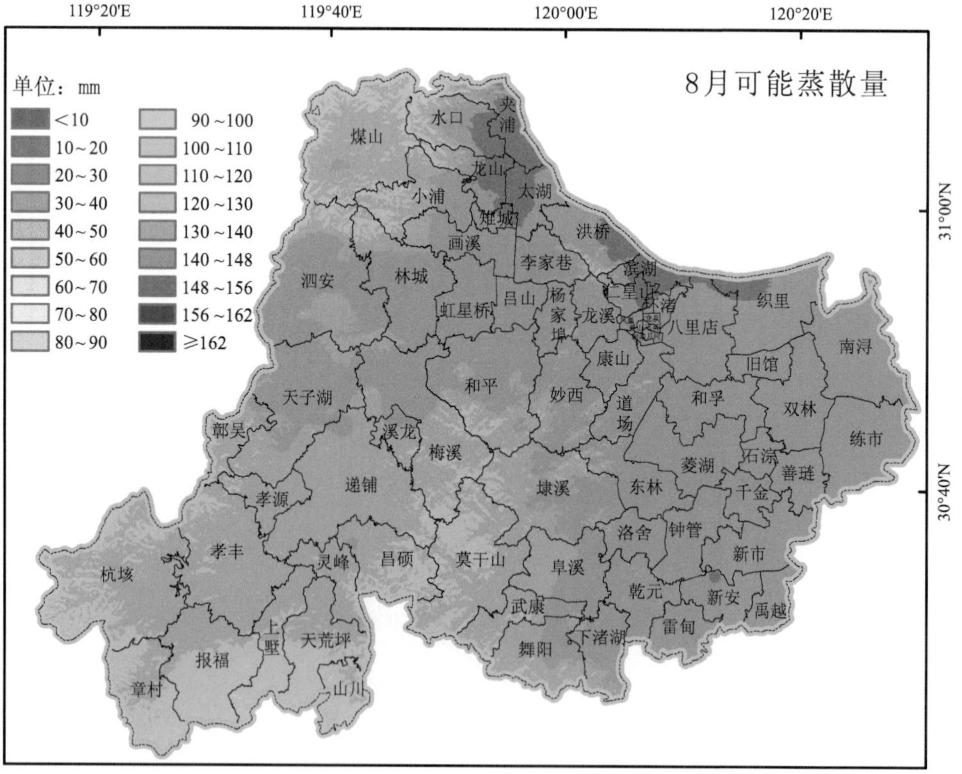
8月可能蒸散量
单位：mm
<10
10~20
20~30
30~40
40~50
50~60
60~70
70~80
80~90
90~100
100~110
110~120
120~130
130~140
140~148
148~156
156~162
≥162
119°20'E
119°40'E
120°00'E
120°20'E
31°00'N
30°40'N
夹浦
煤山
水口
龙山
太湖
小浦
雉城
洪桥
画溪
李家巷
滨湖
织里
泗安
林城
虹星桥
吕山
杨家埠
龙溪
环渚
八里店
南浔
康山
旧馆
天子湖
和平
妙西
道场
和孚
双林
鄣吴
溪龙
梅溪
练市
菱湖
石淙
善琏
递铺
孝源
埭溪
东林
千金
洛舍
钟管
孝丰
灵峰
昌硕
莫干山
阜溪
新市
杭垓
乾元
新安
禹越
武康
上墅
天荒坪
雷甸
报福
舞阳
下渚湖
章村
山川

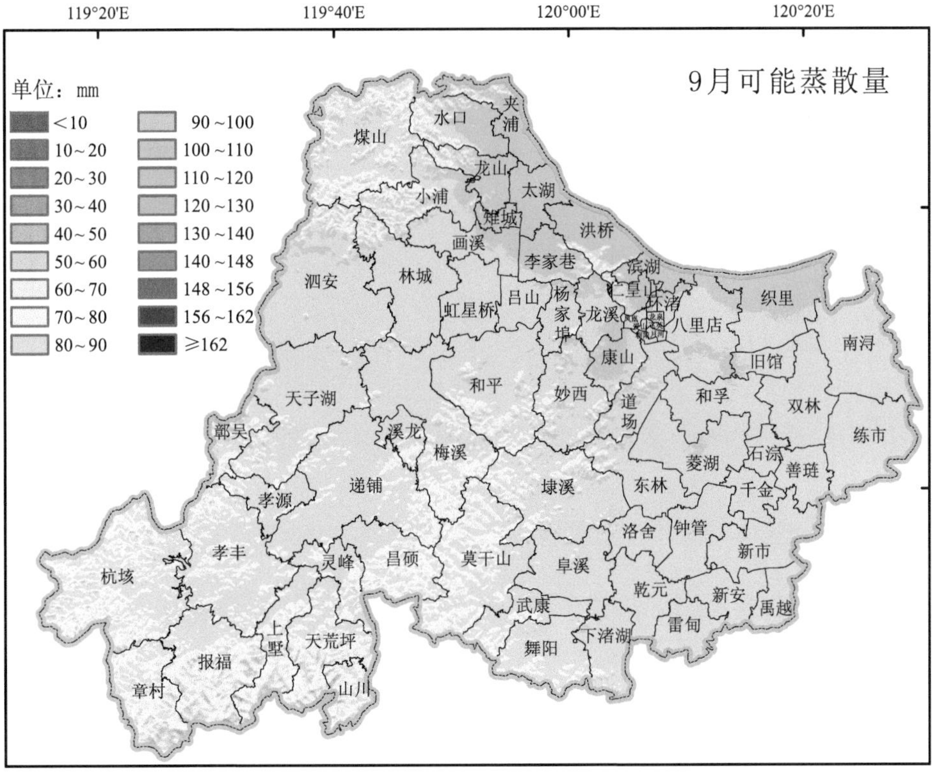
9月可能蒸散量
119°20'E
119°40'E
120°00'E
120°20'E
31°00'N
30°40'N
单位：mm
<10
10~20
20~30
30~40
40~50
50~60
60~70
70~80
80~90
90~100
100~110
110~120
120~130
130~140
140~148
148~156
156~162
≥162
夹浦
水口
煤山
龙山
小浦
太湖
雉城
洪桥
画溪
李家巷
滨湖
泗安
林城
吕山
杨家埠
龙溪
仁皇山
环渚
织里
虹星桥
八里店
南浔
康山
旧馆
和平
妙西
道场
和孚
双林
天子湖
练市
鄣吴
溪龙
梅溪
菱湖
石淙
善琏
递铺
埭溪
东林
千金
孝源
洛舍
钟管
杭垓
孝丰
灵峰
昌硕
莫干山
阜溪
新市
乾元
新安
禹越
武康
雷甸
上墅
天荒坪
下渚湖
舞阳
报福
章村
山川

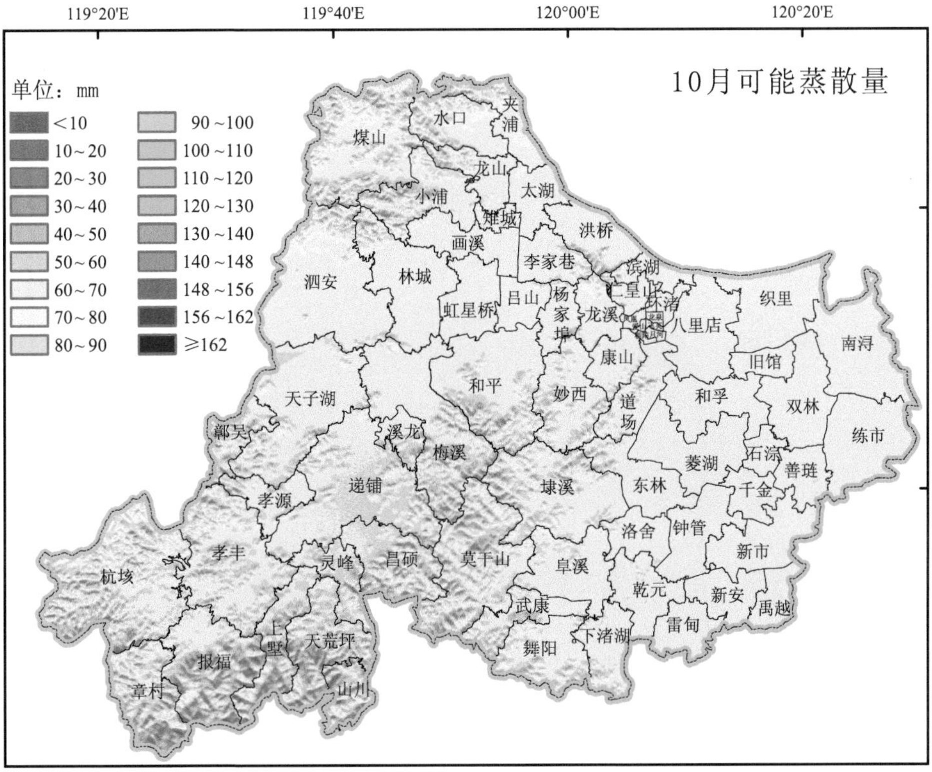
10月可能蒸散量
119°20'E
119°40'E
120°00'E
120°20'E
31°00'N
30°40'N
单位：mm
<10
10~20
20~30
30~40
40~50
50~60
60~70
70~80
80~90
90~100
100~110
110~120
120~130
130~140
140~148
148~156
156~162
≥162
夹浦
水口
煤山
龙山
小浦
太湖
雉城
洪桥
画溪
李家巷
滨湖
泗安
林城
吕山
杨家埠
龙溪
仁皇山
环渚
织里
虹星桥
八里店
南浔
康山
旧馆
和平
妙西
道场
和孚
双林
天子湖
练市
鄣吴
溪龙
梅溪
菱湖
石淙
善琏
递铺
埭溪
东林
千金
孝源
洛舍
钟管
杭垓
孝丰
灵峰
昌硕
莫干山
阜溪
新市
乾元
新安
禹越
武康
雷甸
上墅
天荒坪
下渚湖
舞阳
报福
章村
山川

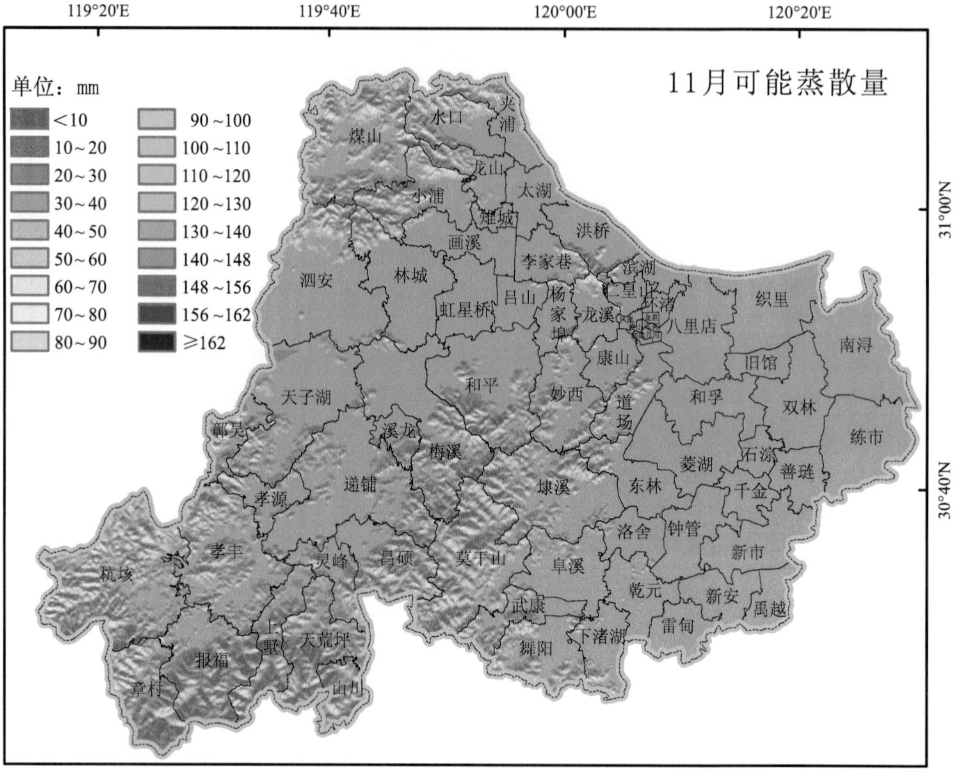
11月可能蒸散量
单位：mm
<10
10~20
20~30
30~40
40~50
50~60
60~70
70~80
80~90
90~100
100~110
110~120
120~130
130~140
140~148
148~156
156~162
≥162
119°20'E
119°40'E
120°00'E
120°20'E
31°00'N
30°40'N
煤山
水口
夹浦
龙山
小浦
太湖
雉城
洪桥
画溪
李家巷
泗安
林城
虹星桥
吕山
杨家埠
滨湖
二里
环渚
龙溪
八里店
织里
南浔
旧馆
康山
和平
妙西
道场
和孚
双林
天子湖
鄣吴
溪龙
梅溪
菱湖
石淙
练市
善琏
递铺
埭溪
东林
千金
孝源
洛舍
钟管
新市
孝丰
灵峰
昌硕
莫干山
阜溪
杭垓
乾元
新安
禹越
武康
雷甸
上墅
天荒坪
报福
舞阳
下渚湖
章村
山川

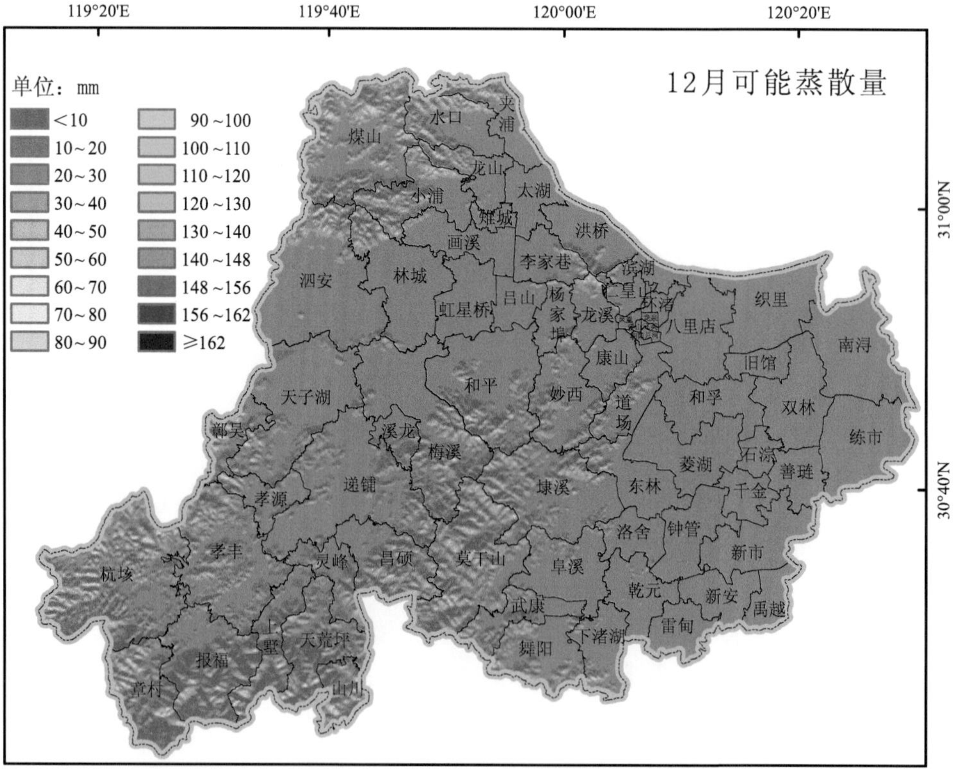
12月可能蒸散量
单位：mm
<10
10~20
20~30
30~40
40~50
50~60
60~70
70~80
80~90
90~100
100~110
110~120
120~130
130~140
140~148
148~156
156~162
≥162
119°20'E
119°40'E
120°00'E
120°20'E
31°00'N
30°40'N
煤山
水口
夹浦
龙山
小浦
太湖
雉城
洪桥
画溪
李家巷
泗安
林城
虹星桥
吕山
杨家埠
滨湖
二里
环渚
龙溪
八里店
织里
南浔
旧馆
康山
和平
妙西
道场
和孚
双林
天子湖
鄣吴
溪龙
梅溪
菱湖
石淙
练市
善琏
递铺
埭溪
东林
千金
孝源
洛舍
钟管
新市
孝丰
灵峰
昌硕
莫干山
阜溪
杭垓
乾元
新安
禹越
武康
雷甸
上墅
天荒坪
报福
舞阳
下渚湖
章村
山川

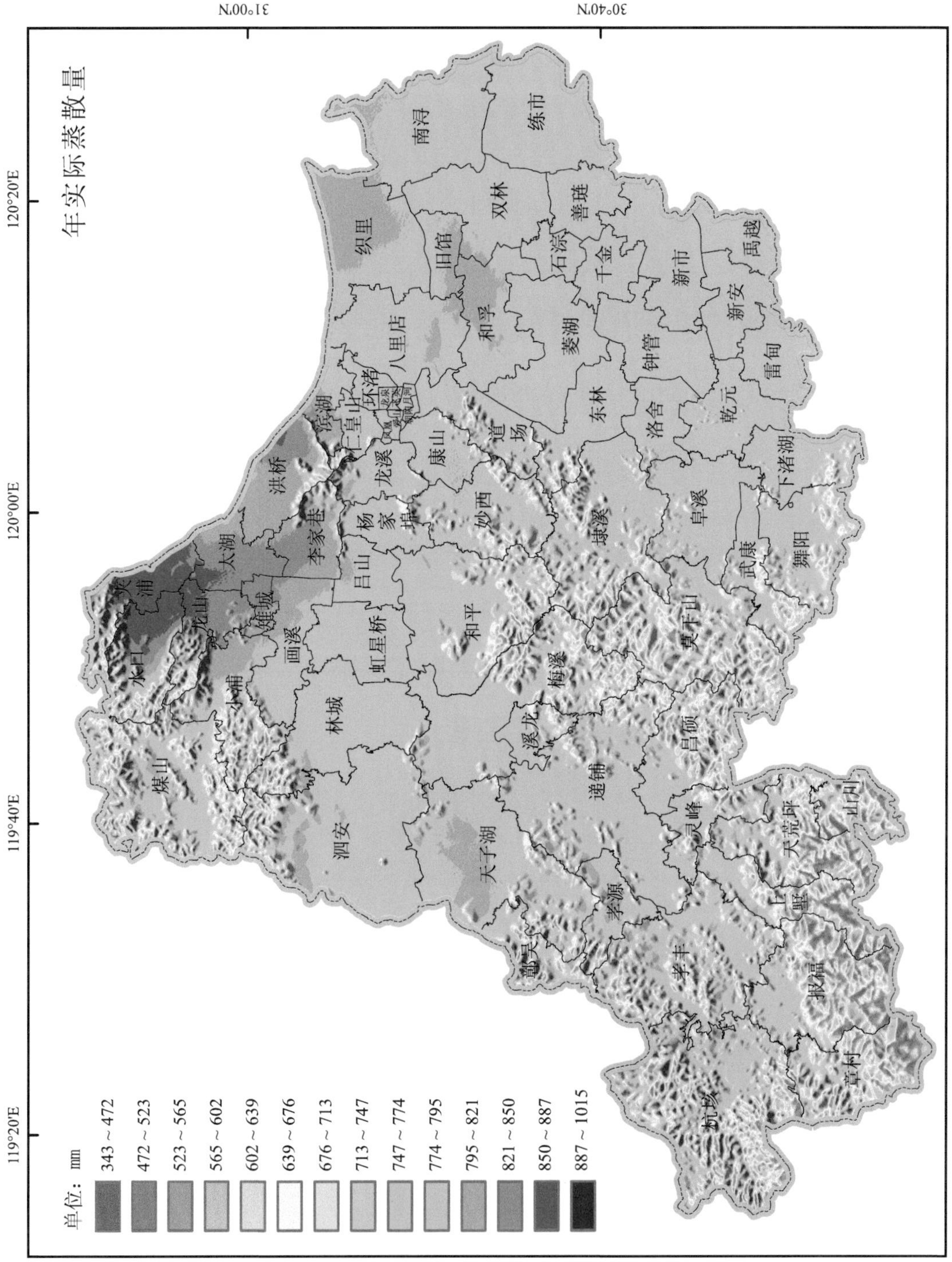
年实际蒸散量
单位：mm
343 ~ 472
472 ~ 523
523 ~ 565
565 ~ 602
602 ~ 639
639 ~ 676
676 ~ 713
713 ~ 747
747 ~ 774
774 ~ 795
795 ~ 821
821 ~ 850
850 ~ 887
887 ~ 1015
31°00'N
30°40'N
120°20'E
120°00'E
119°40'E
119°20'E
南浔
练市
双林
善琏
织里
旧馆
石淙
千金
新市
禹越
新安
和孚
菱湖
八里店
钟管
雷甸
环渚
东林
洛舍
乾元
滨湖
仁皇山
道场
康山
龙溪
下渚湖
洪桥
阜溪
杨家埠
妙西
埭溪
李家巷
太湖
吕山
武康
舞阳
夹浦
雉城
和平
莫干山
龙山
画溪
虹星桥
水口
小浦
梅溪
林城
溪龙
昌硕
煤山
递铺
灵峰
天荒坪
山川
泗安
天子湖
孝源
上墅
鄣吴
孝丰
报福
章村
杭垓

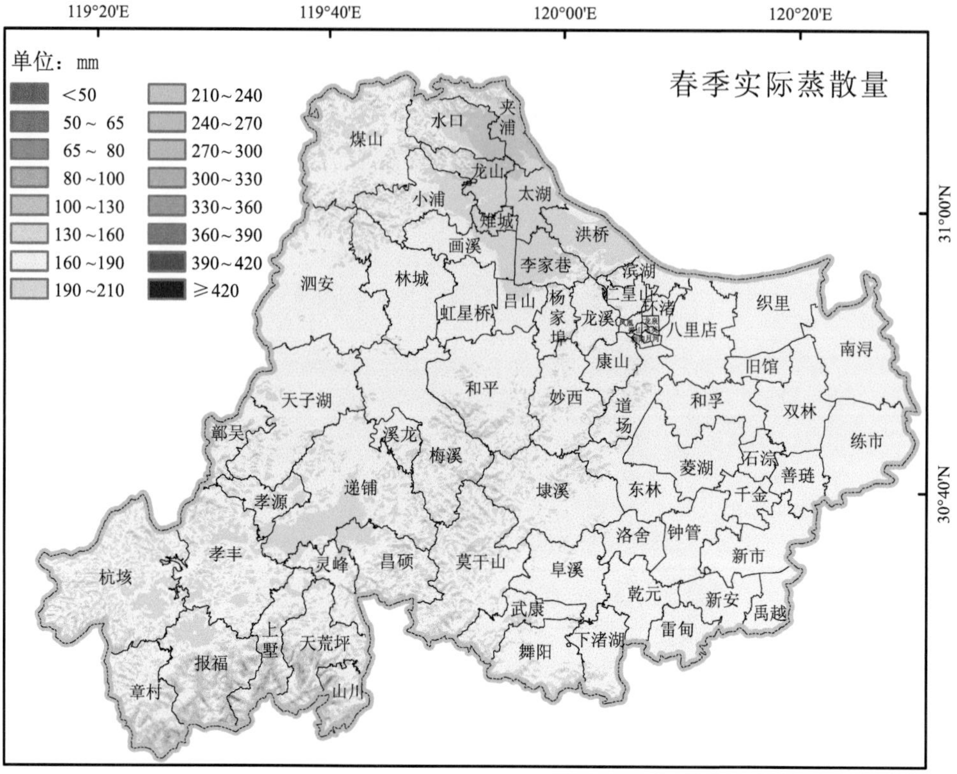

春季实际蒸散量
单位：mm
<50
50～ 65
65～ 80
80～100
100～130
130～160
160～190
190～210
210～240
240～270
270～300
300～330
330～360
360～390
390～420
≥420
119°20'E
119°40'E
120°00'E
120°20'E
31°00'N
30°40'N
煤山
水口
夹浦
龙山
小浦
太湖
雉城
洪桥
画溪
李家巷
滨湖
泗安
林城
吕山
杨家埠
龙溪
八里店
织里
虹星桥
康山
旧馆
南浔
和平
妙西
道场
和孚
双林
天子湖
鄣吴
溪龙
梅溪
菱湖
石淙
练市
递铺
埭溪
东林
千金
善琏
孝源
洛舍
钟管
新市
孝丰
灵峰
昌硕
莫干山
阜溪
杭垓
乾元
新安
禹越
武康
雷甸
上墅
天荒坪
舞阳
下渚湖
报福
章村
山川

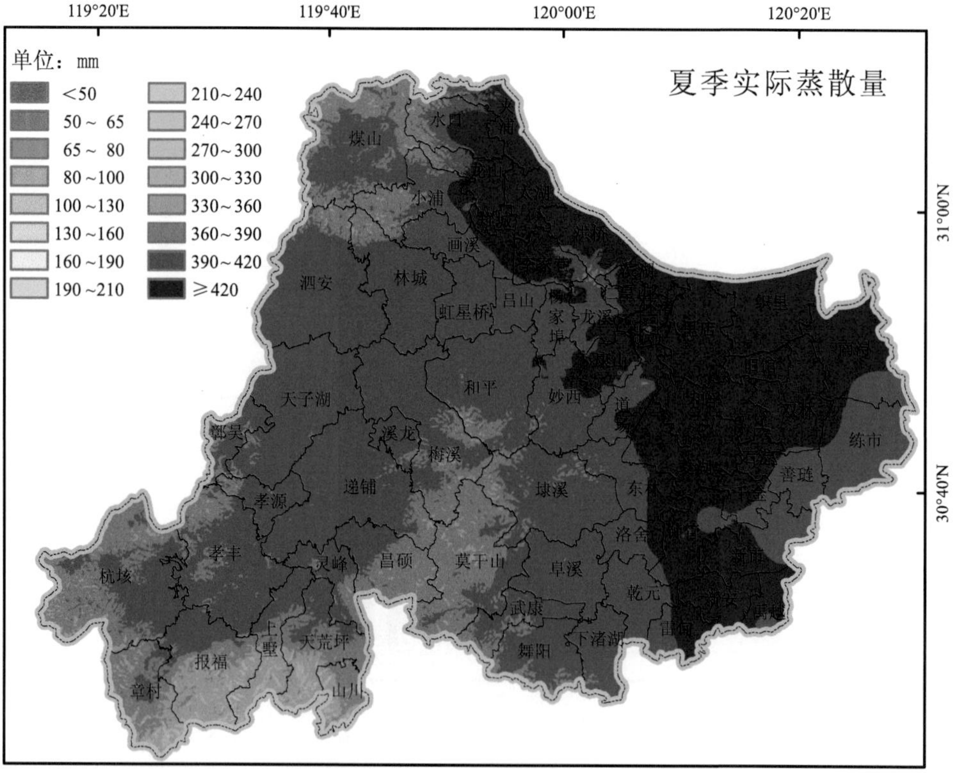

夏季实际蒸散量
单位：mm
<50
50～ 65
65～ 80
80～100
100～130
130～160
160～190
190～210
210～240
240～270
270～300
300～330
330～360
360～390
390～420
≥420
119°20'E
119°40'E
120°00'E
120°20'E
31°00'N
30°40'N
煤山
小浦
画溪
泗安
林城
吕山
杨家埠
虹星桥
和平
妙西
天子湖
鄣吴
溪龙
梅溪
练市
善琏
递铺
埭溪
孝源
洛舍
孝丰
灵峰
昌硕
莫干山
阜溪
杭垓
乾元
武康
上墅
天荒坪
舞阳
下渚湖
报福
章村
山川

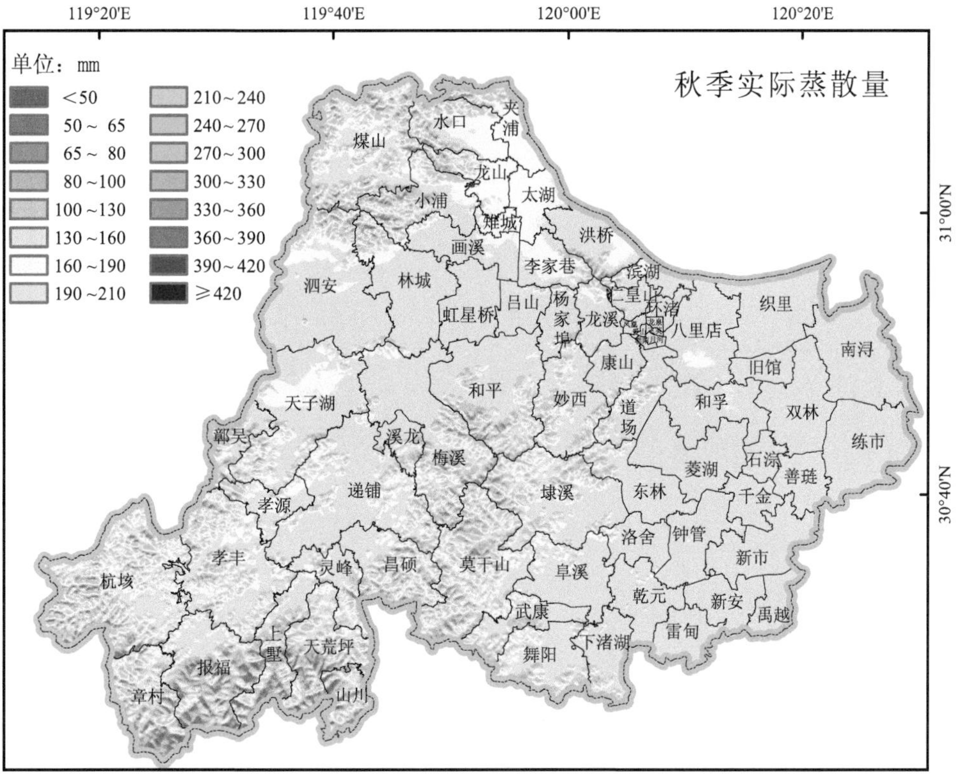
119°20'E
119°40'E
120°00'E
120°20'E
31°00'N
30°40'N
秋季实际蒸散量
单位：mm
<50
50～65
65～80
80～100
100～130
130～160
160～190
190～210
210～240
240～270
270～300
300～330
330～360
360～390
390～420
≥420
夹浦
水口
煤山
龙山
小浦
太湖
雉城
洪桥
画溪
李家巷
滨湖
泗安
林城
吕山
杨家埠
龙溪
八里店
织里
虹星桥
南浔
康山
旧馆
和平
妙西
道场
和孚
双林
天子湖
鄣吴
溪龙
梅溪
练市
石淙
菱湖
善琏
递铺
埭溪
东林
千金
孝源
洛舍
钟管
新市
孝丰
灵峰
昌硕
莫干山
阜溪
杭垓
乾元
新安
武康
禹越
雷甸
上墅
天荒坪
下渚湖
舞阳
报福
章村
山川

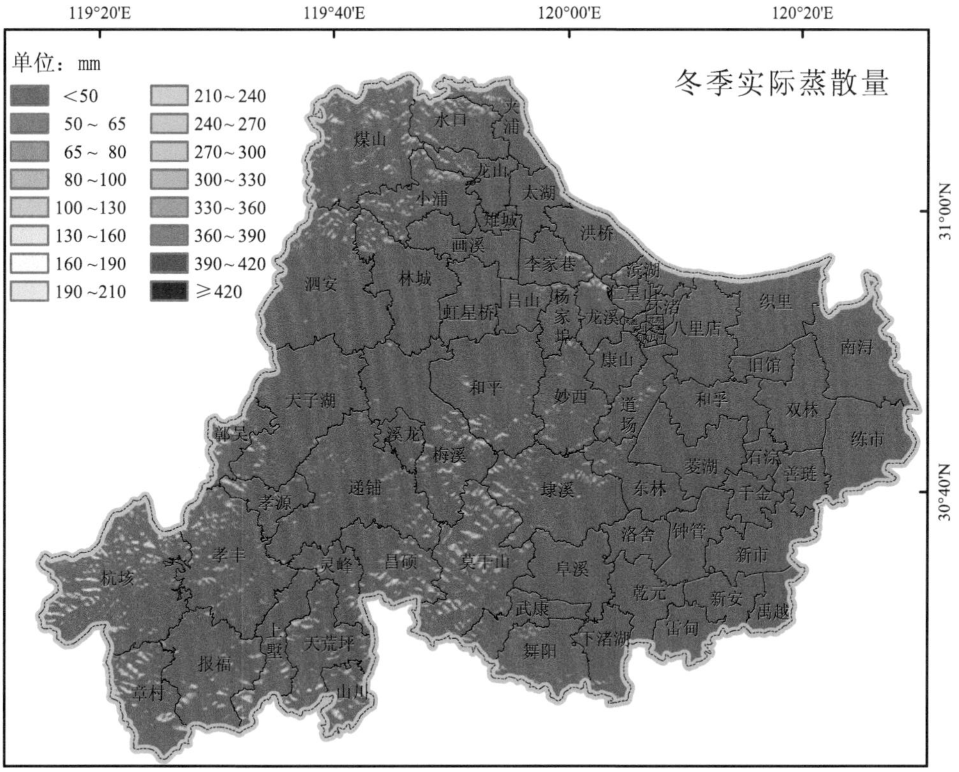
119°20'E
119°40'E
120°00'E
120°20'E
31°00'N
30°40'N
冬季实际蒸散量
单位：mm
<50
50～65
65～80
80～100
100～130
130～160
160～190
190～210
210～240
240～270
270～300
300～330
330～360
360～390
390～420
≥420
夹浦
水口
煤山
龙山
小浦
太湖
雉城
洪桥
画溪
李家巷
滨湖
泗安
林城
吕山
杨家埠
龙溪
八里店
织里
虹星桥
南浔
康山
旧馆
和平
妙西
道场
和孚
双林
天子湖
鄣吴
溪龙
梅溪
练市
石淙
菱湖
善琏
递铺
埭溪
东林
千金
孝源
洛舍
钟管
新市
孝丰
灵峰
昌硕
莫干山
阜溪
杭垓
乾元
新安
武康
禹越
雷甸
上墅
天荒坪
下渚湖
舞阳
报福
章村
山川

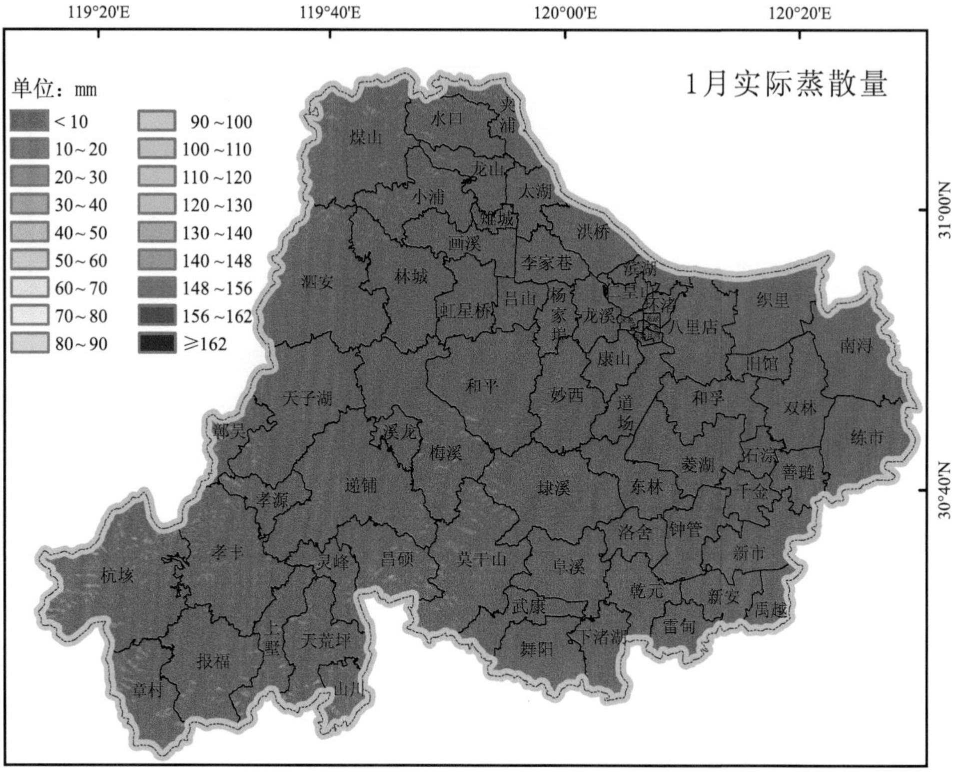
1月实际蒸散量
119°20'E
119°40'E
120°00'E
120°20'E
31°00'N
30°40'N
单位：mm
<10
10~20
20~30
30~40
40~50
50~60
60~70
70~80
80~90
90~100
100~110
110~120
120~130
130~140
140~148
148~156
156~162
≥162
煤山
水口
夹浦
龙山
小浦
太湖
雉城
画溪
洪桥
李家巷
泗安
林城
滨湖
织里
吕山
杨家埠
虹星桥
龙溪
八里店
南浔
康山
旧馆
和平
妙西
和孚
天子湖
道场
双林
鄣吴
溪龙
练市
梅溪
石淙
菱湖
善琏
递铺
埭溪
东林
孝源
千金
洛舍
钟管
孝丰
新市
灵峰
昌硕
莫干山
阜溪
杭垓
乾元
新安
武康
禹越
上墅
雷甸
天荒坪
下渚湖
舞阳
报福
章村
山川

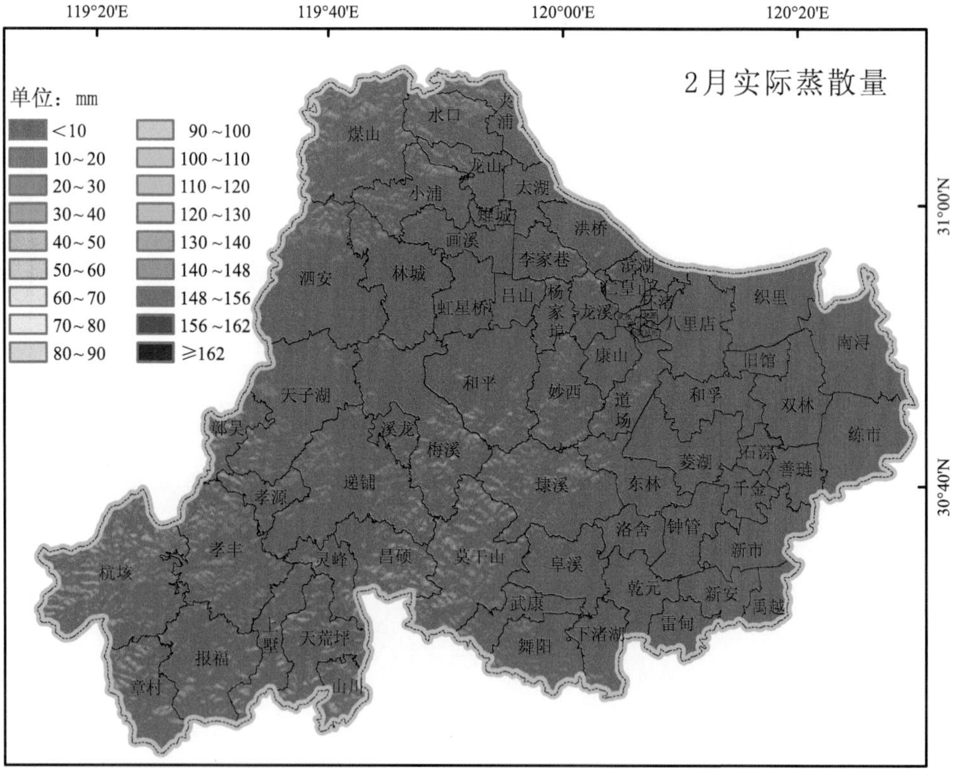
2月实际蒸散量
119°20'E
119°40'E
120°00'E
120°20'E
31°00'N
30°40'N
单位：mm
<10
10~20
20~30
30~40
40~50
50~60
60~70
70~80
80~90
90~100
100~110
110~120
120~130
130~140
140~148
148~156
156~162
≥162
煤山
水口
夹浦
龙山
小浦
太湖
雉城
画溪
洪桥
李家巷
泗安
林城
滨湖
织里
吕山
杨家埠
虹星桥
龙溪
八里店
南浔
康山
旧馆
和平
妙西
和孚
天子湖
道场
双林
鄣吴
溪龙
练市
梅溪
石淙
菱湖
善琏
递铺
埭溪
东林
孝源
千金
洛舍
钟管
孝丰
新市
灵峰
昌硕
莫干山
阜溪
杭垓
乾元
新安
武康
禹越
上墅
雷甸
天荒坪
下渚湖
舞阳
报福
章村
山川

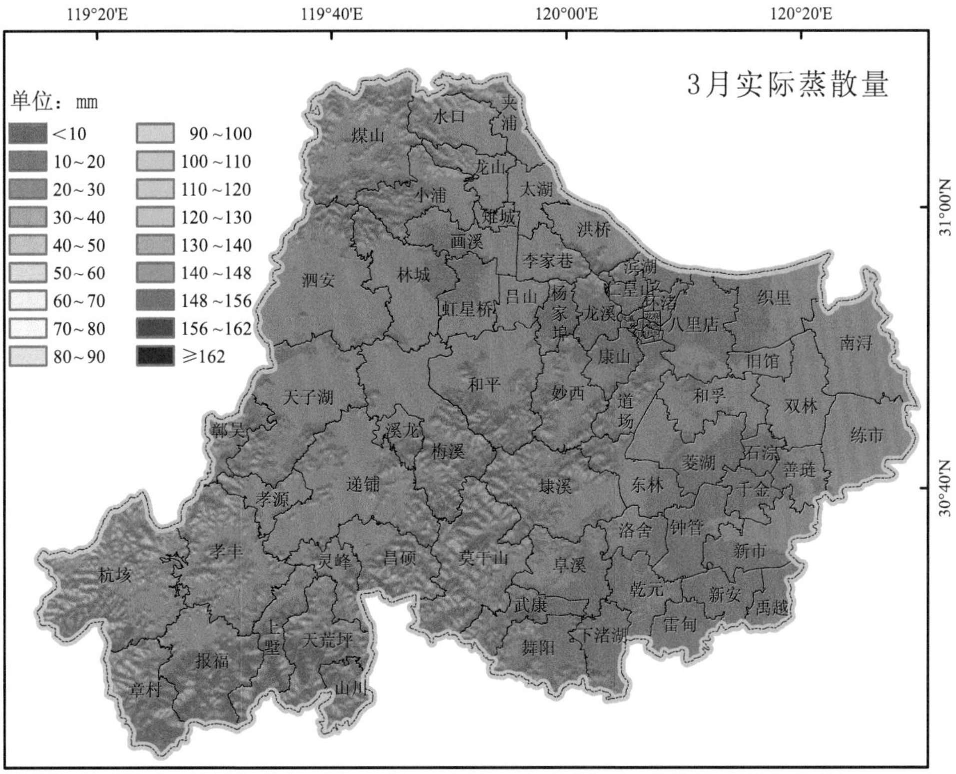
119°20'E
119°40'E
120°00'E
120°20'E
31°00'N
30°40'N
3月实际蒸散量
单位：mm
<10
10~20
20~30
30~40
40~50
50~60
60~70
70~80
80~90
90~100
100~110
110~120
120~130
130~140
140~148
148~156
156~162
≥162
煤山
水口
夹浦
龙山
小浦
太湖
雉城
洪桥
画溪
李家巷
滨湖
泗安
林城
吕山
杨家埠
仁皇山
虹星桥
龙溪
八里店
织里
南浔
康山
旧馆
和平
妙西
和孚
天子湖
道场
双林
鄣吴
溪龙
梅溪
练市
石淙
菱湖
递铺
埭溪
东林
善琏
孝源
千金
洛舍
钟管
孝丰
新市
灵峰
昌硕
莫干山
阜溪
杭垓
乾元
新安
武康
禹越
上墅
天荒坪
雷甸
报福
下渚湖
舞阳
章村
山川

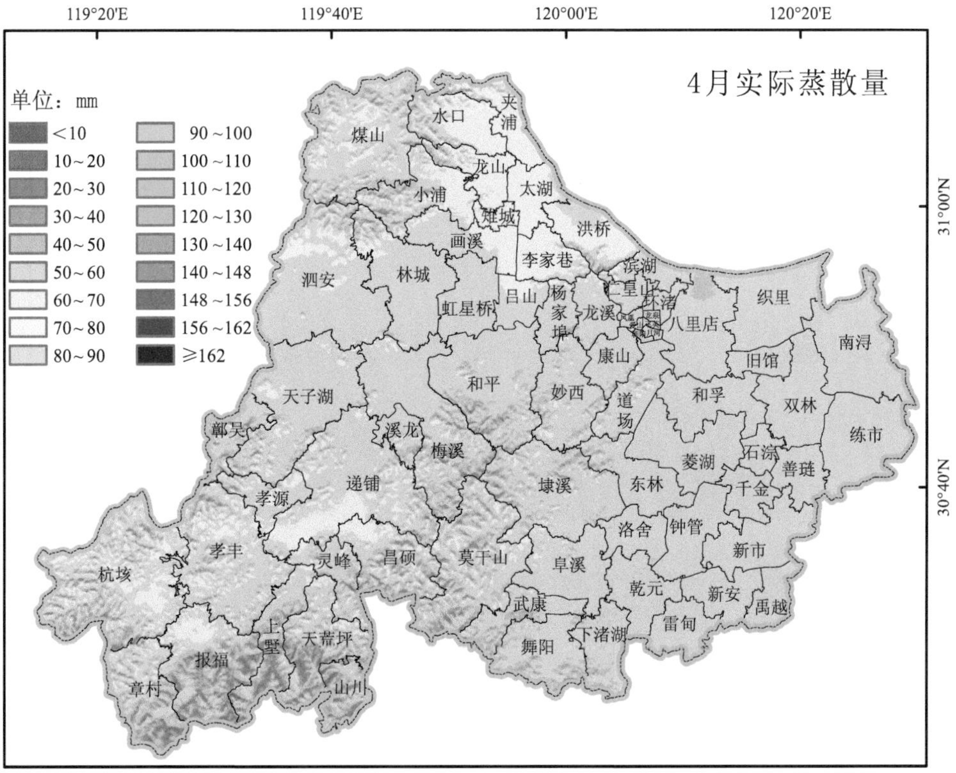
119°20'E
119°40'E
120°00'E
120°20'E
31°00'N
30°40'N
4月实际蒸散量
单位：mm
<10
10~20
20~30
30~40
40~50
50~60
60~70
70~80
80~90
90~100
100~110
110~120
120~130
130~140
140~148
148~156
156~162
≥162
煤山
水口
夹浦
龙山
小浦
太湖
雉城
洪桥
画溪
李家巷
滨湖
泗安
林城
吕山
杨家埠
仁皇山
虹星桥
龙溪
八里店
织里
南浔
康山
旧馆
和平
妙西
和孚
天子湖
道场
双林
鄣吴
溪龙
梅溪
练市
石淙
菱湖
递铺
埭溪
东林
善琏
孝源
千金
洛舍
钟管
孝丰
新市
灵峰
昌硕
莫干山
阜溪
杭垓
乾元
新安
武康
禹越
上墅
天荒坪
雷甸
报福
下渚湖
舞阳
章村
山川

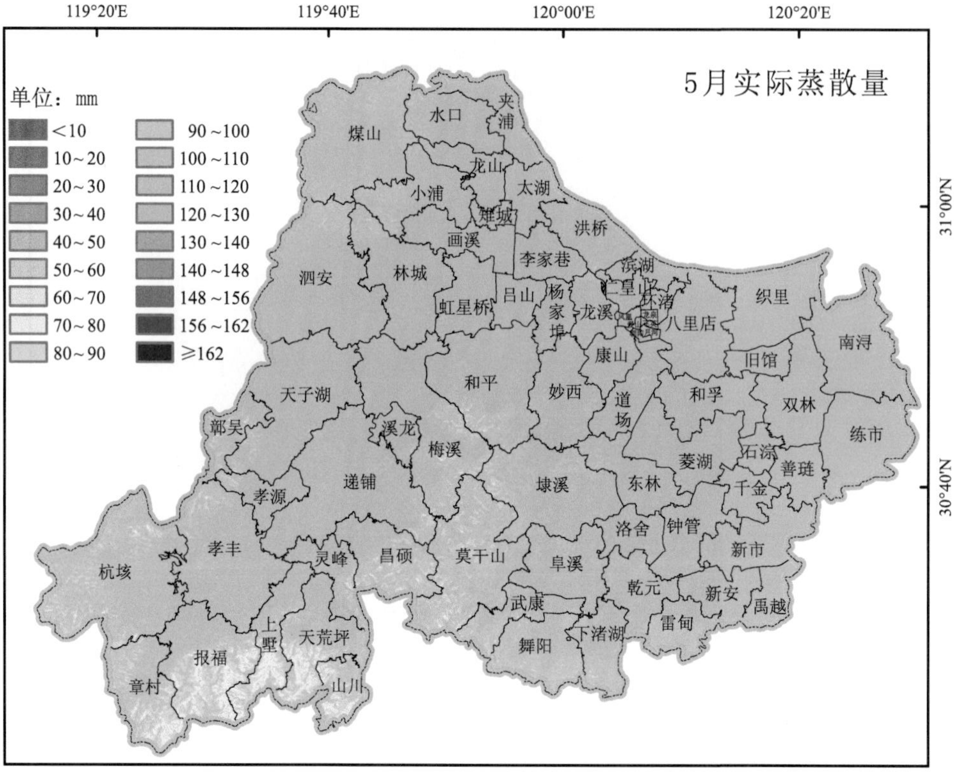
5月实际蒸散量
单位：mm
<10
10~20
20~30
30~40
40~50
50~60
60~70
70~80
80~90
90~100
100~110
110~120
120~130
130~140
140~148
148~156
156~162
≥162
119°20'E
119°40'E
120°00'E
120°20'E
31°00'N
30°40'N
煤山
水口
夹浦
龙山
小浦
太湖
雉城
洪桥
画溪
李家巷
滨湖
泗安
林城
吕山
杨家埠
仁皇山
环渚
织里
虹星桥
龙溪
八里店
南浔
康山
旧馆
和平
妙西
道场
和孚
双林
天子湖
鄣吴
溪龙
梅溪
石淙
练市
菱湖
善琏
递铺
埭溪
东林
千金
孝源
洛舍
钟管
孝丰
灵峰
昌硕
莫干山
阜溪
新市
杭垓
乾元
新安
禹越
武康
雷甸
上墅
天荒坪
下渚湖
报福
舞阳
章村
山川

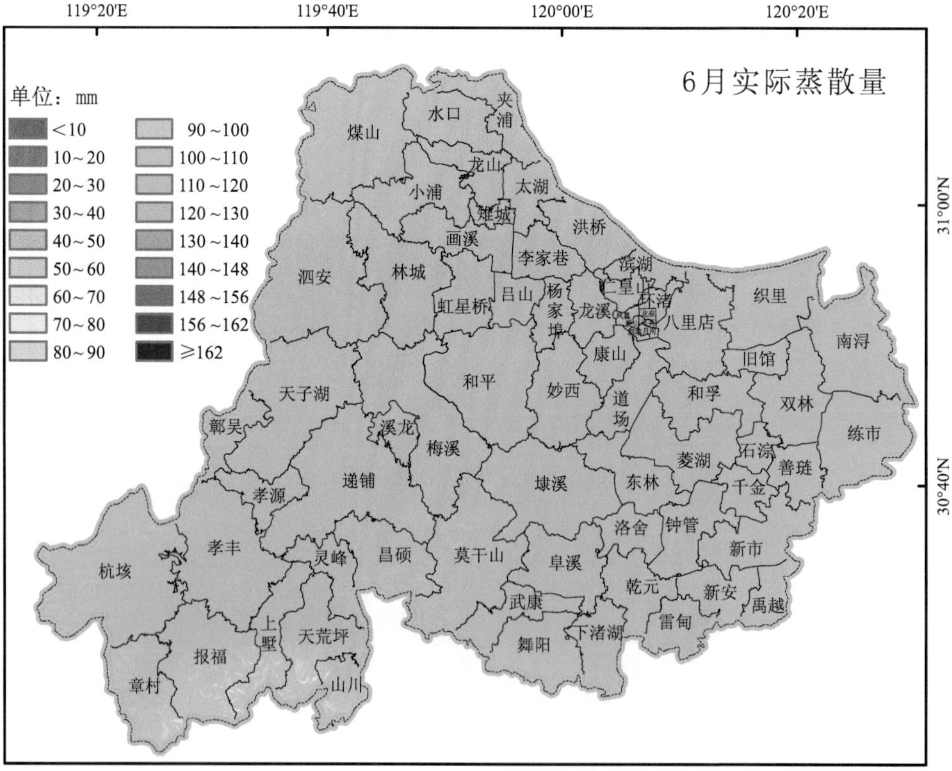
6月实际蒸散量
单位：mm
<10
10~20
20~30
30~40
40~50
50~60
60~70
70~80
80~90
90~100
100~110
110~120
120~130
130~140
140~148
148~156
156~162
≥162
119°20'E
119°40'E
120°00'E
120°20'E
31°00'N
30°40'N
煤山
水口
夹浦
龙山
小浦
太湖
雉城
洪桥
画溪
李家巷
滨湖
泗安
林城
吕山
杨家埠
仁皇山
环渚
织里
虹星桥
龙溪
八里店
南浔
康山
旧馆
和平
妙西
道场
和孚
双林
天子湖
鄣吴
溪龙
梅溪
石淙
练市
菱湖
善琏
递铺
埭溪
东林
千金
孝源
洛舍
钟管
孝丰
灵峰
昌硕
莫干山
阜溪
新市
杭垓
乾元
新安
禹越
武康
雷甸
上墅
天荒坪
下渚湖
报福
舞阳
章村
山川

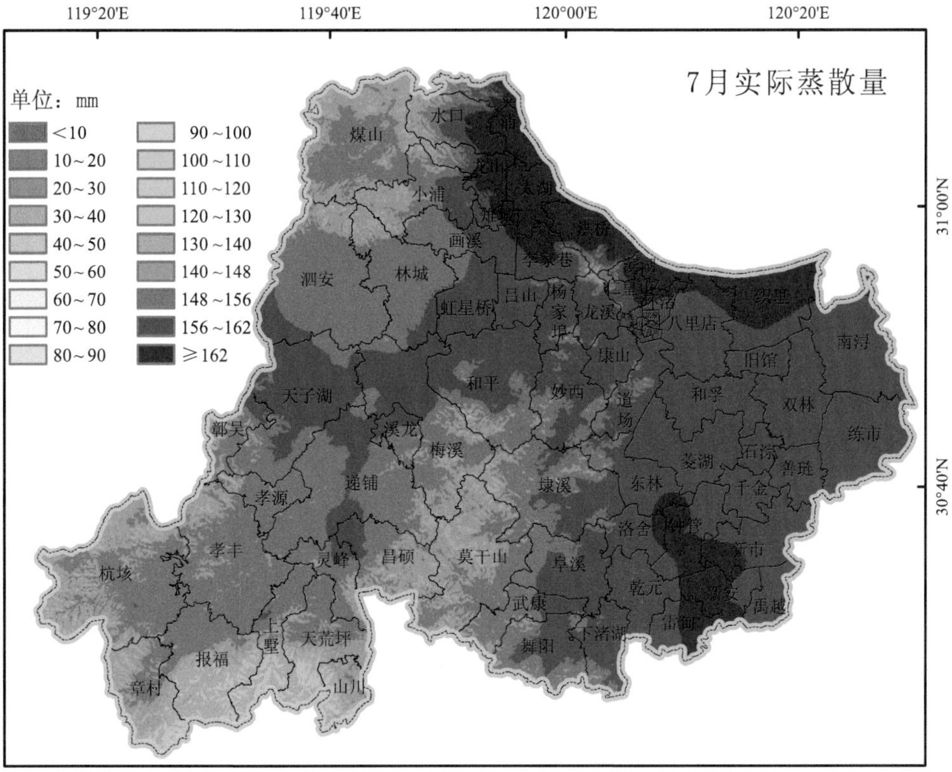
7月实际蒸散量
单位：mm
<10
10~20
20~30
30~40
40~50
50~60
60~70
70~80
80~90
90~100
100~110
110~120
120~130
130~140
140~148
148~156
156~162
≥162
119°20'E
119°40'E
120°00'E
120°20'E
31°00'N
30°40'N
煤山
水口
小浦
画溪
泗安
林城
虹星桥
吕山
杨家埠
龙溪
八里店
南浔
旧馆
和平
妙西
道场
和孚
双林
练市
天子湖
鄣吴
溪龙
梅溪
菱湖
石淙
善琏
递铺
孝源
埭溪
东林
千金
孝丰
杭垓
灵峰
昌硕
莫干山
阜溪
洛舍
乾元
禹越
武康
上墅
天荒坪
报福
舞阳
下渚湖
雷甸
章村
山川

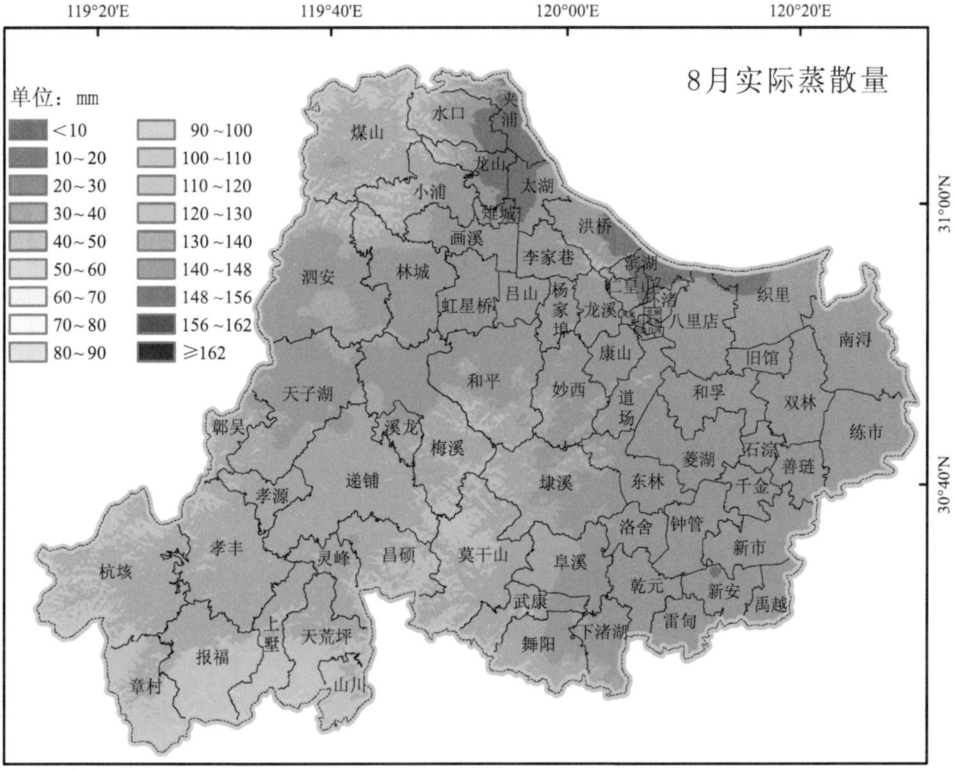
8月实际蒸散量
单位：mm
<10
10~20
20~30
30~40
40~50
50~60
60~70
70~80
80~90
90~100
100~110
110~120
120~130
130~140
140~148
148~156
156~162
≥162
119°20'E
119°40'E
120°00'E
120°20'E
31°00'N
30°40'N
煤山
水口
夹浦
龙山
小浦
太湖
雉城
洪桥
画溪
李家巷
泗安
林城
虹星桥
吕山
杨家埠
龙溪
八里店
织里
南浔
旧馆
和平
妙西
道场
和孚
双林
练市
天子湖
鄣吴
溪龙
梅溪
菱湖
石淙
善琏
递铺
孝源
埭溪
东林
千金
孝丰
杭垓
灵峰
昌硕
莫干山
阜溪
洛舍
钟管
新市
乾元
新安
禹越
武康
上墅
天荒坪
报福
舞阳
下渚湖
雷甸
章村
山川

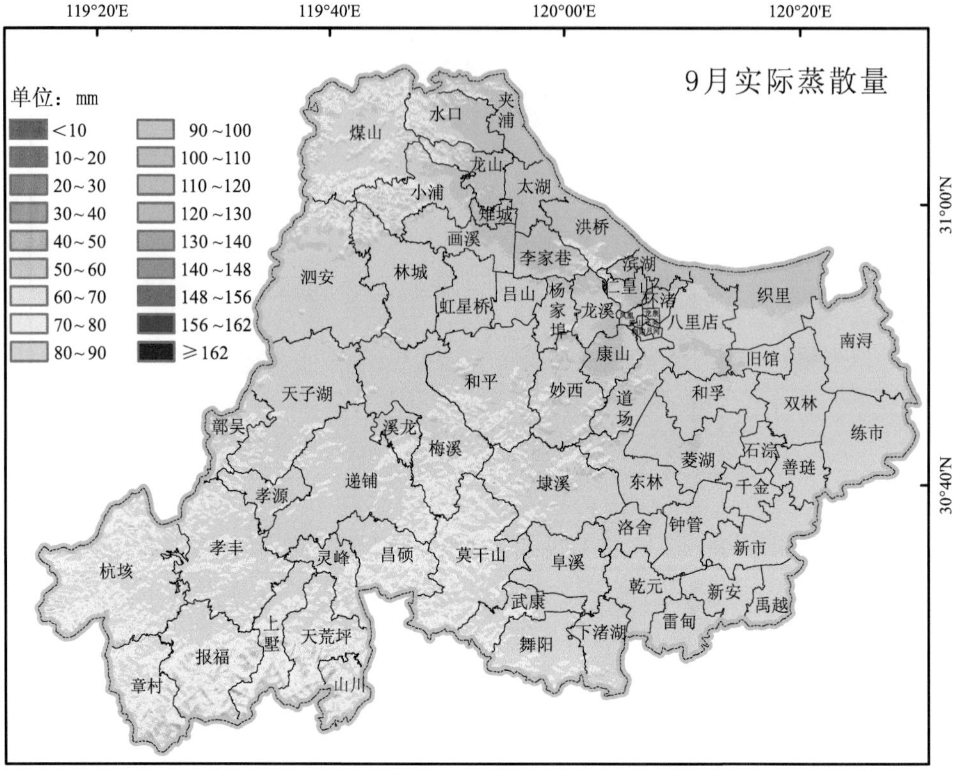
9月实际蒸散量
单位：mm
<10
10~20
20~30
30~40
40~50
50~60
60~70
70~80
80~90
90~100
100~110
110~120
120~130
130~140
140~148
148~156
156~162
≥162
119°20'E
119°40'E
120°00'E
120°20'E
31°00'N
30°40'N
煤山
水口
夹浦
龙山
小浦
太湖
雉城
画溪
洪桥
李家巷
滨湖
泗安
林城
吕山
杨家埠
龙溪
环渚
八里店
织里
南浔
虹星桥
康山
旧馆
和平
妙西
道场
和孚
双林
天子湖
鄣吴
溪龙
梅溪
菱湖
石淙
练市
善琏
递铺
埭溪
东林
千金
孝源
洛舍
钟管
孝丰
杭垓
灵峰
昌硕
莫干山
阜溪
新市
乾元
新安
禹越
武康
上墅
天荒坪
报福
舞阳
下渚湖
雷甸
章村
山川

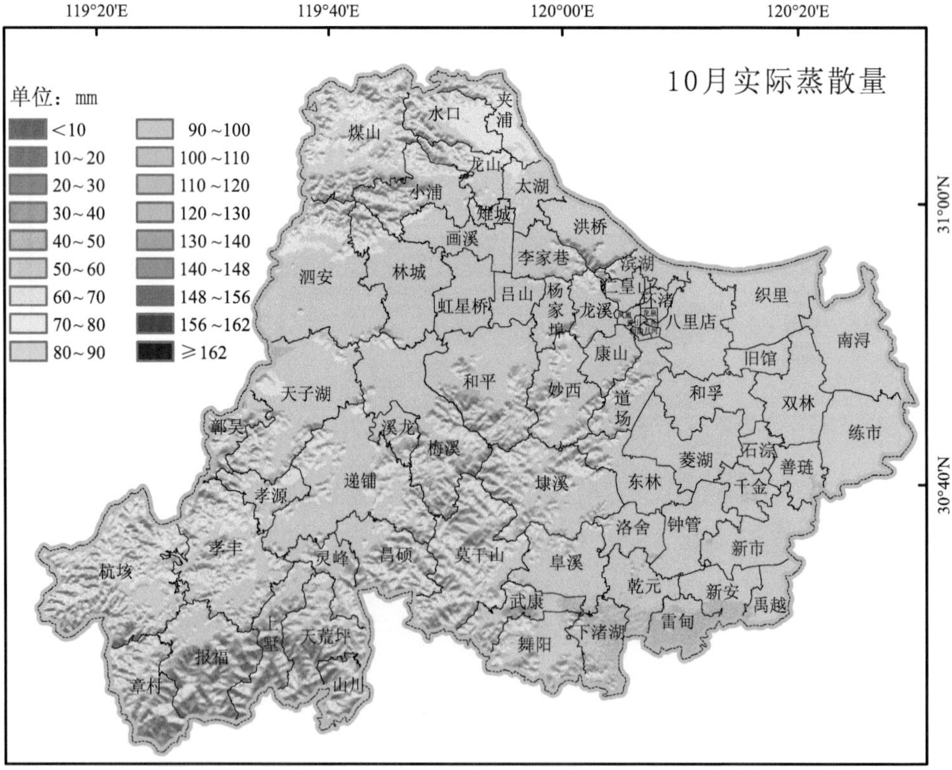
10月实际蒸散量
单位：mm
<10
10~20
20~30
30~40
40~50
50~60
60~70
70~80
80~90
90~100
100~110
110~120
120~130
130~140
140~148
148~156
156~162
≥162
119°20'E
119°40'E
120°00'E
120°20'E
31°00'N
30°40'N
煤山
水口
夹浦
龙山
小浦
太湖
雉城
画溪
洪桥
李家巷
滨湖
泗安
林城
吕山
杨家埠
龙溪
环渚
八里店
织里
南浔
虹星桥
康山
旧馆
和平
妙西
道场
和孚
双林
天子湖
鄣吴
溪龙
梅溪
菱湖
石淙
练市
善琏
递铺
埭溪
东林
千金
孝源
洛舍
钟管
孝丰
杭垓
灵峰
昌硕
莫干山
阜溪
新市
乾元
新安
禹越
武康
上墅
天荒坪
报福
舞阳
下渚湖
雷甸
章村
山川

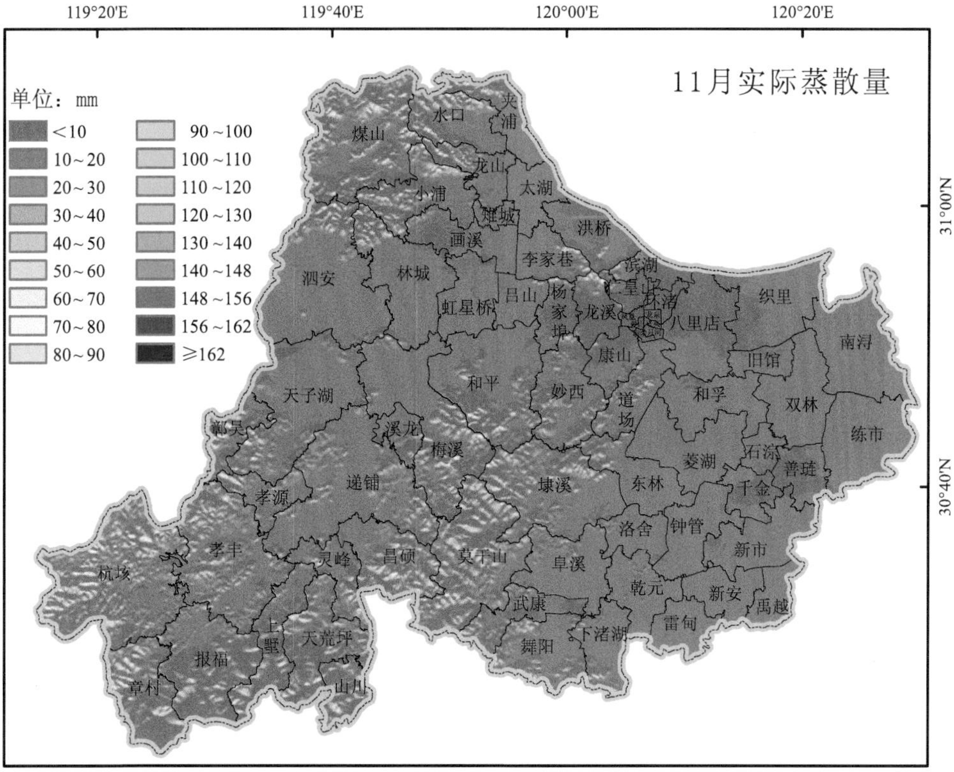
11月实际蒸散量
单位：mm
<10
10~20
20~30
30~40
40~50
50~60
60~70
70~80
80~90
90~100
100~110
110~120
120~130
130~140
140~148
148~156
156~162
≥162
119°20'E
119°40'E
120°00'E
120°20'E
31°00'N
30°40'N
夹浦
水口
煤山
龙山
小浦
太湖
雉城
画溪
洪桥
李家巷
滨湖
仁皇山
泗安
林城
吕山
杨家埠
龙溪
虹星桥
八里店
织里
南浔
旧馆
康山
和平
妙西
道场
和孚
双林
天子湖
鄣吴
溪龙
梅溪
石淙
练市
菱湖
善琏
递铺
埭溪
东林
千金
孝源
洛舍
钟管
孝丰
灵峰
昌硕
莫干山
阜溪
新市
杭垓
乾元
新安
禹越
武康
雷甸
上墅
天荒坪
舞阳
下渚湖
报福
章村
山川

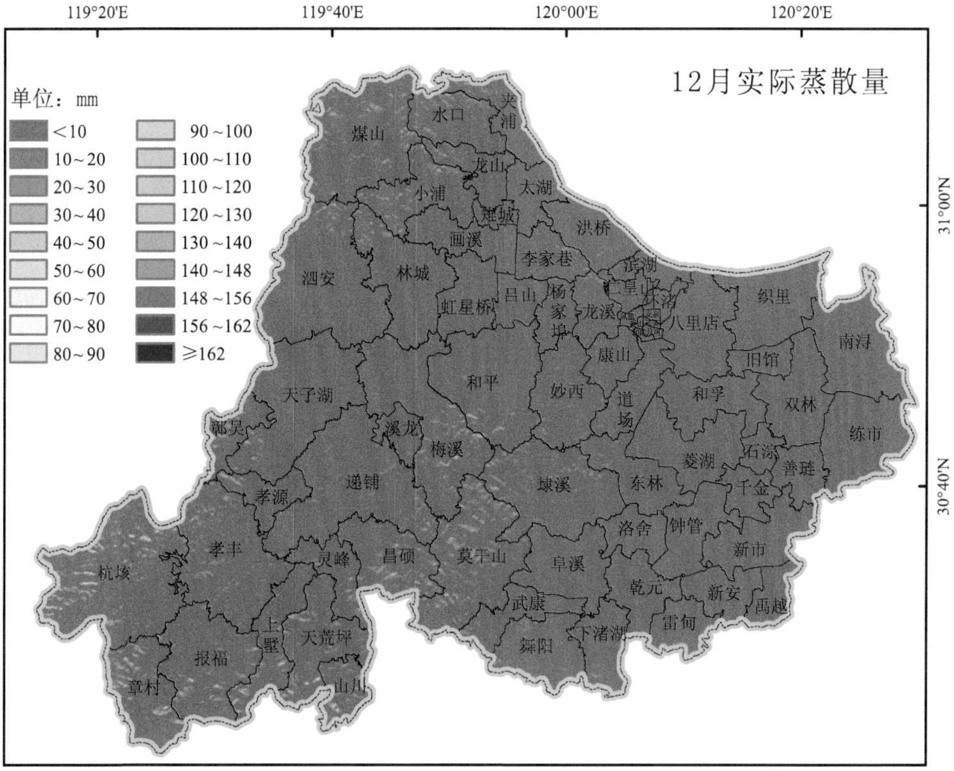
12月实际蒸散量
单位：mm
<10
10~20
20~30
30~40
40~50
50~60
60~70
70~80
80~90
90~100
100~110
110~120
120~130
130~140
140~148
148~156
156~162
≥162
119°20'E
119°40'E
120°00'E
120°20'E
31°00'N
30°40'N
夹浦
水口
煤山
龙山
小浦
太湖
雉城
画溪
洪桥
李家巷
滨湖
仁皇山
泗安
林城
吕山
杨家埠
龙溪
虹星桥
八里店
织里
南浔
旧馆
康山
和平
妙西
道场
和孚
双林
天子湖
鄣吴
溪龙
梅溪
石淙
练市
菱湖
善琏
递铺
埭溪
东林
千金
孝源
洛舍
钟管
孝丰
灵峰
昌硕
莫干山
阜溪
新市
杭垓
乾元
新安
禹越
武康
雷甸
上墅
天荒坪
舞阳
下渚湖
报福
章村
山川

第三部分

光照与辐射资源

总辐射:到达地表的太阳辐射的总量,由太阳直接辐射、天空散射辐射和周围地形反射辐射三部分组成,单位为兆焦每平方米($MJ \cdot m^{-2}$)。

直接辐射:以平行光线的形式直接投射到地表上的太阳辐射部分,单位为兆焦每平方米($MJ \cdot m^{-2}$)。

散射辐射:太阳辐射通过大气时,受到大气中气体、尘埃、气溶胶等的散射作用,以漫射形式从天空的各个角度到达地表的太阳辐射部分,单位为兆焦每平方米($MJ \cdot m^{-2}$)。

周围地形反射辐射:由于周围下垫面对辐射能的反射作用而产生的反射角等于入射角的外向辐射能量,单位为兆焦每平方米($MJ \cdot m^{-2}$)。

日照时数:一定时期内(年、季、月)太阳实际照射时数的总和,单位为小时(h)。

总云量:天空被所有云遮蔽视野的百分比,用百分数(%)表达,全晴天为0%,全阴天为100%。

湖州市年总辐射量平均值达到约4400 $MJ \cdot m^{-2}$,太阳能资源较丰富,湖州市中部及东部年总辐射量较高,且地势平坦,辐射量分布较为均匀,基本达到4500 $MJ \cdot m^{-2}$以上。总辐射量随季节、纬度、坡度、坡向以及地形遮蔽等因子的变化而变化。总体而言,辐射量夏季>春季>秋季>冬季。在安吉县南部、长兴县西北部以及德清县西部等山区的太阳辐射量受地形影响明显,向阳坡辐射量明显大于背阴坡,其中1月辐射量受坡向影响的变化最大,7月最小。

湖州市年直接辐射大都在2000~2400 $MJ \cdot m^{-2}$之间,辐射量夏季>春季>秋季>冬季。受地形影响,安吉县南部、长兴县西北部以及德清县西部等山区背阴坡直接辐射量偏低,约在1600 $MJ \cdot m^{-2}$以下,向阳坡辐射量较高。1月辐射量受坡向影响的变化最大,7月最小。湖州市中部和东部年直接辐射量较高且分布均匀,约在2200 $MJ \cdot m^{-2}$以上。

湖州市年散射辐射大都在2300~2400 $MJ \cdot m^{-2}$之间,季节变化与直接辐射季节变化一致,但相对直接辐射而言,散射辐射变化较为均匀,特别是湖州市中部及东部地势平坦的地区,年散射辐射量均在2350 $MJ \cdot m^{-2}$左右。散射辐射的分布受局地地形之间的相互遮蔽作用影响很大,安吉县南部、长兴县西北部以及德清县西部等山区散射辐射较平地要小,年散射辐射量约在2000 $MJ \cdot m^{-2}$以下,只有在部分山顶或山脊处,由于地势开阔,其散射辐射接近平坦地区。

周围地形反射辐射量是来自于周围地形对太阳辐射的反射,所以在地形复杂的山区反射辐射要高于地势平坦开阔的地区。安吉县南部、长兴县西北部以及德清县西部等山区的年周围地形反射辐射量约在80 $MJ \cdot m^{-2}$以上;除此之外的湖州市大部分地区,比如中部和东部平坦地区以及山顶等开阔地区,年周围地形反射辐射量较低,其值约在0~10 $MJ \cdot m^{-2}$之间。

湖州市大部分地区年日照时数在1700~1900 h之间,中部和东部一带年日照时数最高,在1800 h以上,特别是湖州市区北部,年总日照时数大于1900 h,光照充足。安吉县南部、长兴县西北部以及德清县西部等山区受地形影响,日照时数的分布不均匀,向阳坡日照时数大于背阴坡,特别是安吉县南部山区,背阴坡的年总日照时数最少,小于1300 h。此外,由于7月份太阳高度角较高,所以地形对日照时数的影响不如1月份明显。

湖州市年平均总云量在69%~77%之间,分布较均匀,云量高值区位于德清县东南部,低值区位于长兴县东北部以及安吉县西南部,总体由东向西云量逐渐减少。四季平均总云量中,夏季>冬季>春季>秋季;各月平均总云量中,6月最高,基本上都在78%以上,11月最低,在56%~68%之间。

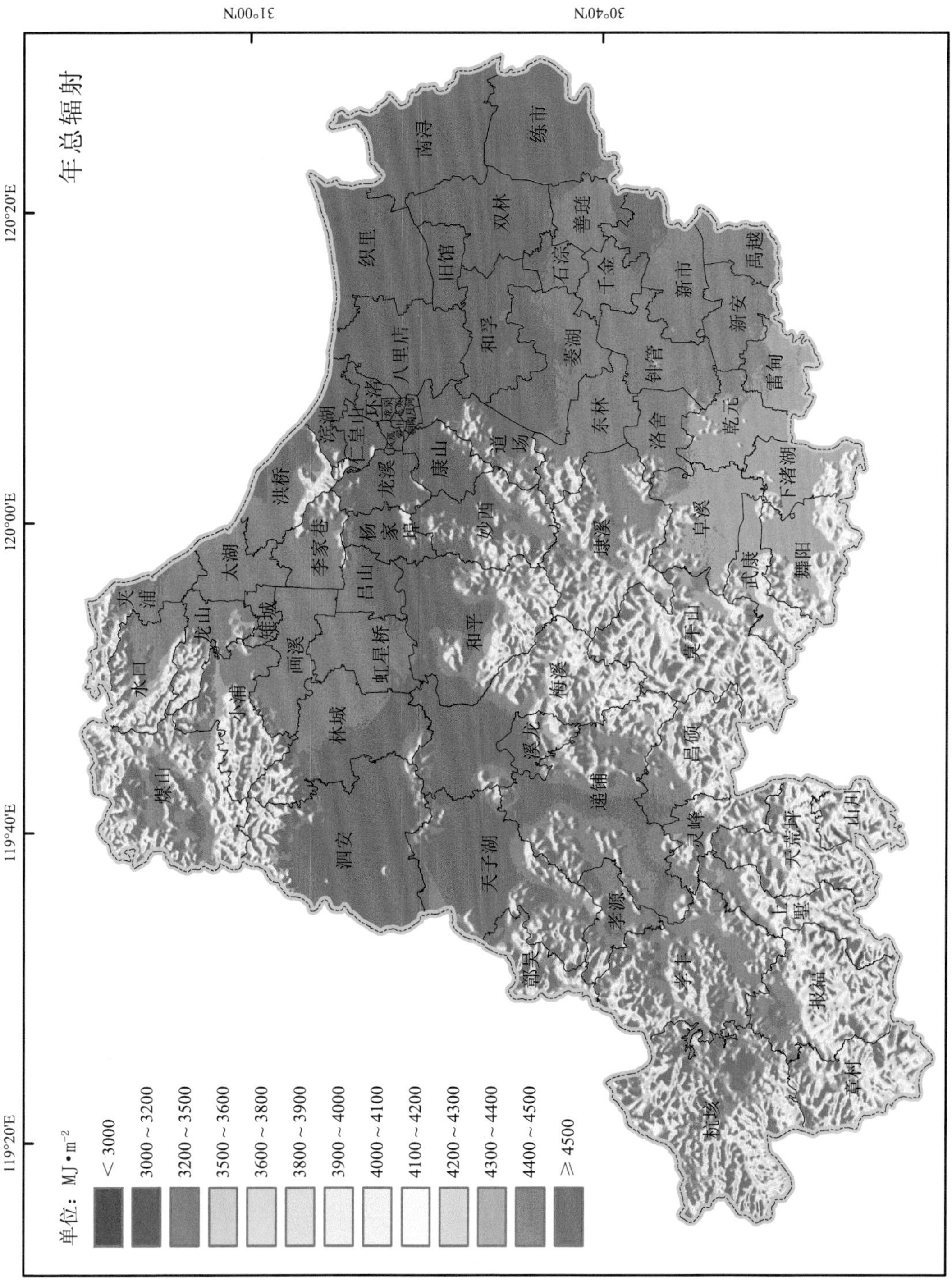
年总辐射
单位：MJ·m⁻²
< 3000
3000 ~ 3200
3200 ~ 3500
3500 ~ 3600
3600 ~ 3800
3800 ~ 3900
3900 ~ 4000
4000 ~ 4100
4100 ~ 4200
4200 ~ 4300
4300 ~ 4400
4400 ~ 4500
≥ 4500
31°00'N
30°40'N
120°20'E
120°00'E
119°40'E
119°20'E

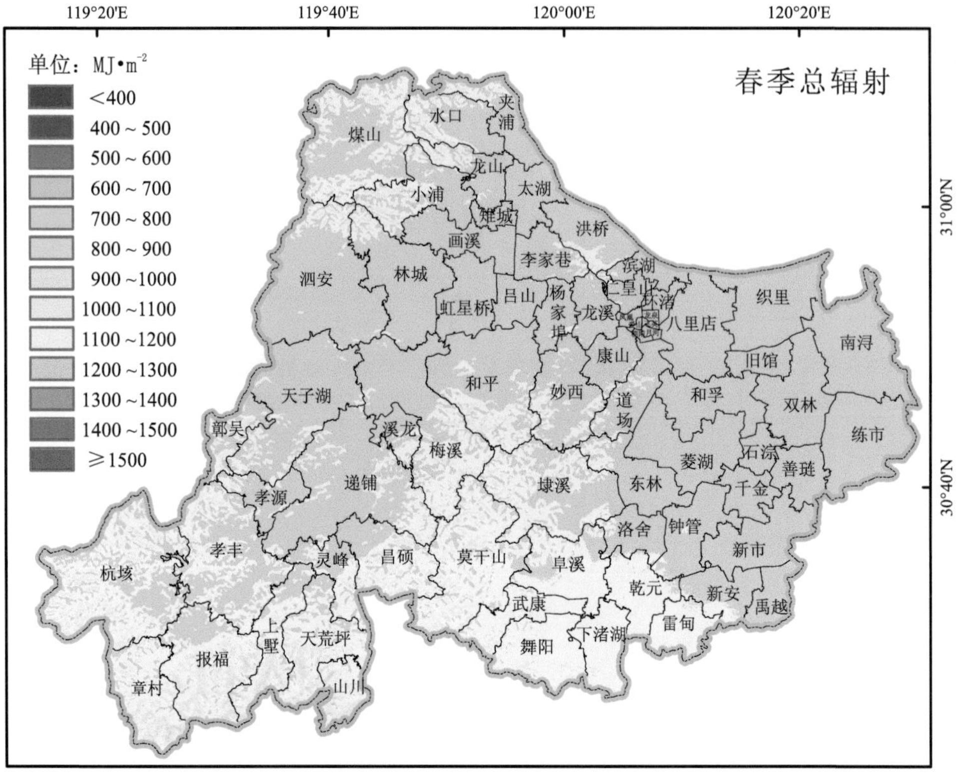

春季总辐射
单位：MJ•m⁻²
<400
400 ~ 500
500 ~ 600
600 ~ 700
700 ~ 800
800 ~ 900
900 ~1000
1000 ~1100
1100 ~1200
1200 ~1300
1300 ~1400
1400 ~1500
≥1500
119°20'E
119°40'E
120°00'E
120°20'E
31°00'N
30°40'N
夹浦
水口
煤山
龙山
小浦
太湖
雉城
洪桥
画溪
李家巷
滨湖
泗安
林城
仁皇山
虹星桥
吕山
杨家埠
龙溪
八里店
织里
南浔
康山
旧馆
和平
妙西
道场
和孚
双林
天子湖
练市
鄣吴
溪龙
梅溪
菱湖
石淙
善琏
孝源
递铺
埭溪
东林
千金
洛舍
钟管
孝丰
灵峰
昌硕
莫干山
阜溪
新市
杭垓
乾元
新安
武康
禹越
上墅
天荒坪
雷甸
下渚湖
报福
舞阳
章村
山川

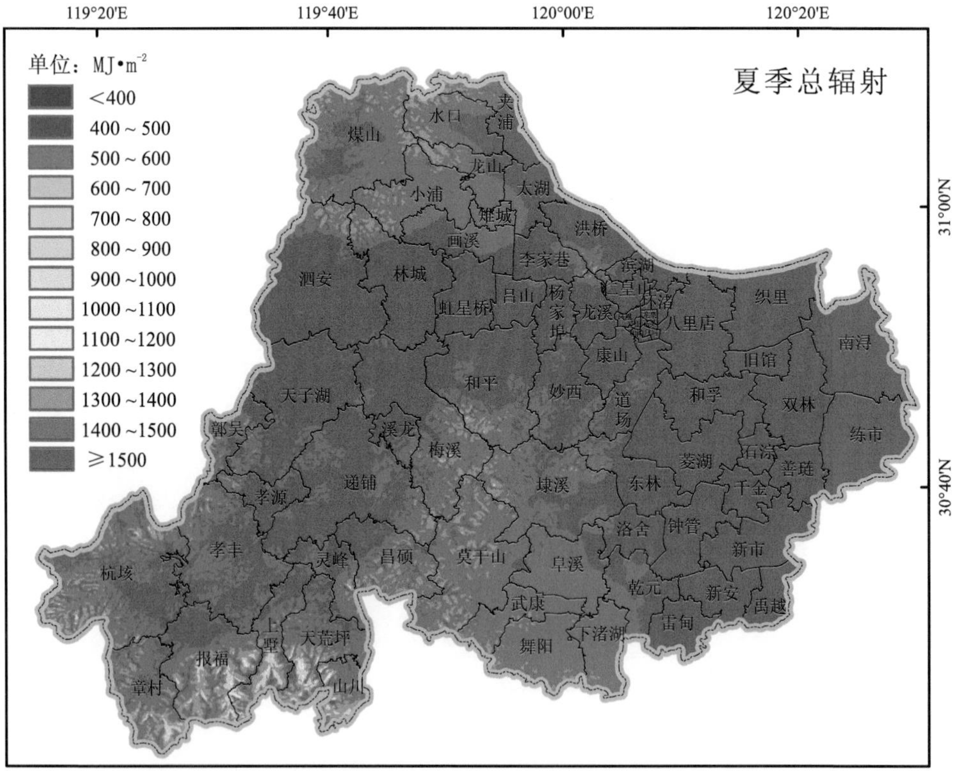

夏季总辐射
单位：MJ•m⁻²
<400
400 ~ 500
500 ~ 600
600 ~ 700
700 ~ 800
800 ~ 900
900 ~1000
1000 ~1100
1100 ~1200
1200 ~1300
1300 ~1400
1400 ~1500
≥1500
119°20'E
119°40'E
120°00'E
120°20'E
31°00'N
30°40'N
夹浦
水口
煤山
龙山
小浦
太湖
雉城
洪桥
画溪
李家巷
滨湖
泗安
林城
仁皇山
虹星桥
吕山
杨家埠
龙溪
八里店
织里
南浔
康山
旧馆
和平
妙西
道场
和孚
双林
天子湖
练市
鄣吴
溪龙
梅溪
菱湖
石淙
善琏
孝源
递铺
埭溪
东林
千金
洛舍
钟管
孝丰
灵峰
昌硕
莫干山
阜溪
新市
杭垓
乾元
新安
武康
禹越
上墅
天荒坪
雷甸
下渚湖
报福
舞阳
章村
山川

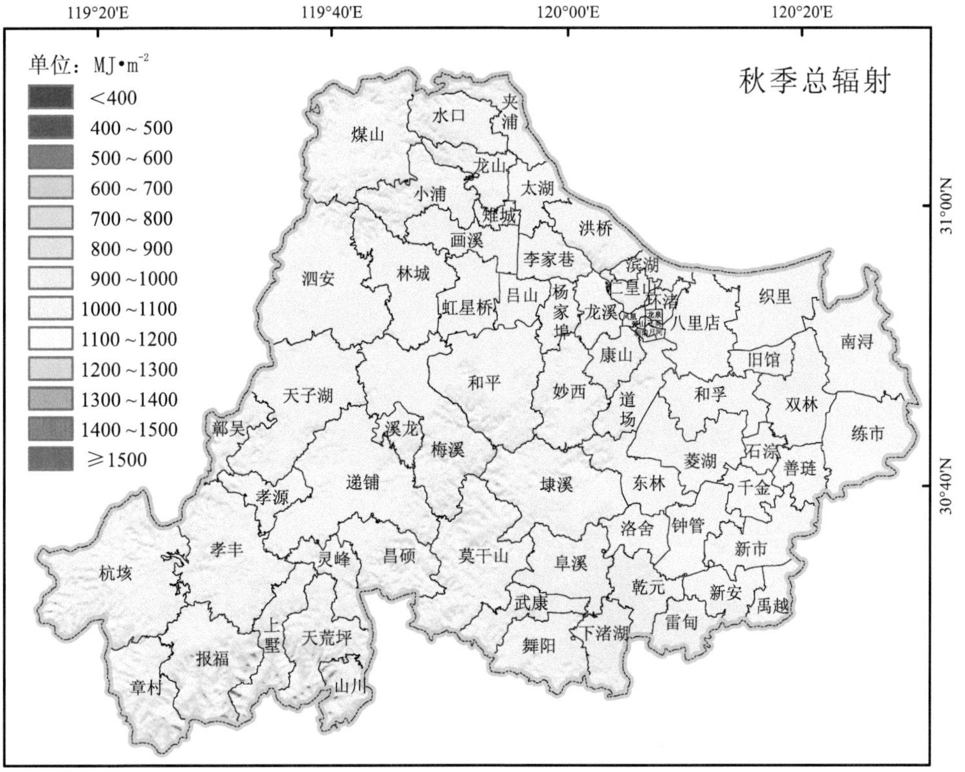
119°20'E
119°40'E
120°00'E
120°20'E
31°00'N
30°40'N
单位：MJ•m⁻²
<400
400 ~ 500
500 ~ 600
600 ~ 700
700 ~ 800
800 ~ 900
900 ~1000
1000 ~1100
1100 ~1200
1200 ~1300
1300 ~1400
1400 ~1500
≥1500
秋季总辐射
煤山
水口
夹浦
龙山
小浦
太湖
雉城
洪桥
画溪
李家巷
滨湖
泗安
林城
吕山
杨家埠
二界岭
龙溪
环渚
织里
虹星桥
八里店
南浔
康山
旧馆
和平
妙西
道场
和孚
双林
天子湖
鄣吴
溪龙
梅溪
石淙
练市
菱湖
善琏
递铺
埭溪
东林
千金
孝源
洛舍
钟管
新市
孝丰
灵峰
昌硕
莫干山
阜溪
杭垓
乾元
新安
禹越
武康
雷甸
上墅
天荒坪
下渚湖
报福
舞阳
章村
山川

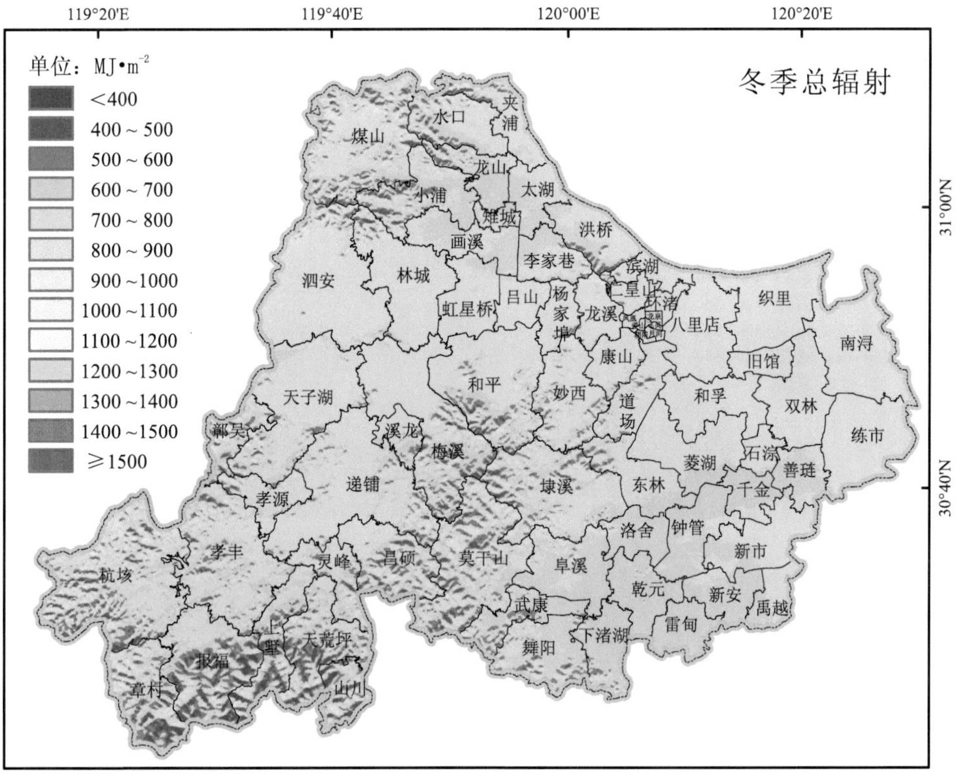
119°20'E
119°40'E
120°00'E
120°20'E
31°00'N
30°40'N
单位：MJ•m⁻²
<400
400 ~ 500
500 ~ 600
600 ~ 700
700 ~ 800
800 ~ 900
900 ~1000
1000 ~1100
1100 ~1200
1200 ~1300
1300 ~1400
1400 ~1500
≥1500
冬季总辐射
煤山
水口
夹浦
龙山
小浦
太湖
雉城
洪桥
画溪
李家巷
滨湖
泗安
林城
吕山
杨家埠
二界岭
龙溪
环渚
织里
虹星桥
八里店
南浔
康山
旧馆
和平
妙西
道场
和孚
双林
天子湖
鄣吴
溪龙
梅溪
石淙
练市
菱湖
善琏
递铺
埭溪
东林
千金
孝源
洛舍
钟管
新市
孝丰
灵峰
昌硕
莫干山
阜溪
杭垓
乾元
新安
禹越
武康
雷甸
上墅
天荒坪
下渚湖
报福
舞阳
章村
山川

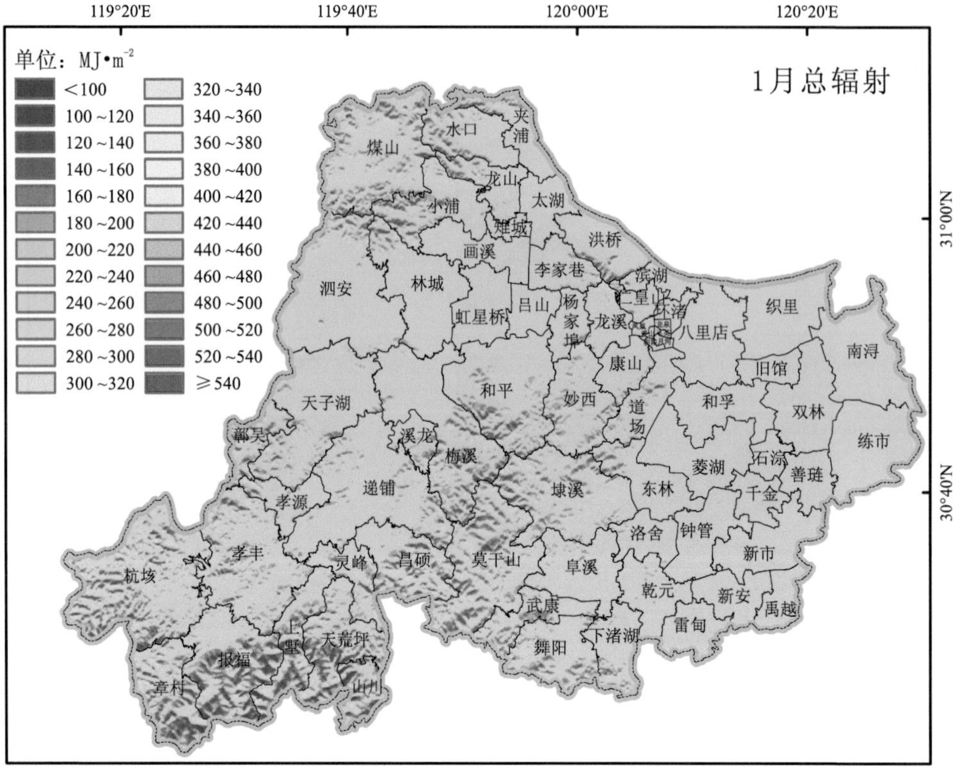

119°20'E
119°40'E
120°00'E
120°20'E
31°00'N
30°40'N
单位：MJ•m⁻²
＜100
100～120
120～140
140～160
160～180
180～200
200～220
220～240
240～260
260～280
280～300
300～320
320～340
340～360
360～380
380～400
400～420
420～440
440～460
460～480
480～500
500～520
520～540
≥540
1月总辐射
煤山
水口
夹浦
龙山
小浦
太湖
雉城
画溪
洪桥
李家巷
滨湖
泗安
林城
虹星桥
吕山
杨家埠
龙溪
仁皇山
环渚
八里店
织里
南浔
旧馆
康山
和平
妙西
道场
和孚
双林
练市
天子湖
鄣吴
溪龙
梅溪
菱湖
石淙
善琏
递铺
埭溪
东林
千金
孝源
洛舍
钟管
新市
孝丰
灵峰
昌硕
莫干山
阜溪
杭垓
乾元
新安
禹越
武康
雷甸
上墅
天荒坪
下渚湖
舞阳
报福
章村
山川

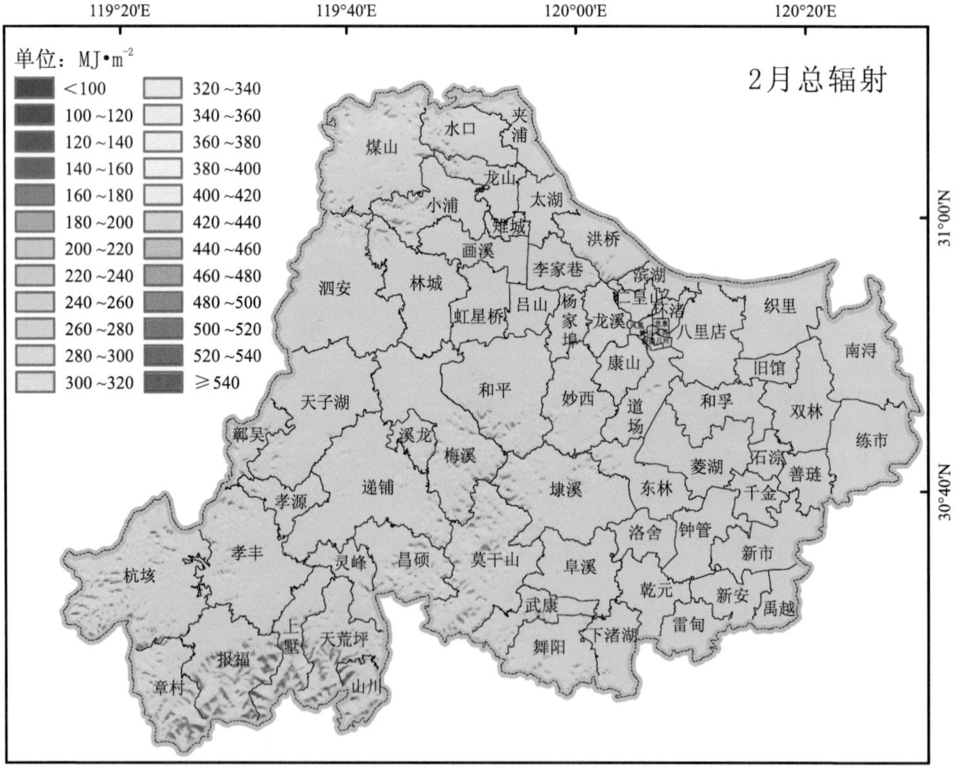

119°20'E
119°40'E
120°00'E
120°20'E
31°00'N
30°40'N
单位：MJ•m⁻²
＜100
100～120
120～140
140～160
160～180
180～200
200～220
220～240
240～260
260～280
280～300
300～320
320～340
340～360
360～380
380～400
400～420
420～440
440～460
460～480
480～500
500～520
520～540
≥540
2月总辐射
煤山
水口
夹浦
龙山
小浦
太湖
雉城
画溪
洪桥
李家巷
滨湖
泗安
林城
虹星桥
吕山
杨家埠
龙溪
仁皇山
环渚
八里店
织里
南浔
旧馆
康山
和平
妙西
道场
和孚
双林
练市
天子湖
鄣吴
溪龙
梅溪
菱湖
石淙
善琏
递铺
埭溪
东林
千金
孝源
洛舍
钟管
新市
孝丰
灵峰
昌硕
莫干山
阜溪
杭垓
乾元
新安
禹越
武康
雷甸
上墅
天荒坪
下渚湖
舞阳
报福
章村
山川

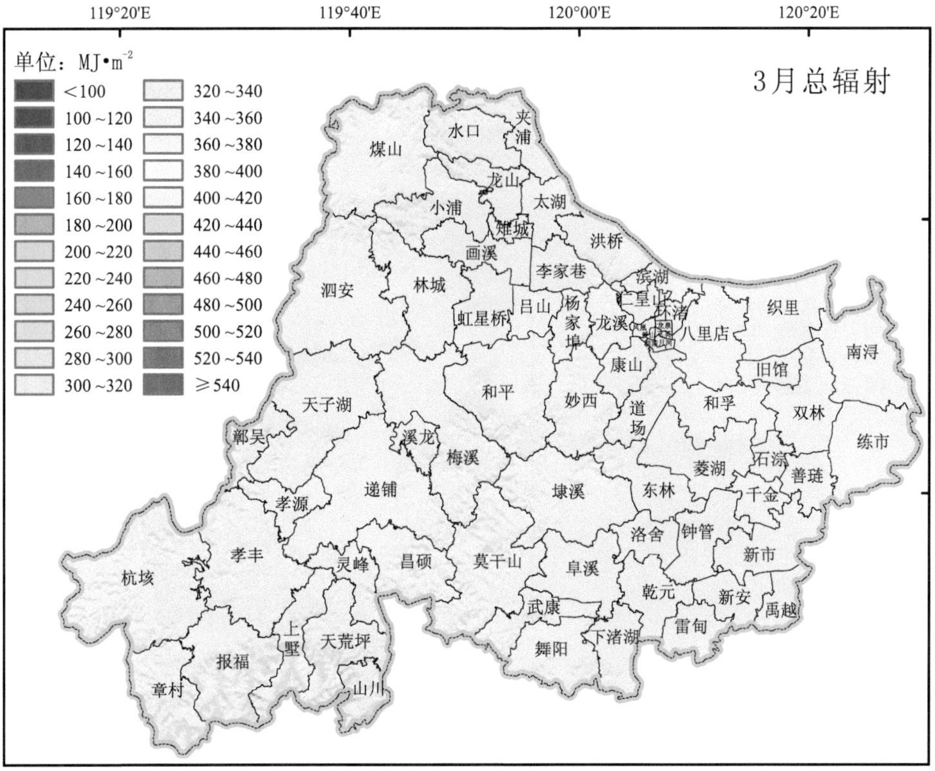
3月总辐射
单位：MJ•m⁻²
<100
100~120
120~140
140~160
160~180
180~200
200~220
220~240
240~260
260~280
280~300
300~320
320~340
340~360
360~380
380~400
400~420
420~440
440~460
460~480
480~500
500~520
520~540
≥540
119°20'E
119°40'E
120°00'E
120°20'E
31°00'N
30°40'N
水口
夹浦
煤山
龙山
小浦
太湖
雉城
洪桥
画溪
李家巷
滨湖
泗安
林城
仁皇山
织里
虹星桥
吕山
杨家埠
龙溪
环渚
八里店
南浔
康山
旧馆
和平
天子湖
妙西
道场
和孚
双林
鄣吴
溪龙
梅溪
菱湖
石淙
练市
递铺
埭溪
东林
善琏
孝源
千金
洛舍
钟管
孝丰
灵峰
昌硕
莫干山
新市
杭垓
阜溪
乾元
新安
禹越
武康
上墅
天荒坪
雷甸
报福
舞阳
下渚湖
章村
山川

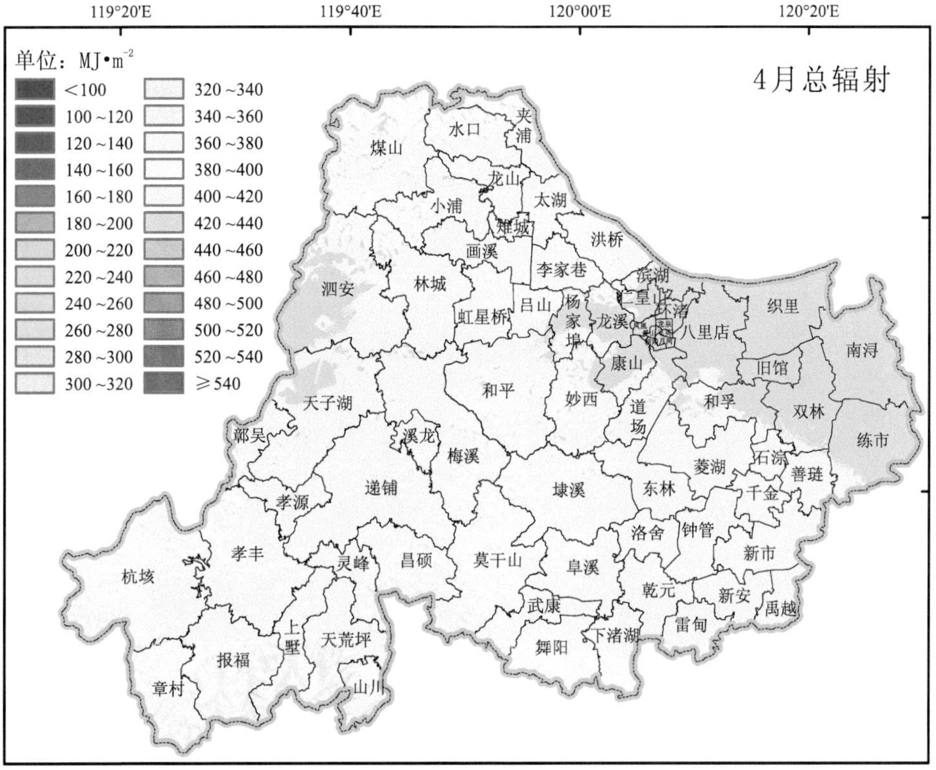
4月总辐射
单位：MJ•m⁻²
<100
100~120
120~140
140~160
160~180
180~200
200~220
220~240
240~260
260~280
280~300
300~320
320~340
340~360
360~380
380~400
400~420
420~440
440~460
460~480
480~500
500~520
520~540
≥540
119°20'E
119°40'E
120°00'E
120°20'E
31°00'N
30°40'N
水口
夹浦
煤山
龙山
小浦
太湖
雉城
洪桥
画溪
李家巷
滨湖
泗安
林城
仁皇山
织里
虹星桥
吕山
杨家埠
龙溪
环渚
八里店
南浔
康山
旧馆
和平
天子湖
妙西
道场
和孚
双林
鄣吴
溪龙
梅溪
菱湖
石淙
练市
递铺
埭溪
东林
善琏
孝源
千金
洛舍
钟管
孝丰
灵峰
昌硕
莫干山
新市
杭垓
阜溪
乾元
新安
禹越
武康
上墅
天荒坪
雷甸
报福
舞阳
下渚湖
章村
山川

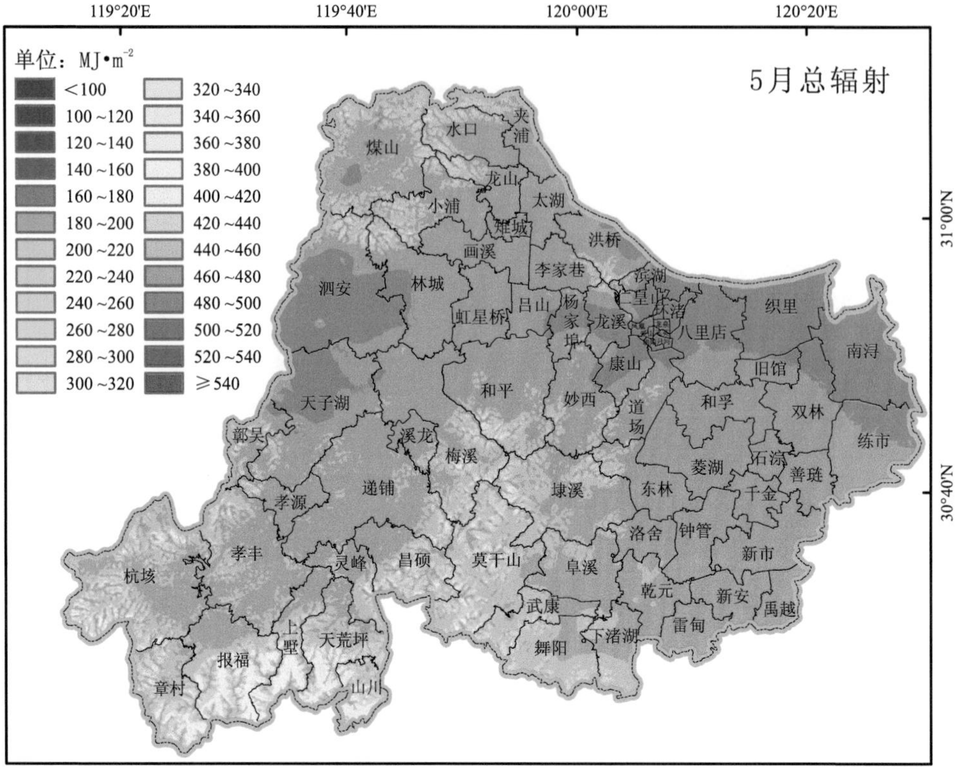
5月总辐射
单位：MJ•m⁻²
<100
100～120
120～140
140～160
160～180
180～200
200～220
220～240
240～260
260～280
280～300
300～320
320～340
340～360
360～380
380～400
400～420
420～440
440～460
460～480
480～500
500～520
520～540
≥540
119°20'E
119°40'E
120°00'E
120°20'E
31°00'N
30°40'N
煤山
水口
夹浦
龙山
小浦
太湖
雉城
洪桥
画溪
李家巷
滨湖
泗安
林城
虹星桥
吕山
杨家埠
龙溪
环渚
八里店
织里
南浔
康山
旧馆
天子湖
和平
妙西
道场
和孚
双林
鄣吴
溪龙
梅溪
菱湖
石淙
练市
孝源
递铺
埭溪
东林
千金
善琏
孝丰
灵峰
昌硕
莫干山
洛舍
钟管
新市
杭垓
阜溪
乾元
新安
禹越
武康
雷甸
上墅
天荒坪
舞阳
下渚湖
报福
章村
山川

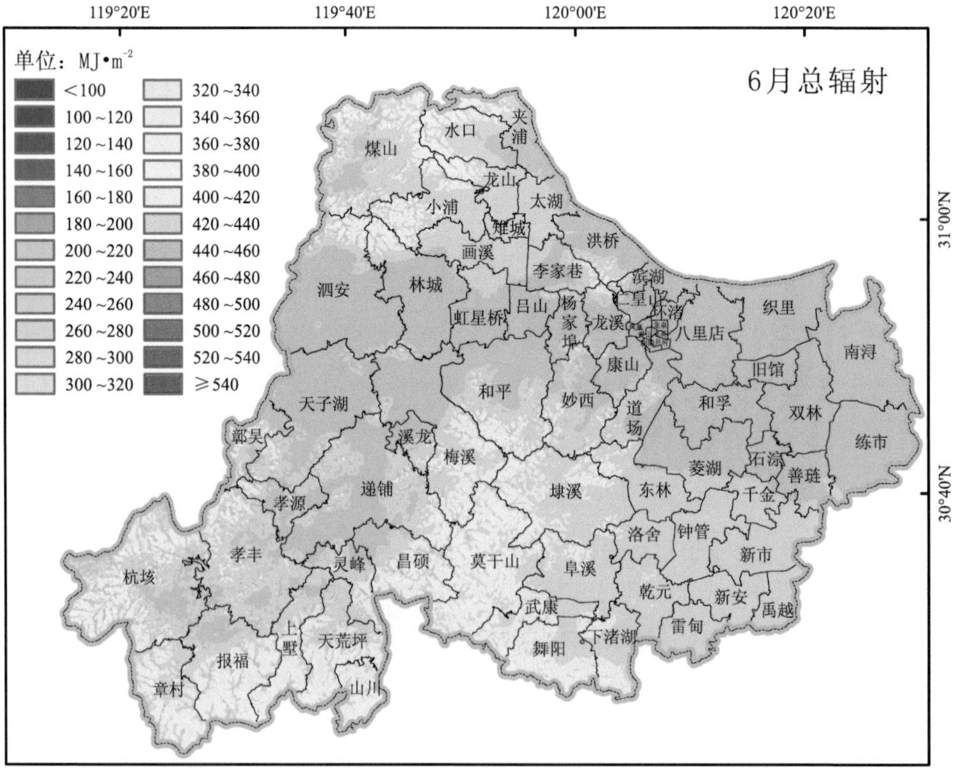
6月总辐射
单位：MJ•m⁻²
<100
100～120
120～140
140～160
160～180
180～200
200～220
220～240
240～260
260～280
280～300
300～320
320～340
340～360
360～380
380～400
400～420
420～440
440～460
460～480
480～500
500～520
520～540
≥540
119°20'E
119°40'E
120°00'E
120°20'E
31°00'N
30°40'N
煤山
水口
夹浦
龙山
小浦
太湖
雉城
洪桥
画溪
李家巷
滨湖
泗安
林城
虹星桥
吕山
杨家埠
龙溪
环渚
八里店
织里
南浔
康山
旧馆
天子湖
和平
妙西
道场
和孚
双林
鄣吴
溪龙
梅溪
菱湖
石淙
练市
孝源
递铺
埭溪
东林
千金
善琏
孝丰
灵峰
昌硕
莫干山
洛舍
钟管
新市
杭垓
阜溪
乾元
新安
禹越
武康
雷甸
上墅
天荒坪
舞阳
下渚湖
报福
章村
山川

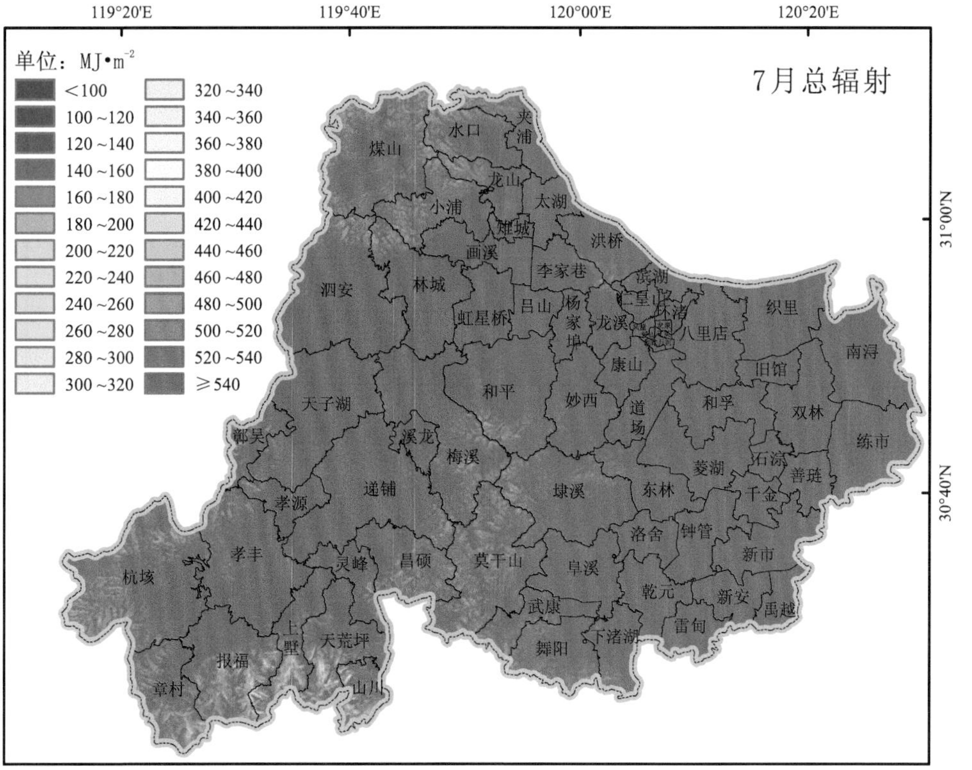
119°20'E
119°40'E
120°00'E
120°20'E
31°00'N
30°40'N
单位：MJ•m^{-2}
<100
100~120
120~140
140~160
160~180
180~200
200~220
220~240
240~260
260~280
280~300
300~320
320~340
340~360
360~380
380~400
400~420
420~440
440~460
460~480
480~500
500~520
520~540
≥540
7月总辐射
煤山
水口
夹浦
龙山
小浦
太湖
雉城
洪桥
画溪
李家巷
滨湖
泗安
林城
吕山
杨家埠
二里山
环渚
龙溪
八里店
织里
虹星桥
康山
南浔
旧馆
和平
妙西
道场
和孚
双林
天子湖
鄣吴
溪龙
梅溪
菱湖
石淙
练市
善琏
递铺
埭溪
东林
千金
孝源
洛舍
钟管
孝丰
灵峰
昌硕
莫干山
阜溪
新市
杭垓
乾元
新安
武康
禹越
上墅
天荒坪
雷甸
报福
舞阳
下渚湖
章村
山川

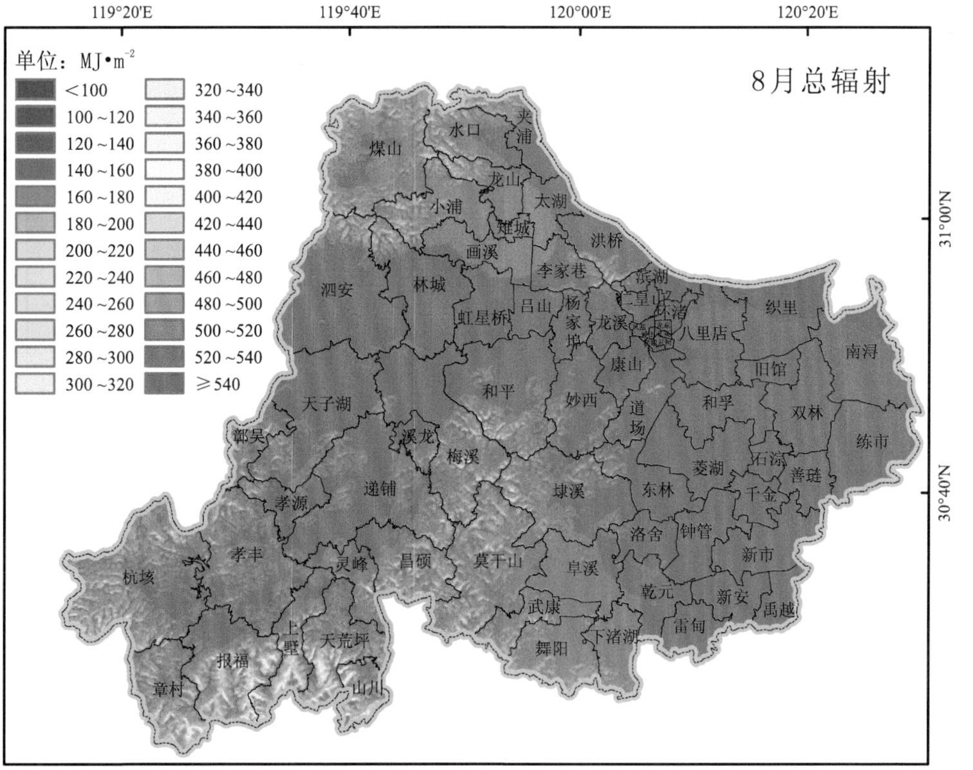
119°20'E
119°40'E
120°00'E
120°20'E
31°00'N
30°40'N
单位：MJ•m^{-2}
<100
100~120
120~140
140~160
160~180
180~200
200~220
220~240
240~260
260~280
280~300
300~320
320~340
340~360
360~380
380~400
400~420
420~440
440~460
460~480
480~500
500~520
520~540
≥540
8月总辐射
煤山
水口
夹浦
龙山
小浦
太湖
雉城
洪桥
画溪
李家巷
滨湖
泗安
林城
吕山
杨家埠
二里山
环渚
龙溪
八里店
织里
虹星桥
康山
南浔
旧馆
和平
妙西
道场
和孚
双林
天子湖
鄣吴
溪龙
梅溪
菱湖
石淙
练市
善琏
递铺
埭溪
东林
千金
孝源
洛舍
钟管
孝丰
灵峰
昌硕
莫干山
阜溪
新市
杭垓
乾元
新安
武康
禹越
上墅
天荒坪
雷甸
报福
舞阳
下渚湖
章村
山川

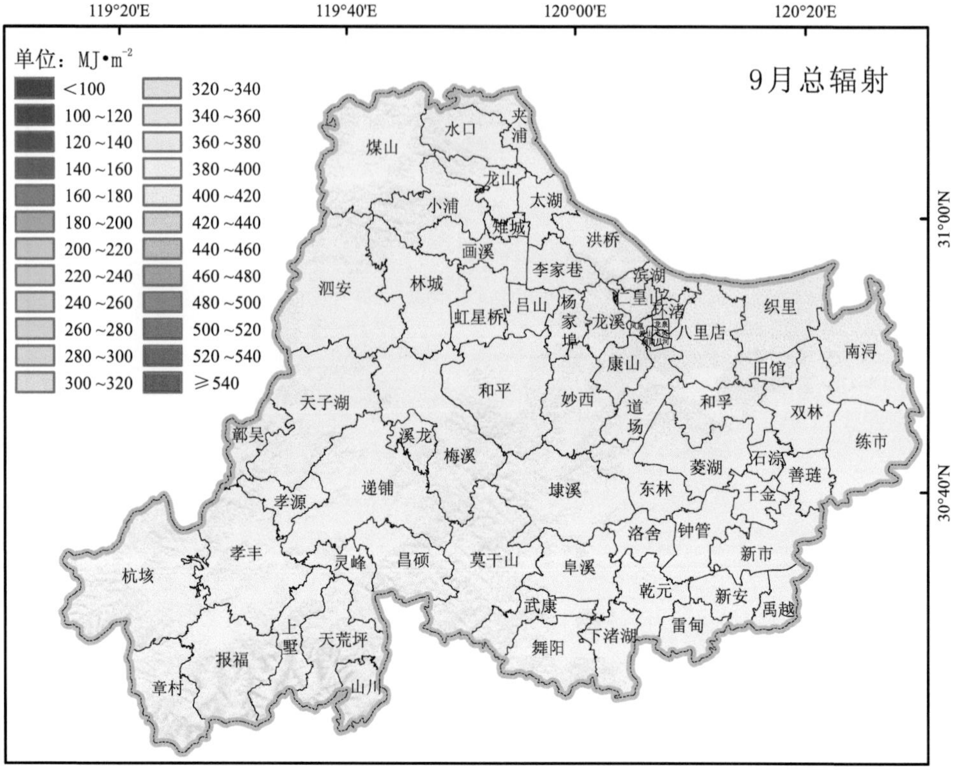
119°20'E
119°40'E
120°00'E
120°20'E
31°00'N
30°40'N
单位：MJ•m^{-2}
<100
100~120
120~140
140~160
160~180
180~200
200~220
220~240
240~260
260~280
280~300
300~320
320~340
340~360
360~380
380~400
400~420
420~440
440~460
460~480
480~500
500~520
520~540
≥540
9月总辐射
煤山
水口
夹浦
龙山
小浦
太湖
雉城
洪桥
画溪
李家巷
泗安
林城
滨湖
二里
环渚
织里
虹星桥
吕山
杨家埠
龙溪
八里店
南浔
旧馆
康山
和平
妙西
道场
和孚
双林
天子湖
鄣吴
溪龙
梅溪
菱湖
石淙
练市
善琏
递铺
埭溪
东林
千金
孝源
洛舍
钟管
孝丰
新市
杭垓
灵峰
昌硕
莫干山
阜溪
乾元
新安
武康
禹越
上墅
天荒坪
报福
雷甸
舞阳
下渚湖
章村
山川

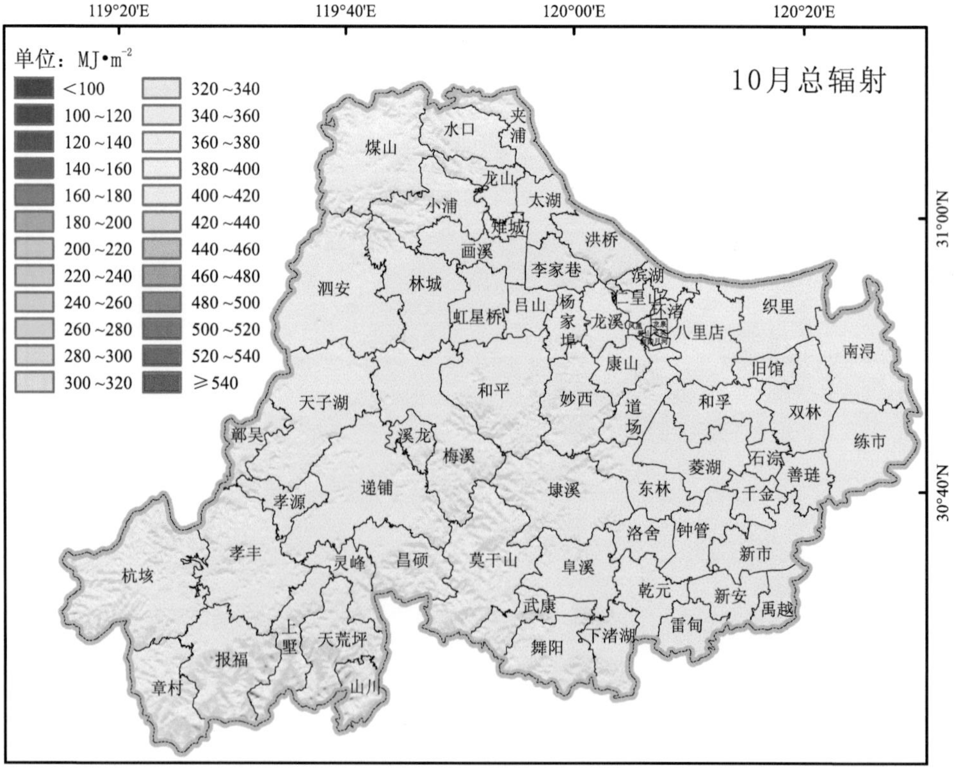
119°20'E
119°40'E
120°00'E
120°20'E
31°00'N
30°40'N
单位：MJ•m^{-2}
<100
100~120
120~140
140~160
160~180
180~200
200~220
220~240
240~260
260~280
280~300
300~320
320~340
340~360
360~380
380~400
400~420
420~440
440~460
460~480
480~500
500~520
520~540
≥540
10月总辐射
煤山
水口
夹浦
龙山
小浦
太湖
雉城
洪桥
画溪
李家巷
泗安
林城
滨湖
二里
环渚
织里
虹星桥
吕山
杨家埠
龙溪
八里店
南浔
旧馆
康山
和平
妙西
道场
和孚
双林
天子湖
鄣吴
溪龙
梅溪
菱湖
石淙
练市
善琏
递铺
埭溪
东林
千金
孝源
洛舍
钟管
孝丰
新市
杭垓
灵峰
昌硕
莫干山
阜溪
乾元
新安
武康
禹越
上墅
天荒坪
报福
雷甸
舞阳
下渚湖
章村
山川

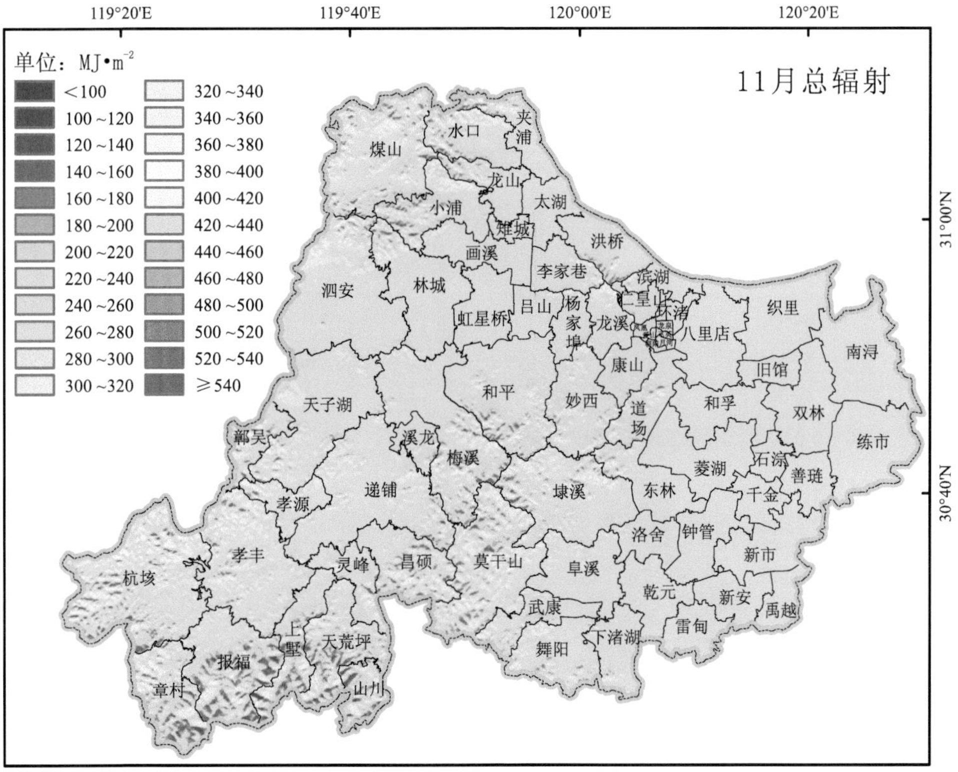

11月总辐射
单位：MJ•m⁻²
<100
100～120
120～140
140～160
160～180
180～200
200～220
220～240
240～260
260～280
280～300
300～320
320～340
340～360
360～380
380～400
400～420
420～440
440～460
460～480
480～500
500～520
520～540
≥540
119°20'E
119°40'E
120°00'E
120°20'E
31°00'N
30°40'N
水口
夹浦
煤山
龙山
小浦
太湖
雉城
洪桥
画溪
李家巷
滨湖
泗安
林城
二里山
吕山
杨家埠
龙溪
环渚
织里
虹星桥
八里店
南浔
康山
旧馆
和平
妙西
道场
和孚
双林
天子湖
鄣吴
溪龙
梅溪
练市
石淙
菱湖
善琏
递铺
埭溪
东林
千金
孝源
洛舍
钟管
孝丰
灵峰
昌硕
莫干山
皋溪
新市
杭垓
乾元
新安
禹越
武康
雷甸
上墅
天荒坪
下渚湖
舞阳
报福
章村
山川

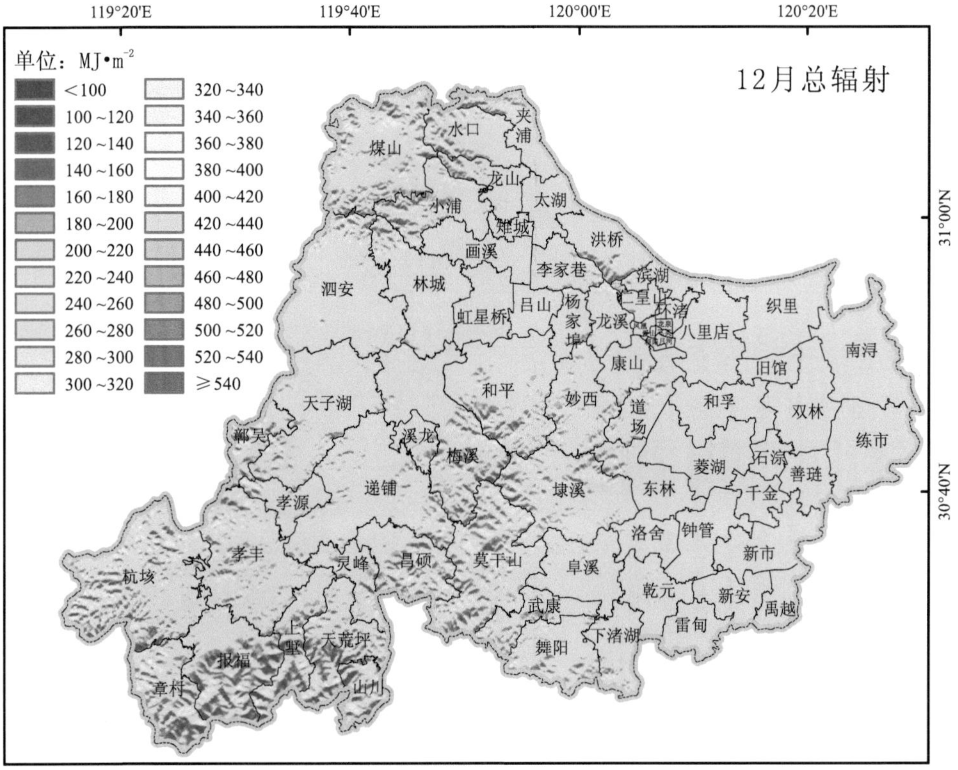

12月总辐射
单位：MJ•m⁻²
<100
100～120
120～140
140～160
160～180
180～200
200～220
220～240
240～260
260～280
280～300
300～320
320～340
340～360
360～380
380～400
400～420
420～440
440～460
460～480
480～500
500～520
520～540
≥540
119°20'E
119°40'E
120°00'E
120°20'E
31°00'N
30°40'N
水口
夹浦
煤山
龙山
小浦
太湖
雉城
洪桥
画溪
李家巷
滨湖
泗安
林城
二里山
吕山
杨家埠
龙溪
环渚
织里
虹星桥
八里店
南浔
康山
旧馆
和平
妙西
道场
和孚
双林
天子湖
鄣吴
溪龙
梅溪
练市
石淙
菱湖
善琏
递铺
埭溪
东林
千金
孝源
洛舍
钟管
孝丰
灵峰
昌硕
莫干山
皋溪
新市
杭垓
乾元
新安
禹越
武康
雷甸
上墅
天荒坪
下渚湖
舞阳
报福
章村
山川

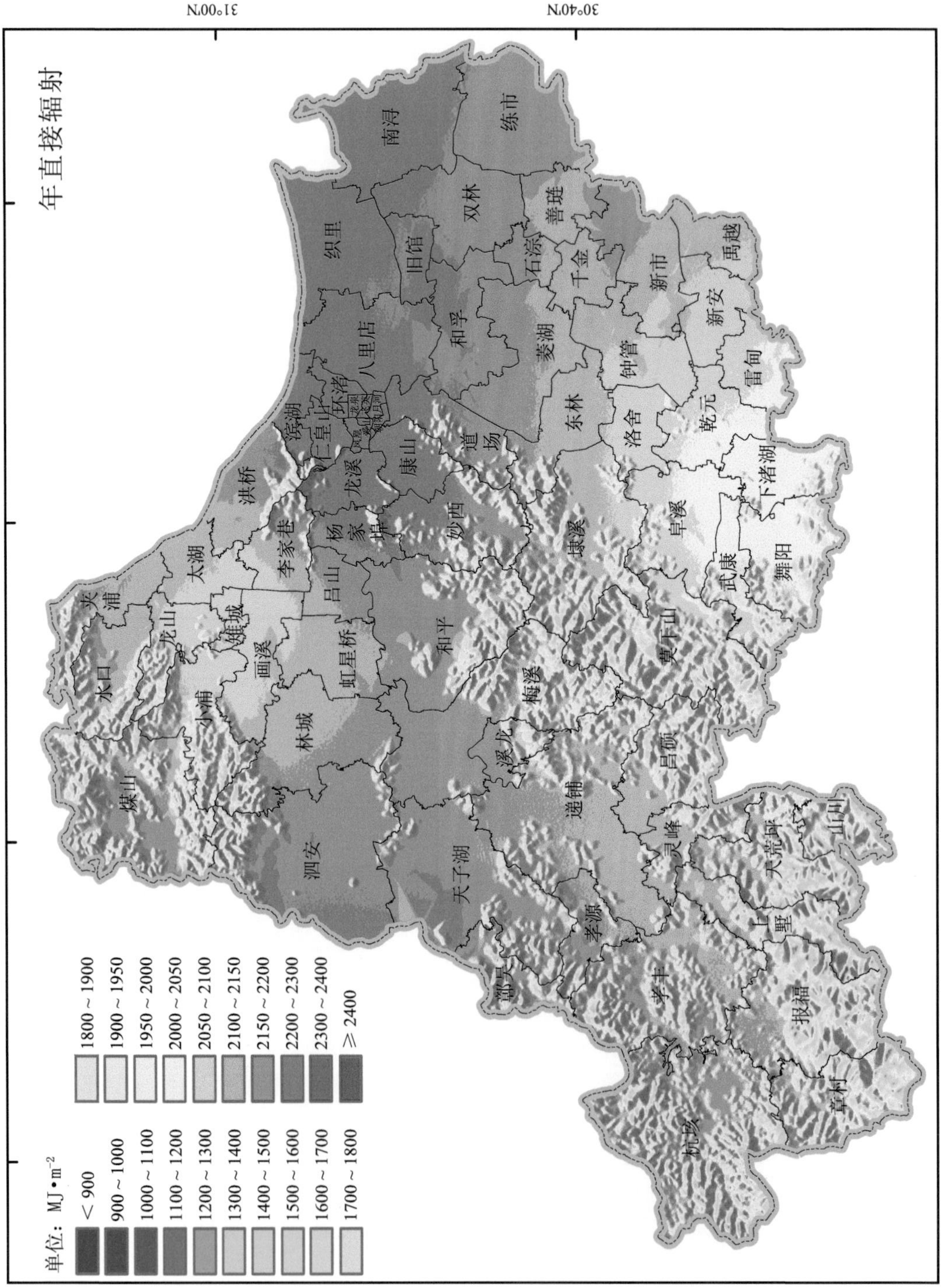
年直接辐射
单位：MJ·m⁻²
< 900
900 ~ 1000
1000 ~ 1100
1100 ~ 1200
1200 ~ 1300
1300 ~ 1400
1400 ~ 1500
1500 ~ 1600
1600 ~ 1700
1700 ~ 1800
1800 ~ 1900
1900 ~ 1950
1950 ~ 2000
2000 ~ 2050
2050 ~ 2100
2100 ~ 2150
2150 ~ 2200
2200 ~ 2300
2300 ~ 2400
≥ 2400
31°00′N
30°40′N
119°20′E
119°40′E
120°00′E
120°20′E
南浔
练市
织里
双林
旧馆
善琏
石淙
千金
禹越
新市
和孚
菱湖
八里店
钟管
新安
雷甸
环渚
滨湖
仁皇山
东林
洛舍
乾元
道场
康山
龙溪
洪桥
下渚湖
杨家埠
妙西
阜溪
李家巷
太湖
武康
舞阳
吕山
夹浦
雉城
龙山
画溪
和平
莫干山
虹星桥
水口
梅溪
小浦
林城
溪龙
昌硕
煤山
递铺
泗安
灵峰
天荒坪
山川
天子湖
孝源
上墅
鄣吴
孝丰
报福
杭垓
章村

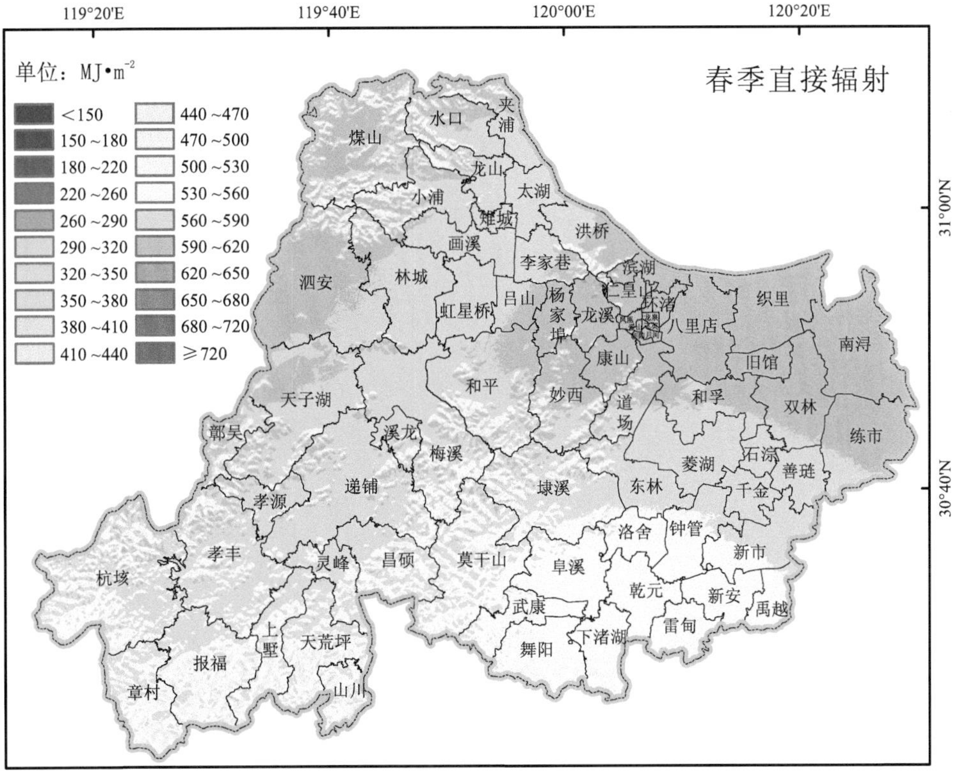

119°20'E
119°40'E
120°00'E
120°20'E
31°00'N
30°40'N
单位：MJ•m⁻²
春季直接辐射
<150
150~180
180~220
220~260
260~290
290~320
320~350
350~380
380~410
410~440
440~470
470~500
500~530
530~560
560~590
590~620
620~650
650~680
680~720
≥720
煤山
水口
夹浦
龙山
小浦
太湖
雉城
洪桥
画溪
李家巷
滨湖
泗安
林城
虹星桥
吕山
杨家埠
龙溪
二里山
环渚
八里店
织里
南浔
康山
旧馆
天子湖
和平
妙西
道场
和孚
双林
练市
鄣吴
溪龙
梅溪
菱湖
石淙
善琏
递铺
埭溪
东林
千金
孝源
洛舍
钟管
新市
孝丰
灵峰
昌硕
莫干山
阜溪
杭垓
乾元
新安
禹越
武康
上墅
天荒坪
雷甸
舞阳
下渚湖
报福
章村
山川

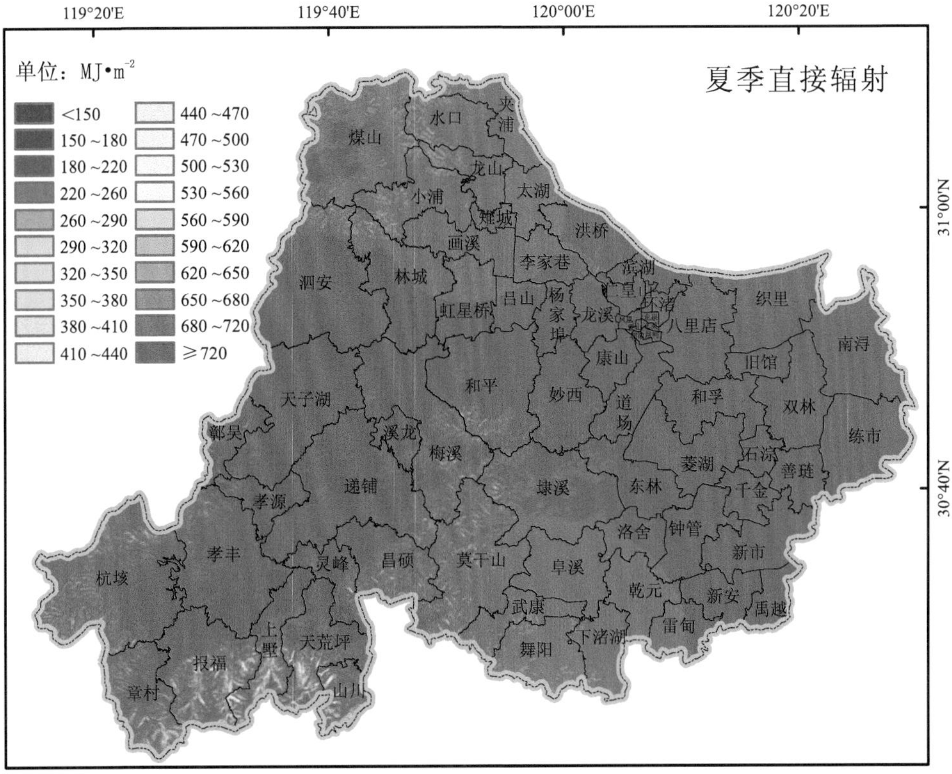

119°20'E
119°40'E
120°00'E
120°20'E
31°00'N
30°40'N
单位：MJ•m⁻²
夏季直接辐射
<150
150~180
180~220
220~260
260~290
290~320
320~350
350~380
380~410
410~440
440~470
470~500
500~530
530~560
560~590
590~620
620~650
650~680
680~720
≥720
煤山
水口
夹浦
龙山
小浦
太湖
雉城
洪桥
画溪
李家巷
滨湖
泗安
林城
虹星桥
吕山
杨家埠
龙溪
二里山
环渚
八里店
织里
南浔
康山
旧馆
天子湖
和平
妙西
道场
和孚
双林
练市
鄣吴
溪龙
梅溪
菱湖
石淙
善琏
递铺
埭溪
东林
千金
孝源
洛舍
钟管
新市
孝丰
灵峰
昌硕
莫干山
阜溪
杭垓
乾元
新安
禹越
武康
上墅
天荒坪
雷甸
舞阳
下渚湖
报福
章村
山川

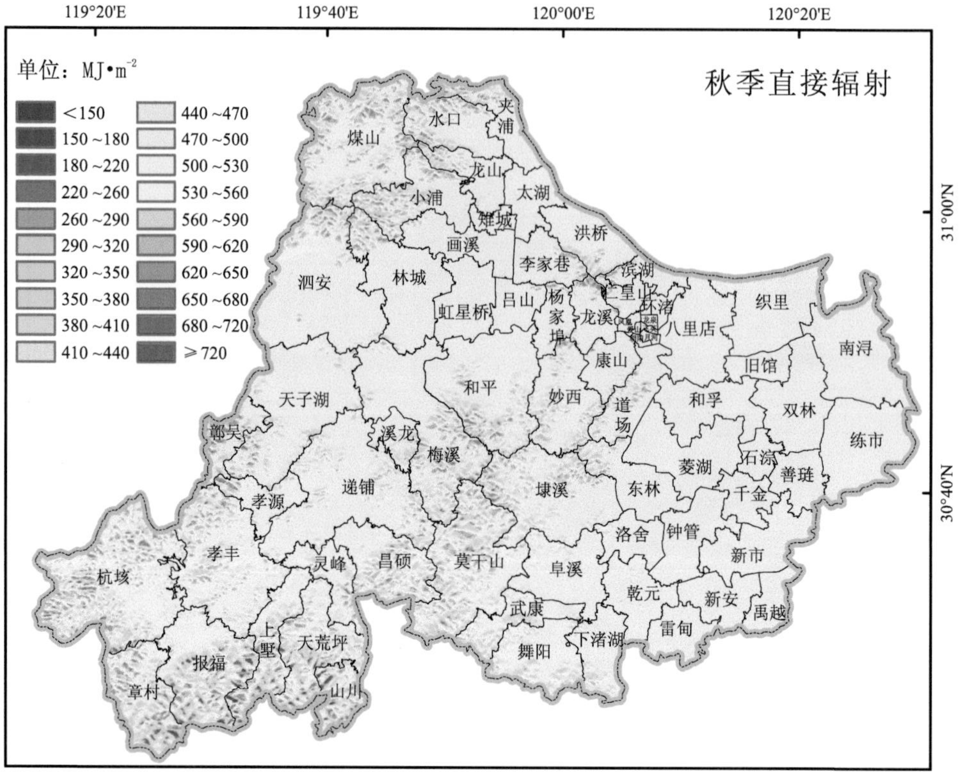
秋季直接辐射
单位：MJ•m⁻²
<150
150~180
180~220
220~260
260~290
290~320
320~350
350~380
380~410
410~440
440~470
470~500
500~530
530~560
560~590
590~620
620~650
650~680
680~720
≥720
119°20'E
119°40'E
120°00'E
120°20'E
31°00'N
30°40'N
夹浦
水口
煤山
龙山
小浦
太湖
雉城
洪桥
画溪
李家巷
滨湖
泗安
林城
二皇山
虹星桥
吕山
杨家埠
龙溪
环渚
八里店
织里
南浔
旧馆
康山
和平
妙西
道场
和孚
双林
天子湖
鄣吴
溪龙
梅溪
菱湖
石淙
练市
善琏
递铺
埭溪
东林
千金
孝源
洛舍
钟管
孝丰
灵峰
昌硕
莫干山
阜溪
新市
杭垓
乾元
新安
禹越
武康
雷甸
上墅
天荒坪
下渚湖
报福
舞阳
章村
山川

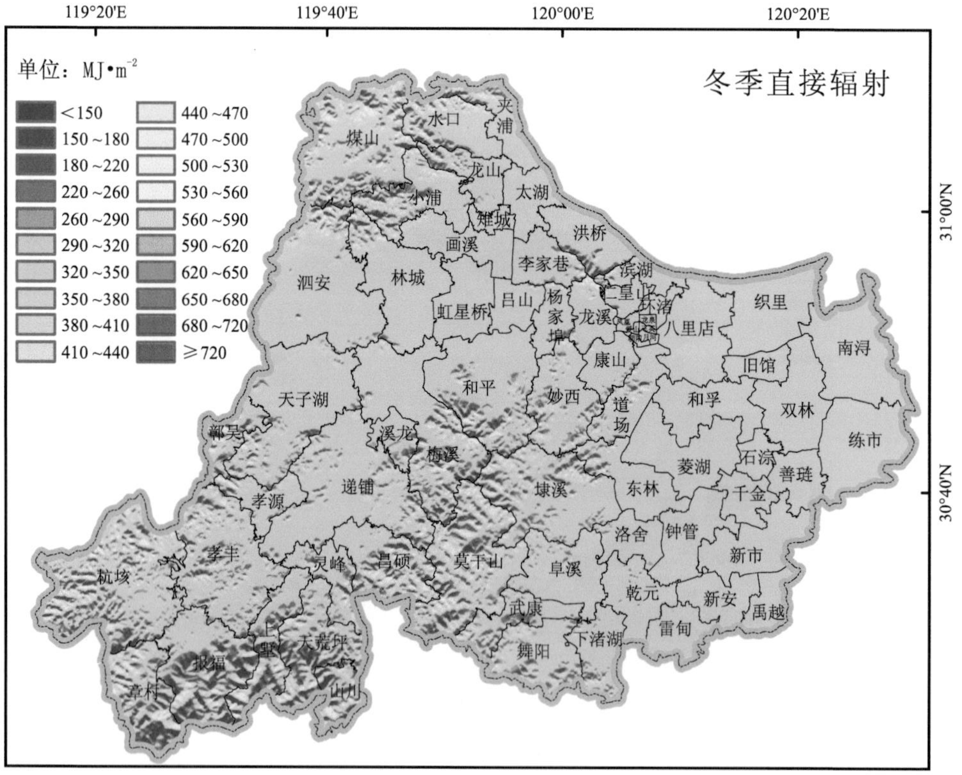
冬季直接辐射
单位：MJ•m⁻²
<150
150~180
180~220
220~260
260~290
290~320
320~350
350~380
380~410
410~440
440~470
470~500
500~530
530~560
560~590
590~620
620~650
650~680
680~720
≥720
119°20'E
119°40'E
120°00'E
120°20'E
31°00'N
30°40'N
夹浦
水口
煤山
龙山
小浦
太湖
雉城
洪桥
画溪
李家巷
滨湖
泗安
林城
二皇山
虹星桥
吕山
杨家埠
龙溪
环渚
八里店
织里
南浔
旧馆
康山
和平
妙西
道场
和孚
双林
天子湖
鄣吴
溪龙
梅溪
菱湖
石淙
练市
善琏
递铺
埭溪
东林
千金
孝源
洛舍
钟管
孝丰
灵峰
昌硕
莫干山
阜溪
新市
杭垓
乾元
新安
禹越
武康
雷甸
上墅
天荒坪
下渚湖
报福
舞阳
章村
山川

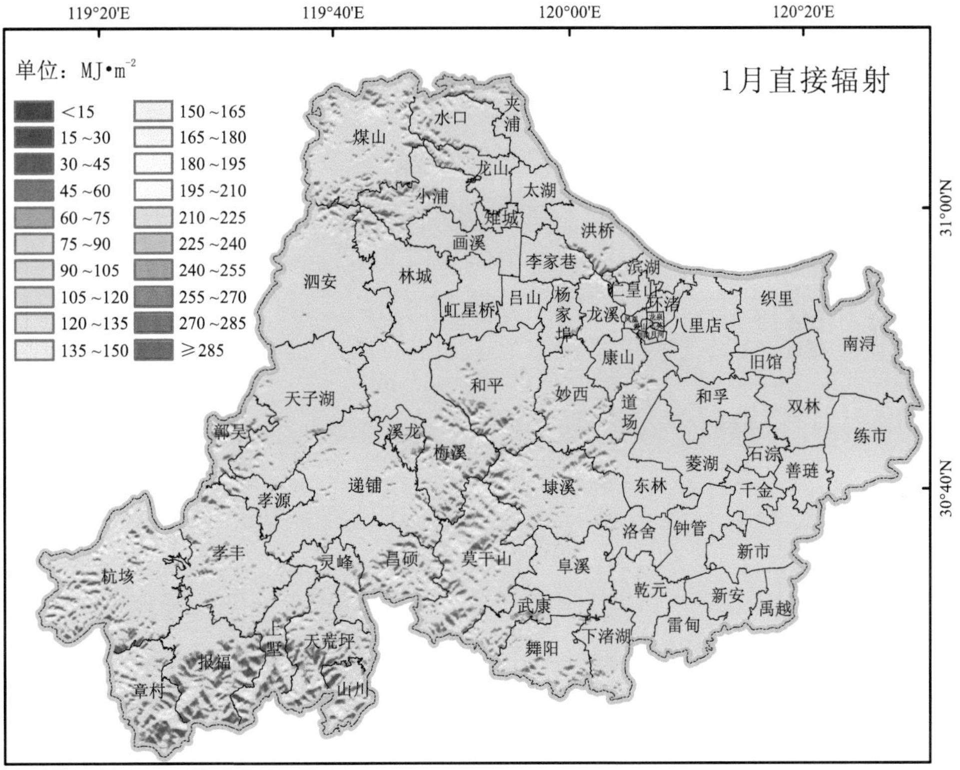
119°20'E
119°40'E
120°00'E
120°20'E
31°00'N
30°40'N
单位：MJ•m⁻²
1月直接辐射
<15
15~30
30~45
45~60
60~75
75~90
90~105
105~120
120~135
135~150
150~165
165~180
180~195
195~210
210~225
225~240
240~255
255~270
270~285
≥285
水口
夹浦
煤山
龙山
小浦
太湖
雉城
洪桥
画溪
李家巷
泗安
林城
滨湖
仁皇山
吕山
杨家埠
龙溪
环渚
织里
虹星桥
八里店
南浔
康山
旧馆
天子湖
和平
妙西
和孚
双林
道场
鄣吴
溪龙
梅溪
石淙
练市
菱湖
善琏
递铺
埭溪
东林
千金
孝源
洛舍
钟管
新市
孝丰
灵峰
昌硕
莫干山
阜溪
杭垓
乾元
新安
武康
禹越
上墅
天荒坪
下渚湖
雷甸
报福
舞阳
章村
山川

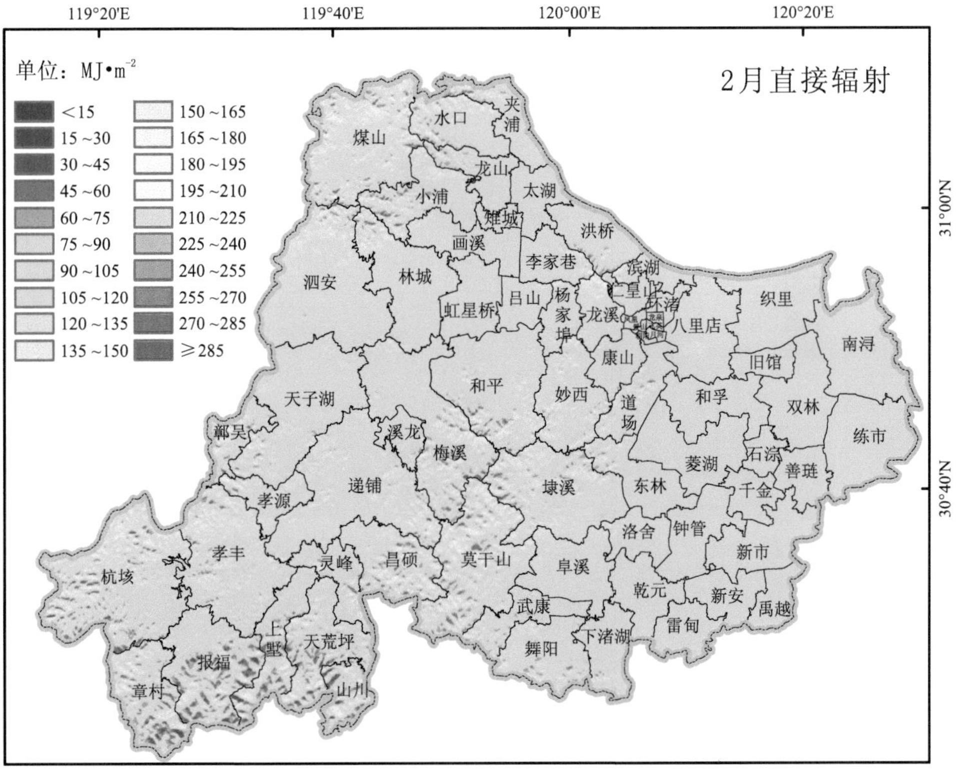
119°20'E
119°40'E
120°00'E
120°20'E
31°00'N
30°40'N
单位：MJ•m⁻²
2月直接辐射
<15
15~30
30~45
45~60
60~75
75~90
90~105
105~120
120~135
135~150
150~165
165~180
180~195
195~210
210~225
225~240
240~255
255~270
270~285
≥285
水口
夹浦
煤山
龙山
小浦
太湖
雉城
洪桥
画溪
李家巷
泗安
林城
滨湖
仁皇山
吕山
杨家埠
龙溪
环渚
织里
虹星桥
八里店
南浔
康山
旧馆
天子湖
和平
妙西
和孚
双林
道场
鄣吴
溪龙
梅溪
石淙
练市
菱湖
善琏
递铺
埭溪
东林
千金
孝源
洛舍
钟管
新市
孝丰
灵峰
昌硕
莫干山
阜溪
杭垓
乾元
新安
武康
禹越
上墅
天荒坪
下渚湖
雷甸
报福
舞阳
章村
山川

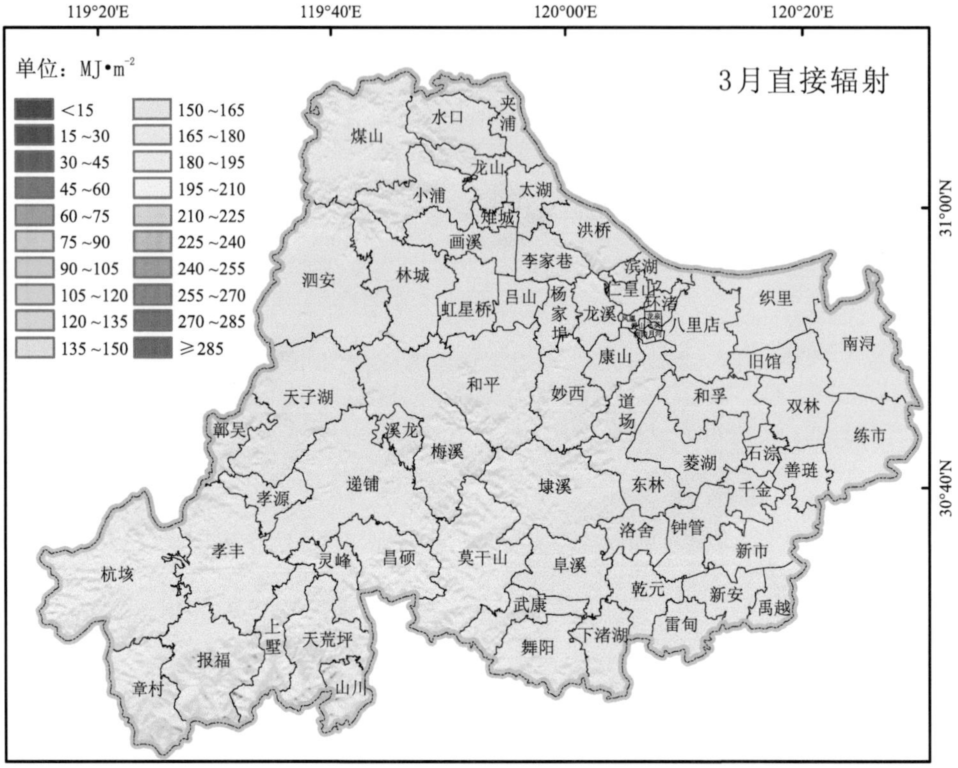
119°20'E
119°40'E
120°00'E
120°20'E
31°00'N
30°40'N
单位：MJ•m⁻²
<15
15~30
30~45
45~60
60~75
75~90
90~105
105~120
120~135
135~150
150~165
165~180
180~195
195~210
210~225
225~240
240~255
255~270
270~285
≥285
3月直接辐射
煤山
水口
夹浦
龙山
小浦
太湖
雉城
洪桥
画溪
李家巷
滨湖
泗安
林城
仁皇山
环渚
织里
吕山
杨家埠
龙溪
虹星桥
八里店
南浔
康山
旧馆
和平
妙西
天子湖
和孚
双林
道场
鄣吴
溪龙
练市
梅溪
石淙
菱湖
善琏
递铺
埭溪
东林
千金
孝源
洛舍
钟管
孝丰
新市
灵峰
昌硕
莫干山
阜溪
杭垓
乾元
新安
禹越
武康
上墅
天荒坪
雷甸
舞阳
下渚湖
报福
山川
章村

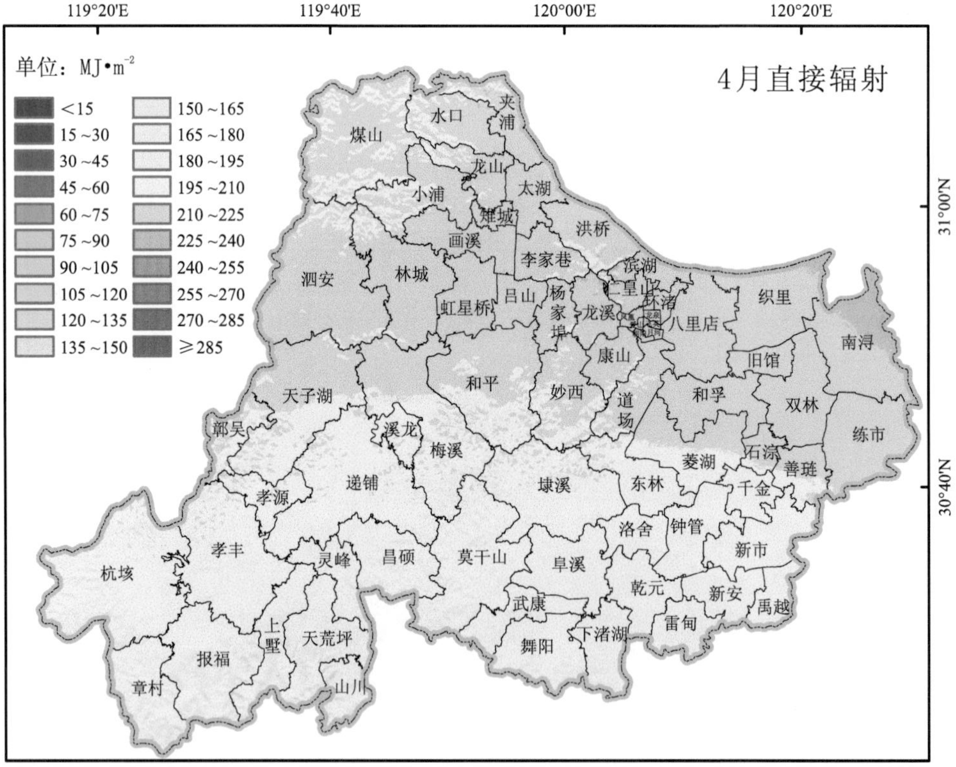
119°20'E
119°40'E
120°00'E
120°20'E
31°00'N
30°40'N
单位：MJ•m⁻²
<15
15~30
30~45
45~60
60~75
75~90
90~105
105~120
120~135
135~150
150~165
165~180
180~195
195~210
210~225
225~240
240~255
255~270
270~285
≥285
4月直接辐射
煤山
水口
夹浦
龙山
小浦
太湖
雉城
洪桥
画溪
李家巷
滨湖
泗安
林城
仁皇山
环渚
织里
吕山
杨家埠
龙溪
虹星桥
八里店
南浔
康山
旧馆
和平
妙西
天子湖
和孚
双林
道场
鄣吴
溪龙
练市
梅溪
石淙
菱湖
善琏
递铺
埭溪
东林
千金
孝源
洛舍
钟管
孝丰
新市
灵峰
昌硕
莫干山
阜溪
杭垓
乾元
新安
禹越
武康
上墅
天荒坪
雷甸
舞阳
下渚湖
报福
山川
章村

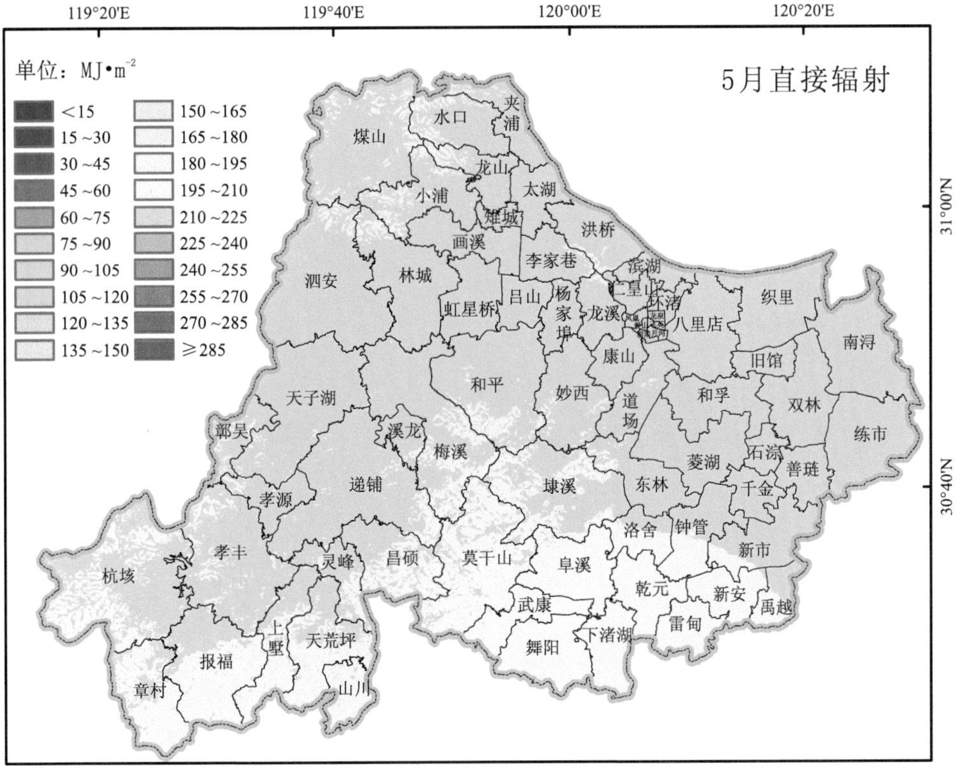
5月直接辐射
单位：MJ•m⁻²
<15
15～30
30～45
45～60
60～75
75～90
90～105
105～120
120～135
135～150
150～165
165～180
180～195
195～210
210～225
225～240
240～255
255～270
270～285
≥285
119°20'E
119°40'E
120°00'E
120°20'E
31°00'N
30°40'N
煤山
水口
夹浦
龙山
小浦
太湖
雉城
画溪
洪桥
李家巷
泗安
林城
滨湖
吕山
杨家埠
龙溪
环渚
织里
虹星桥
八里店
南浔
康山
旧馆
和平
妙西
道场
和孚
双林
天子湖
郎吴
溪龙
梅溪
石淙
练市
菱湖
递铺
埭溪
东林
善琏
千金
孝源
洛舍
钟管
孝丰
灵峰
昌硕
莫干山
阜溪
新市
杭垓
乾元
新安
武康
禹越
上墅
天荒坪
雷甸
舞阳
下渚湖
报福
章村
山川

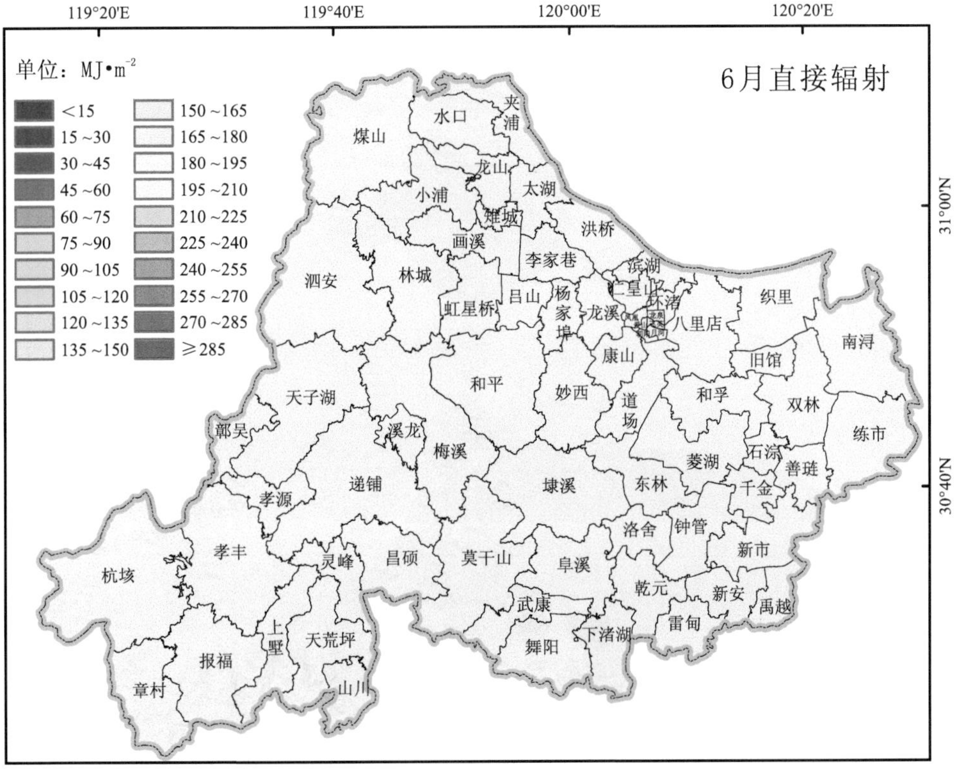
6月直接辐射
单位：MJ•m⁻²
<15
15～30
30～45
45～60
60～75
75～90
90～105
105～120
120～135
135～150
150～165
165～180
180～195
195～210
210～225
225～240
240～255
255～270
270～285
≥285
119°20'E
119°40'E
120°00'E
120°20'E
31°00'N
30°40'N
煤山
水口
夹浦
龙山
小浦
太湖
雉城
画溪
洪桥
李家巷
泗安
林城
滨湖
吕山
杨家埠
龙溪
环渚
织里
虹星桥
八里店
南浔
康山
旧馆
和平
妙西
道场
和孚
双林
天子湖
郎吴
溪龙
梅溪
石淙
练市
菱湖
递铺
埭溪
东林
善琏
千金
孝源
洛舍
钟管
孝丰
灵峰
昌硕
莫干山
阜溪
新市
杭垓
乾元
新安
武康
禹越
上墅
天荒坪
雷甸
舞阳
下渚湖
报福
章村
山川

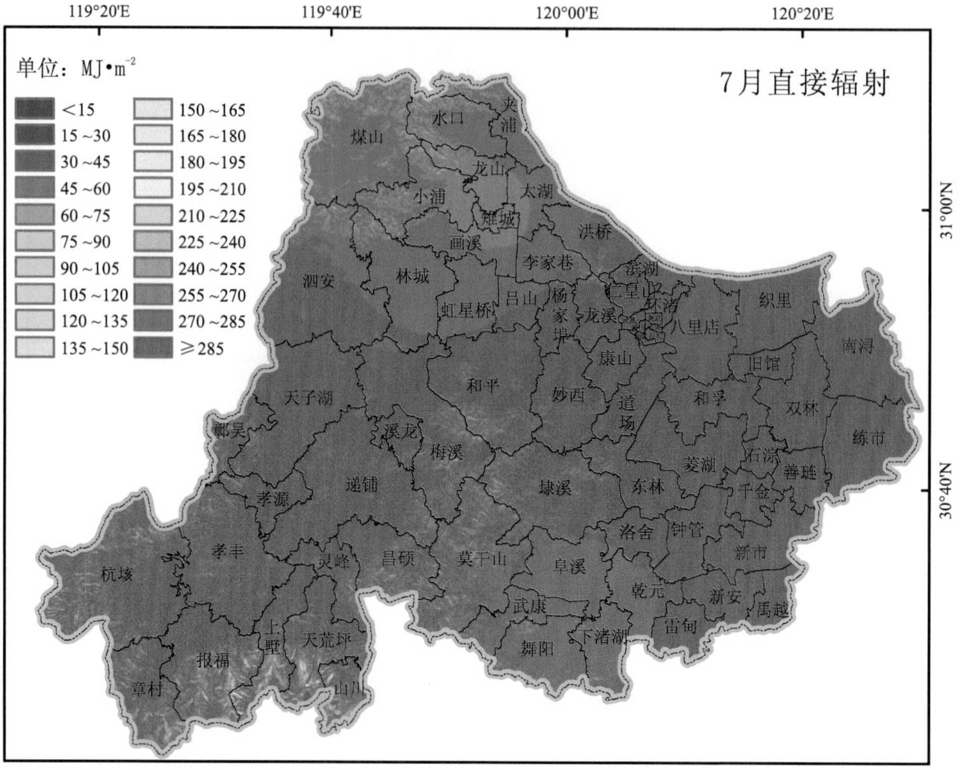
7月直接辐射
单位：MJ•m⁻²
<15
15~30
30~45
45~60
60~75
75~90
90~105
105~120
120~135
135~150
150~165
165~180
180~195
195~210
210~225
225~240
240~255
255~270
270~285
≥285
119°20'E
119°40'E
120°00'E
120°20'E
31°00'N
30°40'N
煤山
水口
夹浦
龙山
小浦
太湖
雉城
洪桥
画溪
李家巷
泗安
林城
滨湖
仁皇山
吕山
杨家埠
龙溪
环渚
织里
虹星桥
八里店
南浔
康山
旧馆
和平
天子湖
妙西
道场
和孚
双林
鄣吴
溪龙
梅溪
菱湖
石淙
练市
递铺
埭溪
东林
善琏
孝源
千金
洛舍
钟管
孝丰
灵峰
昌硕
莫干山
阜溪
新市
杭垓
武康
乾元
新安
禹越
上墅
天荒坪
雷甸
舞阳
下渚湖
报福
章村
山川

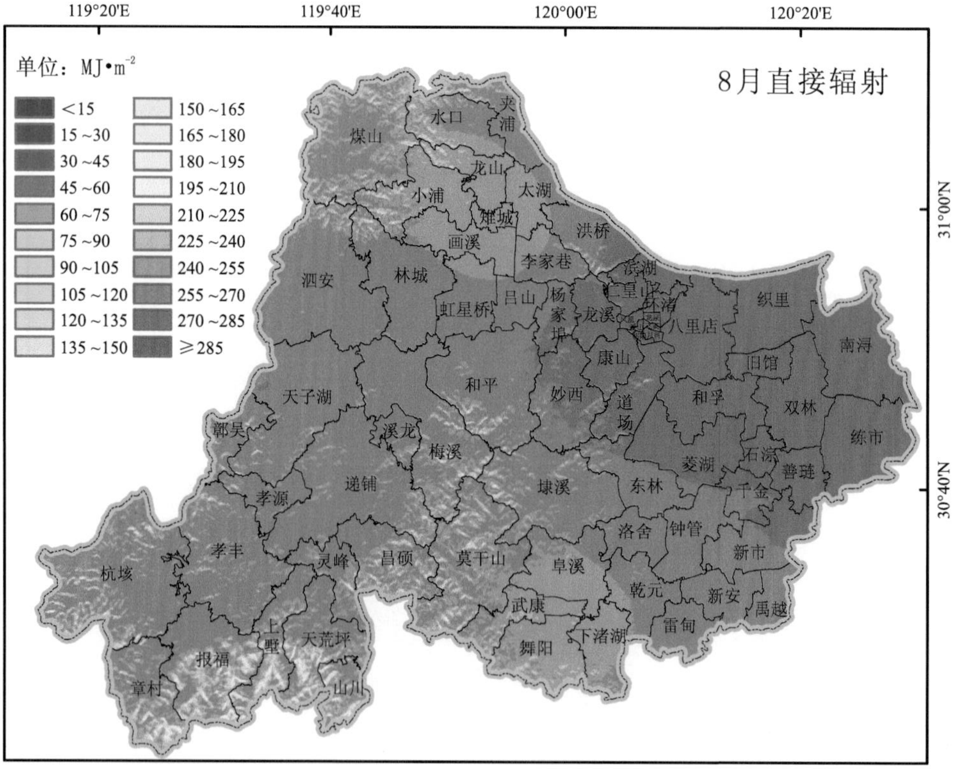
8月直接辐射
单位：MJ•m⁻²
<15
15~30
30~45
45~60
60~75
75~90
90~105
105~120
120~135
135~150
150~165
165~180
180~195
195~210
210~225
225~240
240~255
255~270
270~285
≥285
119°20'E
119°40'E
120°00'E
120°20'E
31°00'N
30°40'N
煤山
水口
夹浦
龙山
小浦
太湖
雉城
洪桥
画溪
李家巷
泗安
林城
滨湖
仁皇山
吕山
杨家埠
龙溪
环渚
织里
虹星桥
八里店
南浔
康山
旧馆
和平
天子湖
妙西
道场
和孚
双林
鄣吴
溪龙
梅溪
菱湖
石淙
练市
递铺
埭溪
东林
善琏
孝源
千金
洛舍
钟管
孝丰
灵峰
昌硕
莫干山
阜溪
新市
杭垓
武康
乾元
新安
禹越
上墅
天荒坪
雷甸
舞阳
下渚湖
报福
章村
山川

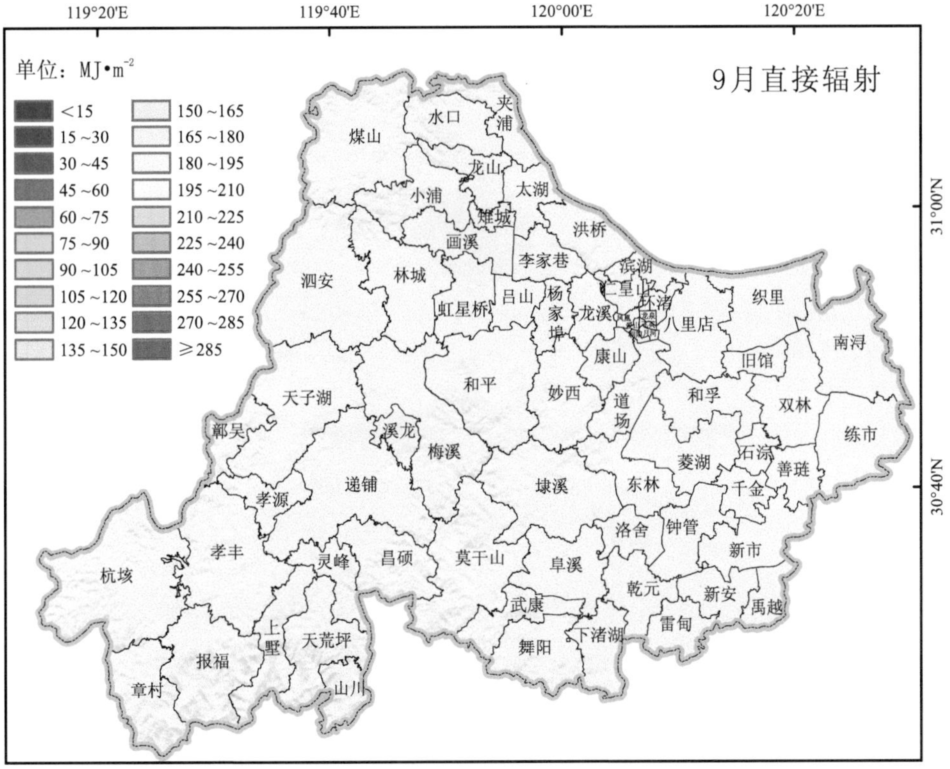
119°20'E
119°40'E
120°00'E
120°20'E
31°00'N
30°40'N
单位：MJ•m⁻²
9月直接辐射
<15
15～30
30～45
45～60
60～75
75～90
90～105
105～120
120～135
135～150
150～165
165～180
180～195
195～210
210～225
225～240
240～255
255～270
270～285
≥285
煤山
水口
夹浦
龙山
小浦
太湖
雉城
画溪
洪桥
泗安
林城
李家巷
滨湖
仁皇山
织里
吕山
杨家埠
龙溪
环渚
八里店
虹星桥
南浔
旧馆
康山
和平
妙西
道场
和孚
双林
天子湖
练市
鄣吴
溪龙
梅溪
石淙
菱湖
善琏
递铺
埭溪
东林
千金
孝源
洛舍
钟管
新市
孝丰
灵峰
昌硕
莫干山
阜溪
杭垓
乾元
新安
禹越
武康
雷甸
上墅
天荒坪
下渚湖
报福
舞阳
章村
山川

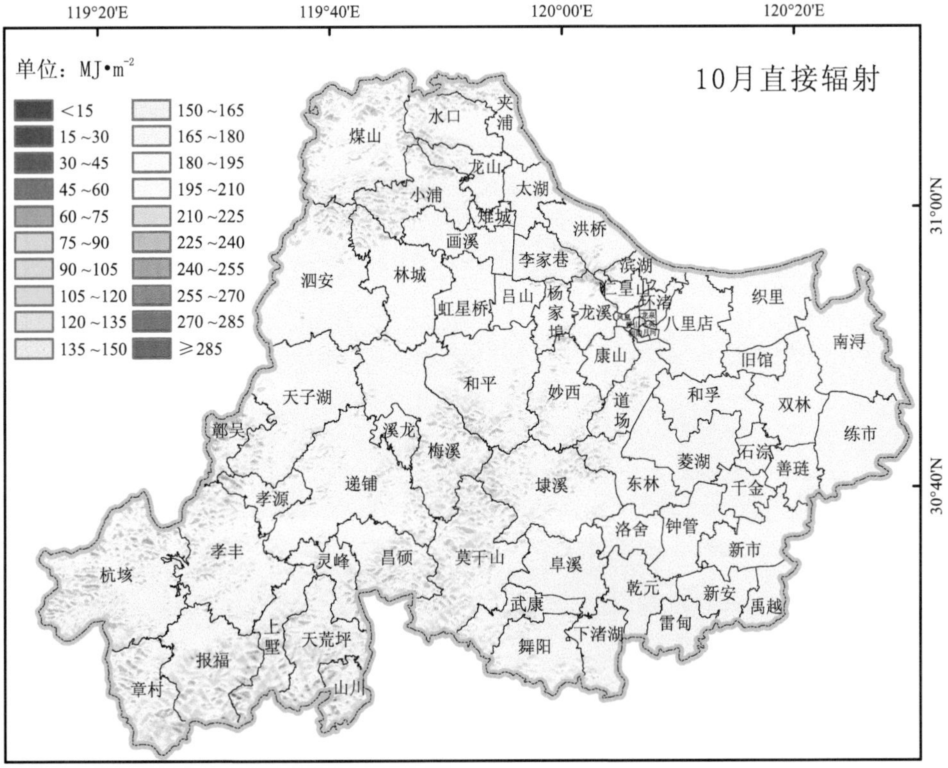
119°20'E
119°40'E
120°00'E
120°20'E
31°00'N
30°40'N
单位：MJ•m⁻²
10月直接辐射
<15
15～30
30～45
45～60
60～75
75～90
90～105
105～120
120～135
135～150
150～165
165～180
180～195
195～210
210～225
225～240
240～255
255～270
270～285
≥285
煤山
水口
夹浦
龙山
小浦
太湖
雉城
画溪
洪桥
泗安
林城
李家巷
滨湖
仁皇山
织里
吕山
杨家埠
龙溪
环渚
八里店
虹星桥
南浔
旧馆
康山
和平
妙西
道场
和孚
双林
天子湖
练市
鄣吴
溪龙
梅溪
石淙
菱湖
善琏
递铺
埭溪
东林
千金
孝源
洛舍
钟管
新市
孝丰
灵峰
昌硕
莫干山
阜溪
杭垓
乾元
新安
禹越
武康
雷甸
上墅
天荒坪
下渚湖
报福
舞阳
章村
山川

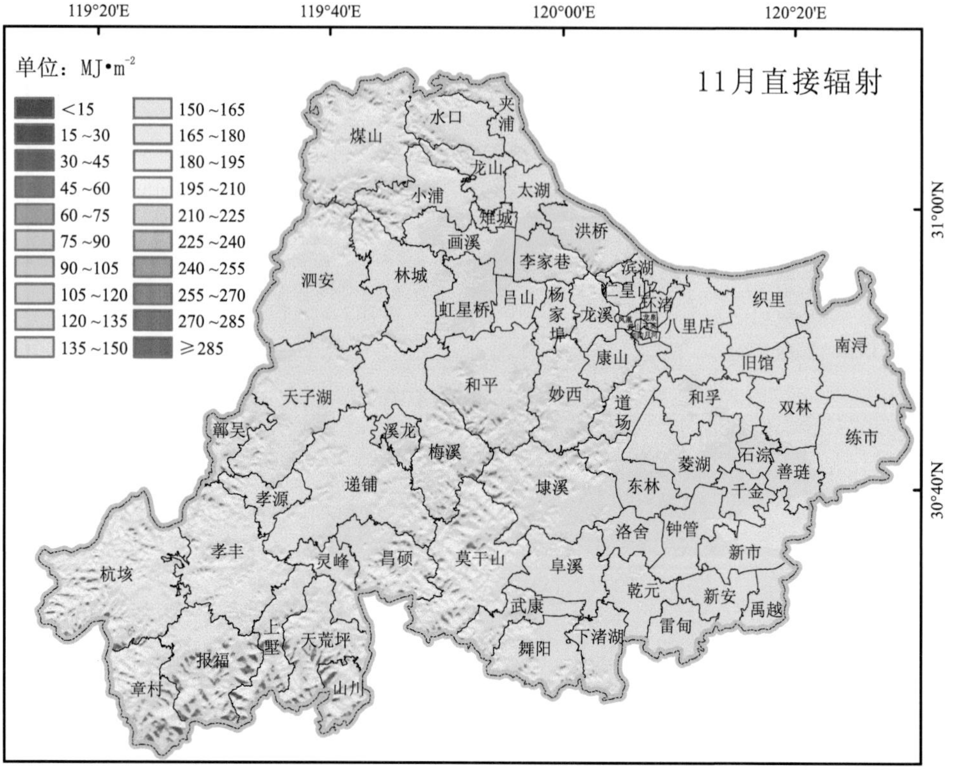
119°20'E
119°40'E
120°00'E
120°20'E
31°00'N
30°40'N
单位：MJ•m⁻²
<15
15~30
30~45
45~60
60~75
75~90
90~105
105~120
120~135
135~150
150~165
165~180
180~195
195~210
210~225
225~240
240~255
255~270
270~285
≥285
11月直接辐射
煤山
水口
夹浦
龙山
小浦
太湖
雉城
画溪
洪桥
李家巷
滨湖
泗安
林城
虹星桥
吕山
杨家埠
龙溪
二里山
环渚
八里店
织里
南浔
旧馆
康山
和平
妙西
道场
和孚
双林
练市
天子湖
鄣吴
溪龙
梅溪
菱湖
石淙
善琏
递铺
埭溪
东林
千金
孝源
孝丰
杭垓
灵峰
昌硕
莫干山
阜溪
洛舍
钟管
新市
乾元
新安
禹越
武康
雷甸
下渚湖
舞阳
上墅
天荒坪
报福
章村
山川

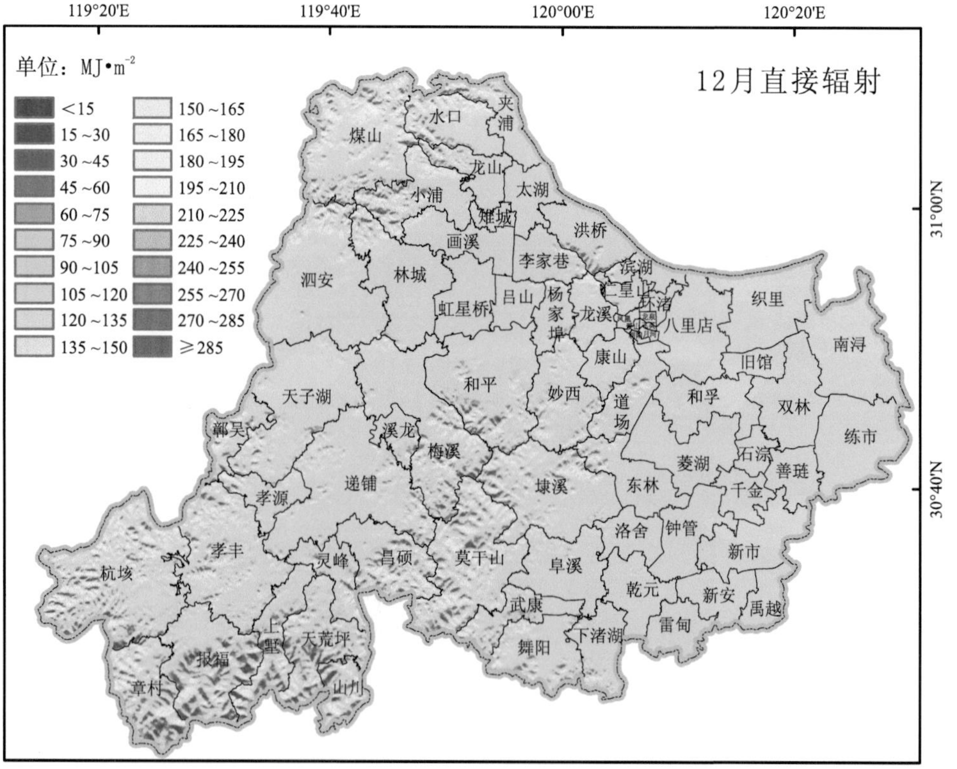
119°20'E
119°40'E
120°00'E
120°20'E
31°00'N
30°40'N
单位：MJ•m⁻²
<15
15~30
30~45
45~60
60~75
75~90
90~105
105~120
120~135
135~150
150~165
165~180
180~195
195~210
210~225
225~240
240~255
255~270
270~285
≥285
12月直接辐射
煤山
水口
夹浦
龙山
小浦
太湖
雉城
画溪
洪桥
李家巷
滨湖
泗安
林城
虹星桥
吕山
杨家埠
龙溪
二里山
环渚
八里店
织里
南浔
旧馆
康山
和平
妙西
道场
和孚
双林
练市
天子湖
鄣吴
溪龙
梅溪
菱湖
石淙
善琏
递铺
埭溪
东林
千金
孝源
孝丰
杭垓
灵峰
昌硕
莫干山
阜溪
洛舍
钟管
新市
乾元
新安
禹越
武康
雷甸
下渚湖
舞阳
上墅
天荒坪
报福
章村
山川

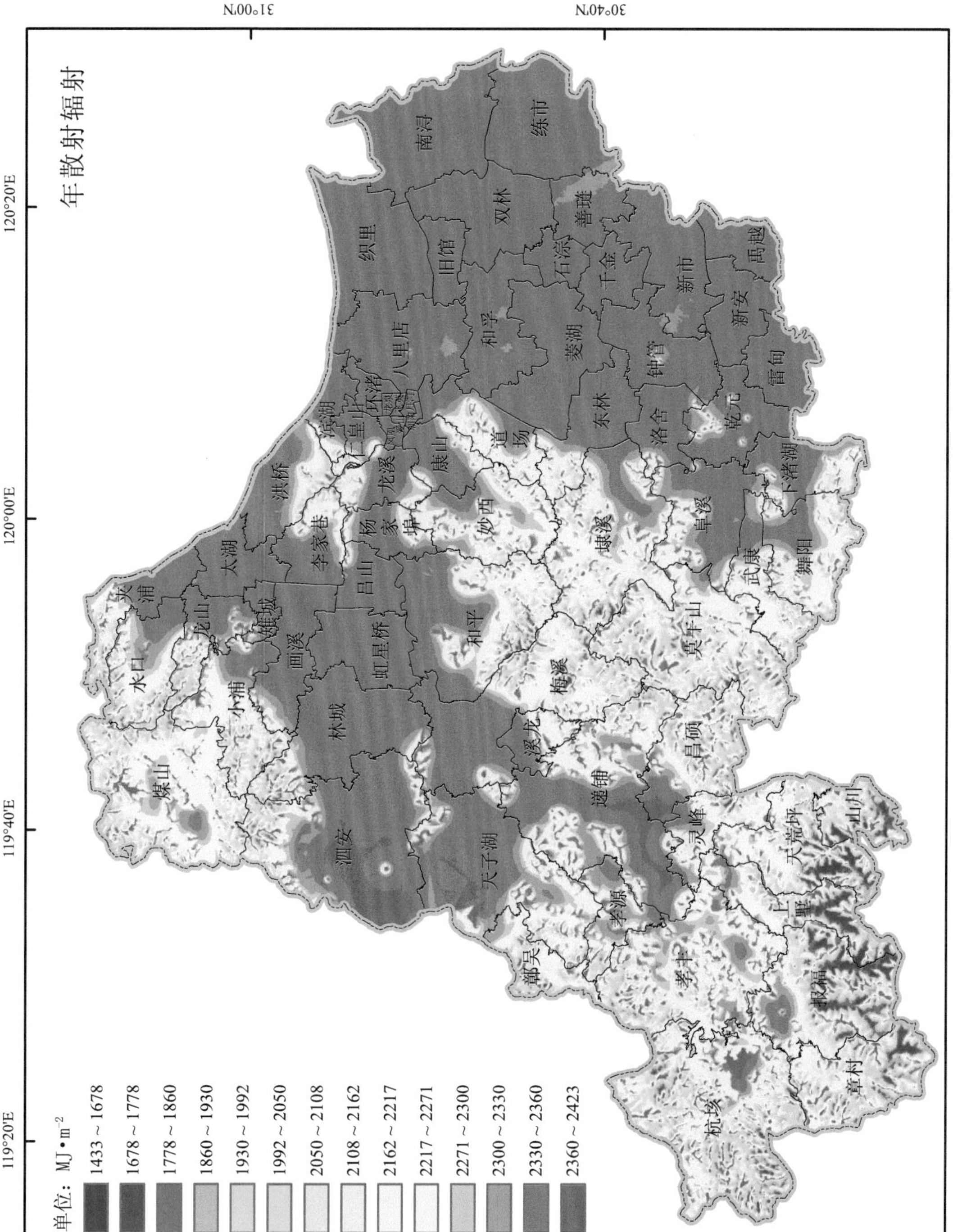

年散射辐射
单位：MJ·m^{-2}
1433～1678
1678～1778
1778～1860
1860～1930
1930～1992
1992～2050
2050～2108
2108～2162
2162～2217
2217～2271
2271～2300
2300～2330
2330～2360
2360～2423
31°00'N
30°40'N
120°20'E
120°00'E
119°40'E
119°20'E
南浔
练市
织里
双林
善琏
旧馆
石淙
千金
禹越
新市
新安
和孚
菱湖
钟管
雷甸
八里店
东林
洛舍
乾元
道场
下渚湖
康山
阜溪
龙溪
妙西
康溪
武康
舞阳
洪桥
太湖
李家巷
杨家埠
吕山
和平
莫干山
夹浦
龙山
雉城
画溪
虹星桥
梅溪
水口
小浦
林城
溪龙
昌硕
煤山
递铺
灵峰
山川
天荒坪
泗安
天子湖
孝源
上墅
鄣吴
孝丰
报福
章村
杭垓

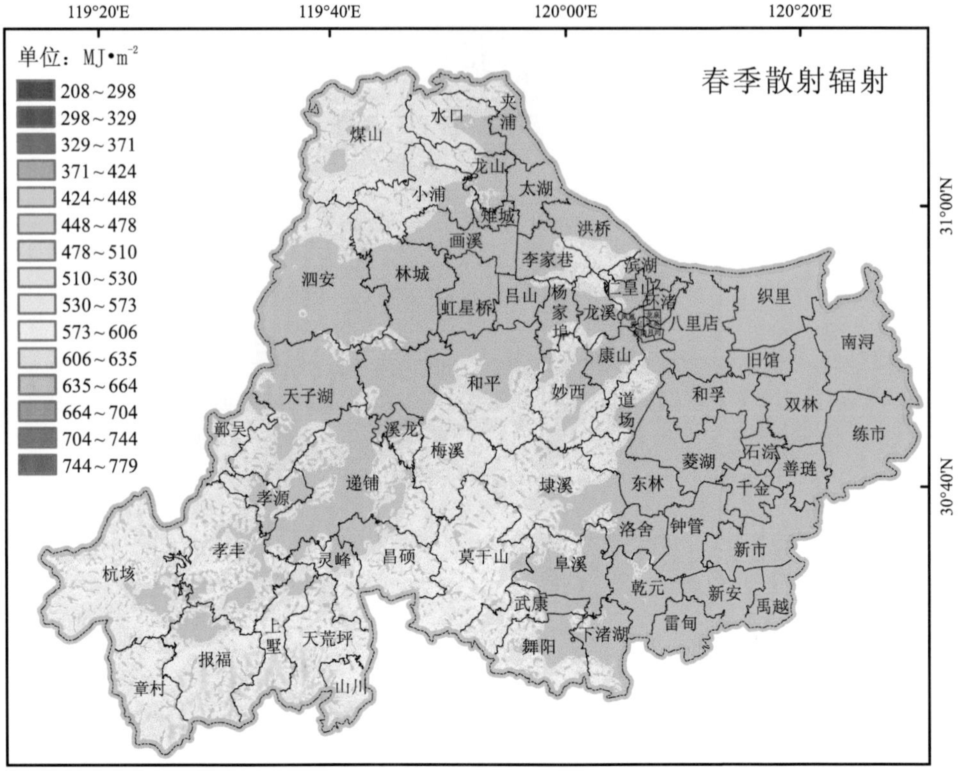
119°20'E
119°40'E
120°00'E
120°20'E
31°00'N
30°40'N
单位：MJ•m⁻²
208～298
298～329
329～371
371～424
424～448
448～478
478～510
510～530
530～573
573～606
606～635
635～664
664～704
704～744
744～779
春季散射辐射
煤山
水口
夹浦
龙山
小浦
太湖
雉城
洪桥
画溪
李家巷
泗安
林城
滨湖
仁皇山
织里
虹星桥
吕山
杨家埠
龙溪
环渚
八里店
南浔
康山
旧馆
天子湖
和平
妙西
道场
和孚
双林
鄣吴
溪龙
梅溪
菱湖
石淙
练市
递铺
埭溪
东林
善琏
孝源
千金
洛舍
钟管
杭垓
孝丰
灵峰
昌硕
莫干山
阜溪
新市
乾元
新安
禹越
武康
上墅
天荒坪
雷甸
报福
下渚湖
舞阳
章村
山川

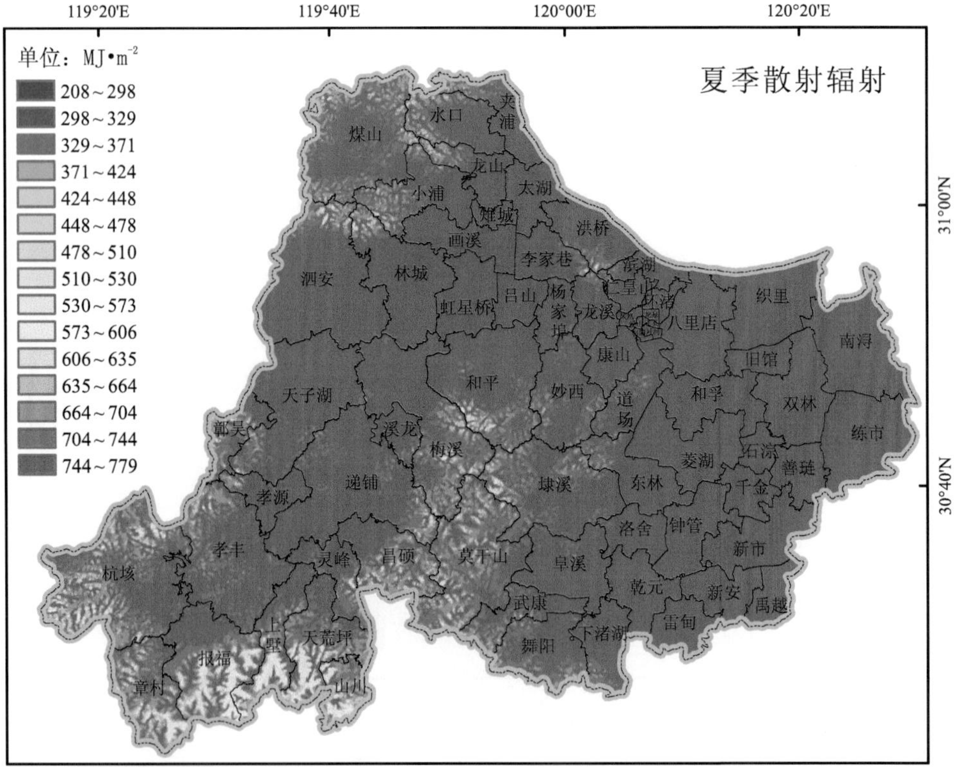
119°20'E
119°40'E
120°00'E
120°20'E
31°00'N
30°40'N
单位：MJ•m⁻²
208～298
298～329
329～371
371～424
424～448
448～478
478～510
510～530
530～573
573～606
606～635
635～664
664～704
704～744
744～779
夏季散射辐射
煤山
水口
夹浦
龙山
小浦
太湖
雉城
洪桥
画溪
李家巷
泗安
林城
滨湖
仁皇山
织里
虹星桥
吕山
杨家埠
龙溪
环渚
八里店
南浔
康山
旧馆
天子湖
和平
妙西
道场
和孚
双林
鄣吴
溪龙
梅溪
菱湖
石淙
练市
递铺
埭溪
东林
善琏
孝源
千金
洛舍
钟管
杭垓
孝丰
灵峰
昌硕
莫干山
阜溪
新市
乾元
新安
禹越
武康
上墅
天荒坪
雷甸
报福
下渚湖
舞阳
章村
山川

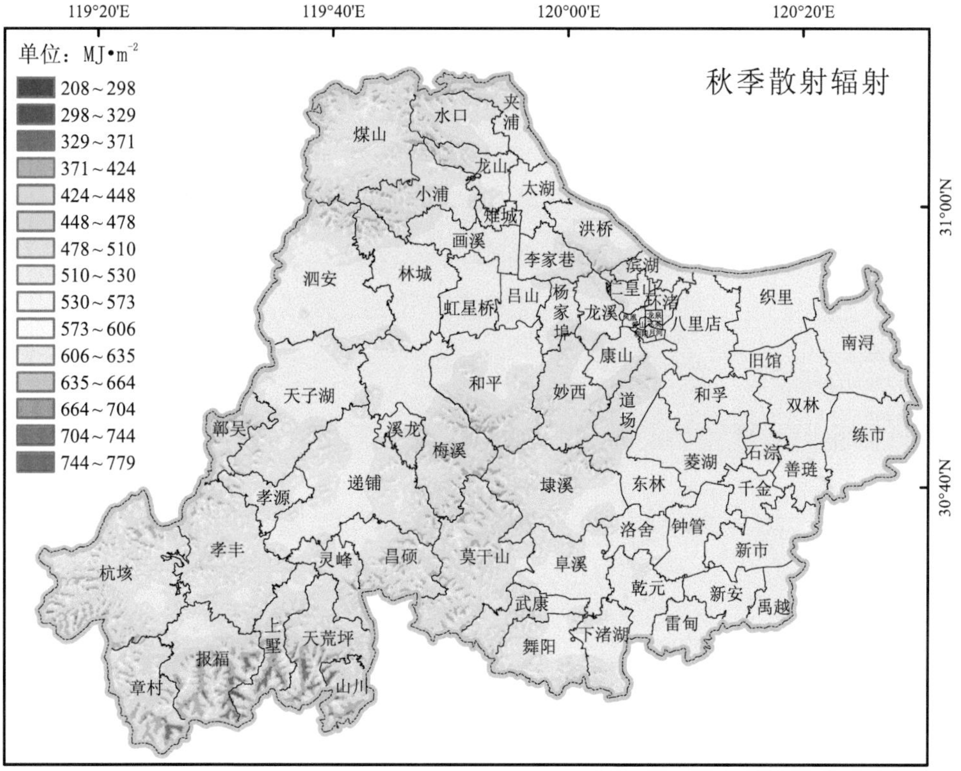
119°20'E
119°40'E
120°00'E
120°20'E
31°00'N
30°40'N
单位：MJ•m⁻²
208～298
298～329
329～371
371～424
424～448
448～478
478～510
510～530
530～573
573～606
606～635
635～664
664～704
704～744
744～779
秋季散射辐射
煤山
水口
夹浦
龙山
小浦
太湖
雉城
画溪
洪桥
李家巷
滨湖
泗安
林城
虹星桥
吕山
杨家埠
龙溪
环渚
八里店
织里
南浔
旧馆
康山
和平
妙西
道场
和孚
双林
练市
天子湖
鄣吴
溪龙
梅溪
石淙
菱湖
善琏
递铺
埭溪
东林
千金
孝源
洛舍
钟管
新市
孝丰
灵峰
昌硕
莫干山
阜溪
杭垓
乾元
新安
禹越
武康
雷甸
上墅
天荒坪
下渚湖
报福
舞阳
章村
山川

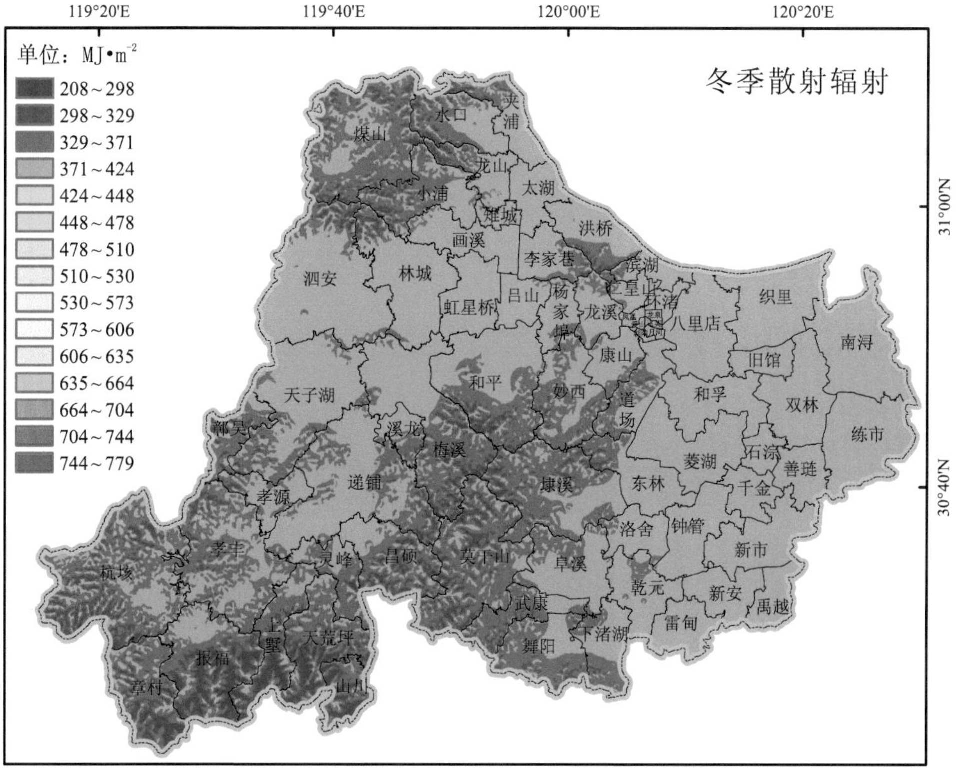
119°20'E
119°40'E
120°00'E
120°20'E
31°00'N
30°40'N
单位：MJ•m⁻²
208～298
298～329
329～371
371～424
424～448
448～478
478～510
510～530
530～573
573～606
606～635
635～664
664～704
704～744
744～779
冬季散射辐射
煤山
水口
夹浦
龙山
小浦
太湖
雉城
画溪
洪桥
李家巷
滨湖
泗安
林城
虹星桥
吕山
杨家埠
龙溪
环渚
八里店
织里
南浔
旧馆
康山
和平
妙西
道场
和孚
双林
练市
天子湖
鄣吴
溪龙
梅溪
石淙
菱湖
善琏
递铺
埭溪
东林
千金
孝源
洛舍
钟管
新市
孝丰
灵峰
昌硕
莫干山
阜溪
杭垓
乾元
新安
禹越
武康
雷甸
上墅
天荒坪
下渚湖
报福
舞阳
章村
山川

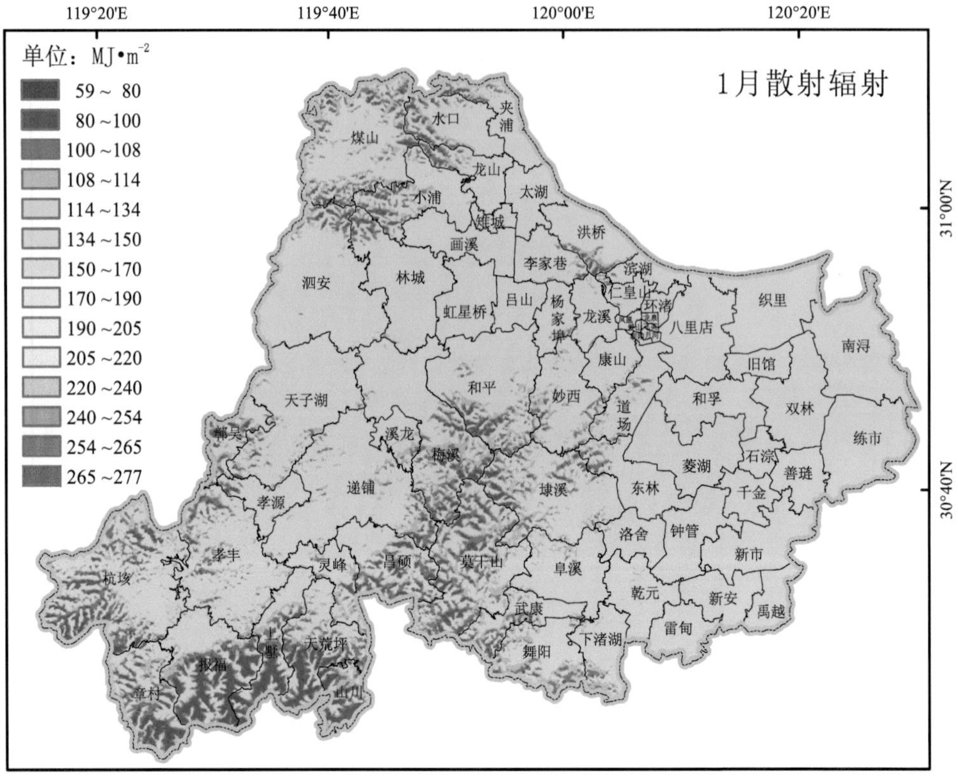

119°20'E
119°40'E
120°00'E
120°20'E
31°00'N
30°40'N
单位：MJ•m^{-2}
59～ 80
80～100
100～108
108～114
114～134
134～150
150～170
170～190
190～205
205～220
220～240
240～254
254～265
265～277
1月散射辐射
夹浦
水口
煤山
龙山
小浦
太湖
雉城
洪桥
画溪
李家巷
滨湖
泗安
林城
仁皇山
吕山
环渚
虹星桥
杨家埠
龙溪
八里店
织里
南浔
康山
旧馆
和平
妙西
天子湖
和孚
道场
双林
郎吴
溪龙
梅溪
石淙
练市
递铺
菱湖
孝源
埭溪
东林
千金
善琏
洛舍
钟管
孝丰
灵峰
昌硕
莫干山
新市
杭垓
阜溪
乾元
新安
武康
禹越
上墅
天荒坪
雷甸
报福
下渚湖
舞阳
章村
山川

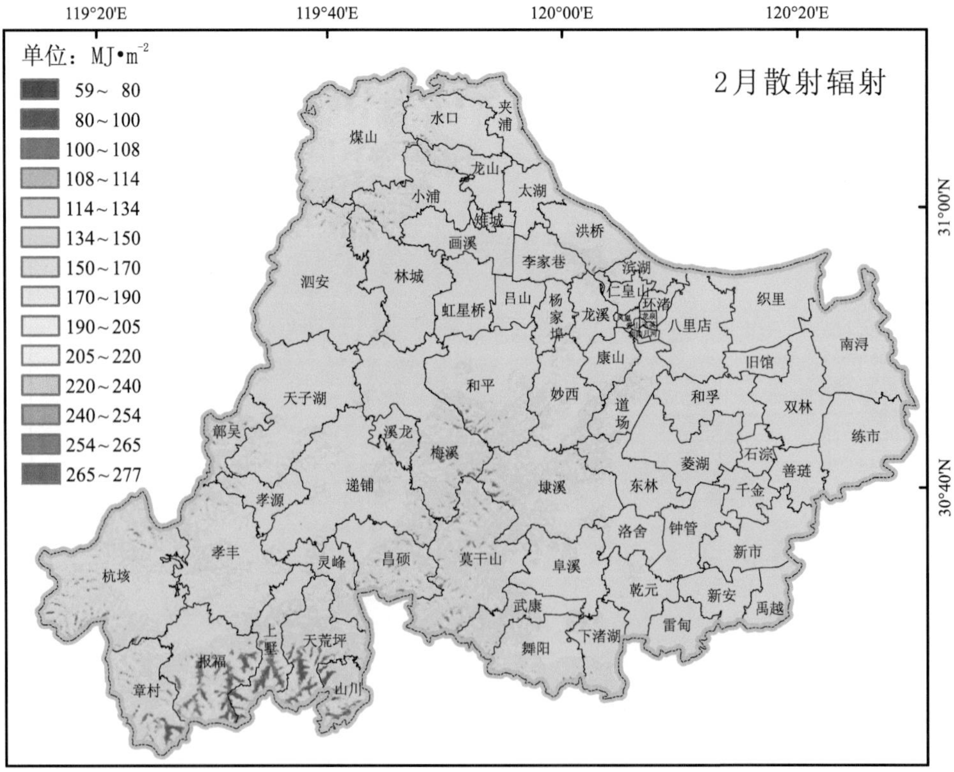

119°20'E
119°40'E
120°00'E
120°20'E
31°00'N
30°40'N
单位：MJ•m^{-2}
59～ 80
80～100
100～108
108～114
114～134
134～150
150～170
170～190
190～205
205～220
220～240
240～254
254～265
265～277
2月散射辐射
夹浦
水口
煤山
龙山
小浦
太湖
雉城
洪桥
画溪
李家巷
滨湖
泗安
林城
仁皇山
吕山
环渚
虹星桥
杨家埠
龙溪
八里店
织里
南浔
康山
旧馆
和平
妙西
天子湖
和孚
道场
双林
郎吴
溪龙
梅溪
石淙
练市
递铺
菱湖
孝源
埭溪
东林
千金
善琏
洛舍
钟管
孝丰
灵峰
昌硕
莫干山
新市
杭垓
阜溪
乾元
新安
武康
禹越
上墅
天荒坪
雷甸
报福
下渚湖
舞阳
章村
山川

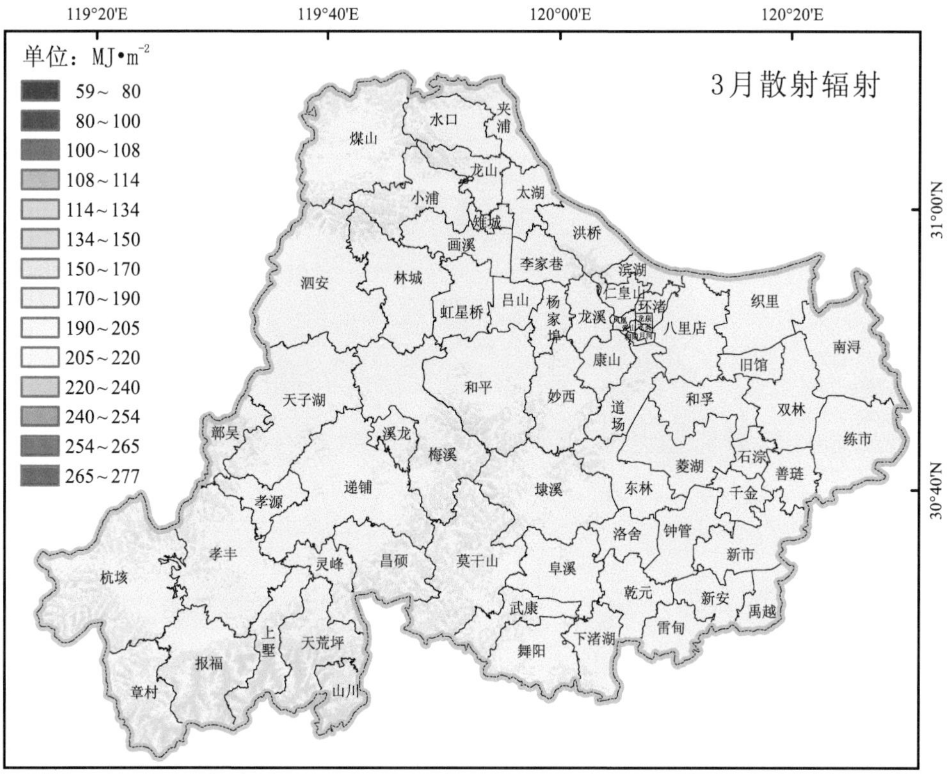
119°20'E
119°40'E
120°00'E
120°20'E
31°00'N
30°40'N
单位：MJ•m^{-2}
59～ 80
80～100
100～108
108～114
114～134
134～150
150～170
170～190
190～205
205～220
220～240
240～254
254～265
265～277
3月散射辐射
煤山
水口
夹浦
龙山
小浦
太湖
雉城
洪桥
画溪
李家巷
滨湖
泗安
林城
吕山
仁皇山
虹星桥
杨家埠
龙溪
环渚
八里店
织里
南浔
旧馆
康山
和平
妙西
和孚
双林
天子湖
道场
练市
鄣吴
溪龙
梅溪
菱湖
石淙
善琏
递铺
埭溪
东林
千金
孝源
洛舍
钟管
新市
孝丰
灵峰
昌硕
莫干山
阜溪
杭垓
乾元
新安
武康
禹越
上墅
天荒坪
雷甸
报福
舞阳
下渚湖
章村
山川

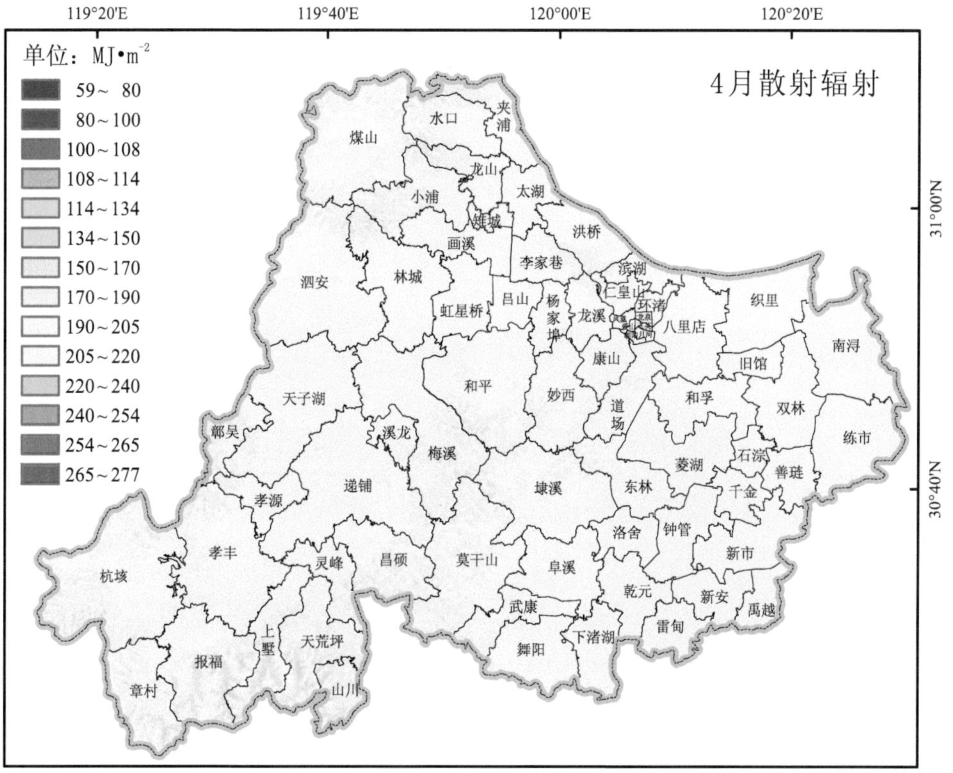
119°20'E
119°40'E
120°00'E
120°20'E
31°00'N
30°40'N
单位：MJ•m^{-2}
59～ 80
80～100
100～108
108～114
114～134
134～150
150～170
170～190
190～205
205～220
220～240
240～254
254～265
265～277
4月散射辐射
煤山
水口
夹浦
龙山
小浦
太湖
雉城
洪桥
画溪
李家巷
滨湖
泗安
林城
吕山
仁皇山
虹星桥
杨家埠
龙溪
环渚
八里店
织里
南浔
旧馆
康山
和平
妙西
和孚
双林
天子湖
道场
练市
鄣吴
溪龙
梅溪
菱湖
石淙
善琏
递铺
埭溪
东林
千金
孝源
洛舍
钟管
新市
孝丰
灵峰
昌硕
莫干山
阜溪
杭垓
乾元
新安
武康
禹越
上墅
天荒坪
雷甸
报福
舞阳
下渚湖
章村
山川

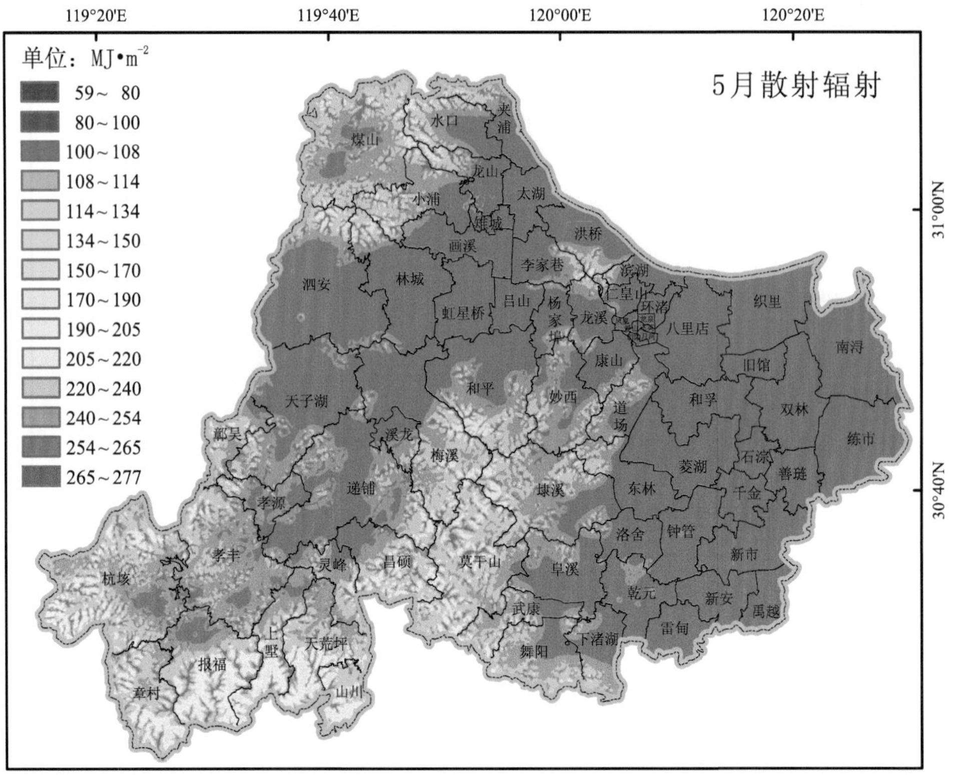
119°20'E
119°40'E
120°00'E
120°20'E
31°00'N
30°40'N
单位：MJ•m⁻²
59～ 80
80～100
100～108
108～114
114～134
134～150
150～170
170～190
190～205
205～220
220～240
240～254
254～265
265～277
5月散射辐射
夹浦
水口
煤山
龙山
小浦
太湖
雉城
洪桥
画溪
李家巷
滨湖
泗安
林城
仁皇山
吕山
杨家埠
环渚
虹星桥
龙溪
八里店
织里
南浔
康山
旧馆
和平
妙西
和孚
天子湖
双林
道场
鄣吴
溪龙
梅溪
石淙
练市
菱湖
递铺
埭溪
东林
善琏
孝源
千金
洛舍
钟管
孝丰
灵峰
昌硕
莫干山
新市
杭垓
阜溪
乾元
新安
武康
禹越
上墅
天荒坪
下渚湖
雷甸
报福
舞阳
山川
章村

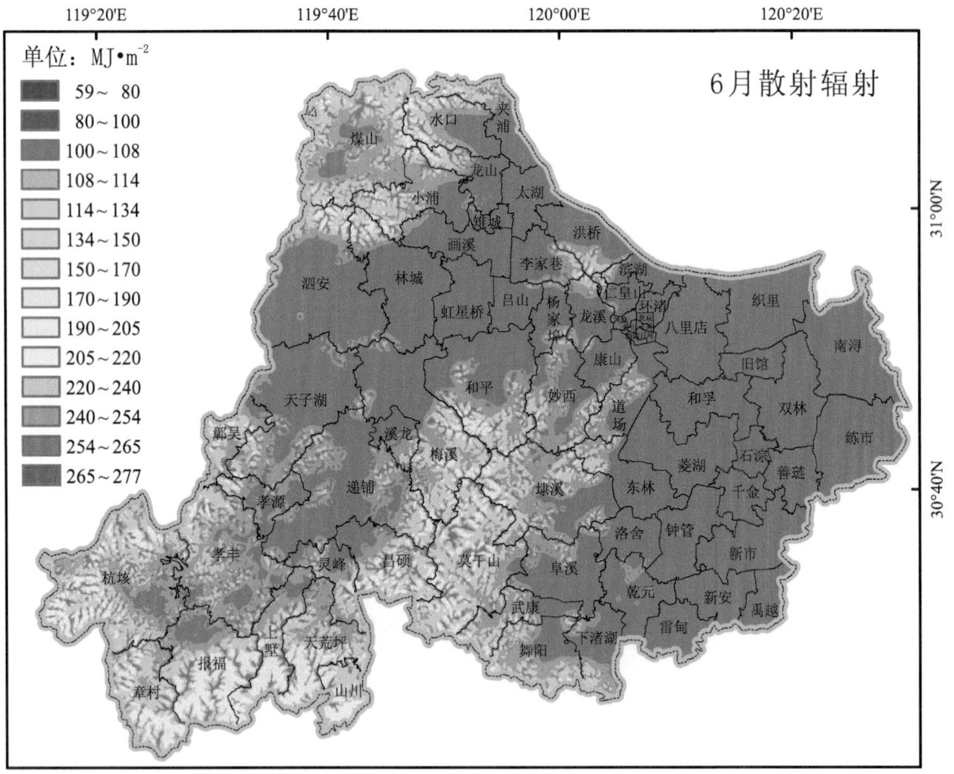
119°20'E
119°40'E
120°00'E
120°20'E
31°00'N
30°40'N
单位：MJ•m⁻²
59～ 80
80～100
100～108
108～114
114～134
134～150
150～170
170～190
190～205
205～220
220～240
240～254
254～265
265～277
6月散射辐射
夹浦
水口
煤山
龙山
小浦
太湖
雉城
洪桥
画溪
李家巷
滨湖
泗安
林城
仁皇山
吕山
杨家埠
环渚
虹星桥
龙溪
八里店
织里
南浔
康山
旧馆
和平
妙西
和孚
天子湖
双林
道场
鄣吴
溪龙
梅溪
石淙
练市
菱湖
递铺
埭溪
东林
善琏
孝源
千金
洛舍
钟管
孝丰
灵峰
昌硕
莫干山
新市
杭垓
阜溪
乾元
新安
武康
禹越
上墅
天荒坪
下渚湖
雷甸
报福
舞阳
山川
章村

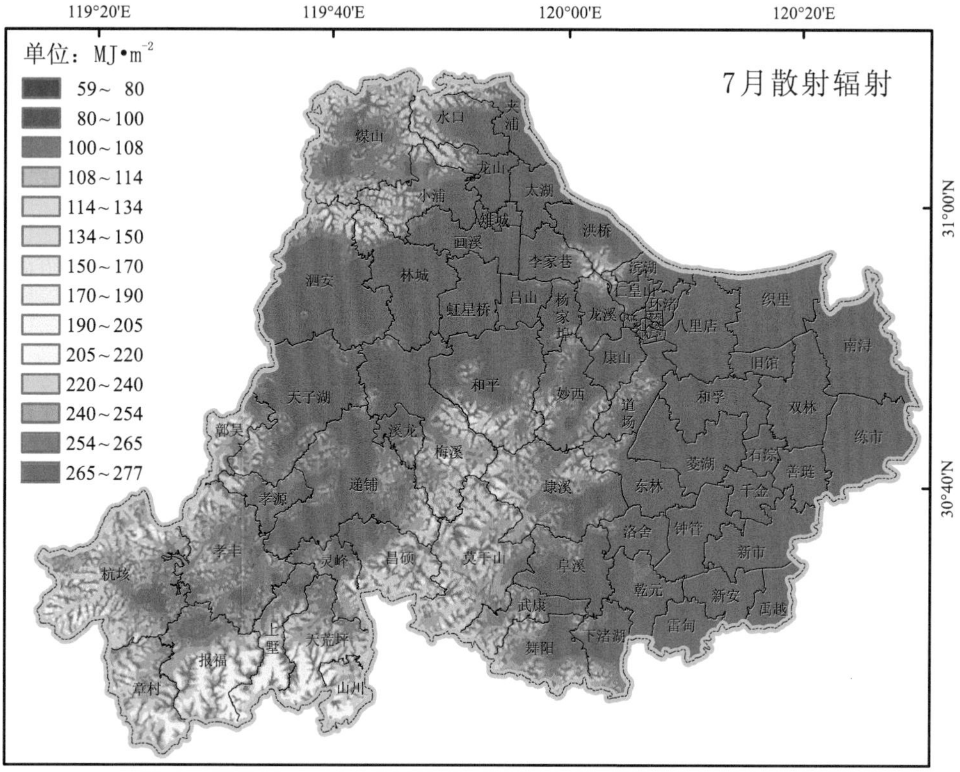
7月散射辐射
单位：MJ•m^{-2}
59～ 80
80～100
100～108
108～114
114～134
134～150
150～170
170～190
190～205
205～220
220～240
240～254
254～265
265～277
119°20'E
119°40'E
120°00'E
120°20'E
31°00'N
30°40'N
煤山
水口
夹浦
龙山
小浦
太湖
雉城
画溪
洪桥
李家巷
泗安
林城
虹星桥
吕山
杨家埠
龙溪
滨湖
仁皇山
环渚
八里店
织里
南浔
康山
旧馆
和平
妙西
道场
和孚
双林
天子湖
鄣吴
溪龙
梅溪
菱湖
石淙
练市
善琏
孝源
递铺
埭溪
东林
千金
洛舍
钟管
杭垓
孝丰
灵峰
昌硕
莫干山
阜溪
新市
乾元
新安
禹越
武康
雷甸
上墅
天荒坪
下渚湖
舞阳
报福
章村
山川

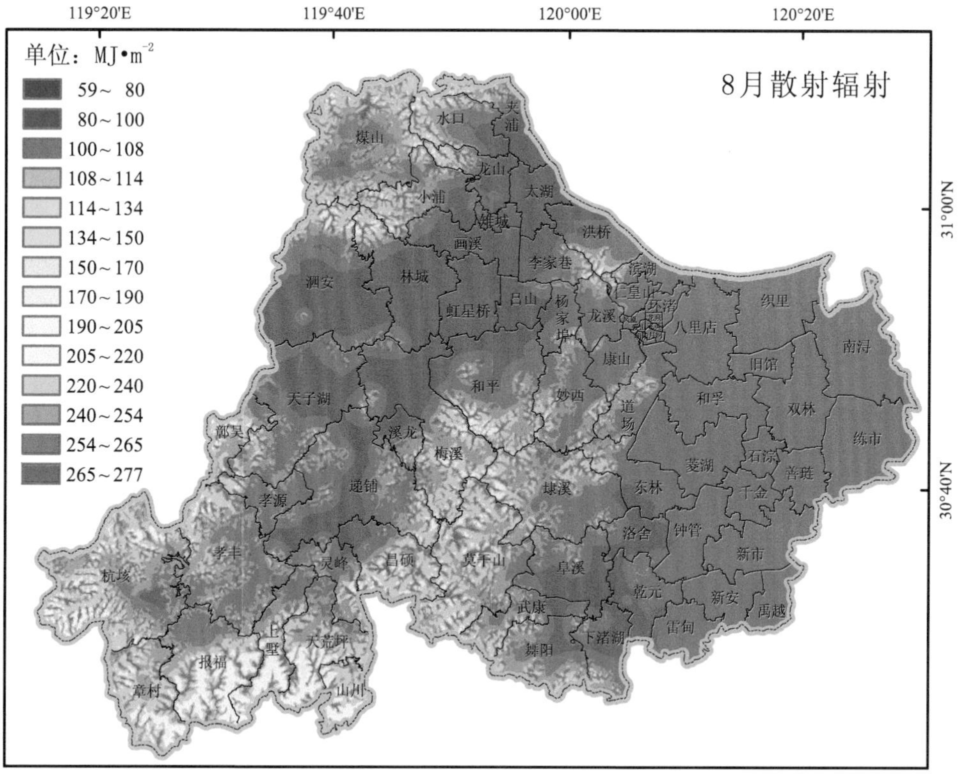
8月散射辐射
单位：MJ•m^{-2}
59～ 80
80～100
100～108
108～114
114～134
134～150
150～170
170～190
190～205
205～220
220～240
240～254
254～265
265～277
119°20'E
119°40'E
120°00'E
120°20'E
31°00'N
30°40'N
煤山
水口
夹浦
龙山
小浦
太湖
雉城
画溪
洪桥
李家巷
泗安
林城
虹星桥
吕山
杨家埠
龙溪
滨湖
仁皇山
环渚
八里店
织里
南浔
康山
旧馆
和平
妙西
道场
和孚
双林
天子湖
鄣吴
溪龙
梅溪
菱湖
石淙
练市
善琏
孝源
递铺
埭溪
东林
千金
洛舍
钟管
杭垓
孝丰
灵峰
昌硕
莫干山
阜溪
新市
乾元
新安
禹越
武康
雷甸
上墅
天荒坪
下渚湖
舞阳
报福
章村
山川

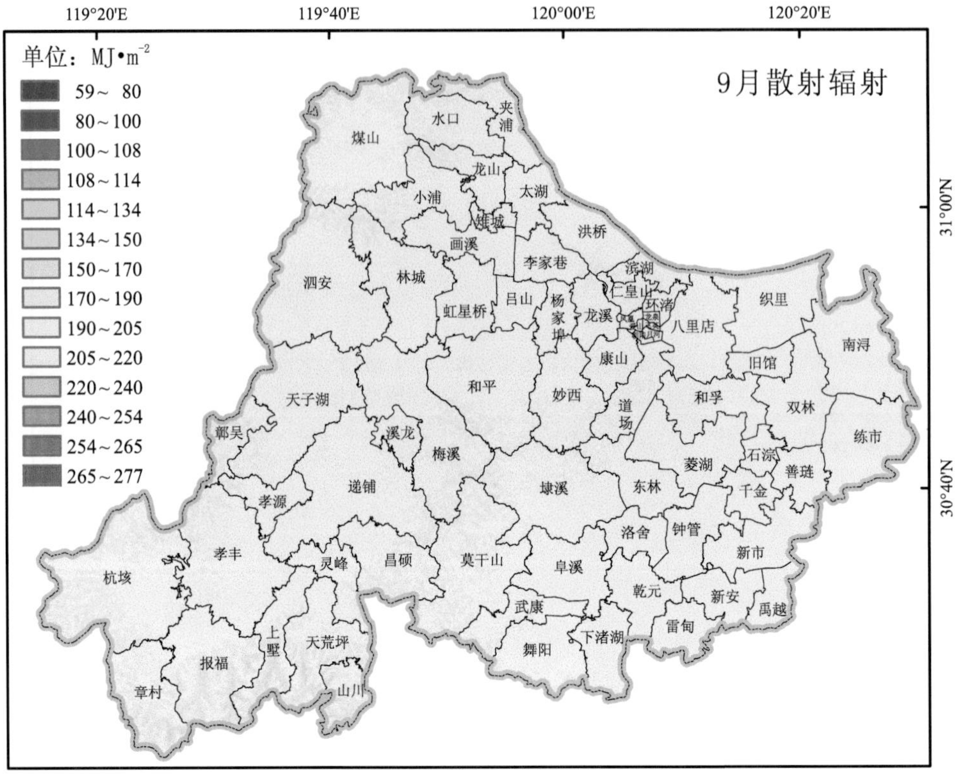
9月散射辐射
单位：MJ•m⁻²
59～ 80
80～100
100～108
108～114
114～134
134～150
150～170
170～190
190～205
205～220
220～240
240～254
254～265
265～277
119°20'E
119°40'E
120°00'E
120°20'E
31°00'N
30°40'N
煤山
水口
夹浦
龙山
小浦
太湖
雉城
洪桥
画溪
李家巷
泗安
林城
滨湖
仁皇山
虹星桥
吕山
杨家埠
龙溪
环渚
八里店
织里
南浔
旧馆
康山
和平
妙西
道场
和孚
双林
天子湖
鄣吴
溪龙
梅溪
石淙
练市
菱湖
善琏
递铺
埭溪
东林
千金
孝源
洛舍
钟管
孝丰
灵峰
昌硕
莫干山
阜溪
新市
杭垓
乾元
新安
武康
禹越
上墅
天荒坪
雷甸
报福
舞阳
下渚湖
山川
章村

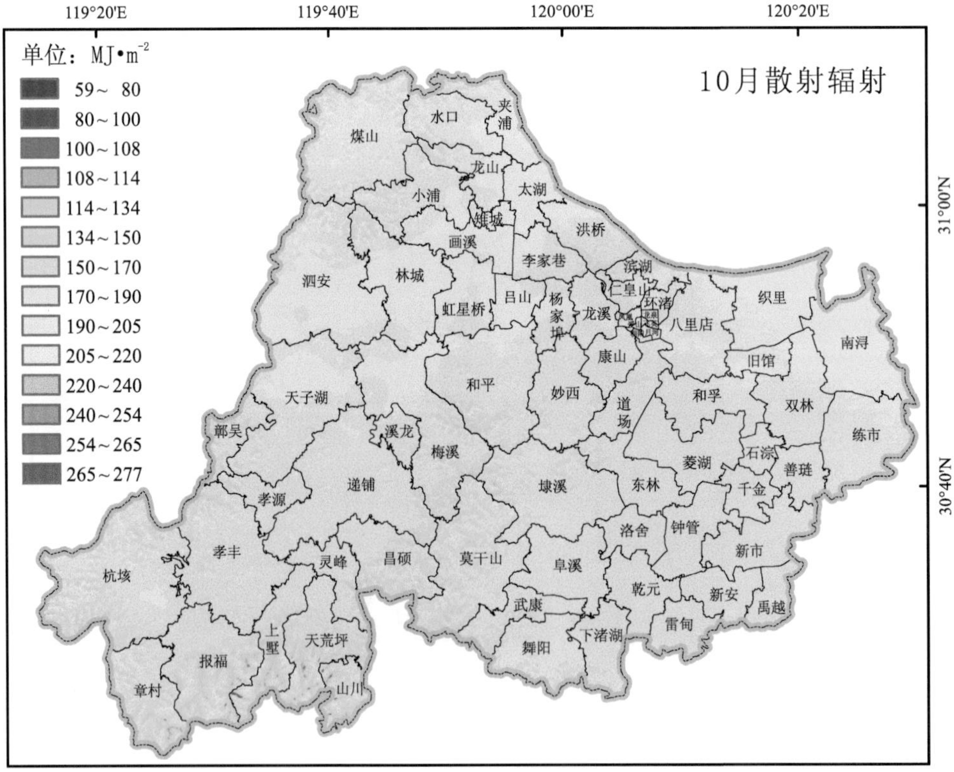
10月散射辐射
单位：MJ•m⁻²
59～ 80
80～100
100～108
108～114
114～134
134～150
150～170
170～190
190～205
205～220
220～240
240～254
254～265
265～277
119°20'E
119°40'E
120°00'E
120°20'E
31°00'N
30°40'N
煤山
水口
夹浦
龙山
小浦
太湖
雉城
洪桥
画溪
李家巷
泗安
林城
滨湖
仁皇山
虹星桥
吕山
杨家埠
龙溪
环渚
八里店
织里
南浔
旧馆
康山
和平
妙西
道场
和孚
双林
天子湖
鄣吴
溪龙
梅溪
石淙
练市
菱湖
善琏
递铺
埭溪
东林
千金
孝源
洛舍
钟管
孝丰
灵峰
昌硕
莫干山
阜溪
新市
杭垓
乾元
新安
武康
禹越
上墅
天荒坪
雷甸
报福
舞阳
下渚湖
山川
章村

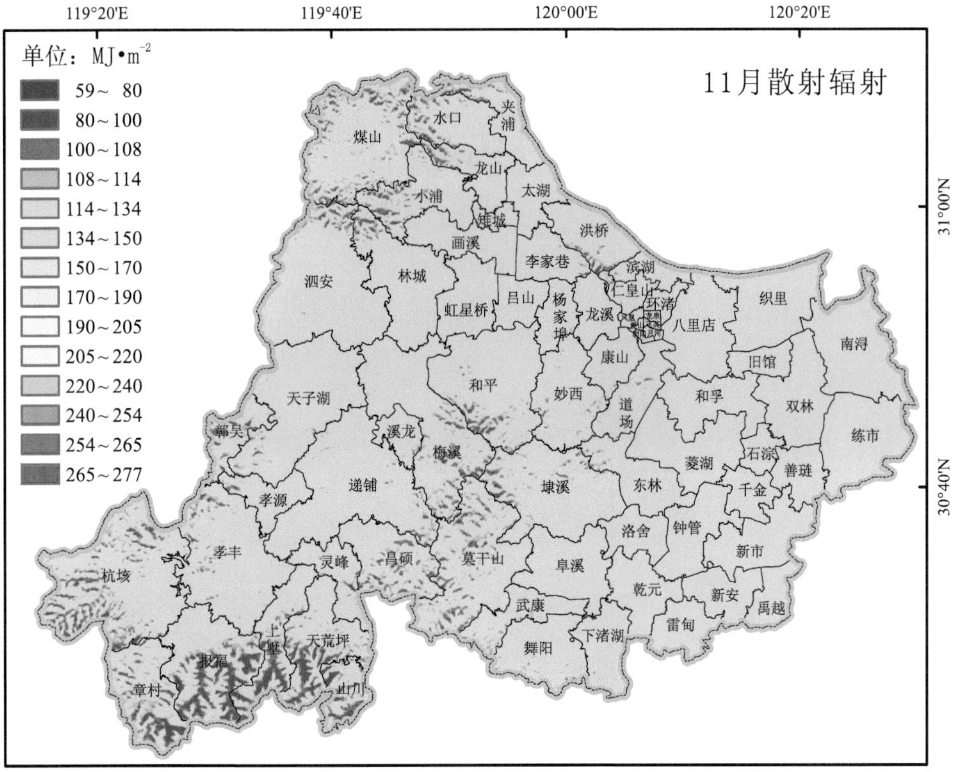
11月散射辐射
单位：MJ•m⁻²
59～ 80
80～100
100～108
108～114
114～134
134～150
150～170
170～190
190～205
205～220
220～240
240～254
254～265
265～277
119°20'E
119°40'E
120°00'E
120°20'E
31°00'N
30°40'N
煤山
水口
夹浦
龙山
小浦
太湖
雉城
画溪
洪桥
李家巷
滨湖
泗安
林城
虹星桥
吕山
杨家埠
龙溪
仁皇山
环渚
八里店
织里
南浔
旧馆
康山
和平
妙西
道场
和孚
双林
练市
天子湖
鄣吴
溪龙
梅溪
石淙
菱湖
善琏
递铺
埭溪
东林
千金
孝源
洛舍
钟管
孝丰
灵峰
昌硕
莫干山
阜溪
新市
杭垓
乾元
新安
禹越
武康
雷甸
上墅
天荒坪
舞阳
下渚湖
报福
章村
山川

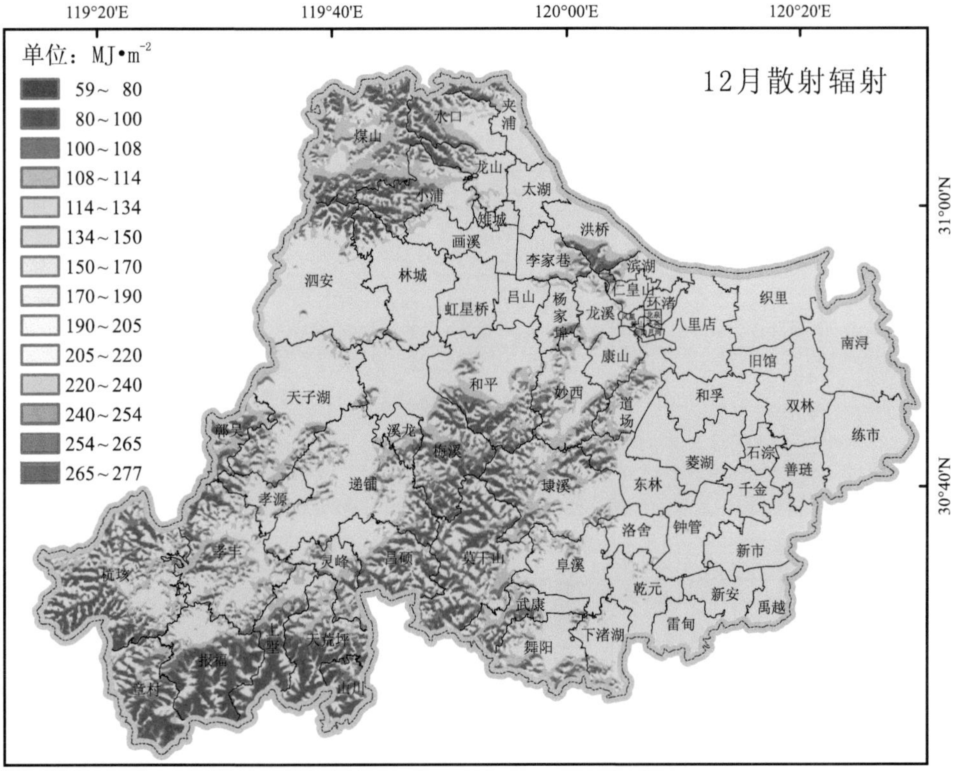
12月散射辐射
单位：MJ•m⁻²
59～ 80
80～100
100～108
108～114
114～134
134～150
150～170
170～190
190～205
205～220
220～240
240～254
254～265
265～277
119°20'E
119°40'E
120°00'E
120°20'E
31°00'N
30°40'N
煤山
水口
夹浦
龙山
小浦
太湖
雉城
画溪
洪桥
李家巷
滨湖
泗安
林城
虹星桥
吕山
杨家埠
龙溪
仁皇山
环渚
八里店
织里
南浔
旧馆
康山
和平
妙西
道场
和孚
双林
练市
天子湖
鄣吴
溪龙
梅溪
石淙
菱湖
善琏
递铺
埭溪
东林
千金
孝源
洛舍
钟管
孝丰
灵峰
昌硕
莫干山
阜溪
新市
杭垓
乾元
新安
禹越
武康
雷甸
上墅
天荒坪
舞阳
下渚湖
报福
章村
山川

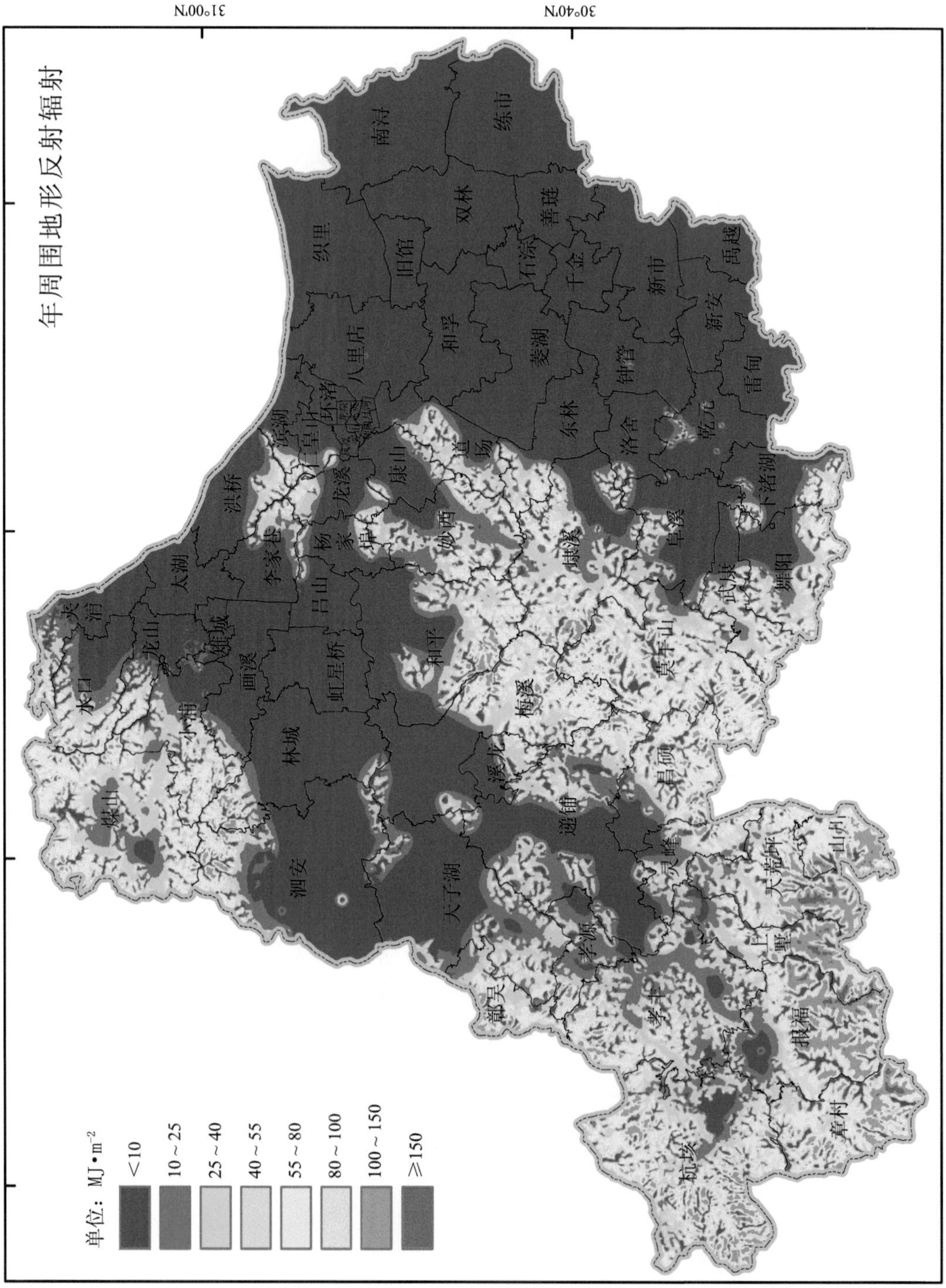
年周围地形反射辐射
单位：MJ·m⁻²
<10
10～25
25～40
40～55
55～80
80～100
100～150
≥150
31°00′N
30°40′N
120°20′E
120°00′E
119°40′E
119°20′E
南浔
练市
织里
双林
善琏
旧馆
石淙
千金
新市
禹越
和孚
菱湖
八里店
新安
钟管
雷甸
东林
洛舍
乾元
道场
环渚
滨湖
仁皇山
康山
龙溪
洪桥
杨家埠
妙西
下渚湖
阜溪
舞阳
武康
太湖
李家巷
吕山
莫干山
和平
夹浦
龙山
雉城
画溪
虹星桥
梅溪
水口
小浦
林城
溪龙
昌硕
煤山
递铺
灵峰
天荒坪
山川
泗安
天子湖
孝源
上墅
鄣吴
孝丰
报福
杭垓
章村

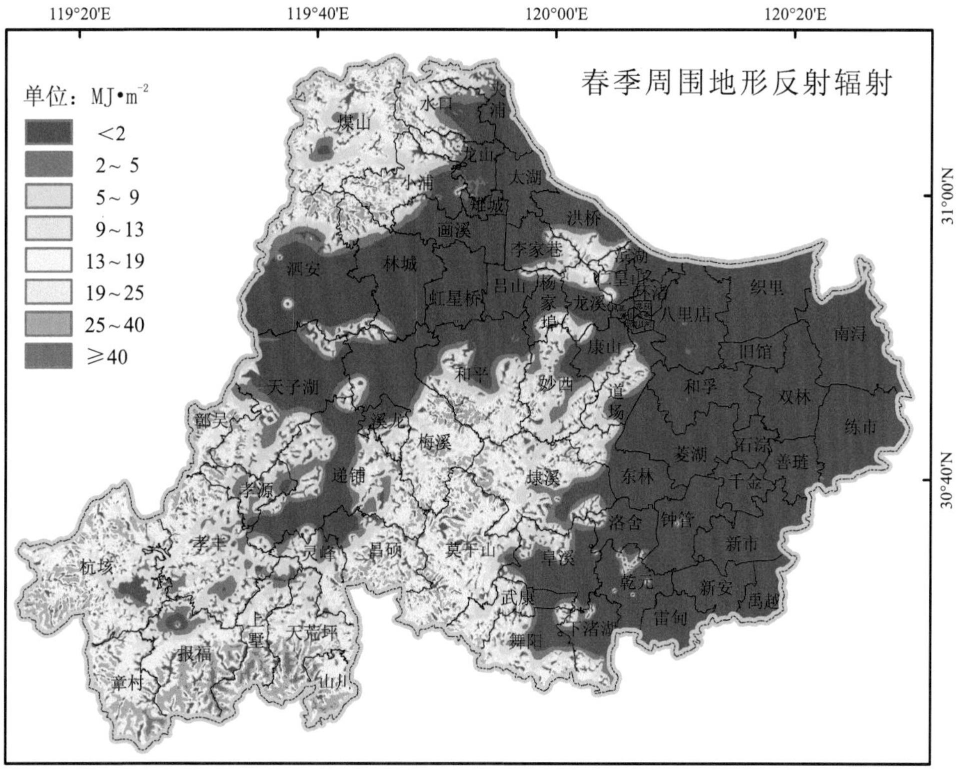
春季周围地形反射辐射
单位：MJ•m⁻²
<2
2～5
5～9
9～13
13～19
19～25
25～40
≥40
119°20'E
119°40'E
120°00'E
120°20'E
31°00'N
30°40'N
水口
夹浦
煤山
龙山
太湖
小浦
雉城
洪桥
画溪
李家巷
泗安
林城
吕山
杨家埠
龙溪
滨湖
虹星桥
八里店
织里
南浔
旧馆
康山
和平
妙西
和孚
双林
天子湖
道场
鄣吴
溪龙
梅溪
菱湖
石淙
练市
递铺
埭溪
东林
千金
善琏
孝源
洛舍
钟管
新市
孝丰
灵峰
昌硕
莫干山
阜溪
杭垓
乾元
新安
武康
禹越
雷甸
上墅
天荒坪
下渚湖
舞阳
报福
章村
山川

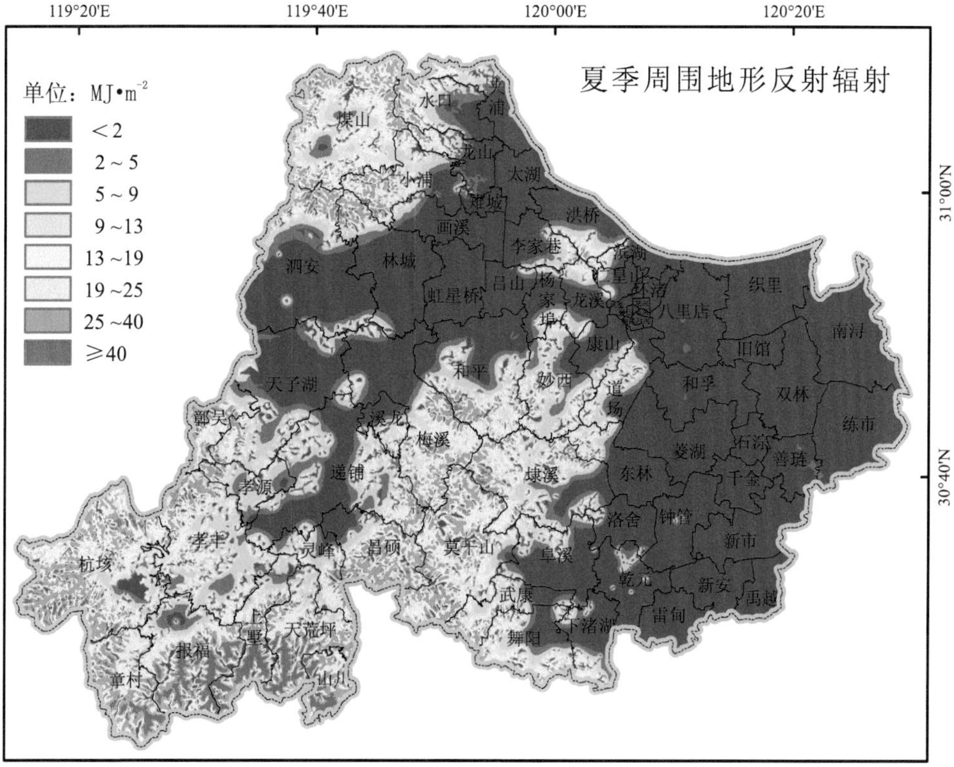
夏季周围地形反射辐射
单位：MJ•m⁻²
<2
2～5
5～9
9～13
13～19
19～25
25～40
≥40
119°20'E
119°40'E
120°00'E
120°20'E
31°00'N
30°40'N
水口
夹浦
煤山
龙山
太湖
小浦
雉城
洪桥
画溪
李家巷
泗安
林城
吕山
杨家埠
龙溪
滨湖
虹星桥
八里店
织里
南浔
旧馆
康山
和平
妙西
和孚
双林
天子湖
道场
鄣吴
溪龙
梅溪
菱湖
石淙
练市
递铺
埭溪
东林
千金
善琏
孝源
洛舍
钟管
新市
孝丰
灵峰
昌硕
莫干山
阜溪
杭垓
乾元
新安
武康
禹越
雷甸
上墅
天荒坪
下渚湖
舞阳
报福
章村
山川

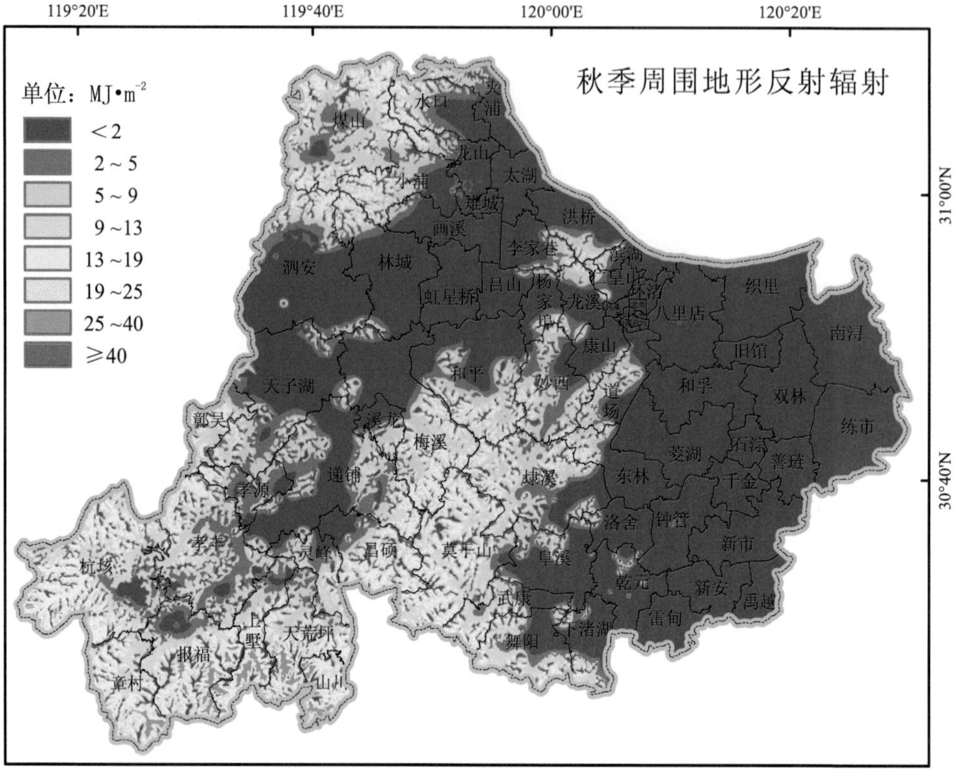
秋季周围地形反射辐射
单位：MJ•m⁻²
<2
2~5
5~9
9~13
13~19
19~25
25~40
≥40
119°20'E
119°40'E
120°00'E
120°20'E
31°00'N
30°40'N
煤山
水口
夹浦
龙山
小浦
太湖
雉城
画溪
洪桥
李家巷
泗安
林城
虹星桥
吕山
杨家埠
龙溪
八里店
织里
南浔
旧馆
康山
和平
妙西
道场
和孚
双林
练市
天子湖
鄣吴
溪龙
梅溪
菱湖
石淙
善琏
递铺
李源
埭溪
东林
千金
洛舍
钟管
新市
孝丰
杭垓
灵峰
昌硕
莫干山
阜溪
乾元
新安
禹越
武康
下渚湖
雷甸
上墅
天荒坪
报福
舞阳
章村
山川

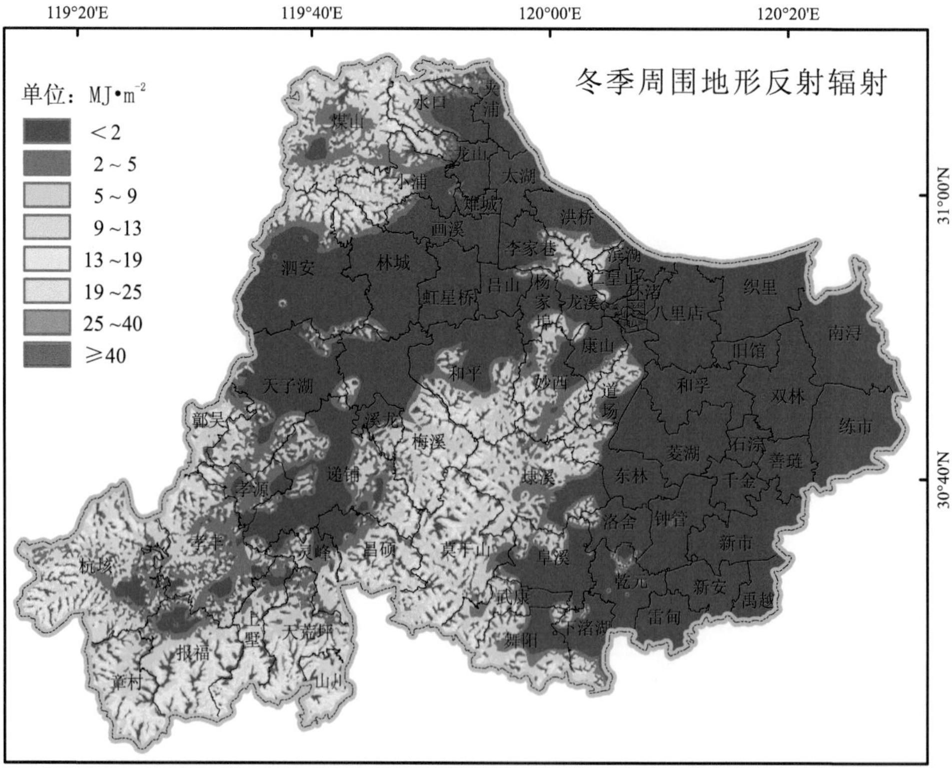
冬季周围地形反射辐射
单位：MJ•m⁻²
<2
2~5
5~9
9~13
13~19
19~25
25~40
≥40
119°20'E
119°40'E
120°00'E
120°20'E
31°00'N
30°40'N
煤山
水口
夹浦
龙山
小浦
太湖
雉城
画溪
洪桥
李家巷
泗安
林城
虹星桥
吕山
杨家埠
龙溪
八里店
织里
南浔
旧馆
康山
和平
妙西
道场
和孚
双林
练市
天子湖
鄣吴
溪龙
梅溪
菱湖
石淙
善琏
递铺
李源
埭溪
东林
千金
洛舍
钟管
新市
孝丰
杭垓
灵峰
昌硕
莫干山
阜溪
乾元
新安
禹越
武康
下渚湖
雷甸
上墅
天荒坪
报福
舞阳
章村
山川

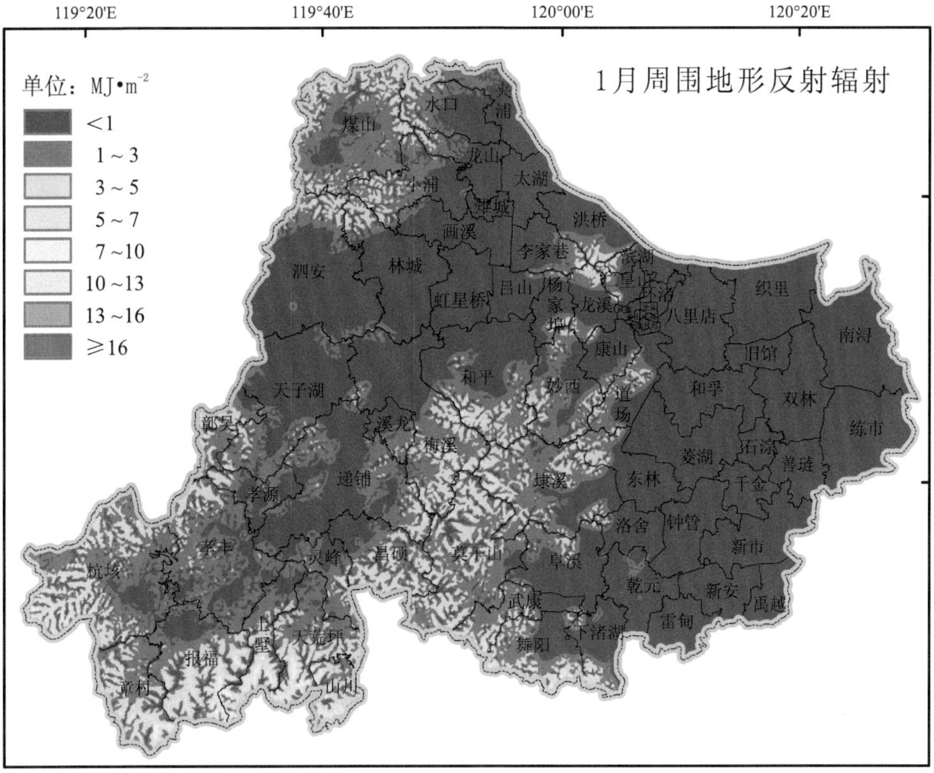
1月周围地形反射辐射
单位：MJ•m⁻²
<1
1～3
3～5
5～7
7～10
10～13
13～16
≥16
119°20'E
119°40'E
120°00'E
120°20'E
31°00'N
30°40'N
夹浦
水口
煤山
龙山
小浦
太湖
雉城
洪桥
画溪
李家巷
滨湖
泗安
林城
吕山
杨家埠
虹星桥
龙溪
八里店
织里
南浔
旧馆
康山
和平
妙西
道场
和孚
双林
练市
天子湖
鄣吴
溪龙
梅溪
菱湖
石淙
善琏
递铺
埭溪
东林
千金
孝源
孝丰
洛舍
钟管
新市
杭垓
灵峰
昌硕
莫干山
阜溪
乾元
新安
禹越
武康
雷甸
下渚湖
舞阳
上墅
天荒坪
报福
章村
山川

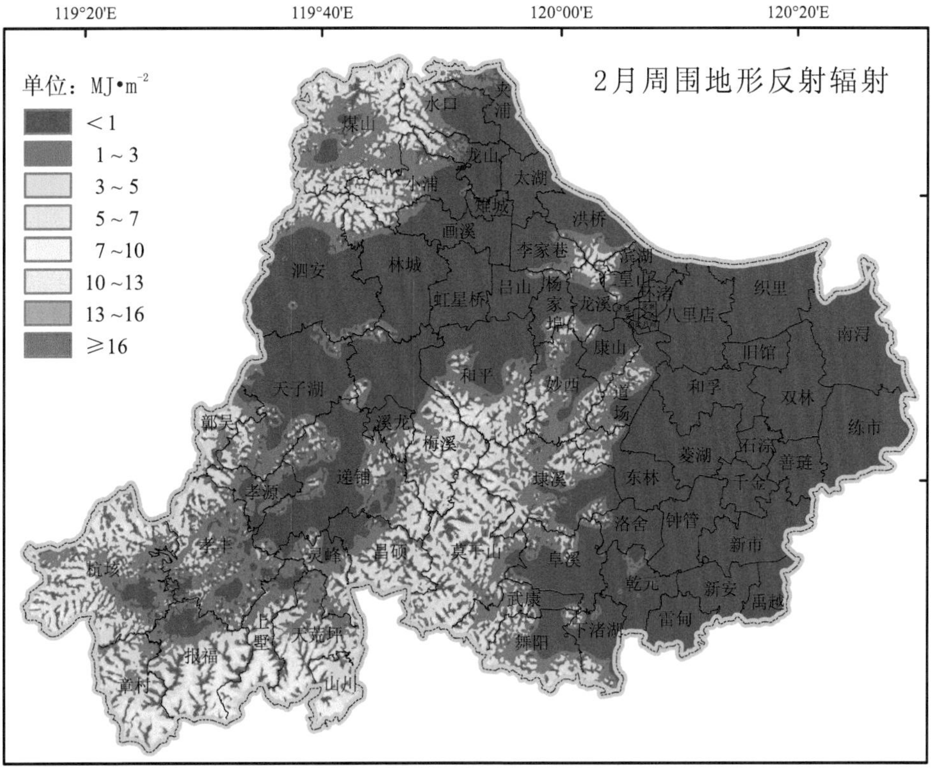
2月周围地形反射辐射
单位：MJ•m⁻²
<1
1～3
3～5
5～7
7～10
10～13
13～16
≥16
119°20'E
119°40'E
120°00'E
120°20'E
31°00'N
30°40'N
夹浦
水口
煤山
龙山
小浦
太湖
雉城
洪桥
画溪
李家巷
滨湖
泗安
林城
吕山
杨家埠
虹星桥
龙溪
八里店
织里
南浔
旧馆
康山
和平
妙西
道场
和孚
双林
练市
天子湖
鄣吴
溪龙
梅溪
菱湖
石淙
善琏
递铺
埭溪
东林
千金
孝源
孝丰
洛舍
钟管
新市
杭垓
灵峰
昌硕
莫干山
阜溪
乾元
新安
禹越
武康
雷甸
下渚湖
舞阳
上墅
天荒坪
报福
章村
山川

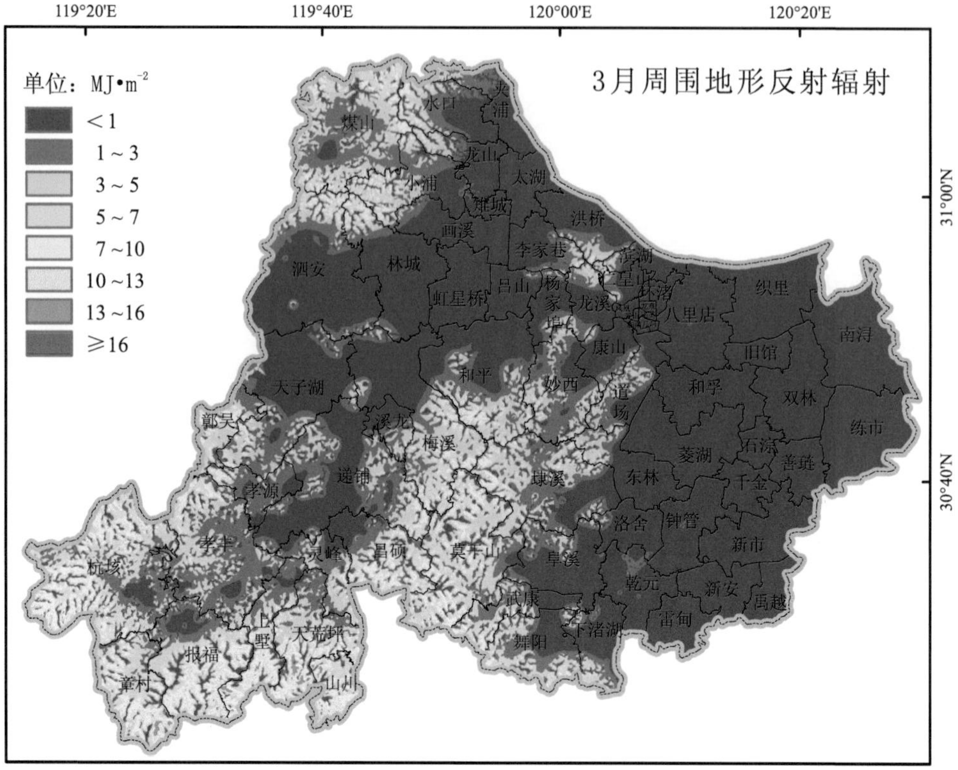
119°20'E
119°40'E
120°00'E
120°20'E
31°00'N
30°40'N
单位：MJ•m⁻²
<1
1～3
3～5
5～7
7～10
10～13
13～16
≥16
3月周围地形反射辐射
水口
夹浦
煤山
龙山
太湖
小浦
雉城
洪桥
画溪
李家巷
滨湖
泗安
林城
吕山
杨家埠
龙溪
八里店
织里
虹星桥
康山
旧馆
南浔
和平
妙西
道场
和孚
双林
天子湖
鄣吴
溪龙
梅溪
菱湖
石淙
练市
递铺
埭溪
东林
善琏
千金
孝源
洛舍
钟管
孝丰
灵峰
昌硕
莫干山
阜溪
新市
杭垓
乾元
新安
禹越
武康
上墅
天荒坪
下渚湖
雷甸
舞阳
报福
山川
章村

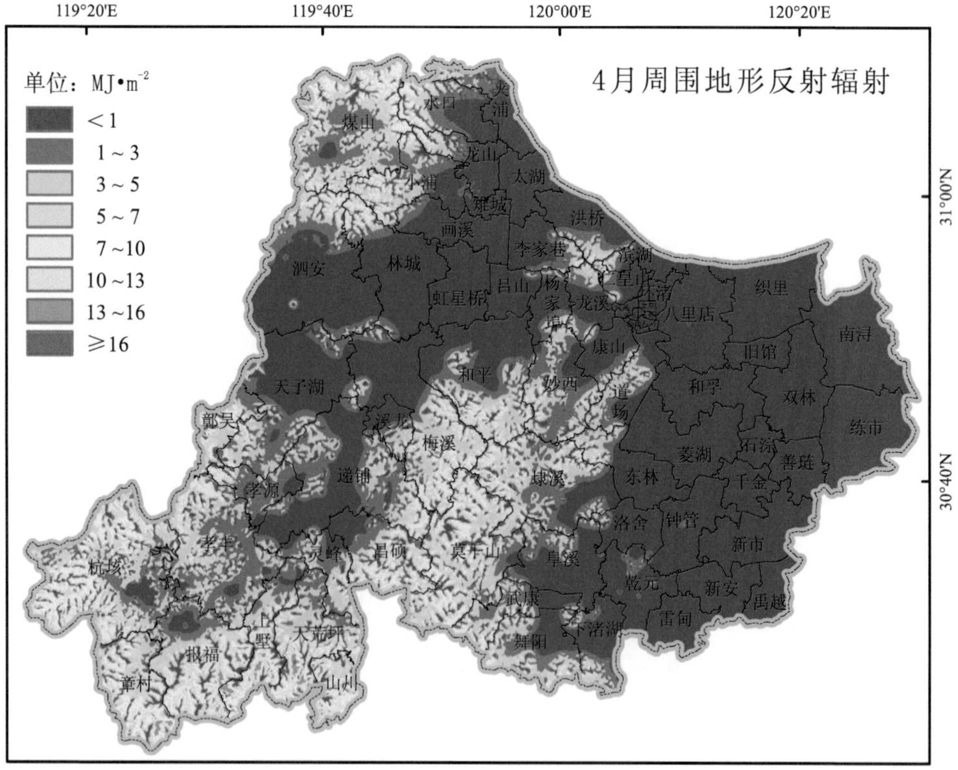
119°20'E
119°40'E
120°00'E
120°20'E
31°00'N
30°40'N
单位：MJ•m⁻²
<1
1～3
3～5
5～7
7～10
10～13
13～16
≥16
4月周围地形反射辐射
水口
夹浦
煤山
龙山
太湖
小浦
雉城
洪桥
画溪
李家巷
滨湖
泗安
林城
吕山
杨家埠
龙溪
八里店
织里
虹星桥
康山
旧馆
南浔
和平
妙西
道场
和孚
双林
天子湖
鄣吴
溪龙
梅溪
菱湖
石淙
练市
递铺
埭溪
东林
善琏
千金
孝源
洛舍
钟管
孝丰
灵峰
昌硕
莫干山
阜溪
新市
杭垓
乾元
新安
禹越
武康
上墅
天荒坪
下渚湖
雷甸
舞阳
报福
山川
章村

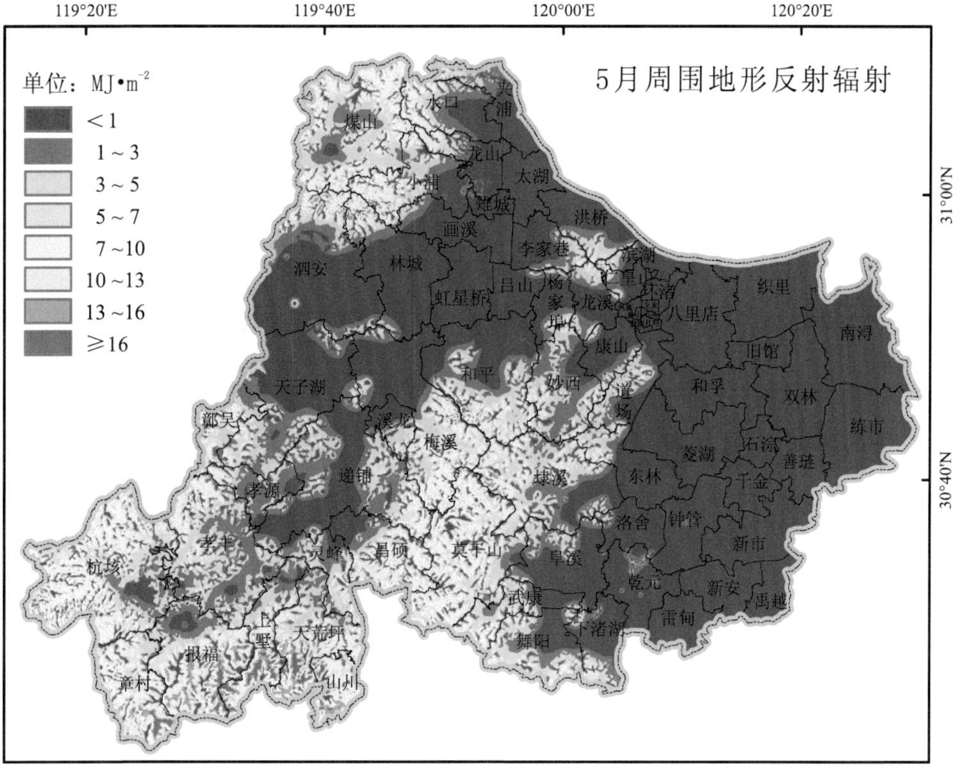
5月周围地形反射辐射
单位：MJ•m^{-2}
＜1
1～3
3～5
5～7
7～10
10～13
13～16
≥16
119°20'E
119°40'E
120°00'E
120°20'E
31°00'N
30°40'N
煤山
水口
夹浦
龙山
小浦
太湖
雉城
洪桥
画溪
李家巷
泗安
林城
吕山
杨家埠
龙溪
八里店
织里
南浔
虹星桥
康山
旧馆
和平
妙西
道场
和孚
双林
天子湖
鄣吴
溪龙
梅溪
菱湖
石淙
练市
递铺
球溪
东林
千金
善琏
孝源
洛舍
钟管
孝丰
灵峰
昌硕
莫干山
阜溪
新市
杭垓
乾元
新安
禹越
武康
雷甸
上野
天荒坪
下渚湖
报福
舞阳
章村
山川

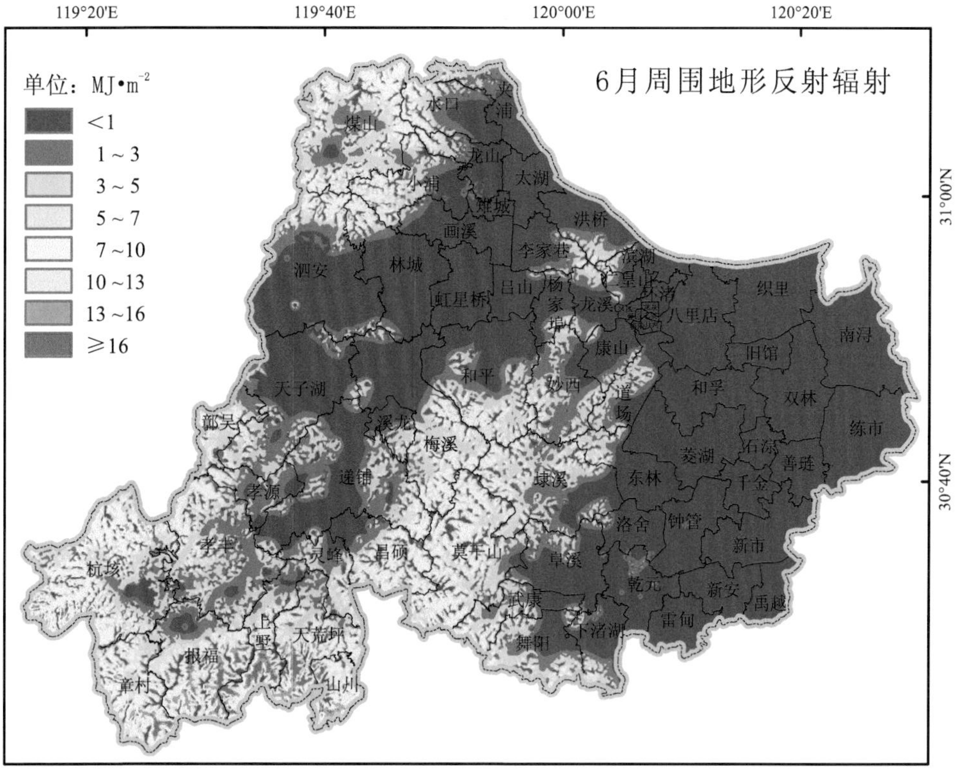
6月周围地形反射辐射
单位：MJ•m^{-2}
＜1
1～3
3～5
5～7
7～10
10～13
13～16
≥16
119°20'E
119°40'E
120°00'E
120°20'E
31°00'N
30°40'N
煤山
水口
夹浦
龙山
小浦
太湖
雉城
洪桥
画溪
李家巷
泗安
林城
吕山
杨家埠
龙溪
八里店
织里
南浔
虹星桥
康山
旧馆
和平
妙西
道场
和孚
双林
天子湖
鄣吴
溪龙
梅溪
菱湖
石淙
练市
递铺
球溪
东林
千金
善琏
孝源
洛舍
钟管
孝丰
灵峰
昌硕
莫干山
阜溪
新市
杭垓
乾元
新安
禹越
武康
雷甸
上野
天荒坪
下渚湖
报福
舞阳
章村
山川

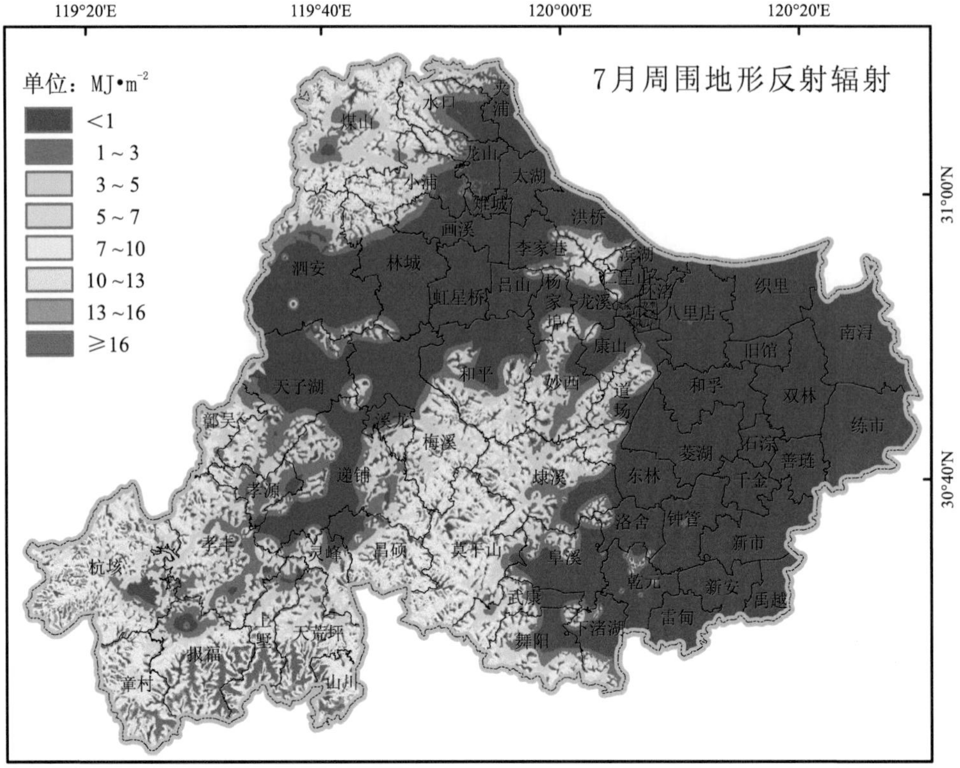
7月周围地形反射辐射
单位：MJ•m⁻²
<1
1～3
3～5
5～7
7～10
10～13
13～16
≥16
119°20'E
119°40'E
120°00'E
120°20'E
31°00'N
30°40'N
水口
夹浦
煤山
龙山
太湖
小浦
雉城
洪桥
画溪
李家巷
滨湖
泗安
林城
虹星桥
吕山
杨家埠
龙溪
八里店
织里
南浔
旧馆
康山
和平
妙西
道场
和孚
双林
练市
天子湖
溪龙
梅溪
菱湖
石淙
善琏
鄣吴
递铺
埭溪
东林
千金
孝源
洛舍
钟管
新市
孝丰
灵峰
昌硕
莫干山
阜溪
乾元
新安
杭垓
武康
雷甸
禹越
上野
天荒坪
舞阳
下渚湖
报福
山川
章村

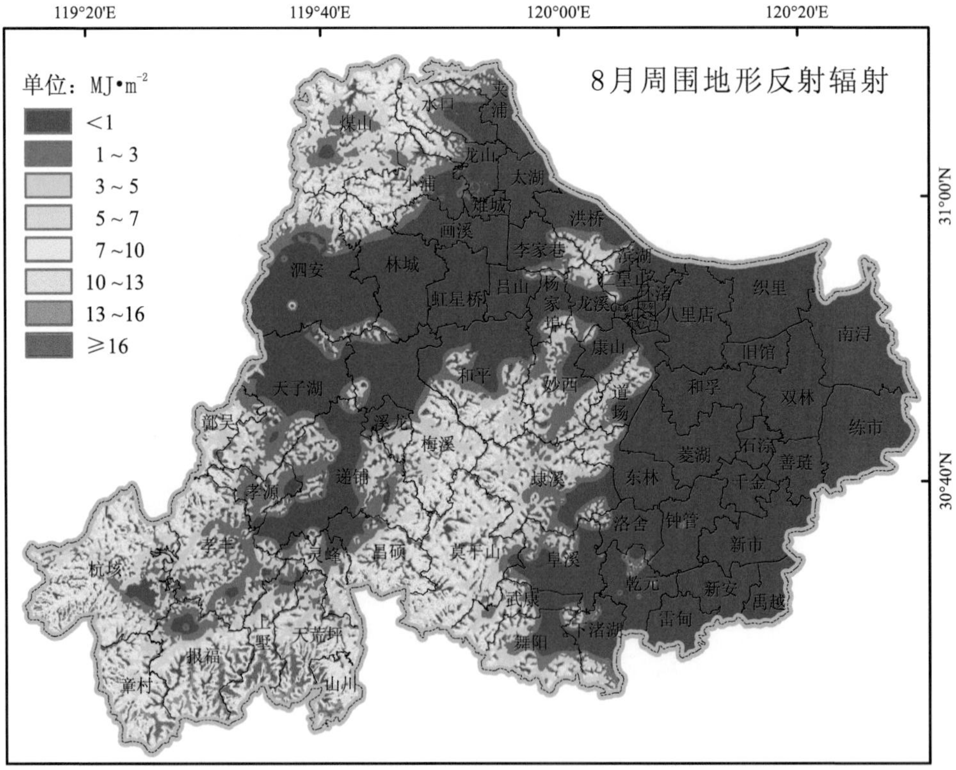
8月周围地形反射辐射
单位：MJ•m⁻²
<1
1～3
3～5
5～7
7～10
10～13
13～16
≥16
119°20'E
119°40'E
120°00'E
120°20'E
31°00'N
30°40'N
水口
夹浦
煤山
龙山
太湖
小浦
雉城
洪桥
画溪
李家巷
滨湖
泗安
林城
虹星桥
吕山
杨家埠
龙溪
八里店
织里
南浔
旧馆
康山
和平
妙西
道场
和孚
双林
练市
天子湖
溪龙
梅溪
菱湖
石淙
善琏
鄣吴
递铺
埭溪
东林
千金
孝源
洛舍
钟管
新市
孝丰
灵峰
昌硕
莫干山
阜溪
乾元
新安
杭垓
武康
雷甸
禹越
上野
天荒坪
舞阳
下渚湖
报福
山川
章村

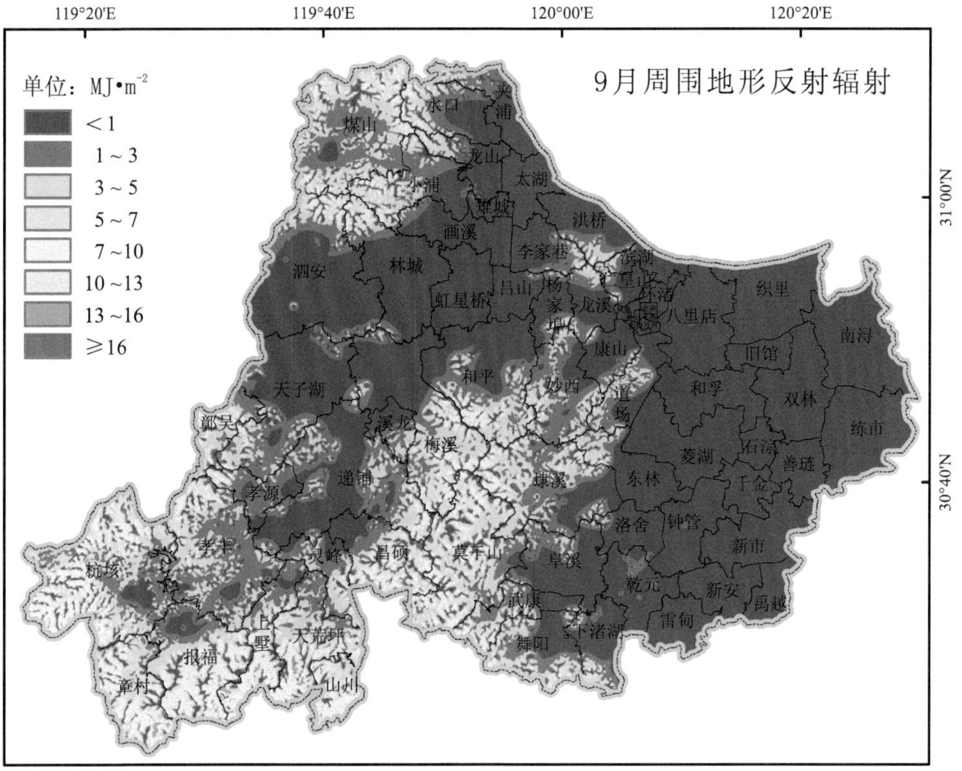
9月周围地形反射辐射
119°20'E
119°40'E
120°00'E
120°20'E
31°00'N
30°40'N
单位：MJ•m^{-2}
<1
1 ~ 3
3 ~ 5
5 ~ 7
7 ~10
10 ~13
13 ~16
≥16
煤山
水口
夹浦
龙山
小浦
太湖
雉城
画溪
洪桥
李家巷
泗安
林城
吕山
杨家埠
虹星桥
龙溪
滨湖
环渚
八里店
织里
南浔
旧馆
康山
和平
妙西
道场
和孚
双林
练市
天子湖
鄣吴
溪龙
梅溪
石淙
菱湖
善琏
东林
递铺
孝源
埭溪
千金
洛舍
钟管
新市
孝丰
杭垓
灵峰
昌硕
莫干山
阜溪
乾元
新安
禹越
武康
雷甸
下渚湖
舞阳
上墅
天荒坪
报福
章村
山川

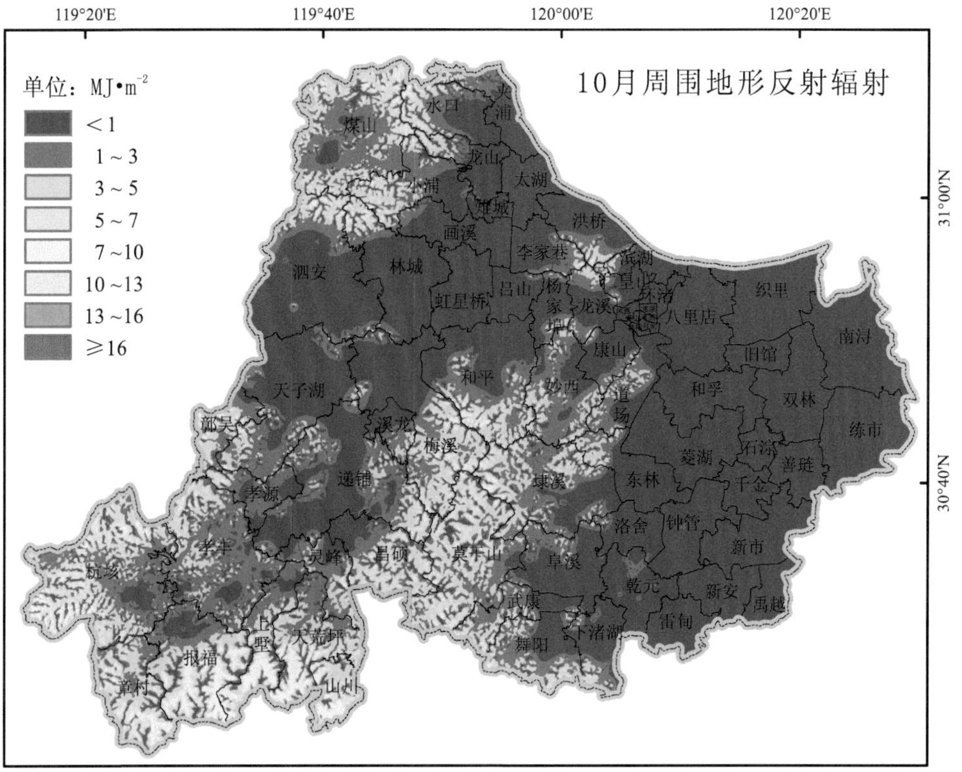
10月周围地形反射辐射
119°20'E
119°40'E
120°00'E
120°20'E
31°00'N
30°40'N
单位：MJ•m^{-2}
<1
1 ~ 3
3 ~ 5
5 ~ 7
7 ~10
10 ~13
13 ~16
≥16
煤山
水口
夹浦
龙山
小浦
太湖
雉城
画溪
洪桥
李家巷
泗安
林城
吕山
杨家埠
虹星桥
龙溪
滨湖
环渚
八里店
织里
南浔
旧馆
康山
和平
妙西
道场
和孚
双林
练市
天子湖
鄣吴
溪龙
梅溪
石淙
菱湖
善琏
东林
递铺
孝源
埭溪
千金
洛舍
钟管
新市
孝丰
杭垓
灵峰
昌硕
莫干山
阜溪
乾元
新安
禹越
武康
雷甸
下渚湖
舞阳
上墅
天荒坪
报福
章村
山川

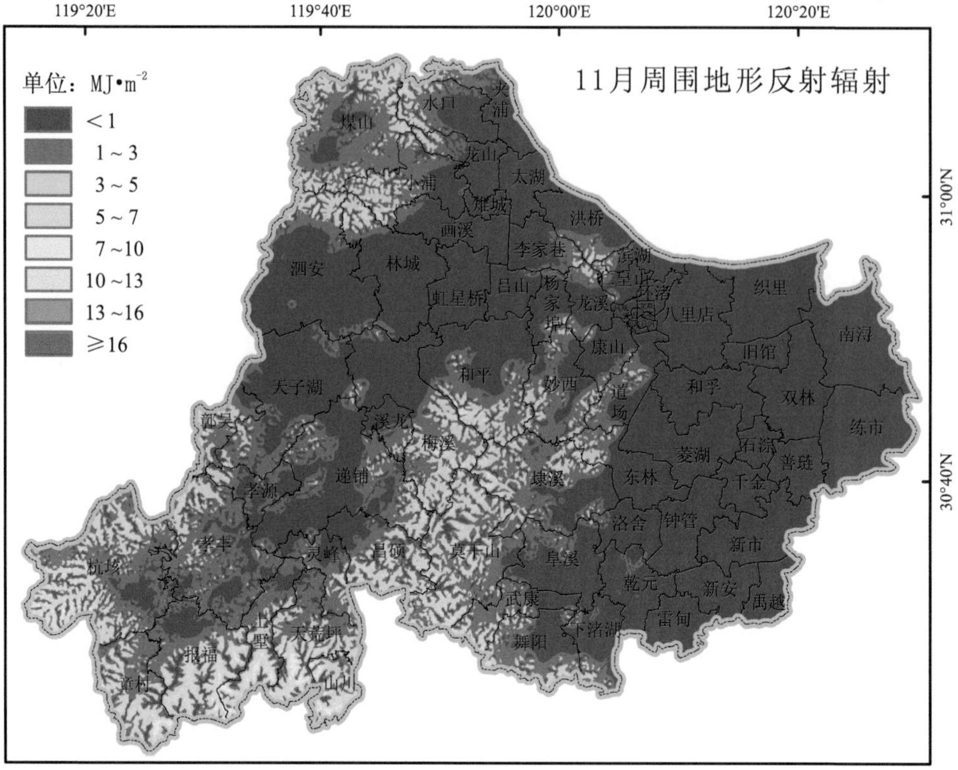
11月周围地形反射辐射
单位：MJ•m⁻²
<1
1～3
3～5
5～7
7～10
10～13
13～16
≥16
119°20'E
119°40'E
120°00'E
120°20'E
31°00'N
30°40'N
水口
夹浦
煤山
龙山
太湖
小浦
雉城
洪桥
画溪
李家巷
滨湖
泗安
林城
吕山
杨家埠
龙溪
织里
虹星桥
八里店
南浔
康山
旧馆
和平
妙西
道场
和孚
双林
天子湖
郎吴
溪龙
梅溪
菱湖
石淙
练市
递铺
埭溪
东林
善琏
千金
孝源
洛舍
钟管
孝丰
灵峰
昌硕
莫干山
阜溪
新市
杭垓
乾元
新安
武康
禹越
上墅
天荒坪
雷甸
下渚湖
舞阳
报福
章村
山川

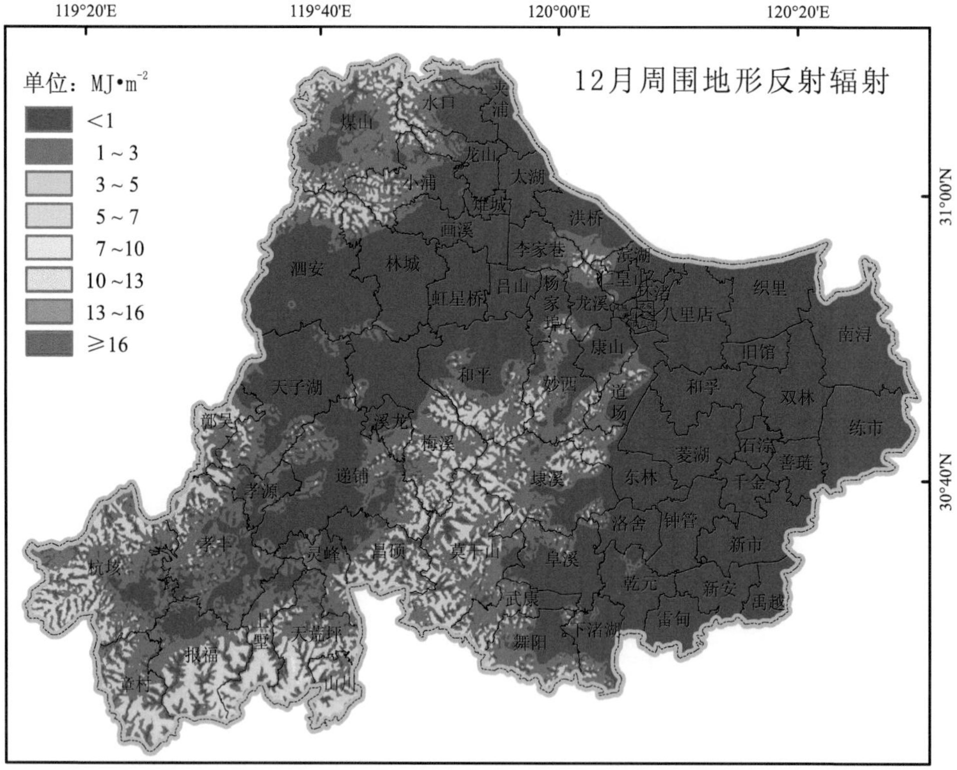
12月周围地形反射辐射
单位：MJ•m⁻²
<1
1～3
3～5
5～7
7～10
10～13
13～16
≥16
119°20'E
119°40'E
120°00'E
120°20'E
31°00'N
30°40'N
水口
夹浦
煤山
龙山
太湖
小浦
雉城
洪桥
画溪
李家巷
滨湖
泗安
林城
吕山
杨家埠
龙溪
织里
虹星桥
八里店
南浔
康山
旧馆
和平
妙西
道场
和孚
双林
天子湖
郎吴
溪龙
梅溪
菱湖
石淙
练市
递铺
埭溪
东林
善琏
千金
孝源
洛舍
钟管
孝丰
灵峰
昌硕
莫干山
阜溪
新市
杭垓
乾元
新安
武康
禹越
上墅
天荒坪
雷甸
下渚湖
舞阳
报福
章村
山川

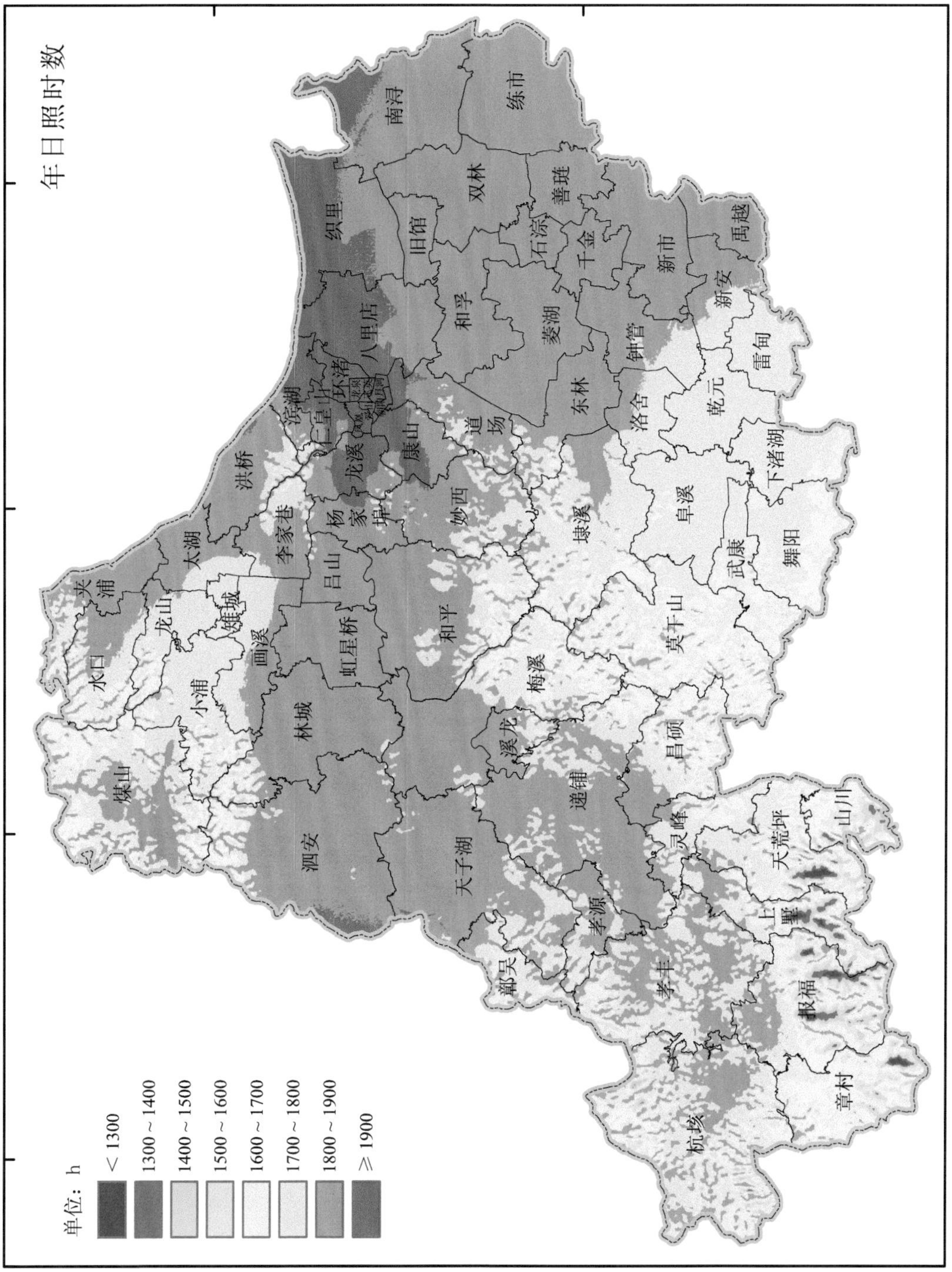
年日照时数
单位：h
< 1300
1300 ~ 1400
1400 ~ 1500
1500 ~ 1600
1600 ~ 1700
1700 ~ 1800
1800 ~ 1900
≥ 1900
31°00'N
30°40'N
120°20'E
120°00'E
119°40'E
119°20'E
南浔
练市
双林
善琏
织里
旧馆
石淙
千金
新市
禹越
和孚
菱湖
八里店
新安
钟管
雷甸
环渚
滨湖
仁皇山
东林
洛舍
乾元
道场
康山
龙溪
洪桥
下渚湖
阜溪
妙西
杨家埠
埭溪
李家巷
太湖
武康
舞阳
夹浦
吕山
雉城
龙山
和平
莫干山
画溪
虹星桥
水口
梅溪
小浦
林城
昌硕
溪龙
煤山
递铺
山川
灵峰
天荒坪
泗安
天子湖
孝源
上墅
鄣吴
孝丰
报福
章村
杭垓

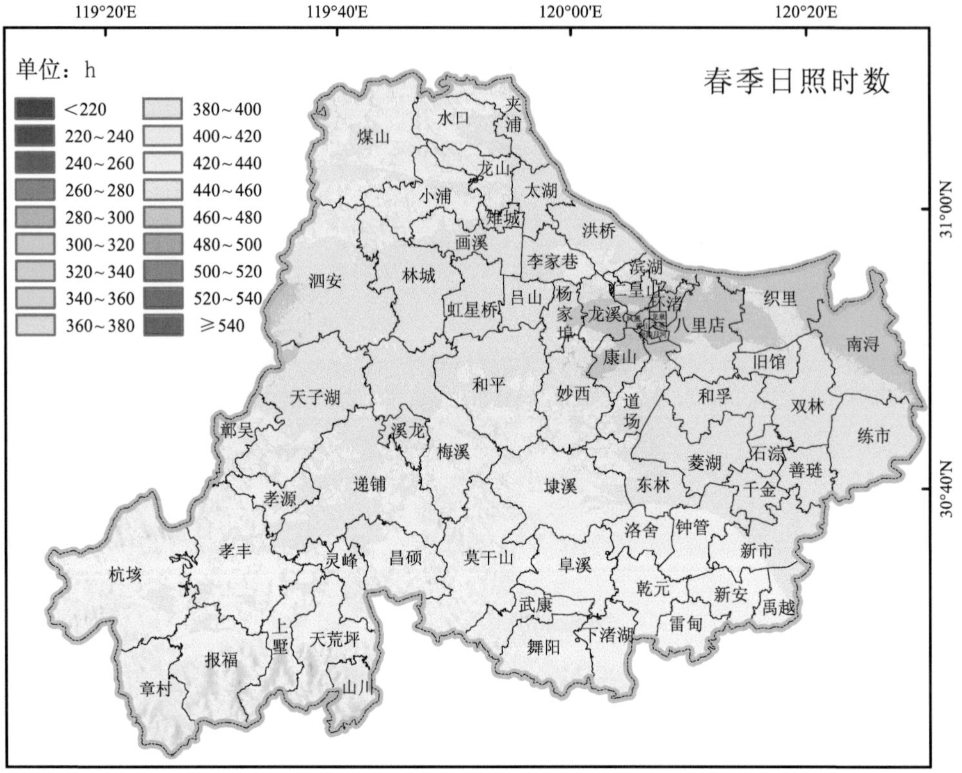

119°20'E
119°40'E
120°00'E
120°20'E
31°00'N
30°40'N
单位：h
春季日照时数
＜220
220～240
240～260
260～280
280～300
300～320
320～340
340～360
360～380
380～400
400～420
420～440
440～460
460～480
480～500
500～520
520～540
≥540
煤山
水口
夹浦
龙山
小浦
太湖
雉城
画溪
洪桥
李家巷
泗安
林城
虹星桥
吕山
杨家埠
龙溪
滨湖
仁皇山
环渚
八里店
织里
南浔
康山
旧馆
和平
妙西
道场
和孚
双林
天子湖
鄣吴
溪龙
梅溪
菱湖
石淙
练市
善琏
递铺
埭溪
东林
千金
孝源
洛舍
钟管
新市
孝丰
灵峰
昌硕
莫干山
阜溪
杭垓
乾元
新安
禹越
武康
雷甸
上墅
天荒坪
下渚湖
舞阳
报福
章村
山川

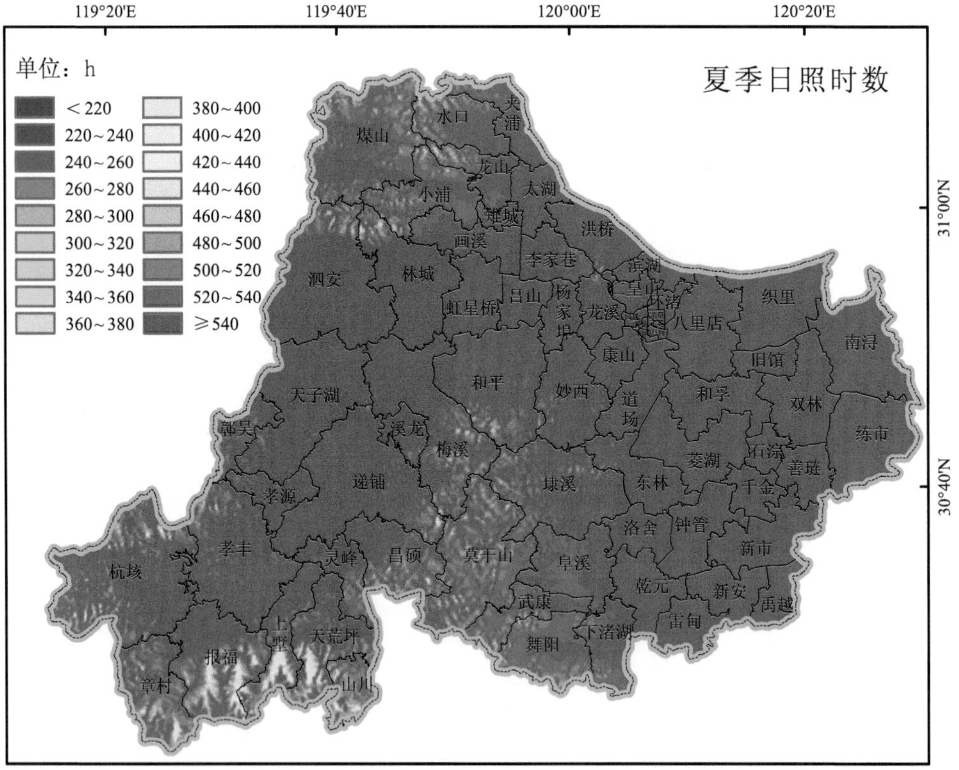

119°20'E
119°40'E
120°00'E
120°20'E
31°00'N
30°40'N
单位：h
夏季日照时数
＜220
220～240
240～260
260～280
280～300
300～320
320～340
340～360
360～380
380～400
400～420
420～440
440～460
460～480
480～500
500～520
520～540
≥540
煤山
水口
夹浦
龙山
小浦
太湖
雉城
画溪
洪桥
李家巷
泗安
林城
虹星桥
吕山
杨家埠
龙溪
滨湖
仁皇山
环渚
八里店
织里
南浔
康山
旧馆
和平
妙西
道场
和孚
双林
天子湖
鄣吴
溪龙
梅溪
菱湖
石淙
练市
善琏
递铺
埭溪
东林
千金
孝源
洛舍
钟管
新市
孝丰
灵峰
昌硕
莫干山
阜溪
杭垓
乾元
新安
禹越
武康
雷甸
上墅
天荒坪
下渚湖
舞阳
报福
章村
山川

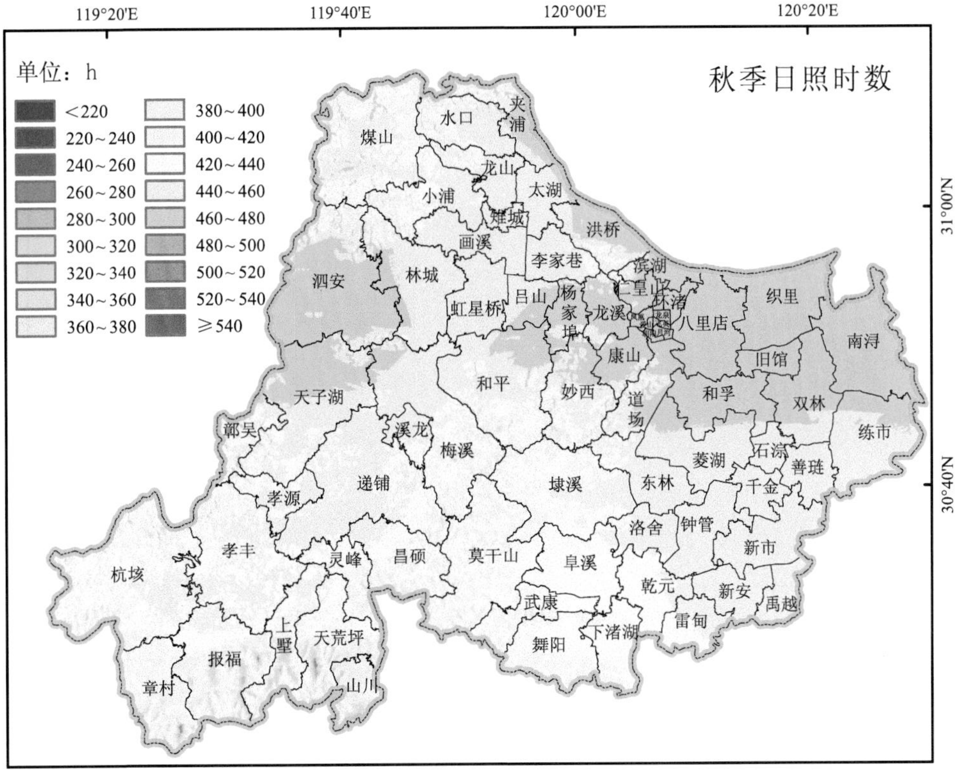

119°20'E
119°40'E
120°00'E
120°20'E
31°00'N
30°40'N
单位：h
秋季日照时数
<220
220~240
240~260
260~280
280~300
300~320
320~340
340~360
360~380
380~400
400~420
420~440
440~460
460~480
480~500
500~520
520~540
≥540
水口
夹浦
煤山
龙山
小浦
太湖
雉城
洪桥
画溪
李家巷
滨湖
泗安
林城
吕山
杨家埠
龙溪
八里店
织里
虹星桥
康山
南浔
旧馆
和平
妙西
道场
和孚
双林
天子湖
练市
鄣吴
溪龙
梅溪
菱湖
石淙
善琏
递铺
埭溪
东林
千金
孝源
钟管
洛舍
新市
孝丰
灵峰
昌硕
莫干山
阜溪
杭垓
乾元
新安
武康
禹越
雷甸
上墅
天荒坪
下渚湖
舞阳
报福
山川
章村

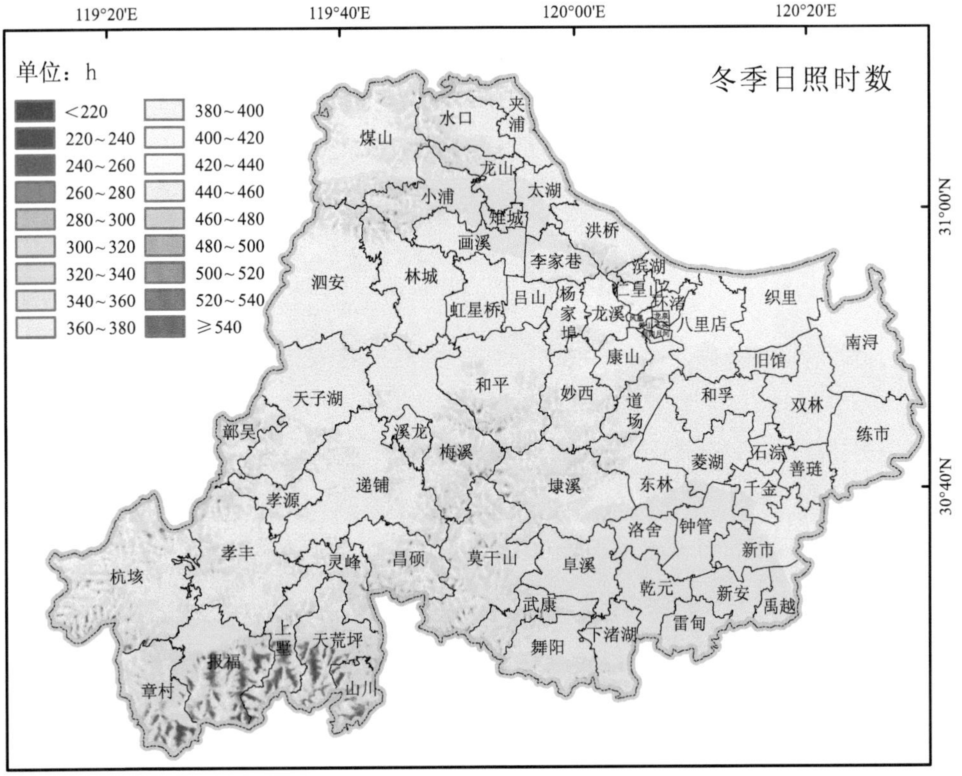

119°20'E
119°40'E
120°00'E
120°20'E
31°00'N
30°40'N
单位：h
冬季日照时数
<220
220~240
240~260
260~280
280~300
300~320
320~340
340~360
360~380
380~400
400~420
420~440
440~460
460~480
480~500
500~520
520~540
≥540
水口
夹浦
煤山
龙山
小浦
太湖
雉城
洪桥
画溪
李家巷
滨湖
泗安
林城
吕山
杨家埠
龙溪
八里店
织里
虹星桥
康山
南浔
旧馆
和平
妙西
道场
和孚
双林
天子湖
练市
鄣吴
溪龙
梅溪
菱湖
石淙
善琏
递铺
埭溪
东林
千金
孝源
钟管
洛舍
新市
孝丰
灵峰
昌硕
莫干山
阜溪
杭垓
乾元
新安
武康
禹越
雷甸
上墅
天荒坪
下渚湖
舞阳
报福
山川
章村

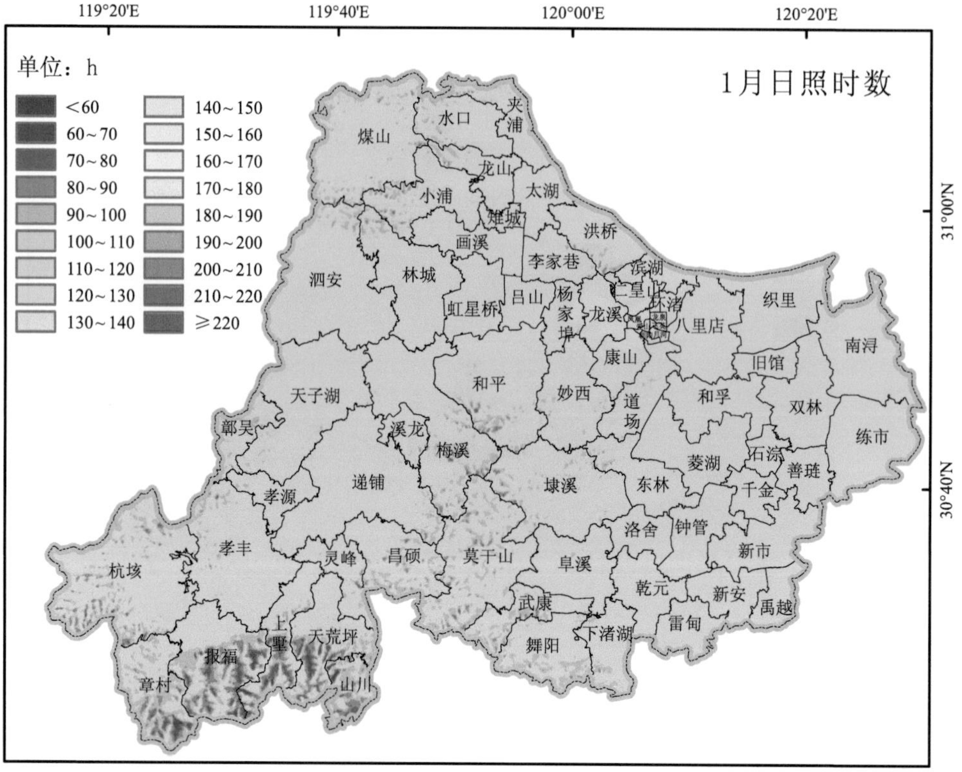
1月日照时数
单位：h
<60
60~70
70~80
80~90
90~100
100~110
110~120
120~130
130~140
140~150
150~160
160~170
170~180
180~190
190~200
200~210
210~220
≥220
119°20'E
119°40'E
120°00'E
120°20'E
31°00'N
30°40'N
煤山
水口
夹浦
龙山
小浦
太湖
雉城
洪桥
画溪
李家巷
泗安
林城
滨湖
仁皇山
环渚
织里
虹星桥
吕山
杨家埠
龙溪
八里店
南浔
康山
旧馆
天子湖
和平
妙西
道场
和孚
双林
鄣吴
溪龙
梅溪
练市
石淙
菱湖
递铺
埭溪
东林
善琏
孝源
千金
洛舍
钟管
孝丰
灵峰
昌硕
莫干山
新市
杭垓
阜溪
乾元
新安
武康
禹越
上墅
天荒坪
雷甸
舞阳
下渚湖
报福
章村
山川

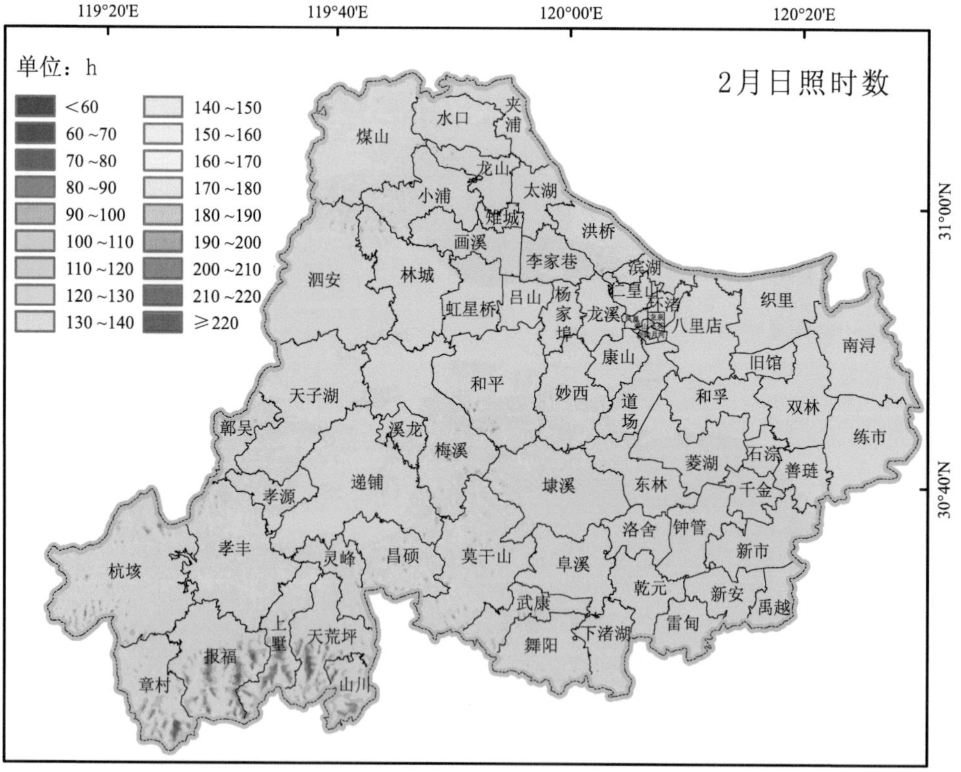
2月日照时数
单位：h
<60
60~70
70~80
80~90
90~100
100~110
110~120
120~130
130~140
140~150
150~160
160~170
170~180
180~190
190~200
200~210
210~220
≥220
119°20'E
119°40'E
120°00'E
120°20'E
31°00'N
30°40'N
煤山
水口
夹浦
龙山
小浦
太湖
雉城
洪桥
画溪
李家巷
泗安
林城
滨湖
仁皇山
环渚
织里
虹星桥
吕山
杨家埠
龙溪
八里店
南浔
康山
旧馆
天子湖
和平
妙西
道场
和孚
双林
鄣吴
溪龙
梅溪
练市
石淙
菱湖
递铺
埭溪
东林
善琏
孝源
千金
洛舍
钟管
孝丰
灵峰
昌硕
莫干山
新市
杭垓
阜溪
乾元
新安
武康
禹越
上墅
天荒坪
雷甸
舞阳
下渚湖
报福
章村
山川

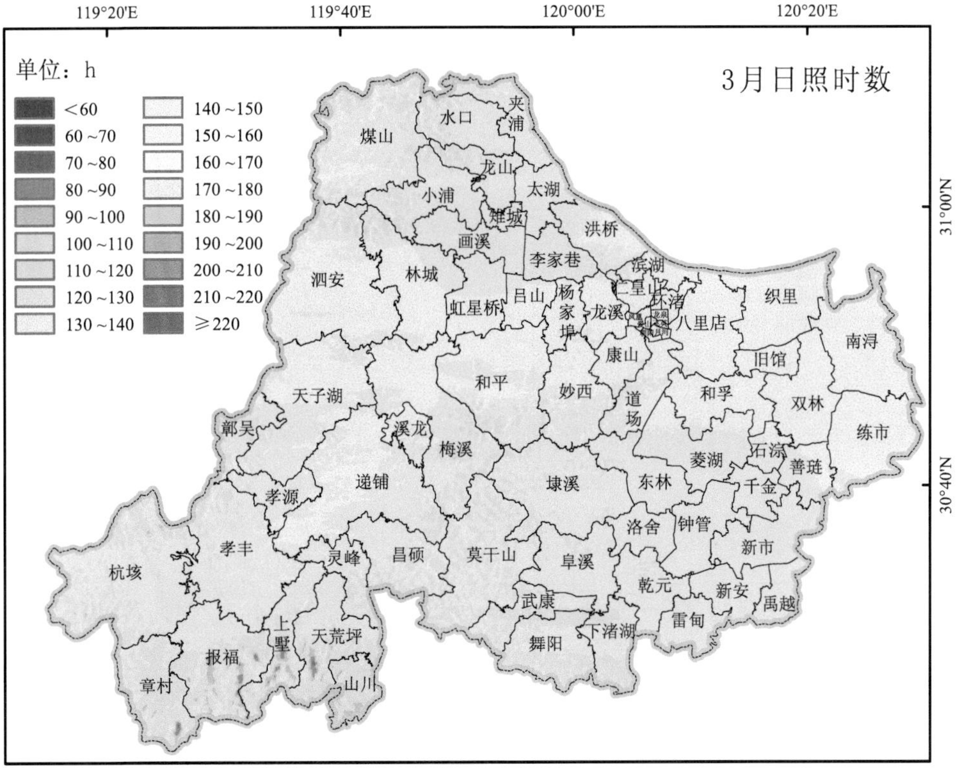
3月日照时数
单位：h
<60
60 ~70
70 ~80
80 ~90
90 ~100
100 ~110
110 ~120
120 ~130
130 ~140
140 ~150
150 ~160
160 ~170
170 ~180
180 ~190
190 ~200
200 ~210
210 ~220
≥220
119°20'E
119°40'E
120°00'E
120°20'E
31°00'N
30°40'N
水口
夹浦
煤山
龙山
小浦
太湖
雉城
洪桥
画溪
李家巷
滨湖
泗安
林城
吕山
杨家埠
龙溪
八里店
织里
虹星桥
康山
南浔
旧馆
和平
妙西
道场
和孚
双林
天子湖
鄣吴
溪龙
梅溪
石淙
练市
菱湖
递铺
埭溪
东林
千金
善琏
孝源
洛舍
钟管
新市
孝丰
灵峰
昌硕
莫干山
阜溪
杭垓
乾元
新安
禹越
武康
雷甸
上墅
天荒坪
舞阳
下渚湖
报福
章村
山川

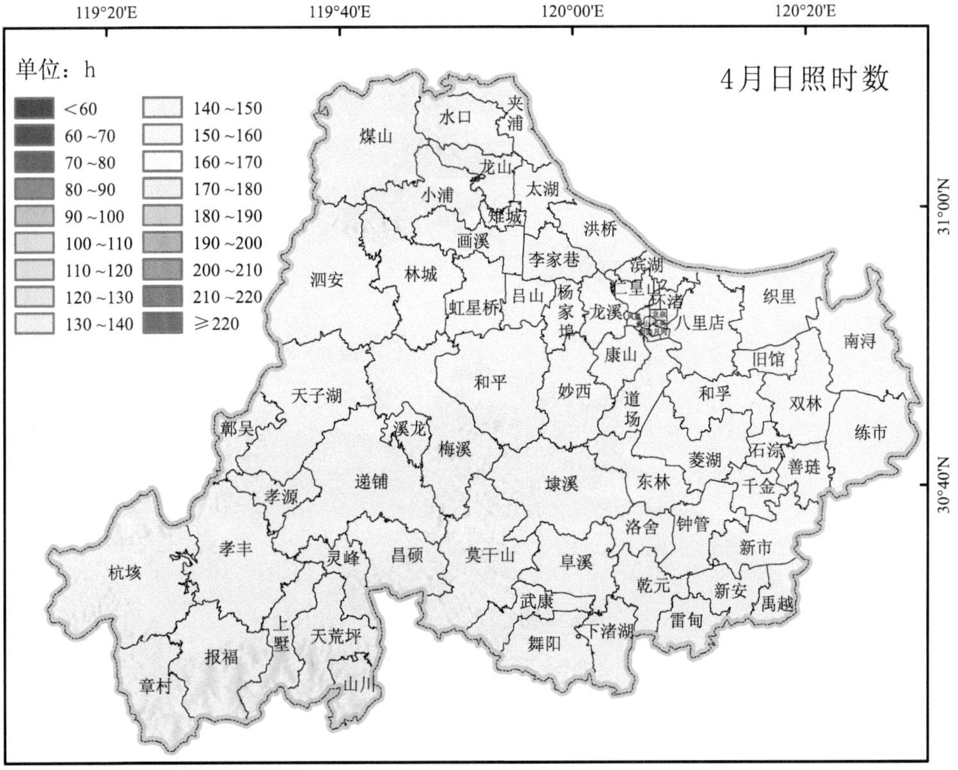
4月日照时数
单位：h
<60
60 ~70
70 ~80
80 ~90
90 ~100
100 ~110
110 ~120
120 ~130
130 ~140
140 ~150
150 ~160
160 ~170
170 ~180
180 ~190
190 ~200
200 ~210
210 ~220
≥220
119°20'E
119°40'E
120°00'E
120°20'E
31°00'N
30°40'N
水口
夹浦
煤山
龙山
小浦
太湖
雉城
洪桥
画溪
李家巷
滨湖
泗安
林城
吕山
杨家埠
龙溪
八里店
织里
虹星桥
康山
南浔
旧馆
和平
妙西
道场
和孚
双林
天子湖
鄣吴
溪龙
梅溪
石淙
练市
菱湖
递铺
埭溪
东林
千金
善琏
孝源
洛舍
钟管
新市
孝丰
灵峰
昌硕
莫干山
阜溪
杭垓
乾元
新安
禹越
武康
雷甸
上墅
天荒坪
舞阳
下渚湖
报福
章村
山川

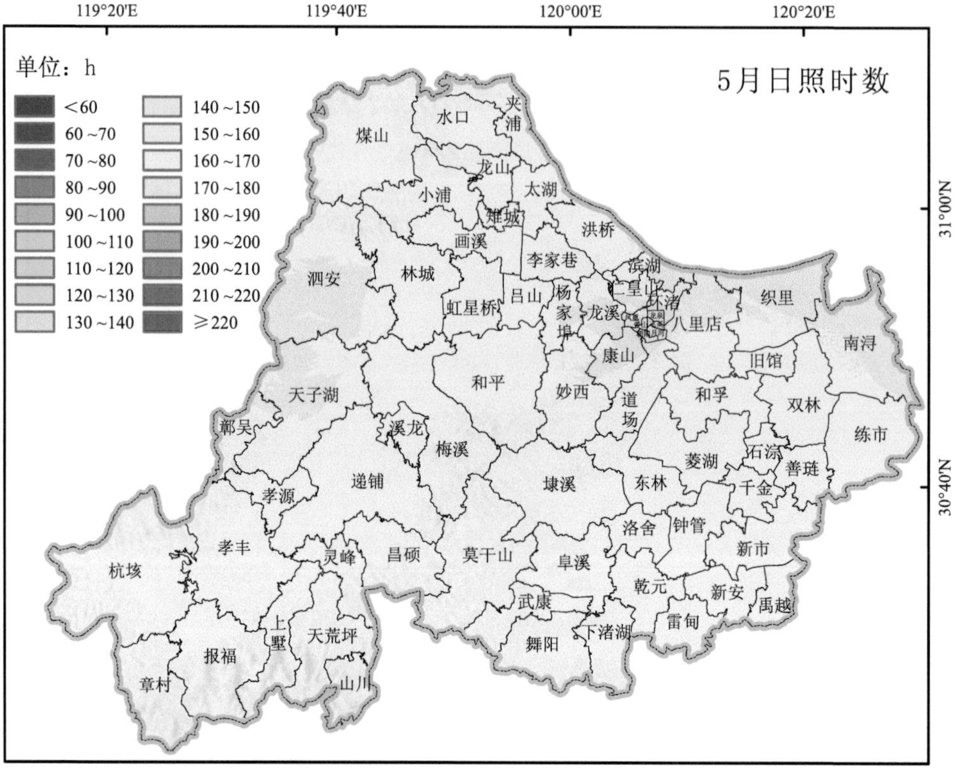
119°20'E
119°40'E
120°00'E
120°20'E
31°00'N
30°40'N
单位：h
<60
60～70
70～80
80～90
90～100
100～110
110～120
120～130
130～140
140～150
150～160
160～170
170～180
180～190
190～200
200～210
210～220
≥220
5月日照时数
煤山
水口
夹浦
龙山
小浦
太湖
雉城
洪桥
画溪
李家巷
滨湖
泗安
林城
仁皇山
织里
杨家埠
吕山
虹星桥
龙溪
环渚
八里店
南浔
康山
旧馆
和平
天子湖
妙西
道场
和孚
双林
鄣吴
溪龙
梅溪
石淙
练市
菱湖
善琏
递铺
埭溪
东林
千金
孝源
洛舍
钟管
孝丰
灵峰
昌硕
莫干山
阜溪
新市
杭垓
乾元
新安
武康
禹越
上墅
天荒坪
雷甸
报福
舞阳
下渚湖
山川
章村

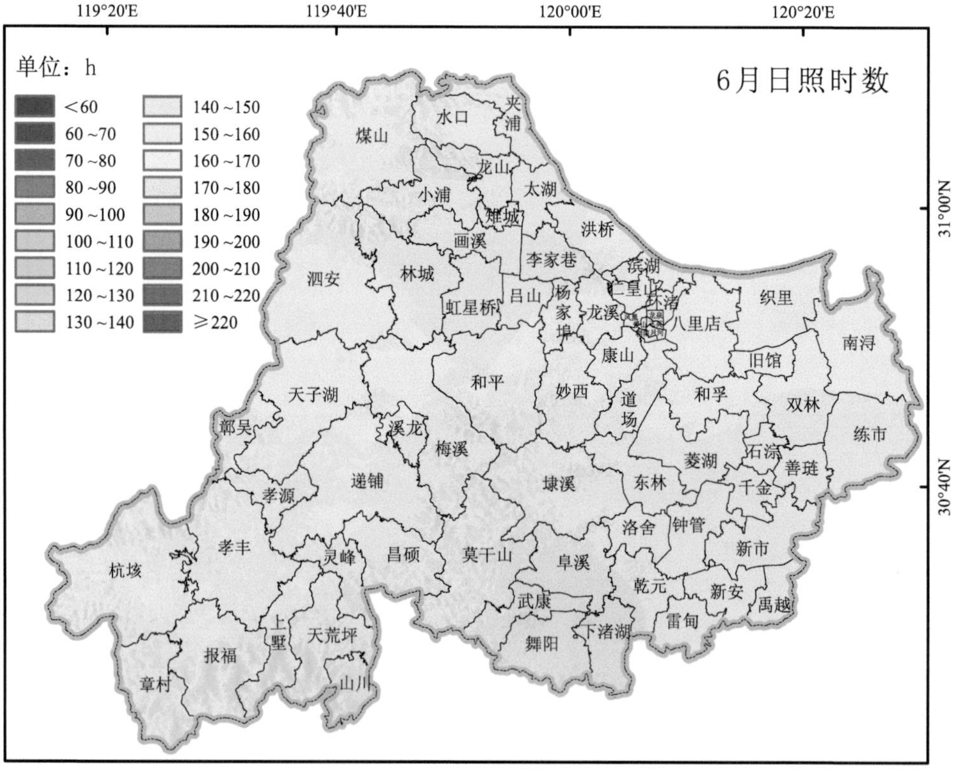
119°20'E
119°40'E
120°00'E
120°20'E
31°00'N
30°40'N
单位：h
<60
60～70
70～80
80～90
90～100
100～110
110～120
120～130
130～140
140～150
150～160
160～170
170～180
180～190
190～200
200～210
210～220
≥220
6月日照时数
煤山
水口
夹浦
龙山
小浦
太湖
雉城
洪桥
画溪
李家巷
滨湖
泗安
林城
仁皇山
织里
杨家埠
吕山
虹星桥
龙溪
环渚
八里店
南浔
康山
旧馆
和平
天子湖
妙西
道场
和孚
双林
鄣吴
溪龙
梅溪
石淙
练市
菱湖
善琏
递铺
埭溪
东林
千金
孝源
洛舍
钟管
孝丰
灵峰
昌硕
莫干山
阜溪
新市
杭垓
乾元
新安
武康
禹越
上墅
天荒坪
雷甸
报福
舞阳
下渚湖
山川
章村

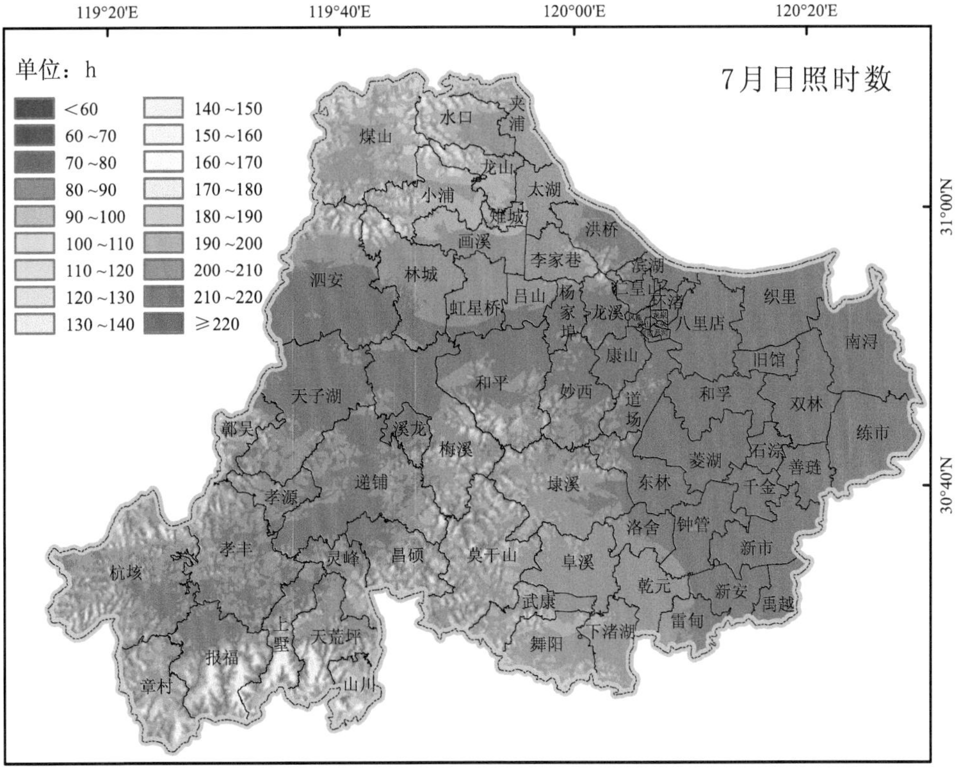
7月日照时数
单位：h
＜60
60～70
70～80
80～90
90～100
100～110
110～120
120～130
130～140
140～150
150～160
160～170
170～180
180～190
190～200
200～210
210～220
≥220
119°20'E
119°40'E
120°00'E
120°20'E
31°00'N
30°40'N
夹浦
水口
煤山
龙山
小浦
太湖
雉城
洪桥
画溪
李家巷
林城
泗安
吕山
杨家埠
龙溪
仁皇山
环渚
八里店
织里
南浔
旧馆
康山
和平
妙西
道场
和孚
双林
练市
天子湖
鄣吴
溪龙
梅溪
石淙
菱湖
善琏
递铺
埭溪
东林
千金
孝源
洛舍
钟管
新市
孝丰
灵峰
昌硕
莫干山
阜溪
杭垓
乾元
新安
武康
禹越
雷甸
上墅
天荒坪
下渚湖
舞阳
报福
章村
山川

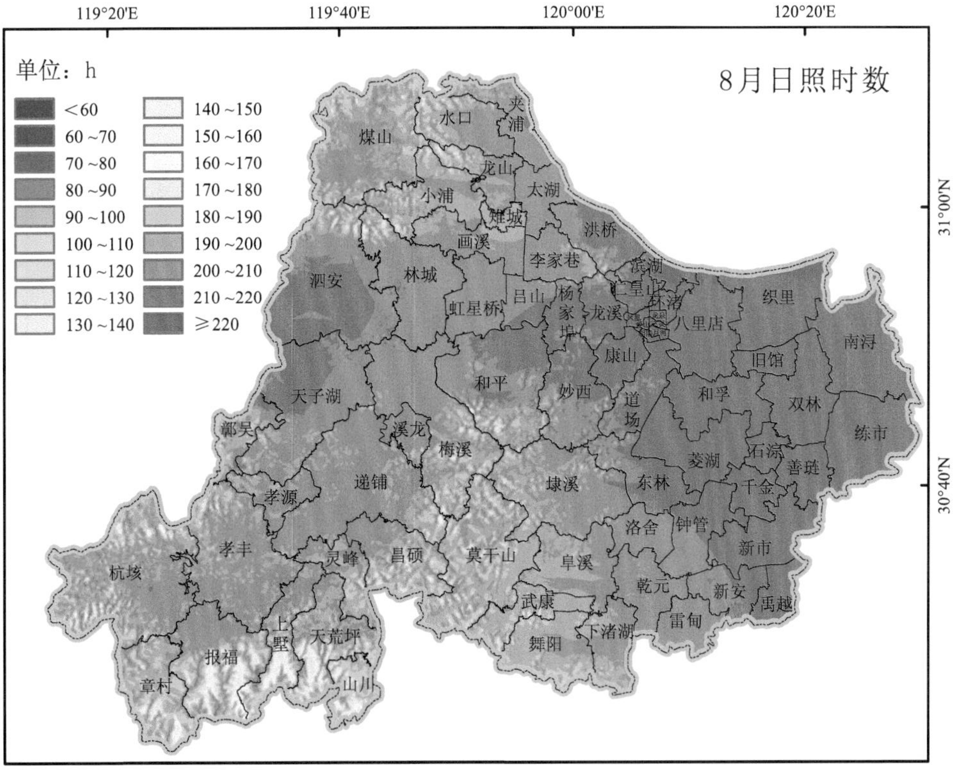
8月日照时数
单位：h
＜60
60～70
70～80
80～90
90～100
100～110
110～120
120～130
130～140
140～150
150～160
160～170
170～180
180～190
190～200
200～210
210～220
≥220
119°20'E
119°40'E
120°00'E
120°20'E
31°00'N
30°40'N
夹浦
水口
煤山
龙山
小浦
太湖
雉城
洪桥
画溪
李家巷
林城
泗安
吕山
杨家埠
龙溪
仁皇山
环渚
八里店
织里
南浔
旧馆
康山
和平
妙西
道场
和孚
双林
练市
天子湖
鄣吴
溪龙
梅溪
石淙
菱湖
善琏
递铺
埭溪
东林
千金
孝源
洛舍
钟管
新市
孝丰
灵峰
昌硕
莫干山
阜溪
杭垓
乾元
新安
武康
禹越
雷甸
上墅
天荒坪
下渚湖
舞阳
报福
章村
山川

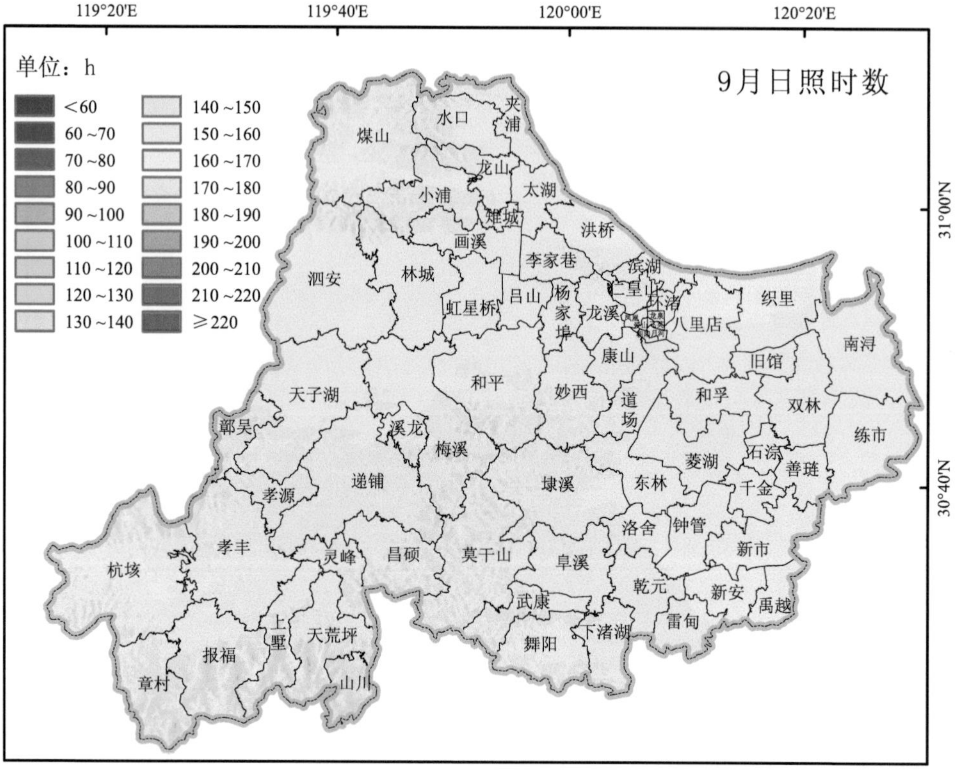
119°20'E
119°40'E
120°00'E
120°20'E
31°00'N
30°40'N
单位：h
<60
60~70
70~80
80~90
90~100
100~110
110~120
120~130
130~140
140~150
150~160
160~170
170~180
180~190
190~200
200~210
210~220
≥220
9月日照时数
煤山
水口
夹浦
龙山
小浦
太湖
雉城
画溪
洪桥
李家巷
滨湖
泗安
林城
吕山
杨家埠
仁皇山
环渚
虹星桥
龙溪
八里店
织里
南浔
康山
旧馆
和平
天子湖
妙西
道场
和孚
双林
鄣吴
溪龙
梅溪
菱湖
石淙
练市
递铺
埭溪
东林
善琏
孝源
千金
孝丰
洛舍
钟管
杭垓
灵峰
昌硕
莫干山
阜溪
新市
乾元
新安
禹越
武康
上墅
天荒坪
雷甸
报福
舞阳
下渚湖
章村
山川

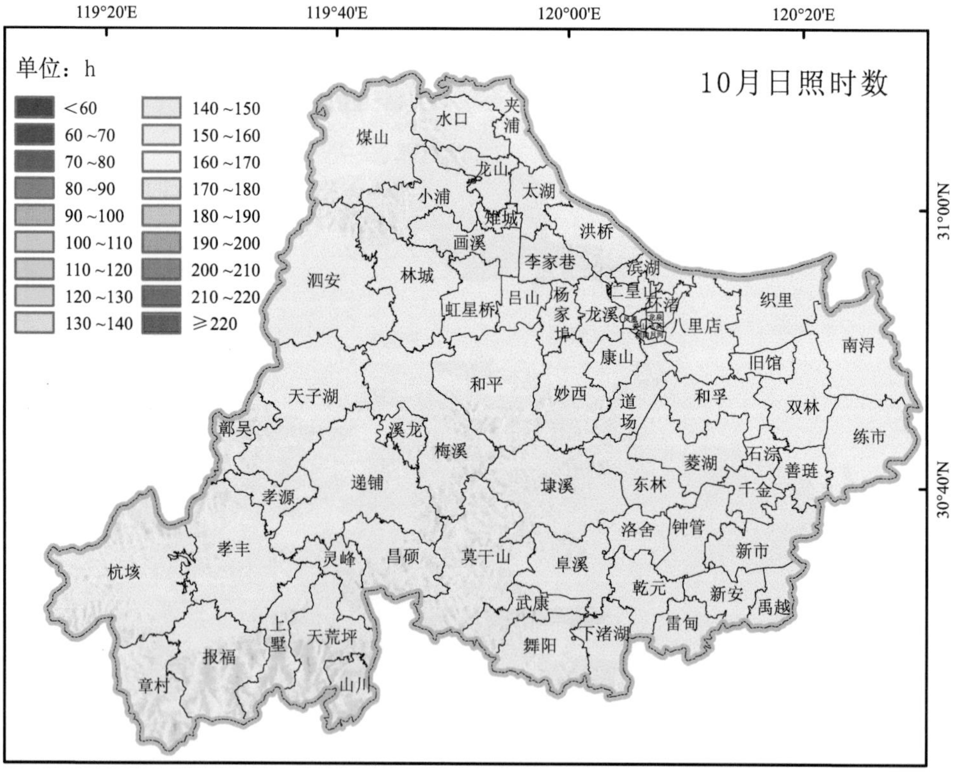
119°20'E
119°40'E
120°00'E
120°20'E
31°00'N
30°40'N
单位：h
<60
60~70
70~80
80~90
90~100
100~110
110~120
120~130
130~140
140~150
150~160
160~170
170~180
180~190
190~200
200~210
210~220
≥220
10月日照时数
煤山
水口
夹浦
龙山
小浦
太湖
雉城
画溪
洪桥
李家巷
滨湖
泗安
林城
吕山
杨家埠
仁皇山
环渚
虹星桥
龙溪
八里店
织里
南浔
康山
旧馆
和平
天子湖
妙西
道场
和孚
双林
鄣吴
溪龙
梅溪
菱湖
石淙
练市
递铺
埭溪
东林
善琏
孝源
千金
孝丰
洛舍
钟管
杭垓
灵峰
昌硕
莫干山
阜溪
新市
乾元
新安
禹越
武康
上墅
天荒坪
雷甸
报福
舞阳
下渚湖
章村
山川

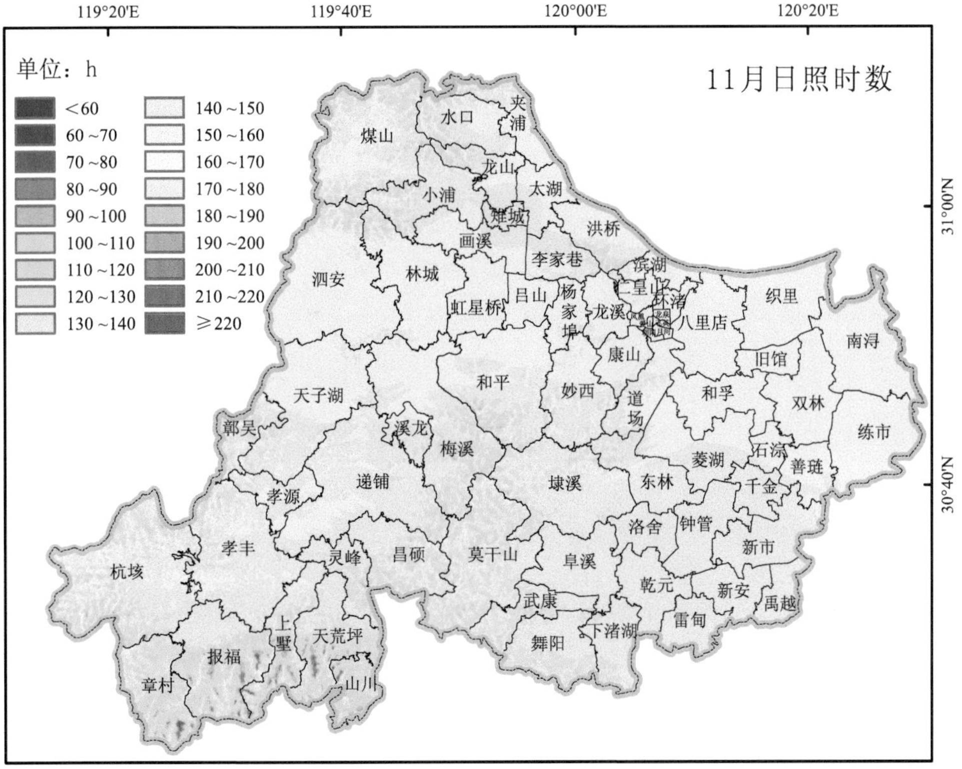
119°20'E
119°40'E
120°00'E
120°20'E
31°00'N
30°40'N
单位：h
11月日照时数
<60
60～70
70～80
80～90
90～100
100～110
110～120
120～130
130～140
140～150
150～160
160～170
170～180
180～190
190～200
200～210
210～220
≥220
水口
夹浦
煤山
龙山
小浦
太湖
雉城
洪桥
画溪
李家巷
滨湖
泗安
林城
仁皇山
虹星桥
吕山
杨家埠
龙溪
环渚
八里店
织里
南浔
康山
旧馆
和平
妙西
道场
和孚
双林
天子湖
练市
鄣吴
溪龙
梅溪
石淙
菱湖
善琏
递铺
埭溪
东林
千金
孝源
洛舍
钟管
新市
孝丰
灵峰
昌硕
莫干山
阜溪
杭垓
乾元
新安
禹越
武康
雷甸
上墅
天荒坪
舞阳
下渚湖
报福
山川
章村

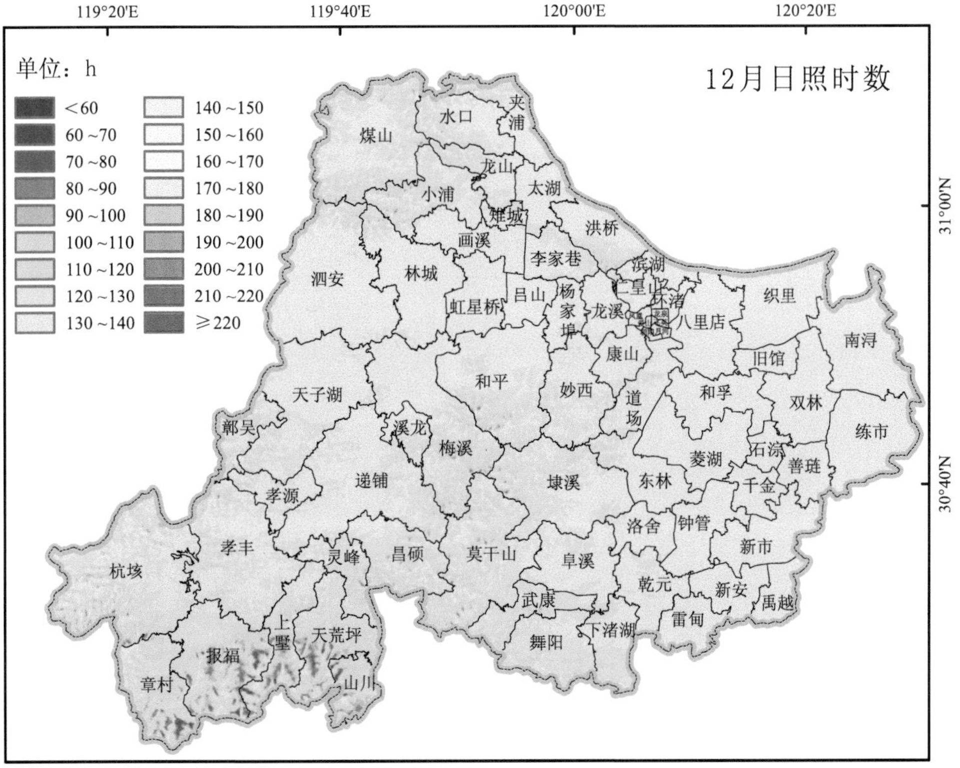
119°20'E
119°40'E
120°00'E
120°20'E
31°00'N
30°40'N
单位：h
12月日照时数
<60
60～70
70～80
80～90
90～100
100～110
110～120
120～130
130～140
140～150
150～160
160～170
170～180
180～190
190～200
200～210
210～220
≥220
水口
夹浦
煤山
龙山
小浦
太湖
雉城
洪桥
画溪
李家巷
滨湖
泗安
林城
仁皇山
虹星桥
吕山
杨家埠
龙溪
环渚
八里店
织里
南浔
康山
旧馆
和平
妙西
道场
和孚
双林
天子湖
练市
鄣吴
溪龙
梅溪
石淙
菱湖
善琏
递铺
埭溪
东林
千金
孝源
洛舍
钟管
新市
孝丰
灵峰
昌硕
莫干山
阜溪
杭垓
乾元
新安
禹越
武康
雷甸
上墅
天荒坪
舞阳
下渚湖
报福
山川
章村

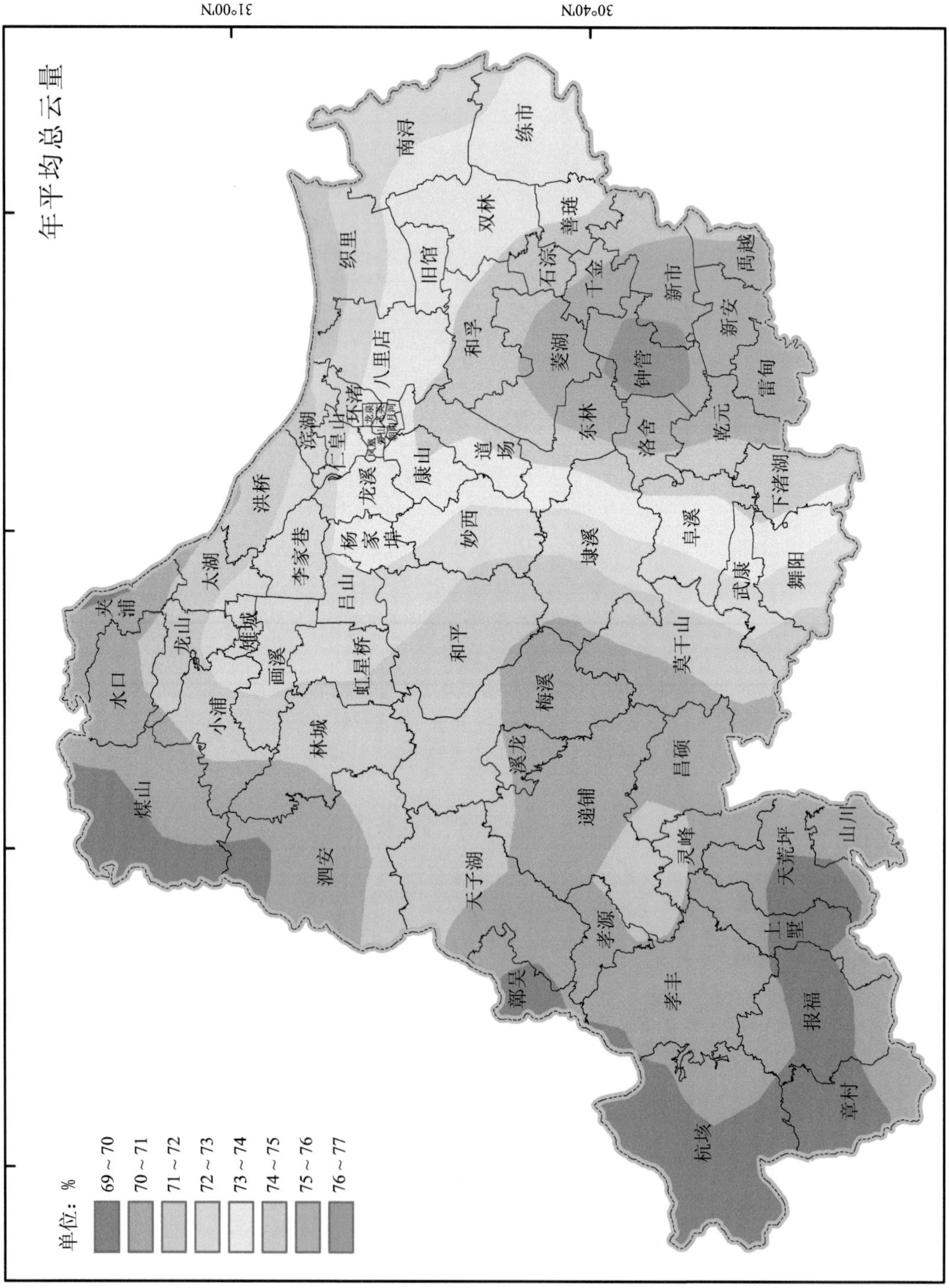
年平均总云量
单位：%
69～70
70～71
71～72
72～73
73～74
74～75
75～76
76～77
31°00′N
30°40′N
120°20′E
120°00′E
119°40′E
119°20′E
南浔
练市
双林
善琏
织里
旧馆
石淙
千金
禹越
新市
和孚
菱湖
钟管
新安
八里店
雷甸
环渚
滨湖
仁皇山
东林
洛舍
乾元
道场
康山
龙溪
下渚湖
洪桥
杨家埠
妙西
阜溪
李家巷
禹溪
太湖
吕山
武康
舞阳
夹浦
龙山
雉城
和平
莫干山
画溪
虹星桥
梅溪
水口
小浦
林城
溪龙
昌硕
煤山
递铺
灵峰
山川
泗安
天子湖
天荒坪
孝源
上墅
鄣吴
孝丰
报福
章村
杭垓

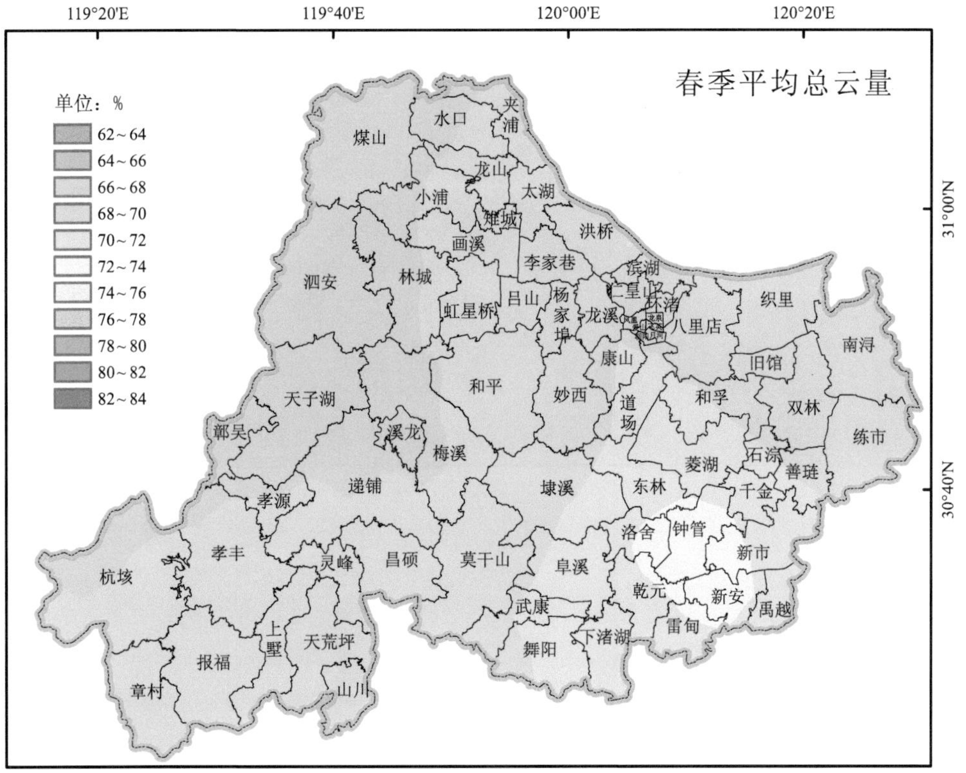
春季平均总云量
单位：%
62～64
64～66
66～68
68～70
70～72
72～74
74～76
76～78
78～80
80～82
82～84
119°20'E
119°40'E
120°00'E
120°20'E
31°00'N
30°40'N
煤山
水口
夹浦
龙山
小浦
太湖
雉城
画溪
洪桥
泗安
林城
李家巷
滨湖
虹星桥
吕山
杨家埠
龙溪
八里店
织里
南浔
旧馆
康山
和平
妙西
道场
和孚
双林
天子湖
鄣吴
溪龙
梅溪
石淙
练市
菱湖
善琏
递铺
埭溪
东林
千金
孝源
洛舍
钟管
孝丰
新市
灵峰
昌硕
莫干山
阜溪
杭垓
乾元
新安
武康
禹越
上墅
天荒坪
雷甸
报福
舞阳
下渚湖
章村
山川

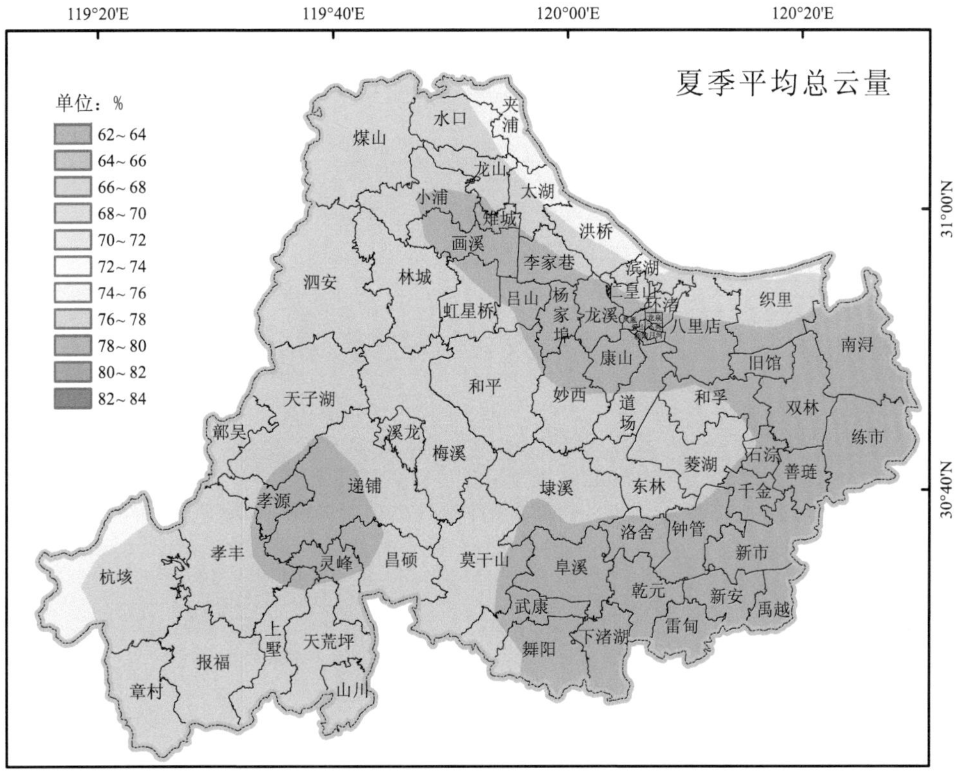
夏季平均总云量
单位：%
62～64
64～66
66～68
68～70
70～72
72～74
74～76
76～78
78～80
80～82
82～84
119°20'E
119°40'E
120°00'E
120°20'E
31°00'N
30°40'N
煤山
水口
夹浦
龙山
小浦
太湖
雉城
画溪
洪桥
泗安
林城
李家巷
滨湖
虹星桥
吕山
杨家埠
龙溪
八里店
织里
南浔
旧馆
康山
和平
妙西
道场
和孚
双林
天子湖
鄣吴
溪龙
梅溪
石淙
练市
菱湖
善琏
递铺
埭溪
东林
千金
孝源
洛舍
钟管
孝丰
新市
灵峰
昌硕
莫干山
阜溪
杭垓
乾元
新安
武康
禹越
上墅
天荒坪
雷甸
报福
舞阳
下渚湖
章村
山川

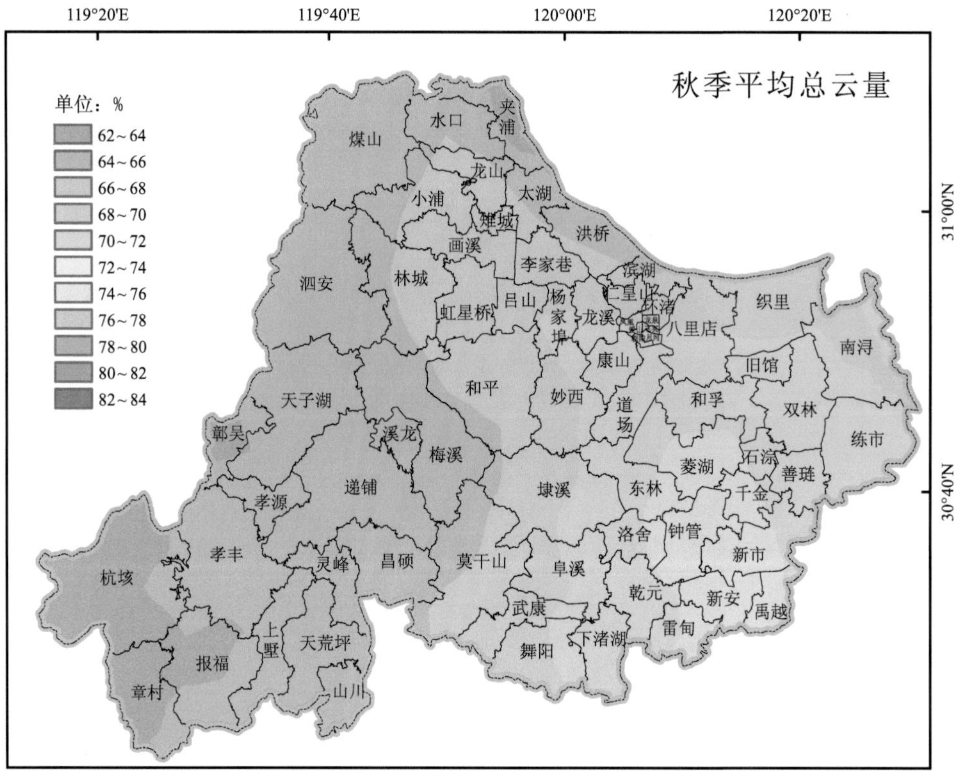
秋季平均总云量
119°20'E
119°40'E
120°00'E
120°20'E
31°00'N
30°40'N
单位：%
62~64
64~66
66~68
68~70
70~72
72~74
74~76
76~78
78~80
80~82
82~84
煤山
水口
夹浦
龙山
小浦
太湖
雉城
洪桥
画溪
李家巷
滨湖
泗安
林城
虹星桥
吕山
杨家埠
仁皇山
龙溪
八里店
织里
南浔
旧馆
康山
和平
妙西
道场
和孚
双林
练市
天子湖
鄣吴
溪龙
梅溪
菱湖
石淙
善琏
递铺
埭溪
东林
千金
孝源
孝丰
灵峰
昌硕
莫干山
阜溪
洛舍
钟管
新市
杭垓
乾元
新安
禹越
武康
雷甸
上墅
天荒坪
舞阳
下渚湖
报福
章村
山川

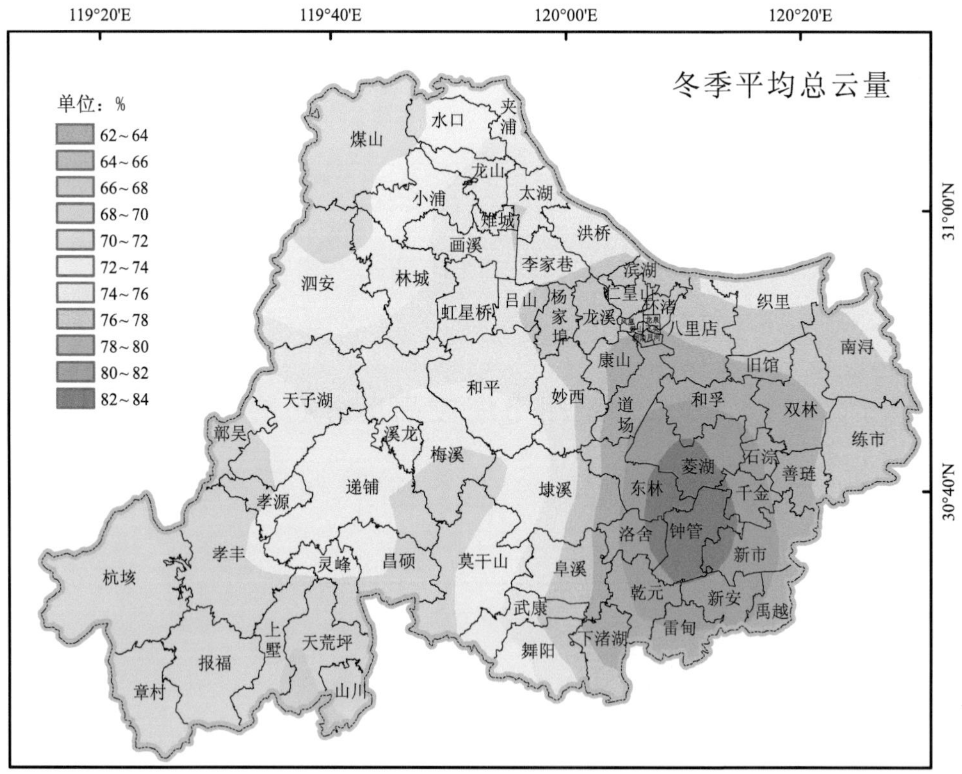
冬季平均总云量
119°20'E
119°40'E
120°00'E
120°20'E
31°00'N
30°40'N
单位：%
62~64
64~66
66~68
68~70
70~72
72~74
74~76
76~78
78~80
80~82
82~84
煤山
水口
夹浦
龙山
小浦
太湖
雉城
洪桥
画溪
李家巷
滨湖
泗安
林城
虹星桥
吕山
杨家埠
仁皇山
龙溪
八里店
织里
南浔
旧馆
康山
和平
妙西
道场
和孚
双林
练市
天子湖
鄣吴
溪龙
梅溪
菱湖
石淙
善琏
递铺
埭溪
东林
千金
孝源
孝丰
灵峰
昌硕
莫干山
阜溪
洛舍
钟管
新市
杭垓
乾元
新安
禹越
武康
雷甸
上墅
天荒坪
舞阳
下渚湖
报福
章村
山川

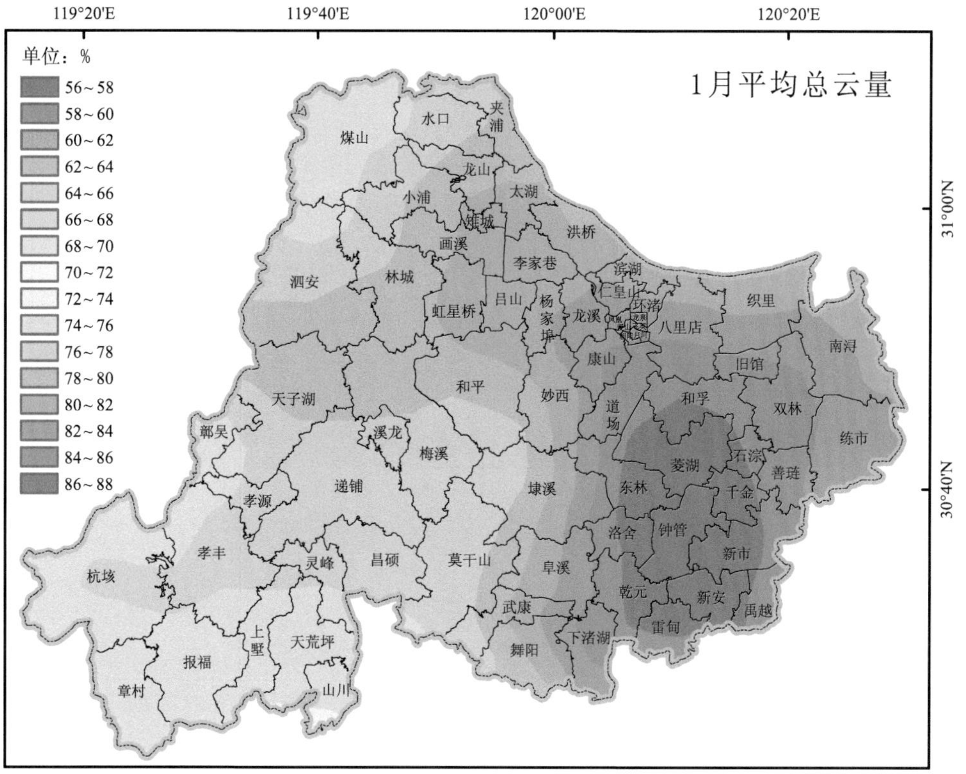
119°20'E
119°40'E
120°00'E
120°20'E
31°00'N
30°40'N
单位：%
56～58
58～60
60～62
62～64
64～66
66～68
68～70
70～72
72～74
74～76
76～78
78～80
80～82
82～84
84～86
86～88
1月平均总云量
煤山
水口
夹浦
龙山
小浦
太湖
雉城
画溪
洪桥
李家巷
滨湖
仁皇山
泗安
林城
虹星桥
吕山
杨家埠
龙溪
环渚
八里店
织里
南浔
旧馆
康山
和平
妙西
道场
和孚
双林
练市
天子湖
鄣吴
溪龙
梅溪
菱湖
石淙
善琏
递铺
埭溪
东林
千金
孝源
洛舍
钟管
新市
孝丰
灵峰
昌硕
莫干山
阜溪
杭垓
乾元
新安
禹越
武康
雷甸
上墅
天荒坪
下渚湖
舞阳
报福
章村
山川

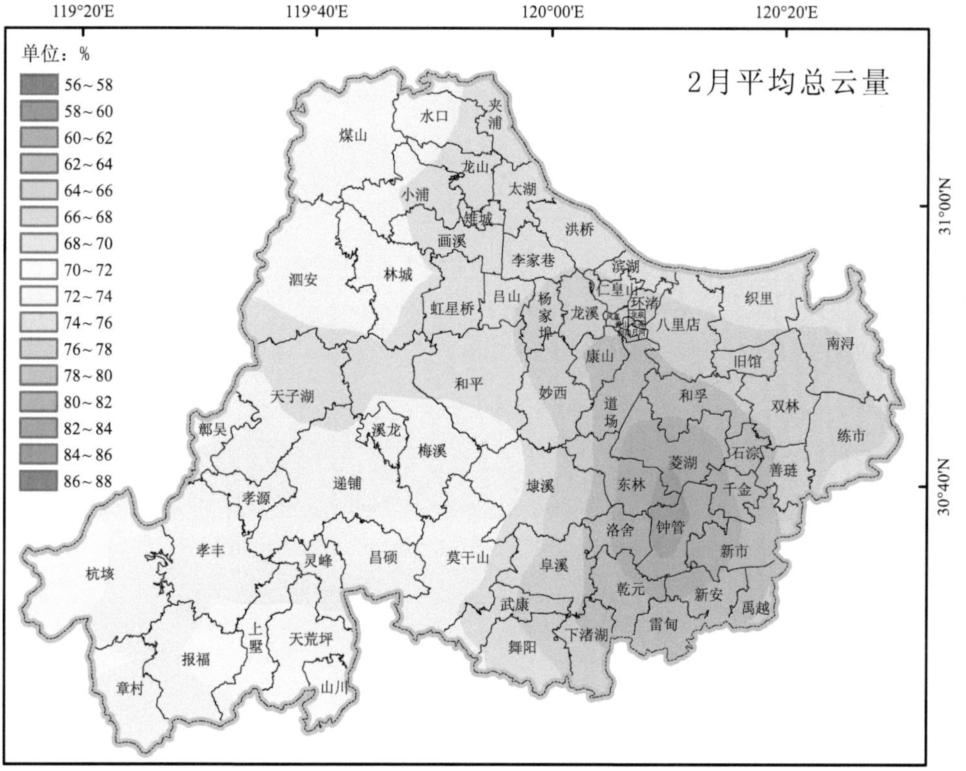
119°20'E
119°40'E
120°00'E
120°20'E
31°00'N
30°40'N
单位：%
56～58
58～60
60～62
62～64
64～66
66～68
68～70
70～72
72～74
74～76
76～78
78～80
80～82
82～84
84～86
86～88
2月平均总云量
煤山
水口
夹浦
龙山
小浦
太湖
雉城
画溪
洪桥
李家巷
滨湖
仁皇山
泗安
林城
虹星桥
吕山
杨家埠
龙溪
环渚
八里店
织里
南浔
旧馆
康山
和平
妙西
道场
和孚
双林
练市
天子湖
鄣吴
溪龙
梅溪
菱湖
石淙
善琏
递铺
埭溪
东林
千金
孝源
洛舍
钟管
新市
孝丰
灵峰
昌硕
莫干山
阜溪
杭垓
乾元
新安
禹越
武康
雷甸
上墅
天荒坪
下渚湖
舞阳
报福
章村
山川

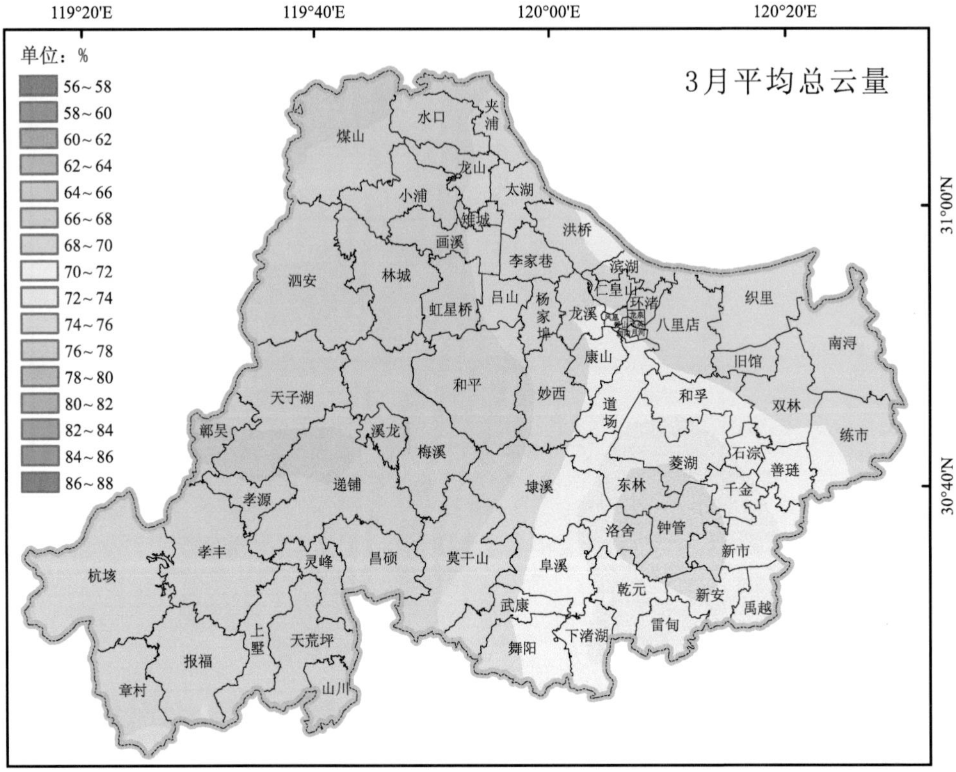
119°20'E
119°40'E
120°00'E
120°20'E
31°00'N
30°40'N
单位：%
56~58
58~60
60~62
62~64
64~66
66~68
68~70
70~72
72~74
74~76
76~78
78~80
80~82
82~84
84~86
86~88
3月平均总云量
煤山
水口
夹浦
龙山
小浦
太湖
雉城
画溪
洪桥
李家巷
滨湖
仁皇山
泗安
林城
虹星桥
吕山
杨家埠
龙溪
环渚
八里店
织里
南浔
旧馆
康山
和平
妙西
天子湖
道场
和孚
双林
鄣吴
溪龙
梅溪
练市
石淙
菱湖
善琏
递铺
埭溪
东林
千金
孝源
洛舍
钟管
孝丰
灵峰
昌硕
莫干山
阜溪
新市
杭垓
乾元
新安
武康
禹越
上墅
天荒坪
报福
下渚湖
雷甸
舞阳
章村
山川

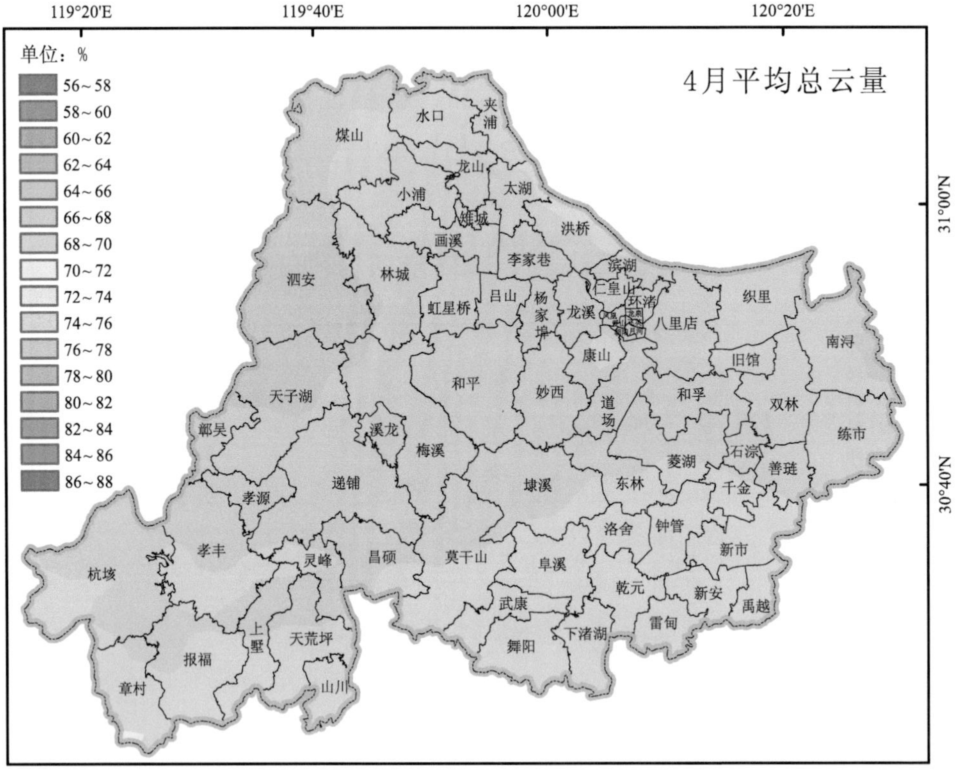
119°20'E
119°40'E
120°00'E
120°20'E
31°00'N
30°40'N
单位：%
56~58
58~60
60~62
62~64
64~66
66~68
68~70
70~72
72~74
74~76
76~78
78~80
80~82
82~84
84~86
86~88
4月平均总云量
煤山
水口
夹浦
龙山
小浦
太湖
雉城
画溪
洪桥
李家巷
滨湖
仁皇山
泗安
林城
虹星桥
吕山
杨家埠
龙溪
环渚
八里店
织里
南浔
旧馆
康山
和平
妙西
天子湖
道场
和孚
双林
鄣吴
溪龙
梅溪
练市
石淙
菱湖
善琏
递铺
埭溪
东林
千金
孝源
洛舍
钟管
孝丰
灵峰
昌硕
莫干山
阜溪
新市
杭垓
乾元
新安
武康
禹越
上墅
天荒坪
报福
下渚湖
雷甸
舞阳
章村
山川

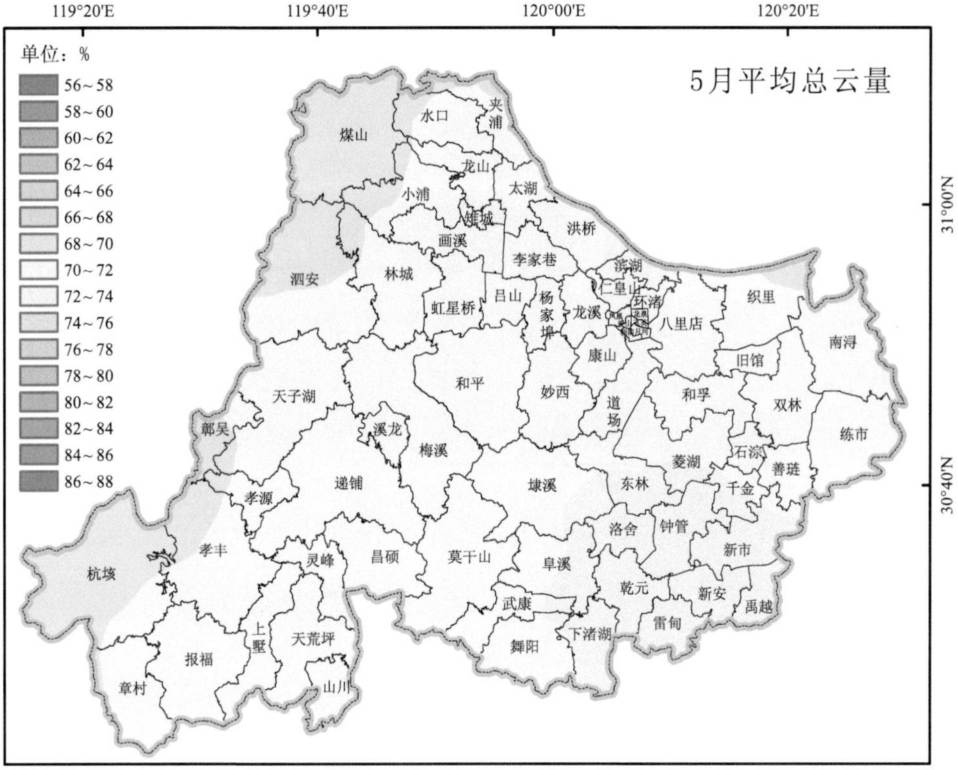

5月平均总云量

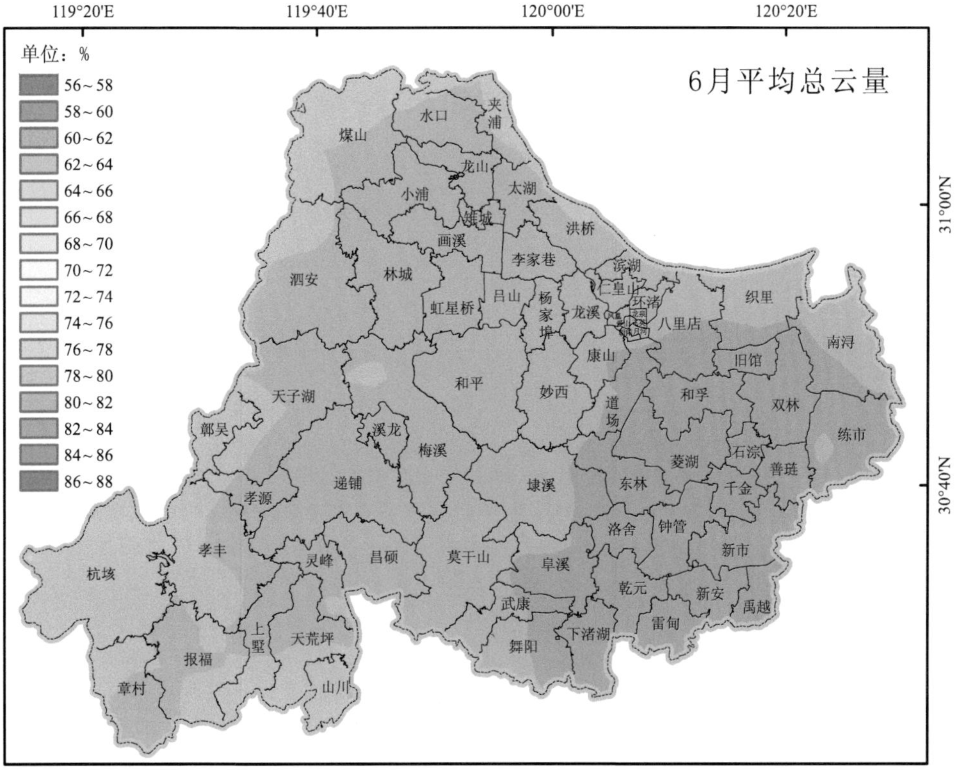

6月平均总云量

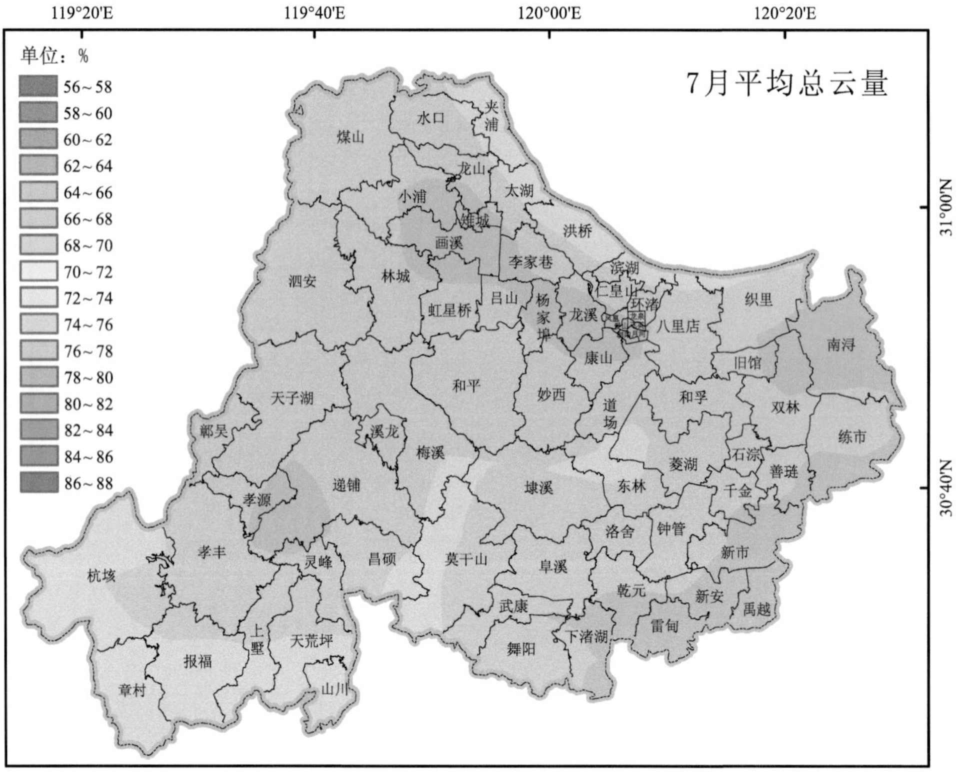
7月平均总云量
单位：%
56～58
58～60
60～62
62～64
64～66
66～68
68～70
70～72
72～74
74～76
76～78
78～80
80～82
82～84
84～86
86～88
119°20'E
119°40'E
120°00'E
120°20'E
31°00'N
30°40'N
煤山
水口
夹浦
龙山
小浦
太湖
雉城
洪桥
画溪
李家巷
滨湖
林城
泗安
吕山
仁皇山
虹星桥
杨家埠
龙溪
环渚
八里店
织里
南浔
旧馆
康山
和平
妙西
道场
和孚
双林
天子湖
鄣吴
溪龙
梅溪
菱湖
石淙
练市
善琏
递铺
埭溪
东林
千金
孝源
洛舍
钟管
孝丰
灵峰
昌硕
莫干山
阜溪
新市
杭垓
乾元
新安
武康
禹越
上墅
天荒坪
下渚湖
雷甸
报福
舞阳
章村
山川

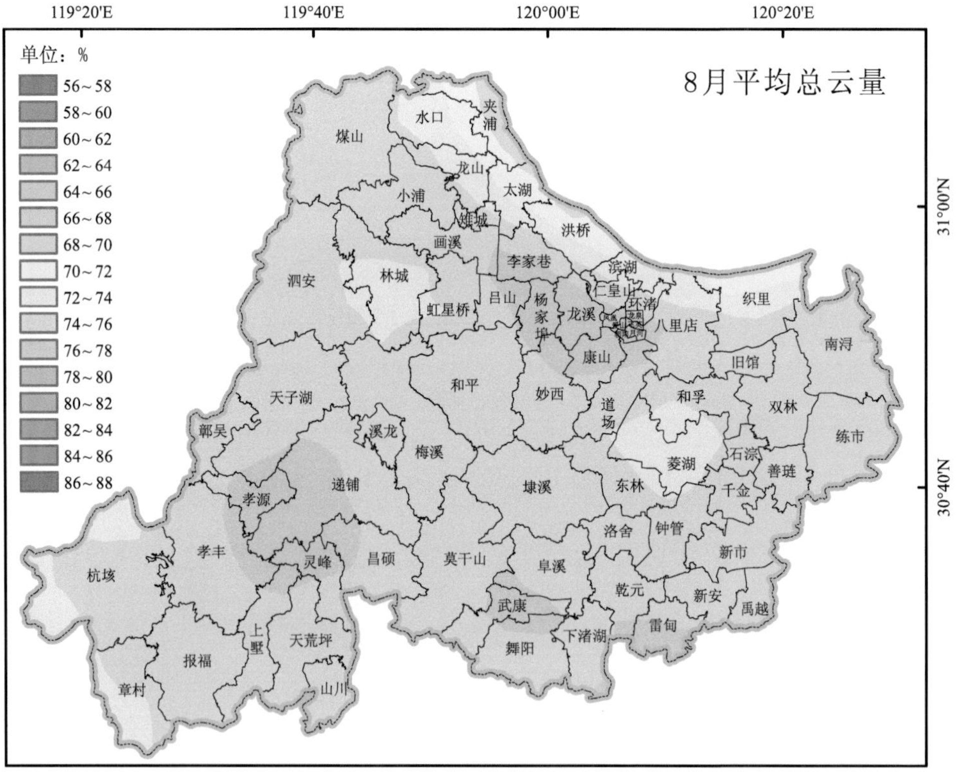
8月平均总云量
单位：%
56～58
58～60
60～62
62～64
64～66
66～68
68～70
70～72
72～74
74～76
76～78
78～80
80～82
82～84
84～86
86～88
119°20'E
119°40'E
120°00'E
120°20'E
31°00'N
30°40'N
煤山
水口
夹浦
龙山
小浦
太湖
雉城
洪桥
画溪
李家巷
滨湖
林城
泗安
吕山
仁皇山
虹星桥
杨家埠
龙溪
环渚
八里店
织里
南浔
旧馆
康山
和平
妙西
道场
和孚
双林
天子湖
鄣吴
溪龙
梅溪
菱湖
石淙
练市
善琏
递铺
埭溪
东林
千金
孝源
洛舍
钟管
孝丰
灵峰
昌硕
莫干山
阜溪
新市
杭垓
乾元
新安
武康
禹越
上墅
天荒坪
下渚湖
雷甸
报福
舞阳
章村
山川

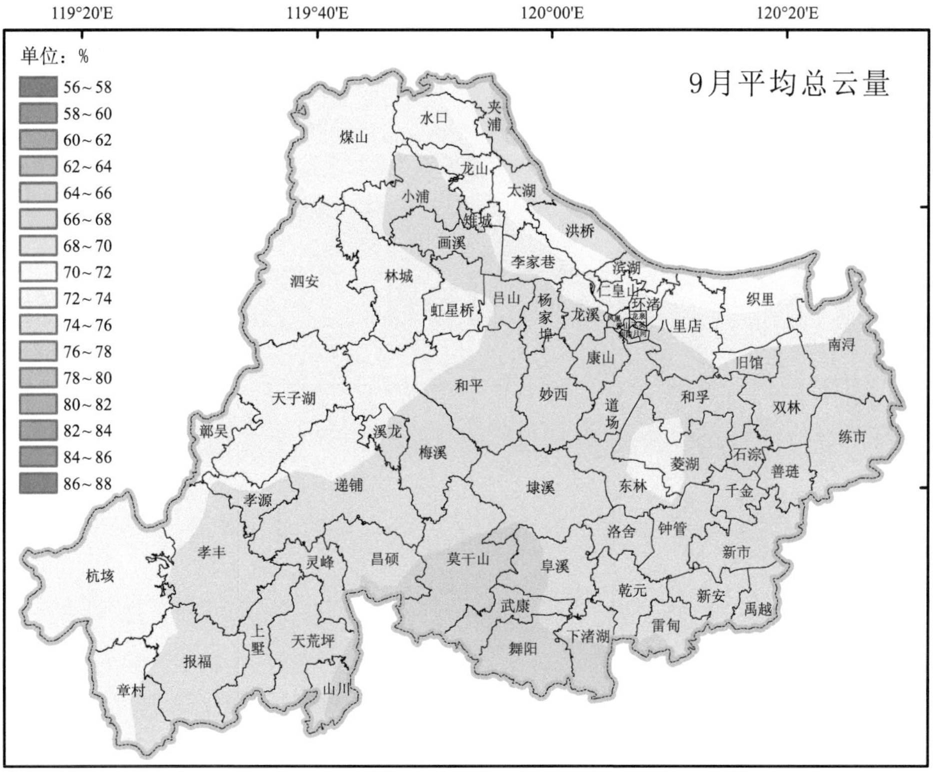
119°20'E
119°40'E
120°00'E
120°20'E
31°00'N
30°40'N
单位：%
56～58
58～60
60～62
62～64
64～66
66～68
68～70
70～72
72～74
74～76
76～78
78～80
80～82
82～84
84～86
86～88
9月平均总云量
水口
夹浦
煤山
龙山
小浦
太湖
雉城
洪桥
画溪
李家巷
滨湖
泗安
林城
吕山
杨家埠
龙溪
仁皇山
环渚
八里店
织里
虹星桥
南浔
旧馆
康山
和平
妙西
道场
和孚
双林
天子湖
郎吴
溪龙
梅溪
菱湖
石淙
练市
递铺
埭溪
东林
善琏
千金
孝源
洛舍
钟管
新市
孝丰
灵峰
昌硕
莫干山
阜溪
杭垓
乾元
新安
武康
禹越
雷甸
上墅
天荒坪
下渚湖
报福
舞阳
章村
山川

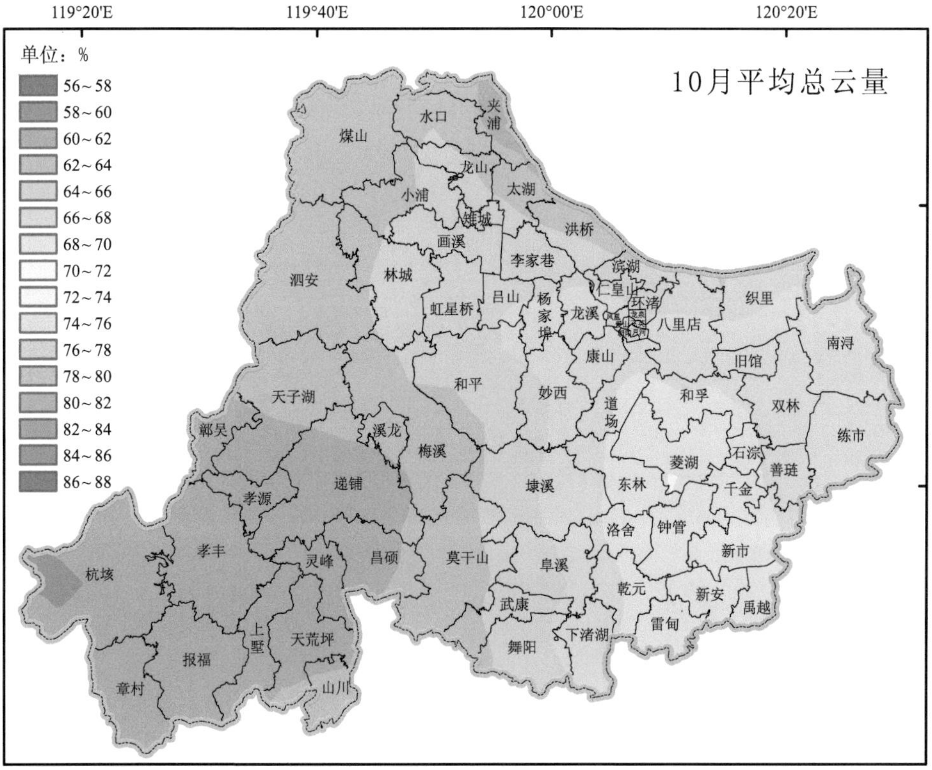
119°20'E
119°40'E
120°00'E
120°20'E
31°00'N
30°40'N
单位：%
56～58
58～60
60～62
62～64
64～66
66～68
68～70
70～72
72～74
74～76
76～78
78～80
80～82
82～84
84～86
86～88
10月平均总云量
水口
夹浦
煤山
龙山
小浦
太湖
雉城
洪桥
画溪
李家巷
滨湖
泗安
林城
吕山
杨家埠
龙溪
仁皇山
环渚
八里店
织里
虹星桥
南浔
旧馆
康山
和平
妙西
道场
和孚
双林
天子湖
郎吴
溪龙
梅溪
菱湖
石淙
练市
递铺
埭溪
东林
善琏
千金
孝源
洛舍
钟管
新市
孝丰
灵峰
昌硕
莫干山
阜溪
杭垓
乾元
新安
武康
禹越
雷甸
上墅
天荒坪
下渚湖
报福
舞阳
章村
山川

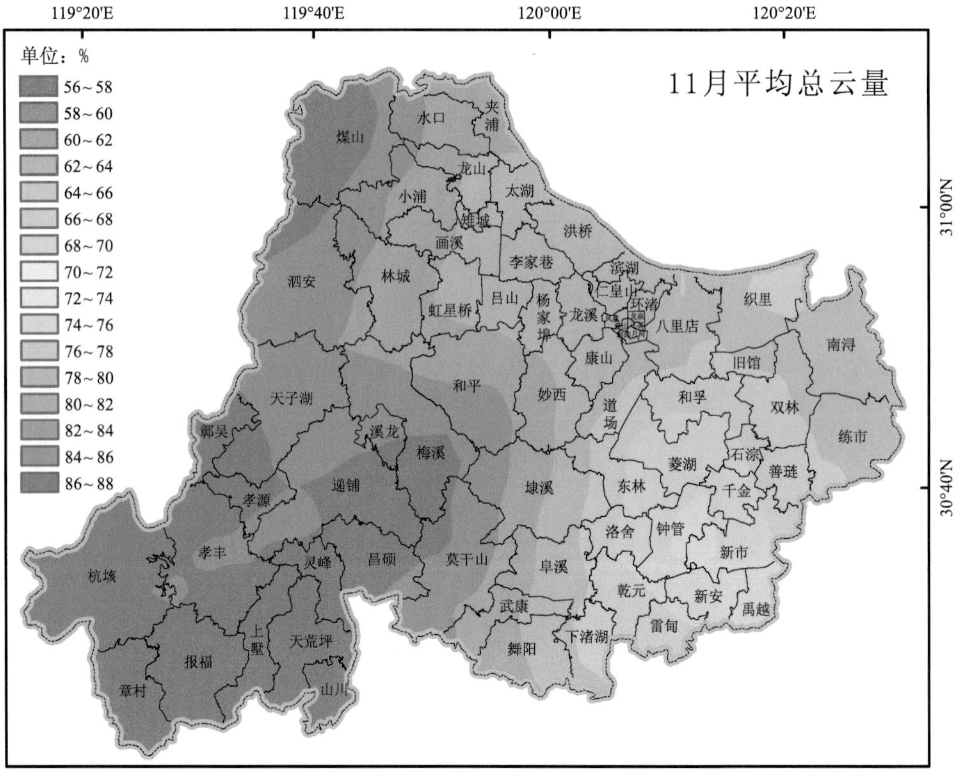
11月平均总云量
单位：%
56～58
58～60
60～62
62～64
64～66
66～68
68～70
70～72
72～74
74～76
76～78
78～80
80～82
82～84
84～86
86～88
119°20'E
119°40'E
120°00'E
120°20'E
31°00'N
30°40'N
煤山
水口
夹浦
龙山
小浦
太湖
雉城
画溪
洪桥
李家巷
滨湖
泗安
林城
仁皇山
虹星桥
吕山
杨家埠
龙溪
环渚
八里店
织里
南浔
康山
旧馆
天子湖
和平
妙西
道场
和孚
双林
鄣吴
溪龙
梅溪
练市
菱湖
石淙
善琏
递铺
埭溪
东林
孝源
千金
洛舍
钟管
孝丰
灵峰
昌硕
莫干山
阜溪
新市
杭垓
乾元
新安
武康
禹越
雷甸
上墅
天荒坪
下渚湖
报福
舞阳
章村
山川

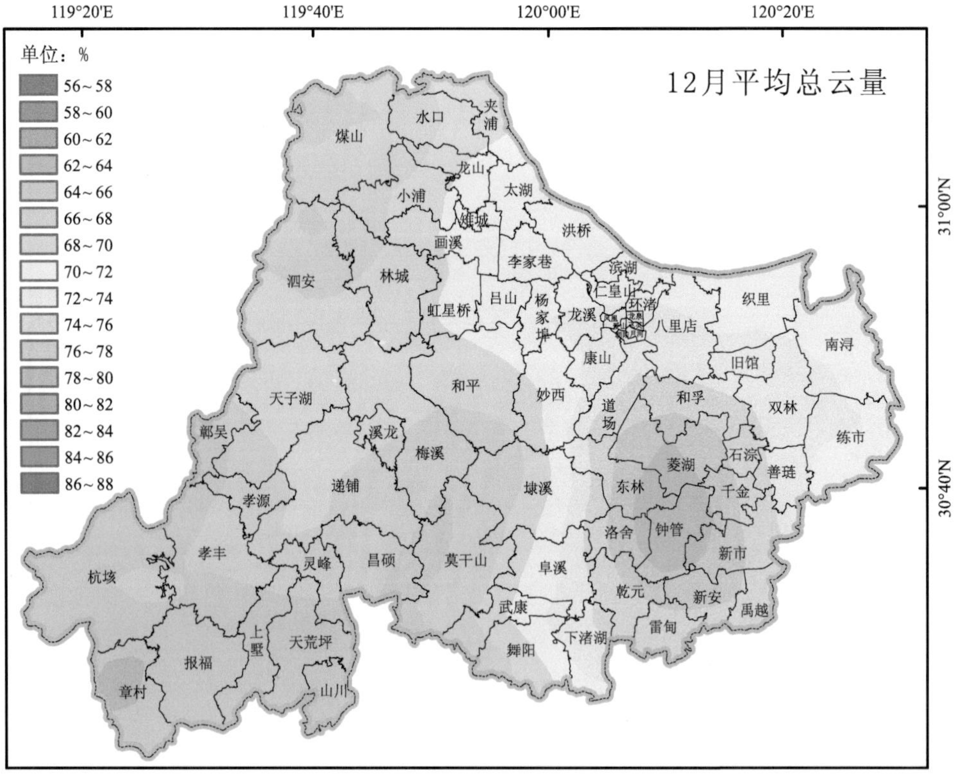
12月平均总云量
单位：%
56～58
58～60
60～62
62～64
64～66
66～68
68～70
70～72
72～74
74～76
76～78
78～80
80～82
82～84
84～86
86～88
119°20'E
119°40'E
120°00'E
120°20'E
31°00'N
30°40'N
煤山
水口
夹浦
龙山
小浦
太湖
雉城
画溪
洪桥
李家巷
滨湖
泗安
林城
仁皇山
虹星桥
吕山
杨家埠
龙溪
环渚
八里店
织里
南浔
康山
旧馆
天子湖
和平
妙西
道场
和孚
双林
鄣吴
溪龙
梅溪
练市
菱湖
石淙
善琏
递铺
埭溪
东林
孝源
千金
洛舍
钟管
孝丰
灵峰
昌硕
莫干山
阜溪
新市
杭垓
乾元
新安
武康
禹越
雷甸
上墅
天荒坪
下渚湖
报福
舞阳
章村
山川

第四部分

气候资源产业评价

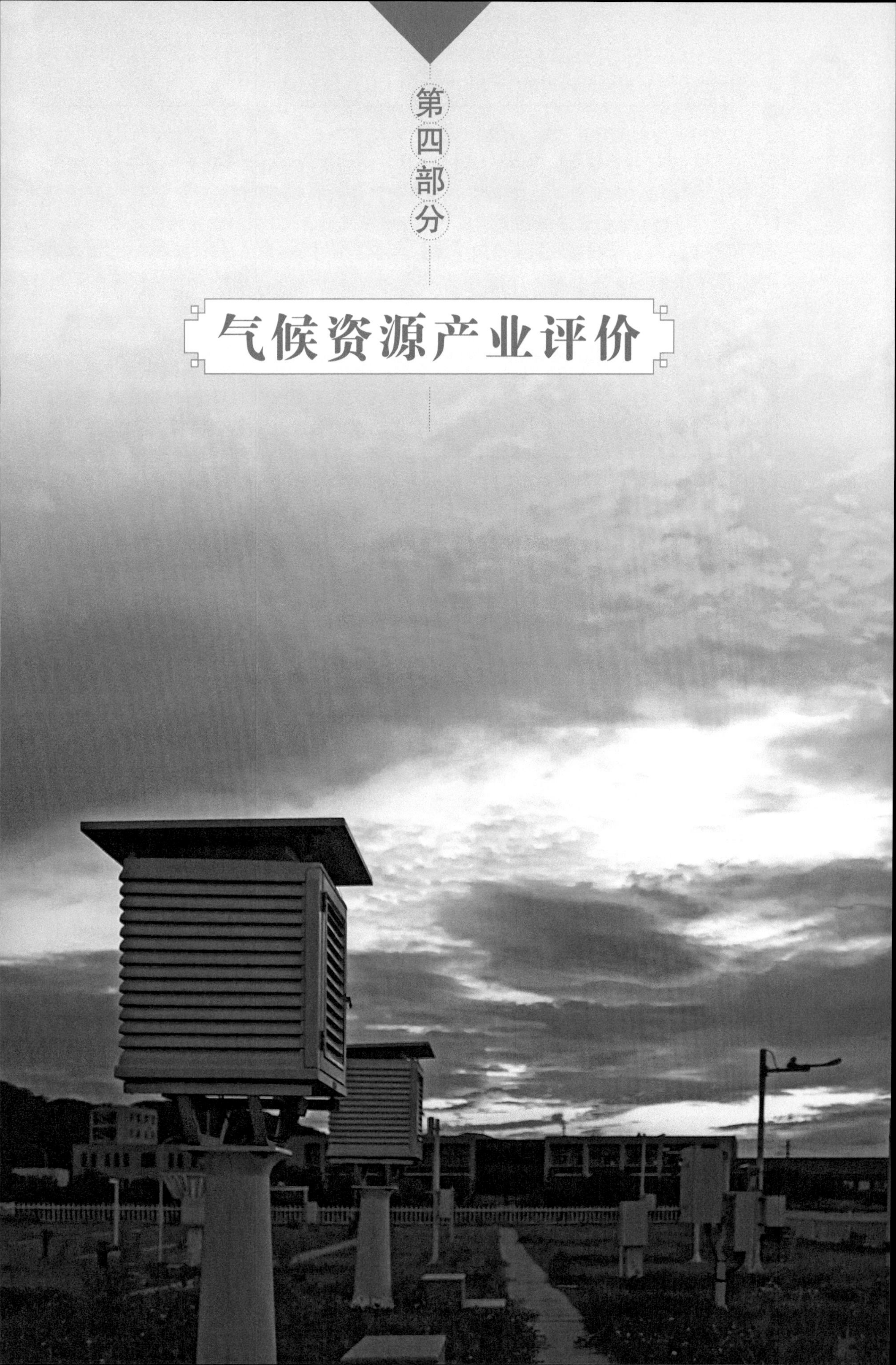

气候资源的基本成分有太阳能资源、热量资源、降水资源、风能资源以及大气的某些成分，具有可再生性、普遍性和清洁性等特征。随着经济社会的快速发展和人民生活水平的不断提高，气候资源已经成为基础性的自然资源、战略性的经济资源和公共性的社会资源，对我国的可持续发展具有强有力的支撑作用，并且在现代化城市规划建设中具有指导性意义。

湖州地处杭嘉湖平原，属亚热带季风气候区，气候资源丰富，季风显著，四季分明，雨热同季，降水充沛，光温同步，日照较多，气候温和，空气湿润，地形起伏高差大，垂直气候较明显，有利于稻、麦、油、桑、鱼、茶、竹、果、木等种植业、养殖业的发展，是浙江省和全国的粮食、蚕茧、淡水鱼、毛竹的主要产区和重要生产基地。

热量是生物生长发育和产量、品质形成的基本条件。热量的多少与动植物种类分布的界限有密切关系，是决定农牧业布局、种植制度和经营方式的重要自然因素，并影响农事活动的全过程。各种农作物的生长发育只有在其所需要的适宜的热量条件下才能进行。湖州热量资源丰富且稳定，积温高，无霜期长，有利于喜温作物生长。湖州市各地年平均气温大都在 14～17 ℃之间，平均为 16 ℃，7 月、8 月平均气温约为 28 ℃，平均最低气温约为 25 ℃，能很好地满足水稻等喜温作物在生长期内对温度的需求。例如水稻各个生育期最适温度在 20 ℃以上，在 7 月至 8 月分蘖孕穗期最适宜温度为 25～32 ℃，当气温低于 20 ℃时分蘖发生便受到显著的阻碍，当日最低气温低于 15 ℃，就会造成颖花退化、不实粒增加和抽穗延迟。1 月平均气温大多在 −4～8 ℃，茶等主要经济作物也可安全越冬。由此可见，湖州市热量资源丰富，而且热量的限制因子影响也小，热量资源的有效性高，有利于喜温作物的生长和农业气候资源潜力的开发与利用。

湖州市空气湿度较大，平均相对湿度在 77%～85% 之间，平均为 79%。空气湿度大在一定程度上能降低大气干旱强度，减少植株蒸腾耗水量，使植物体内水分平衡，不致遭受破坏而造成生理干旱。水分是影响油菜生长发育的最主要因素之一，油菜播种期、苗期必须保证土壤有足够的水分，冬季干旱可使油菜幼苗冻害加重；蕾薹期需水分充足，土壤相对湿度达 80%左右才能满足生长需求，否则，主茎变短，叶片变小，幼蕾脱落，影响产量；开花期为油菜对土壤水分反应的敏感临界期，缺水会影响开花或造成花蕾脱落。

湖州市年太阳辐射量各月差异较大，主要集中在夏半年(4—9 月)，太阳辐射量的集中分配有利于水稻等大春作物的生长。此外，湖州市年散射辐射约为 2350 $MJ \cdot m^{-2}$，年直接辐射约为 2100 $MJ \cdot m^{-2}$，散射辐射比直接辐射多，有利于作物对光照资源的有效利用。光照是农作物光合作用的必要条件，充足的光照有利于农作物的光合物质积累。例如，水稻分蘖需要充足的光照，若插秧后遇连阴雨寡照天气，则分蘖开始迟，分蘖期短，分蘖数量少；幼穗分化需要充足的光照，光照越充足越有利，否则会使颖花减少或退化，影响产量。葡萄为喜光喜温作物，在其新梢生长期、开花坐果期、浆果成熟期均需要有充足的光照，尤其是浆果成熟期，光照充足有利于提高产量和品质，直光着色品种要求较强的直射光线，光照强烈则着色浓、品质好。西瓜、甜瓜、番茄、茄子等蔬菜要求较强的光照，在强光照条件下生长发育良好，光照不足时，产量和品质下降。

湖州市全年日照时数大都在 1700～1900 h 之间，多年平均太阳辐射总量约为 4400 $MJ \cdot m^{-2}$。就全国而言，湖州市太阳能资源一般，但在浙江省属于高值区，具有一定的利用价值，可利用建筑物屋顶和鱼塘水面开展分布式光伏发电项目建设，有效补充用电需求，符合能源产业发展方向。

实际地形条件下的气温、湿度等气候要素的空间分布是计算气候舒适度的主要参数。本图集充分考虑了海拔、坡度、坡向等地形因子的变化特征，可详细表征真实环境下，特别是山区气候舒适度的分布情况，可为城市规划建设、农产品引种、旅游开发与规划等方面提供科学依据。合理开发利用气候资源，应用于农业、能源、交通、建筑等领域，对于经济社会的可持续发展具有重要意义。

参考文献

曹芸，何永健，邱新法，等，2012.基于地面观测资料的 MODIS 云量产品订正[J].遥感学报，16(02)：325-342.

高婷，曾燕，何永健，等，2014.基于 NCEP 风向数据的中国夏季降水估算研究[J].气象科学，34(05)：473-482.

李梦洁，2008. 浙江省山地热量资源分布式模拟[D].南京：南京信息工程大学.

潘虹，邱新法，高婷，等，2014.基于 TRMM 和 NECP-FNL 数据的降水估算研究[J].水土保持研究，21(2)：116-122.

邱新法，卞宗雅，曾燕，等，2009.重庆山地界限温度起止日期和持续日数的分布式模拟[J]. 自然科学进展，19(7)：746-753.

邱新法，仇月萍，曾燕，2009.重庆山地月平均气温空间分布模拟研究[J].地球科学进展，24(6)：621-628.

邱新法，曾燕，刘昌明，2003.陆面实际蒸散研究[J].地理科学进展，(02)：118-124.

王丽，邱新法，王培法，等，2010.复杂地形下长江流域太阳总辐射的分布式模拟[J]. 地理学报，65(5)：543-552.

曾燕，邱新法，何永健，等，2009.复杂地形下黄河流域月平均气温分布式模拟[J].中国科学(D 辑：地球科学)，39(06)：774-786.

曾燕，邱新法，刘昌明，2008.起伏地形下黄河流域太阳散射辐射分布式模拟研究[J].地球物理学报，51(4)：1028-1033.

曾燕，邱新法，缪启龙，等，2003.起伏地形下我国可照时间的空间分布[J]. 自然科学进展，13(5)：545-548.

张丹，刘昌明，付永锋，邱新法，刘小莽，2012.基于 MODIS 数据的中国地面水汽压模拟与分析[J].资源科学，34(01)：74-80.

He Y, Qiu X, Cao Y, et al, 2014. Estimation of monthly average sunshine duration over China based on cloud fraction from MODIS satellite data[J]. Current Science, 107(12)：2013-2018.

Qiu Xinfa, Shi Guoping, Zeng Yan, et al, 2009. Distributed modeling of the beginning and ending dates and durations of the limited temperatures over the rugged terrain of Chongqing[J]. Progress in Natural Science, 19：1739-1746.

Qiu Xinfa, Zeng Yan, Liu Shaomin, 2005. Distributed modeling of extraterrestrial solar radiation over rugged terrains[J]. Chinese Journal of Geophysics, 48(5)：1100-1107.

Qiu Xinfa, Zeng Yan, Liu Chang-ming, 2002. A general model for estimating actual evaporation from non-saturated surfaces[J]. Journal of Geographical Sciences, 12(5)：479-484.

Zeng Yan, Qiu Xinfa, Liu Changming, 2003. Study on astronomical solar radiation distribution over the Yellow River Basin based on DEM data[J]. Acta Geographica Sinica, 58(6)：810-816.

Zeng Yan, Qiu Xinfa, Liu Changming, et al, 2005. Diatributed modeling of direct solar radiation of rugged terrain over the Yellow River Basin[J]. Acta Geographica Sinica, 60(4)：680-688.

附录　湖州市海拔高度分布图

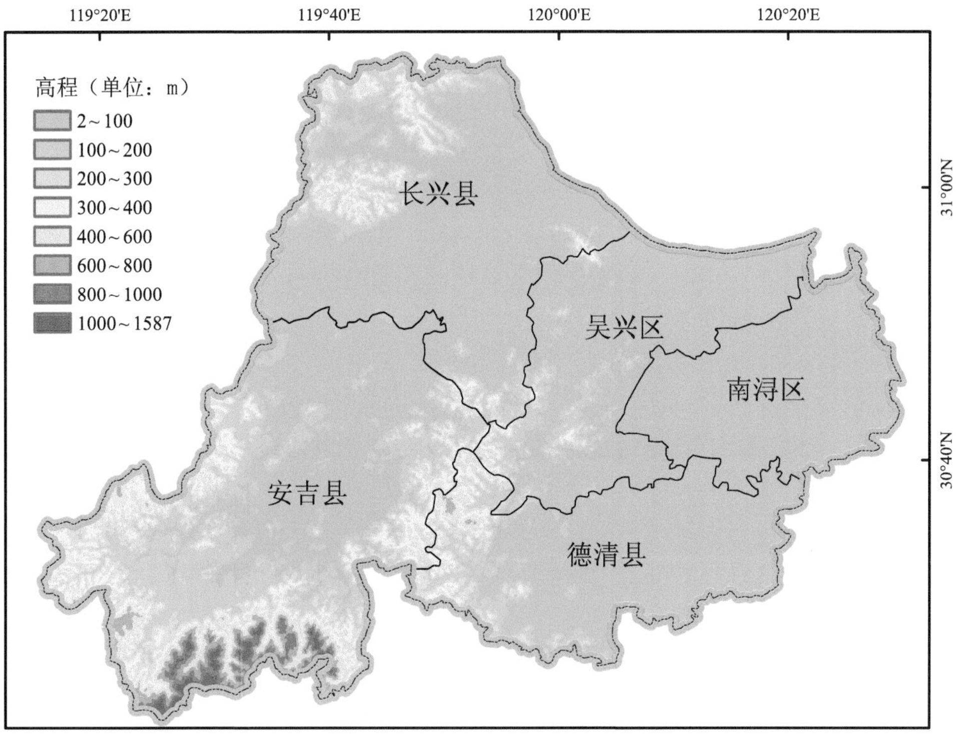